Wissensmanagement für Schutzrechte und ihre Bewertung

Lizenz zum Wissen.

Sichern Sie sich umfassendes Technikwissen mit Sofortzugriff auf tausende Fachbücher und Fachzeitschriften aus den Bereichen: Automobiltechnik, Maschinenbau, Energie + Umwelt, E-Technik, Informatik + IT und Bauwesen.

Exklusiv für Leser von Springer-Fachbüchern: Testen Sie Springer für Professionals 30 Tage unverbindlich. Nutzen Sie dazu im Bestellverlauf Ihren persönlichen Aktionscode C0005406 auf
www.springerprofessional.de/buchaktion/

Jetzt 30 Tage testen!

Springer für Professionals.
Digitale Fachbibliothek. Themen-Scout. Knowledge-Manager.

- 🔍 Zugriff auf tausende von Fachbüchern und Fachzeitschriften
- ☺ Selektion, Komprimierung und Verknüpfung relevanter Themen durch Fachredaktionen
- 🔗 Tools zur persönlichen Wissensorganisation und Vernetzung

www.entschieden-intelligenter.de

Springer für Professionals

Hermann Mohnkopf • Ulrich Moser
(Hrsg.)

Wissensmanagement für Schutzrechte und ihre Bewertung

Wissen entlang der Wertschöpfungskette praktisch nutzbar machen

Herausgeber
Hermann Mohnkopf
Ingenieur- und Patentbüro IP
Rangsdorf
Deutschland

Ulrich Moser
Wirtschaft-Logistik-Verkehr
Fachhochschule Erfurt
Erfurt
Deutschland

Für Galina

ISBN 978-3-642-41962-1   ISBN 978-3-642-41963-8 (eBook)
DOI 10.1007/978-3-642-41963-8

Die Deutsche Nationalbibliothek verzeichnet diese Publikation in der Deutschen Nationalbibliografie; detaillierte bibliografische Daten sind im Internet über http://dnb.d-nb.de abrufbar.

Springer Vieweg
© Springer-Verlag Berlin Heidelberg 2014
Das Werk einschließlich aller seiner Teile ist urheberrechtlich geschützt. Jede Verwertung, die nicht ausdrücklich vom Urheberrechtsgesetz zugelassen ist, bedarf der vorherigen Zustimmung des Verlags. Das gilt insbesondere für Vervielfältigungen, Bearbeitungen, Übersetzungen, Mikroverfilmungen und die Einspeicherung und Verarbeitung in elektronischen Systemen.

Die Wiedergabe von Gebrauchsnamen, Handelsnamen, Warenbezeichnungen usw. in diesem Werk berechtigt auch ohne besondere Kennzeichnung nicht zu der Annahme, dass solche Namen im Sinne der Warenzeichen- und Markenschutz-Gesetzgebung als frei zu betrachten wären und daher von jedermann benutzt werden dürften.

Gedruckt auf säurefreiem und chlorfrei gebleichtem Papier

Springer Vieweg ist eine Marke von Springer DE. Springer DE ist Teil der Fachverlagsgruppe Springer Science+Business Media
www.springer-vieweg.de

Geleitwort

Viele Unternehmen nutzen in immer stärkerem Ausmaß ihre gewerblichen Schutzrechte, insbesondere Patente, zum Erwerb einer günstigen Stellung im weltweiten Wettbewerb, zur Sicherung ihrer Marktposition und, nicht zuletzt, als „Zahlungsmittel" im immer wichtiger werdenden internationalen Lizenzverkehr, der stärker und stärker von Kreuz-Lizenzierungen geprägt wird. Stichworte, in diesem Zusammenhang, sind oft dem Kriegsvokabular entnommen. Wenn man sich insbesondere die patentrechtlichen Auseinandersetzungen im Telekommunikationssektor anschaut, wo von Wettbewerbern aus aller Herren Länder, sozusagen, weniger um die Verkaufszahlen der Produkte der Gegenwart, als vielmehr um die Definition der Zukunftsprodukte gerungen wird, findet man insoweit ein „leuchtendes Beispiel". Auf der anderen Seite, sieht man von den „globalen Patentkriegen" auf dem Telekommunikationssektor ab, ist hier, um die Bedeutung gewerblicher Schutzrechte im heutigen Ringen um Marktanteile besser zu verstehen, natürlich auch auf das allgemeine Bestreben zu verweisen, medizinische Erzeugnisse, insbesondere Pharmazeutika, nicht nur zu schaffen, sondern auch allen Bedürftigen auf dieser Welt zu örtlich erschwinglichen Preisen verfügbar zu machen. Oft wird übersehen, dass am Anfang der Wertschöpfungskette, die mit einem zündenden Gedanken im Labor, häufiger aber mit einer langjährigen Entwicklungsarbeit an der Werkbank beginnt und in der kommerziellen Verwendung gewerblicher Schutzrechte, von Patenten zur Sicherung der Marktstellung, der Freiheit des Handelns und insbesondere auch dem Austausch von Innovationen durch Lizenzierung, insbesondere Kreuzlizenzierung, ihren Fortgang findet, die Schaffung eines Management-Systems steht, welches die Erfindung auf ihrem Weg vom ungeschützten Gedanken zur Patentanmeldung, alsdann zum Patent, und schließlich zur Verwertung derartiger Patente begleitet. Das vorliegende Werk „Wissensmanagement", von ausgewiesenen Kapazitäten auf dem Gebiet des Managements geistigen Eigentums und der Bewertung entsprechender gewerblicher Schutzrechte, vom Produktentstehungsprozess entlang einer betrieblichen Wertschöpfungskette bis hin zur Kundenbetreuung, geschrieben, spannt den weiten Bogen von der Erfindung zum „vermarktungsfähigen" Produkt. Letzteres nicht z.B. als einzelnes „Patent" verstanden, sondern als Konstrukt, in der das Patent, verbunden mit anderen Patenten sowohl desselben Unternehmens als auch Dritten, die Rolle eines tragenden Knotenpunktes spielt. Insbesondere dem Praktiker, der vor der häufig schwierigen Aufgabe steht, einerseits im eigenen Unternehmen das erforderliche Verständnis für die mit dem Aufbau eines Wissensmanagements notwendigerweise verbundenen Kosten zu wecken als auch dieses System dann vom Entstehen der Erfindung bis zu deren Kommerzialisierung zu handhaben, gibt das Buch einen ausgezeichneten Ratgeber an die Hand, wie in praktischer Anwendung Management-Systeme für geistiges Eigentum, insbesondere gewerbliche Schutzrechte, mit einem besonderen Schwerpunkt auf „Patenten", geschaffen und genutzt werden können. Die Lektüre wird gerade solchen Praktikern, aber auch anderen, mehr dem „theoretischen Bereich" des Managements gewerblicher Schutzrechte zugewandten Fachleuten, durch den Autor dieses Geleitwortes von Herzen empfohlen.

München 2014   Prof. Dr. Heinz Goddar

Vorwort

Vor mehr als 20 Jahren wurde beim Übergang von der Industrie- auf die Wissensgesellschaft darüber diskutiert, dass Wissensmanagement für alle Unternehmen zu einem zentralen Erfolgsfaktor werden wird. Bereits damals war klar, dass Wissensmanagement alle Ebenen des Unternehmens durchziehen muss. Dennoch ist heute festzustellen, dass Wissensmanagement in vielen Unternehmen aus Insellösungen besteht und auf die Erfassung automatisierbaren Wissens beschränkt, d.h. bei Weitem im Unternehmen nicht so verankert ist, dass von einem ganzheitlichen Wissensmanagement gesprochen werden kann. Die sich schon länger abzeichnende Aufgabe, exponentiell steigendes Wissen, das als Gesamtheit aller organisierten Informationen und ihrer wechselseitigen Zusammenhänge zu verstehen ist, für Systeme zu jeder Zeit an jedem Ort zur Verfügung zu halten, besteht somit unverändert fort.

Im Unternehmen werden täglich in vielfältiger Weise, insbesondere im Produktentstehungsprozess entlang der Wertschöpfungskette, Erfahrungen, Erkenntnisse und Lösungen geschaffen. Das so generierte Wissen ist frühzeitig zu erfassen, aufzubereiten, zu strukturieren sowie schnell, übersichtlich und nachvollziehbar in ein definiertes Wissenstool einzubetten und dadurch zukünftigen Problemlösungserfordernissen zuzuführen. Diese Aufgabe zielt nicht nur auf die Archivierung der sachlichen, also inhaltlichen Dimension ab, vielmehr ist eine verlustfreie Übergabe und Übernahme des Wissens aus allen Generationen, insbesondere von ausscheidenden erfahrenen Mitarbeitern, zu gewährleisten.

Damit wird schließlich auch ersichtlich, dass die Informationstechnologie ein zentrales Element des Wissensmanagement darstellt: Informationserfassung, Informationsverarbeitung und Informationsbereitstellung erlauben Individuen mehr Wissen zu generieren und sie ermöglichen anderen Individuen, dieses Wissen zielorientiert zu nutzen.

Im vorliegenden Buch wird das Wissensmanagement grundsätzlich nicht ganzheitlich, sondern fokussiert auf den Bereich des gewerblichen Rechtsschutzes dargestellt.

Das erste Kapitel geht auf das Wissensmanagement im allgemeinen, das Ideenmanagement von der Ideengenerierung und der Ideensicherung, eine Beispielrechnung einer Arbeitnehmererfindervergütung, das Lizenzwesen und Elemente des Technologietransfers aus der Unternehmenspraxis ein.

Kapitel zwei widmet sich der Frage, welche konkreten Schritte erforderlich sind, um von einer schutzrechtsfähigen Erfindung zu einem erteilten Patent zu gelangen. Ganz konkret wird darauf eingegangen, welche Vorarbeiten der Anmelder, der Erfinder und der Patentanwalt leisten müssen, um das weitere Verfahren zur Patenterteilung erfolgreich zu gestalten.

Kapitel drei beinhaltet die wesentlichen Elemente eines Vertrages zum Geistigen Eigentum und klärt wie wesentliche Vertragsbestimmungen, deren Inhalte, Eigenarten und Wirkungen zueinander stehen. Auch dem Nichtjuristen wird eine Vorstellung davon vermittelt, welche Bedingungen ein wirtschaftlich interessengerechter Vertrag aufweisen muss.

Kapitel vier behandelt das Innovations- und Wissensmanagement aus Sicht der Unternehmenswertsteigerung und zeigt damit eine wesentliche Dimension der Einbindung des auf den Bereich des gewerblichen Rechtsschutzes gerichteten Wissensmanagement in ein ganzheitlich verstandenes Wissensmanagement auf.

Das Buch soll Führungskräften, IP-Managern und Ingenieuren, insbesondere in mittelständischen Unternehmen sowie Hochschullehrern und Studierenden aller technischen und wirtschaftswissenschaftlichen Fachbereiche Anregungen und Hilfestellungen in der Forschung, Entwicklung und der täglichen Anwendung zu ihren herausfordernden Projektaufgaben vermitteln.

In dieses Buch sind viele Gespräche, Diskussionen, und vor allem auch Anregungen und Hinweise eingeflossen. Hierfür möchten die Herausgeber allen Gesprächspartnern, Seminarteilnehmern und Kollegen danken. Unser besonderer Dank gilt Prof. Dr. Heinz Goddar.

Rangsdorf, Erfurt, München 2014   Prof. Dipl. Ing. Hermann Mohnkopf
                                                        Prof. Dr. Ulrich Moser

Inhaltsverzeichnis

1 **Wissenssicherung im Ideen- und Erfindungswesen: Eine Herausforderung an die unternehmerische Praxis** 1
  Hermann Mohnkopf

2 **Wissen an der Schnittstelle Mandant/Patentanwalt** 69
  Joachim Weber

3 **Grundlagenwissen Vertragsgestaltung im Gewerblichen Rechtsschutz und Urheberrecht** 103
  Sven Schilf

4 **Wertorientiertes Innovations- und Wissensmanagement** 143
  Ulrich Moser

Sachverzeichnis 267

Die Autoren

Prof. Dipl. Ing. Hermann Mohnkopf war bis Ende 2010 Leiter Gewerblicher Rechtsschutz im Triebwerksunternehmen Rolls-Royce Deutschland. Seine Tätigkeitsschwerpunkte waren die Koordination aller Patent- und Lizenz-aktivitäten der Forschungs- und Entwicklungsabteilungen, der Fertigung und Montage sowie Aufbau und Pflege des Patentportfolios, Patentbewertung und alle Belange des Arbeitnehmererfinderrechts. Ein weiterer Schwerpunkt war die patentbezogene Zusammenarbeit in Forschung- und Technologieprojekten zwischen Partnern, Hochschulen und Konzernabteilungen. Er ist Honorarprofessor für Innovationsmanagement/Gewerblichen Rechtsschutz an der Hochschule für Technik und Wirtschaft Berlin und Lehrbeauftragter der privaten bbw Hochschule Berlin und FH Erfurt. Als Mitglied von LES Deutschland, der deutschen Landesgruppe internationaler Lizenzfachleute und Vorstandsmitglied im VDI Berlin-Brandenburg setzt er sich neben der Aus- und Weiterbildung in naturwissenschaftlichen Bereichen als ausgewiesener Experte in der Beratung von Wirtschaftsunternehmen verschiedener Fachgebiete für die praktische Anwendung des Gewerblichen Rechtsschutz im Technologie- und Innovationsmanagements ein. Hermann Mohnkopf hält Fachvorträge zu den Themen im Rahmen von Seminaren und Workshops wie zum Beispiel dem deutschen Förderprojekt „Forschungscampus-pro aktiv" des Bundesministeriums für Bildung und Forschung.

Prof. Dr. Ulrich Moser, Wirtschaftsprüfer, Steuerberater, Certified Valuation Analyst, ist Professor für Accounting und Finance an der Fachhochschule Erfurt. Den Schwerpunkt seiner Lehr- und Forschungstätigkeit bilden Bewertung und Management von Intellectual Property, Unternehmenstransaktionen sowie Unternehmensbewertung. Daneben berät er namhafte Unternehmen bei Fragen der Unternehmens- und Intellectual Property-Bewertung. Bis Juni 2006 war Ulrich Moser Partner bei einer der „Big Four" Accounting Firms im Bereich Unternehmensbewertung.

Seine Tätigkeitsschwerpunkte im Bereich Intellectual Property-Bewertung und -Management betreffen - neben Purchase Price Allocations nach IFRS und US GAAP - insbesondere die Bewertung von Patenten und umfangreichen Patentportfolios, Marken, innovativen Technologien sowie von Human Capital im In- und Ausland. Ulrich Moser verfügt über umfangreiche Erfahrungen in einer Vielzahl von Branchen.

Ulrich Moser ist regelmäßig Referent bei in- und ausländischen Intellectual Property- und Unternehmensbewertungskonferenzen. Er ist Verfasser des Buchs „Bewertung immaterieller Vermögenswerte - Grundlagen, Anwendung, Bilanzierung, Goodwill" (Schäffer-Poeschel 2011).

Dr. Sven Schilf Rechtsanwalt und Gründungspartner der Rechtsanwaltskanzlei adesse anwälte, einer auf deutsches und internationales Wirtschaftsrecht spezialisierten Kanzlei in Berlin. Er berät deutsche und ausländische Unternehmen auf den Gebieten des des geistigen Eigentums, des Vertriebs-, Transport- und Gesellschaftsrechts und führt internationale Schieds- und Gerichtsverfahren in den genannten Rechtsgebieten. Er gehört u. a. dem Rechtsausschuss des Bundesverbandes Großhandel, Außenhandel, Dienstleistungen e. V. sowie der ICC Commission on Arbitration an. Zu seinen Länderschwerpunkten gehören die EU, die USA und Brasilien. Herr Schilf veröffentlicht regelmäßig zu Fragen des geistigen Eigentums und hält entsprechende Vorträge.

Dr. Weber, Joachim, Dr.- Ing., Dipl.- Ing., Patentanwalt, European Patent Attorney, European Trademark Attorney ist Seniorpartner der auf dem gesamten Gebiet des gewerblichen Rechtsschutzes spezialisierten Kanzlei Hoefer und Partner in München (www.hoefer-pat.de). Er ist Gastdozent und Lehrbeauftragter an der Fachhochschule Kempten; Gastdozent an der Universita della Basilicata, Potenza, Italien; bei der Chinese Society of Inventions, Taipei, Taiwan; von Hatsumei Kyoukai und der Foreign Intellectual Property Society, Osaka, Japan; bei AIPPI-Korea, Seoul, Korea; Lehrbeauftragter an der National Chiao Tung University, Hsinchu, Taiwan und führt Kurse und Workshops zu praxisbezogenen Themen durch.

Wissenssicherung im Ideen- und Erfindungswesen: Eine Herausforderung an die unternehmerische Praxis

Hermann Mohnkopf

Inhaltsverzeichnis

1.1	Einführung in das Wissensmanagement	2
	1.1.1 Wissen und seine Bereitstellung	2
	1.1.2 Wissen in der Produkt- und Wertschöpfungskette	7
	1.1.3 Der Handlungsspielraum im Wissensmanagement	11
	1.1.4 Wissensarten einer projektorientierten Arbeitsweise	13
1.2	Produkt- und Wertschöpfungskette als Wissensmodell	15
1.3	Erfolgsfaktor Wissen	20
1.4	Der Weg zum zeitlichen Wettbewerbs-Monopol	23
	1.4.1 Ideengenerierung und Ideensicherung	23
	1.4.2 Der Weg zum Patent aus Sicht des Unternehmens	26
1.5	Der Stand der Technik	31
1.6	Von der Idee zum Markterfolg	35
	1.6.1 Konzept des gewerblichen Rechtsschutz	35
	1.6.2 Welche Voraussetzungen müssen für eine Patentanmeldung gegeben sein	37
	1.6.3 Was hat der Entwicklungsingenieur von einer Patentanmeldung	38
	1.6.4 Welchen strategischen Nutzen habe ich von einer Patentanmeldung	39
	1.6.5 Der kurze Blick in die zukünftige Entwicklung	40
1.7	Das Anmeldeverfahren	42
	1.7.1 Vorprüfung der Anmeldung	42
	1.7.2 Die Prüfung – Patent	43
	1.7.3 Die Offenlegung	43
	1.7.4 Die Patenterteilung	44
1.8	Der Ausschluss von Wettbewerbern	44
1.9	Die Lizensierung mit dem Ziel, Lizenzeinnahmen zu generieren	44
	1.9.1 Die Lizensierung – unternehmensübergreifende Kooperation	45
	1.9.2 Die externe und interne Reputationswirkung	45

H. Mohnkopf (✉)
An den Vogelauen 1, 15834 Rangsdorf, Deutschland
E-Mail: hermann.mohnkopf@online.de

	1.9.3 Die defensive Publikation	46
1.10	Die Sicherheiten bei der Finanzierung	46
1.11	Die Hilfsmittel bei Standardisierungsprozessen	46
1.12	Der Technologietransfer	47
	1.12.1 Der Technologietransfer zwischen Industrie- und Wissenschaft	47
1.13	Die Erfindervergütung anhand eines Berechnungsbeispiels	48
1.14	Vorteile durch Schutzrechte	52
	1.14.1 Die Arbeitserleichterung	52
	1.14.2 Die Sicherung des Arbeitsplatzes	53
1.15	Strategische Aspekte im IP Management, IPM	53
	1.15.1 Patentverwertungsstrategie und Technologiemarketing	53
	1.15.2 Die Marke als wesentliches Wissenselement	54
	1.15.3 Wissenswertes zum Markenschutz und der Historie[5]	54
1.16	Urheberrechtsgesetz	58
1.17	Unlauterer Wettbewerb Gesetz	59
1.18	Definitionen	60
	1.18.1 Terminologische Grundlagen	60
1.19	Datenelemente für das Wissensmanagement im Gewerblichen Rechtsschutz	63
Literatur		66

1.1 Einführung in das Wissensmanagement

1.1.1 Wissen und seine Bereitstellung

Thomas Lehnert vom Springer Verlag Berlin hat Wissensmanagement und seine Bereitstellung in einem Vortrag im Rahmen des Forum46 – Wissensmanagement 2010 in Berlin in dem nachfolgenden Auszug dargestellt, dabei ein paar Fragen zum Anregen aufgeworfen und damit den Impuls für das vorliegende Buch gegeben. Für die Möglichkeit der Veröffentlichung im Zusammenhang mit unserem Buch bedanken wir uns sehr herzlich.

Zitat: „Der Buchdrucker verfügt über geeignetes Wissen zur Herstellung von gedruckten Informationseinheiten und zu deren Verbreitung. Er beherrscht den Prozess wie kein anderer".

Ohne Interaktion mit der Welt kann er sein Fachwissen zukünftig wahrscheinlich nicht mehr ausreichend nutzen. Als Unternehmer muss er sein Wissen interaktiv entwickeln um im Geschäft zu bleiben. Intelligenz sei eine Leistung des Gehirns, und das Gehirn seinerseits das Produkt eines genetischen Kochrezepts, so oder ähnlich hätte es Craig Venter vielleicht vor 10 Jahren noch formuliert. „Die Revolution hat erst begonnen" – damit behält er sicherlich Recht. Mit einem guten Kochbuch allein kann ich noch kein Restaurant führen. Wissen ist mehr als eine strukturierte Informationsmenge. Was haben Kultur und Biologie gemein? Diese Frage wird sich sehr bald – wenigstens in der Hirnforschung – besser beantworten lassen als heute. Goethe bezeichnete in seinen Urworten den menschlichen Charakter als Dämon, dieser sei geprägte Form, die sich lebend entwickelt. Macht dieses Zusammenwirken von Prägung und Entwicklung unser Wissen aus – und wie wollen wir dieses Zusammenwirken managen? Wissensmanagement – wird als ein zusammenfassender Begriff für alle strategischen und operativen Tätigkeiten und Aufgaben verstanden, die auf den bestmöglichen Umgang mit Wissen abzielen. Wachstum ist dabei Motivation, um Wissen zu sichern und zu erweitern. Wissensmanagement wird als methodische Einflussnahme auf die Wissensbasis einer Organisation oder Person, dem persönlichen Wissensmanagement verstanden. Die Wissensbasis bezeichnet die Einheit von Daten und Informationen, Wissen und Fähigkeiten, die diese Organisation oder Person zur Lösung ihrer Aufgaben hat. Wir sprechen also nicht nur über Informationen – sondern über den Umgang damit im gesellschaftlichen Kontext. Je breiter die Basis dafür gewählt wird um so gesicherter ist das Ergebnis. Wissen („ich habe gesehen") wird häufig unscharf als wahre, gerechtfertigte Meinung bestimmt. Wissensgeschichtlich gibt es kein Wissen an und für sich sondern Wissen wird von Gesellschaften immer nur zur Bewältigung ihrer jeweiligen Realitäten hergestellt und angewandt. Die Gültigkeit von Wissen ist begrenzt durch den gesellschaftlichen Rahmen und einen „bestimmten historischen Zeitraum", in dem Wissen einen „Wissensstatus reklamieren kann". Ohne humanes, individuelles, im Einzelnen nicht vollständig planbares Zutun, ohne angemessene individuelle Einstellungen und Arbeitsmotivationen funktionieren Arbeitsprozesse nicht und kontraproduktive Effekte werden wahrscheinlicher. Das gilt auch und besonders für das Wissen. Wir sprechen also nicht nur über Informationen – sondern über den Umgang damit im gesellschaftlichen Kontext. Je breiter die Basis dafür gewählt wird um so gesicherter ist das Ergebnis. In der Verwertung von geistigem Eigentum liegt der Schlüssel zu Wohlstand, Macht und Zugangsmöglichkeiten in der Informationsgesellschaft. Doch können wir den Wert des geistigen Eigentums stets selber richtig einschätzen? Ist eine intern vorhandene Information schon Wissen? Wissenschaft ist die Erweiterung des Wissens durch Forschung, im gesellschaftlichen, historischen und institutionellen öffentlichen Rahmen. Wenn unternehmerisches Wissen nicht zur Gesamtheit der verfügbaren Information beiträgt, kann es dann einer kritischen Bewertung standhalten und somit auch zu einem späteren Zeitpunkt im veränderten Kontext verfügbar sein? Ist vielleicht die urheberrechtlich geschützte Verwertung von Wissen ein unverzichtbarer Beitrag zur Erweiterung der eigenen Wissensbasis, um nicht selber im wissenschaftlichen Kontext und wirtschaftlich zurückzufallen? Urheberrechtlich geschützte Information zu verwerten und somit als Ressource bereit zu stellen ist Aufgabe der Verlage. Auch ein Wissenschaftsverlag stellt nur Information bereit, kein Wissen. In dieser Rolle übernehmen Verlage neben der Verbreitung der Information zunehmend auch die Rolle von Bibliotheken als Archivare. Verlage sammeln und selektieren Information und halten Informationen verfügbar, erweitern die Basis beständig und stellen diese über vernetzte Informationssysteme unter Wahrung der international anerkannten Urheberrechte bereit. Vom „Advanced Access Content System" bis zur „eXtensible rights Markup Language", die methodischen und technologischen Voraussetzungen zur Verwertung und Archivierung von Information verändern sich beständig. Diese Fähigkeit zukünftig und nahezu unbegrenzt auch unter erheblich veränderten Randbedingungen gewährleisten zu können ist zur zentralen Aufgabe wissenschaftlicher Verlage geworden.

Hier soll nicht der systematische Ansatz des Wissensmanagements beleuchtet werden, das ist die Aufgabe der Wissensmanager im Unternehmen, Instituten und Hochschulen. Vielmehr kann es darum gehen die Strukturen zu behandeln, die notwendig sind um Informationen zu filtern, zu sammeln, zu strukturieren, aufzunehmen und wieder bereitzustellen Das digitale Rechtemanagement (DRM), mehr als ein Kopierschutz, sorgt für die anwendungsspezifische Verfügbarkeit. Das System nennt sich Advanced Access Content System. Springer versucht, so wenig Einschränkungen wie möglich und notwendig dafür vorzusehen. CrossRef: Das Basisnetz der Zitatverlinkungen – ist ein nicht-kommerzielles Netzwerk gegründet als Zusammenarbeit zwischen Verlegern, um Referenz-Verlinkungen für wissenschaftliche Literatur effizient und verlässlich möglich zu machen. Es handelt sich um eine Infrastruktur zur Verlinkung von Zitaten und die einzige vollständige Implementation des Digital Object Identifier (DOI)-Systems bisher. Das Hauptziel von CrossRef ist die Unterstützung bei der Entwicklung und kooperativen Nutzung von neuen und innovativen Technologien, um die wissenschaftliche Forschung zu beschleunigen und zu unterstützen. Das Ziel von CrossRef ist es, das Basisnetz der Verlinkung von Zitaten für die gesamte wissenschaftliche Forschung in elektronischer Form zu sein. Es enthält keinen Inhalt als Volltext, sondern funktioniert mit Verbindungen über Digtal Object Identifiers (DOI), die Metadaten von Artikeln markieren. Das Endresultat ist ein effizientes und skalierbares Verlinkungs-System bei dem ein Forscher durch Klicken auf ein Referenz-Zitat in einer Zeitschrift den zitierten Artikel erhält? Die eXtensible rights Markup Language (XrML) ist eine universelle Sprache zur sicheren Beschreibung und Verwaltung von Rechten auf Basis des offenen XML-Standards. Diese Rechte können an beliebige Objekte gebunden werden und sehr granular die Nutzungsrechte auf Benutzer und Gruppenebene definieren. Die definierten Rechte werden in der Regel als sogenanntes Rechte-Objekt (RO) zusammengefasst und können im Kontext von Digital Rights Management (DRM) als Teil der Lizenz übertragen werden. Originalität und Qualität der Informationen werden durch Peer-Review, die Begutachtung durch Ebenbürtige, gesichert. Es ist das eingeführte Verfahren zur Beurteilung von wissenschaftlichen Arbeiten im Wissenschaftsbetrieb. Dabei werden unabhängige Gutachter aus dem gleichen Fachgebiet wie die Autoren herangezogen, um die Qualität zu beurteilen. Die Gutachter werden Peers (engl. für Ebenbürtige; Gleichrangige), oder auch Referees (engl. für Schiedsrichter) genannt. Doch die Bewertung von Wissen ist nicht allein unser Thema, da wir nicht speziell auf den Wissensmarkt eingehen, vielleicht aber auf den Informationsmarkt – den Markt, auf dem sich Informationsanbieter und Informationsnachfrager zum Austausch von Informationen treffen. Welche Strukturen braucht dieser Markt, wie wird die Vernetzung organisiert – sind das die zu behandelnden Fragestellungen? Auffindbarkeit ist ein zentrales Thema aller Archivierungssysteme. Was über Jahrzehnte in Bibliotheken verborgen lag, öffnete sich mit der Volltextsuche wieder für den Zugriff. Suchmaschinen, allen voran Google, sind ein wichtiger Partner zur Erschließung von Inhalten. Die Suchergebnisse hängen sehr davon ab, wie die Information und die zugehörigen Metadaten aufbereitet wurden – ebenfalls eine wichtige Aufgabe der Verlage. Relevanz – ein schwer zu quantifizierendes Merkmal. Buchinhalte, online präsentiert, erfahren auf unserer Plattform SpringerLink eine wenigstens so intensive Nutzung wie Beiträge in Fachzeitschriften, dieses verbunden mit einer längeren Nutzungsdauer. Eine derartige Analyse war mit den Bibliotheken der Vergangenheit schwer zu erreichen – auch heute noch fehlen dafür abgesicherte Metricken. Die Bewertung wissenschaftlicher Arbeit erfolgt nach Zahl und Zitierungshäufigkeit von Zeitschriftenbeiträgen, wobei deren Nachhaltigkeit, auch deren Originalität, dabei nicht im Vordergrund steht. Bösartig könnte man sagen dass Masse vor Klasse geht – das Selbstplagiat wird zum Multiplikator. Die Bewertung wissenschaftlicher Arbeit erfolgt nach Zahl und Zitierungshäufigkeit von Zeitschriftenbeiträgen, wobei deren Nachhaltigkeit, auch deren Originalität, dabei nicht im Vordergrund steht. Ob Informationsangebote explizites Wissen unterstützen hängt von der Komplexität der individuellen Aufgabenstellungen und der Gültigkeitsdauer der Informationen ab. Es mag im betriebswirtschaftlichen Kontext nicht sinnvoll sein, eigenes Wissen einer Kodifizierung und Dokumentation zuzuführen, wegen der begrenzten Ressourcen, Relevanz oder Gültigkeitsdauer. Wenn die Relevanz oder Gültigkeitsdauer aber von veränderbaren Randbedingungen abhängt gewinnt die Publikation und unabhängige Archivierung der Information enorme Bedeutung: Wo eine individuelle People-to-Document-Strategie (Datenbank, Dokumentenmanagement usw.) sich eher für Standardinhalte eignet, da wenig komplex und mit einer langen Gültigkeitsdauer, gewinnt die akademische, unabhängige und öffentliche Archivierung gerade dann an Bedeutung, wenn bislang als wenig relevant eingeschätzte Information zu einem späteren Zeitpunkt im innovativen Prozess an Relevanz und Gültigkeit gewinnt und verfügbar gemacht werden soll. Es wird deutlich, dass Archive nur Informationen bereitstellen können, weil Wissen als ein gesellschaftliches Phänomen nur in seinem gesellschaftlichen und historischen Zusammenhang (Kontextualisierung) betrachtet werden kann: „Durch die Hervorhebung der Kontexte jeglicher Wissensproduktion lässt sich nicht mehr zwischen wahrem Wissen und falscher Meinung unterscheiden, da Überzeugungen, die in einem Kontext als Wissen gelten, in einem anderen als Unfug abgetan werden können, ohne dass sich letztgültig entscheiden ließe, welcher Kontext den richtigen Standpunkt begründet". In der Philosophie besteht keine Einigkeit über die korrekte Bestimmung des Begriffs „Wissen". Zumeist wird davon ausgegangen, dass wahre, gerechtfertigte Meinung nicht ausreichend für Wissen ist. Zudem hat sich ein alternativer Sprachgebrauch etabliert, in dem „Wissen" als vernetzte Information verstanden wird. Entsprechend dieser Definition werden aus Informationen Wissensinhalte, wenn sie in einem Kontext stehen, der eine angemessene Informationsnutzung möglich macht. Daher ist es für die Archivierung zunächst unerheblich, ob Wissen nach der Form der Verfügbarkeit oder nach der Herkunft des Wissens geordnet wird, ob es apriorisch oder Wissen a posteriori bezeichnet wird – oder ob es deklaratives und prozedurales Wissen umfasst. Nicht einmal die Dauer der Gültigkeit des Wissens ist für die Archivierung interessant, im Gegenteil, Verlage und Bibliotheken haben die Aufgabe hierbei nicht bewertend selektiv vorzugehen. Hingegen soll bei der Aufnahme neuer Information der Kontext immer dann bewertend herangezogen werden, wenn es um die Originalität und Korrektheit der Erzeugung der Information geht. Die Vernetzung von Informationen, die Archive bereitstellen können, ist ebenfalls Aufgabe der Verlage. Wenn also Wissen im Wissensmanagement und der Wissenslogistik eine vorläufig wahre Zustandsgröße oder einen selbstbezüglichen Prozess darstellt oder ob Informationsangebote explizites Wissen unterstützen, hängt von der Komplexität der individuellen Aufgabenstellungen und der Gültigkeitsdauer der Informationen ab.

Daten sind etwas, was wahrgenommen werden kann, aber nicht muss. Information ist ein Datenbestandteil, welcher beim Beobachter durch die beobachterabhängige Relevanz einen Unterschied hervorruft. Wissen ist mit Erfahrungskontext getränkte Information. Voraussetzung für Wissen ist ein wacher und selbstreflektierender Bewusstseinszustand. Diese Definition ist im Einklang mit dem DIKW-Modell. Letzteres stellt Daten, Informationen, Wissen in einer aufsteigenden Pyramide dar und führt zu Organisational Memory Systemen, deren Hauptziel es ist, die richtige Information zur richtigen Zeit an die richtige Person zu liefern, damit diese die am besten geeignete Lösung wählen kann. Damit wird Information mit der Nutzung verknüpft, was eine wesentliche Handlungsgrundlage von Informationssystemen darstellt. Dazu tragen Verlage ganz wesentlich bei. Unser Geschäft ist Verlagswesen. Überall auf der Welt bieten wir wissenschaftlichen und beruflichen Einrichtungen Zugang zu geprüfter Fachinformation, von qualifizierten Autoren und deren Kollegen quer durch alle Kulturen in einer kollegialen Atmosphäre gepflegt, auf die wir zu Recht stolz sind. Wir fördern die Kommunikation zwischen unseren Kunden – Forscher, Studenten und Anwender in der Wirtschaft – damit sie effizienter arbeiten können. Wir haben damit einerseits reagiert auf Forderungen der Kunden und andererseits unseren Kunden neue Vorschläge unterbreitet. Unser dynamisches Wachstum ermöglicht es uns, diese Möglichkeiten kontinuierlich auszubauen, in der ganzen Welt. Mit neuen Geschäftsmodellen und Produkten entwickelten sich internationale Partnerschaften mit Autoren und Lesern, die Springer als zuverlässigen Lieferanten und Pionier im Informationszeitalter etablierten. Die Grenzen dieser Entwicklung sind nicht in unseren eigenen Möglichkeiten begründet. Öffentlichkeit von Information wird gezielt beeinflusst. Das Internet wird von Regierungen weltweit zensiert. Eine bei Springer verfügbare Studie zeigt, wo, wie und aus welchen Gründen das Internet kontrolliert wird. Ein freier Zugang zum Internet hängt weitgehend davon ab, wo der Einzelne lebt. Barney Warf von der University of Kansas zufolge korreliert das Ausmaß der Cyber-Zensur in den unterschiedlichen Ländern der Welt direkt mit dem autoritären Führungsstil einer Regierung. In einer großangelegten Studie hat er die Weltkarte genauer unter die Lupe genommen und analysiert, wo überall Internet-Zensur ausgeübt wird. Diese Grenzen gilt es zu überwinden, um Entwicklung transparent und damit gesellschaftlich akzeptabel zu gestalten.

Wissen ist mit Erfahrungskontext getränkte Information. Voraussetzung für Wissen ist ein wacher und selbstreflektierender Bewusstseinszustand. Wissen bezeichnet im größeren Rahmen die Gesamtheit aller organisierten Informationen und ihrer wechselseitigen Zusammenhänge, auf deren Grundlage ein vernunftbegabtes System handeln kann. Wissen erlaubt es einem solchen System – vor seinem Wissenshorizont und mit der Zielstellung der Selbsterhaltung – sinnvoll und bewusst auf Reize zu reagieren.

Bedeutet Wissensmanagement also vielleicht vor allem die Bereitstellung und geeignete Verfügbarkeit von ausreichend vernunftbegabten Systemen und deren Zugang zu global vorhandenen Information?

Ist Wissensmanagement untrennbar verbunden mit der stetigen Auseinandersetzung der vorhandenen Humanressourcen mit der global verfügbaren Information und der Interaktion darüber zwischen den Individuen im Unternehmen?

Muss Wissensmanagement auch die notwendige Publikation von Information im gesellschaftlichen Rahmen als zentrale Aufgabe verstehen? (Lehnert 2010)

Auf diese und weitere Fragen soll in diesem Buch, insbesondere im Schutzrechtsmanagement und dessen Bewertung für Unternehmen, eingegangen werden.

1.1.2 Wissen in der Produkt- und Wertschöpfungskette

Unternehmen benötigen das Wissen der Mitarbeiter, der Prozesse entlang der Produkt- und Wertschöpfungskette, der Projektarbeit und Vereinbarungen mit Partnern, Zulieferern und Kunden. Insbesondere die Kundenbedürfnisse gilt es strukturiert zu archivieren und jederzeit leicht abrufbar zu machen.

„Wissensmanagement ist eine formale, strukturierte Initiative zur Verbesserung der Erzeugung, Verteilung und Nutzung von Wissen in einer Organisation. Es ist ein formaler Prozess zur Wandlung des Wissens einer Unternehmung in Unternehmenswert" (Davenport und Prusak 1999)

Welche Vorteile und Nutzen bringt Wissensmanagement?

- schneller Zugriff auf interne und externe Informations-und Wissensquellen
- Reduzierung des Zeitaufwandes bei der Suche nach Informationen
- Vermeidung von Redundanzen d. h. mehrfach ausgeführten Arbeiten
- kontinuierlichere und schnellere Arbeitsabläufe durch ständigen Informationszugang
- Förderung von Kommunikations-und Kooperationsbereitschaft sowie der Teamentwicklung
- Unterstützung einer schnelleren, kostengünstigeren und wirksameren Entscheidungsfindung
- schnelle und zuverlässige Vermittlung kompetenter Ansprechpartner
- Innovationszuwachs und damit bessere Wettbewerbschancen
- effizientere Nutzung bereits vorhandener bzw. neu implementierter Informationstechnologie
- Möglichkeit der Kommunikation zwischen verschiedenen Systemumgebungen durch Internet-Technologie

Wissen erkennen – Identifikation: Welches Wissen wird benötigt?
Wissen erwerben – Wer besitzt das Wissen?
Wissenslücken durch externe Wissensträger schließen!
Neues Wissen intern entwickeln!
Wissen speichern – Bewahren
Wissen verteilen – richtige Menge der Daten zur richtigen Zeit am richtigen Ort
Wissen nutzen – bereitgestelltes Wissen muss auch genutzt werden!
Wissen bewerten – Bewertung anhand der Zielerreichung durchführen

Das Verknüpfen dieser Verben vom Erkennen bis zum Nutzen des Wissens wird als Wissenskonjunktion bezeichnet wie die Darstellung in Abb. 1.4 verdeutlicht.

Durch ein organisiertes Wissensmanagement können nicht nur langfristig kürzere Produktlebenszyklen, die Wissensintensität und die Aktualität des Wissens gesteigert werden und zielsicher und schnell verfügbar gemacht werden sondern auch der Unternehmenswert dadurch eine Steigerung erfahren.

Die Bedeutung der Ressource Wissen wird durch die fortschreitende Globalisierung, die sich zügig verändernden Informations- und Kommunikationstechnologien und dem Wandel der Wissensgesellschaft rasant verändert. Dadurch führt eine verkürzte Wertschöpfungskette im Unternehmen und ein schlankerer Produktprozess zu der schon angesprochenen Unternehmenswertsteigerung. Diese Werte sollen erfasst, strukturiert, ständig auf dem Laufenden gehalten und jeder Zeit gut zugänglich gemacht werden.

Auch andere Faktoren, wie Analyse von neuen Produkten, von der Vorentwicklung bis hin zur Fertigung und Qualitätsüberwachung in der Wertschöpfungskette sowie die aus diesem Prozess gewonnenen Assets und ihr Schutz für das Unternehmen tragen zur besseren Kosteneffizienz bei. Dies gilt es zu überwachen, unterstützen und zu begleiten von der ersten Idee über die Konstruktion, die Fertigung und dem Zusammenbau bis hin zur Anwendung beim Kunden und sein gezieltes Feedback für weitere Zusammenarbeit und neue Projekte.

Natürlich müssen der Unternehmer und seine Manager wissen, dass nicht nur Chancen für neue Märkte und wissensintensive Produkte und Dienstleistungen erwachsen sondern auch Gefahren wie schnelle Überalterung des eigenen Wissens und das Auftauchen von neuen und alten Marktbegleitern frühzeitig erkannt, identifiziert, analysiert und im geeigneten Wissenstool zur Entscheidung für eigene Projekte hinterlegt und verfolgt werden müssen. All diese Elemente zählen zur Definition des Wissensmanagement im Unternehmen und erfordern entweder eine gut organisierte Einheit oder ein gutes Delegieren an die verantwortlichen Fachabteilungen mit eigenen Wissenstools, die den Mitarbeitern aller Bereiche zugänglich gemacht werden. Eine Spezifikation mit der Festlegung der abteilungs- und bereichsübergreifenden Schnittstellen hilft Doppelarbeit zu vermeiden.

Im Innovationsprozess eines Unternehmens gehört das Technologiemanagement als wesentlicher Bestandteil des Wissensmanagement zu Kosteneinsparungen und Senkung der Fixkosten in einer Wertschöpfungskette. Insbesondere die Voraussetzung zur Schaffung von neuen Technologien und Prozessen, nämlich das Aufsuchen von Stand der Technik, das dem Unternehmen hilft Kosten zu sparen und Doppelentwicklungen zu vermeiden wird immer noch häufig missachtet.

Der Kerngedanke des Technologiemanagements in der heutigen Form besteht darin, dass man sich bei Beginn eines neuen Projektes möglichst nah an den Kundenanforderungen positioniert und alle Vorkehrungen trifft, das Ziel nach ökonomischen Gesichtspunkten zu erreichen. Diese Vorgehensweise verkürzt den Weg zum angestrebten Innovationsziel erheblich. Auch die Zusammenarbeit mit öffentlichen Institutionen wie Hochschulen, Technologietransferstellen und Partnern in eigenen oder geförderten Projekten erweitert das Know-how im Unternehmen. Die Anpassung der unternehmerischen

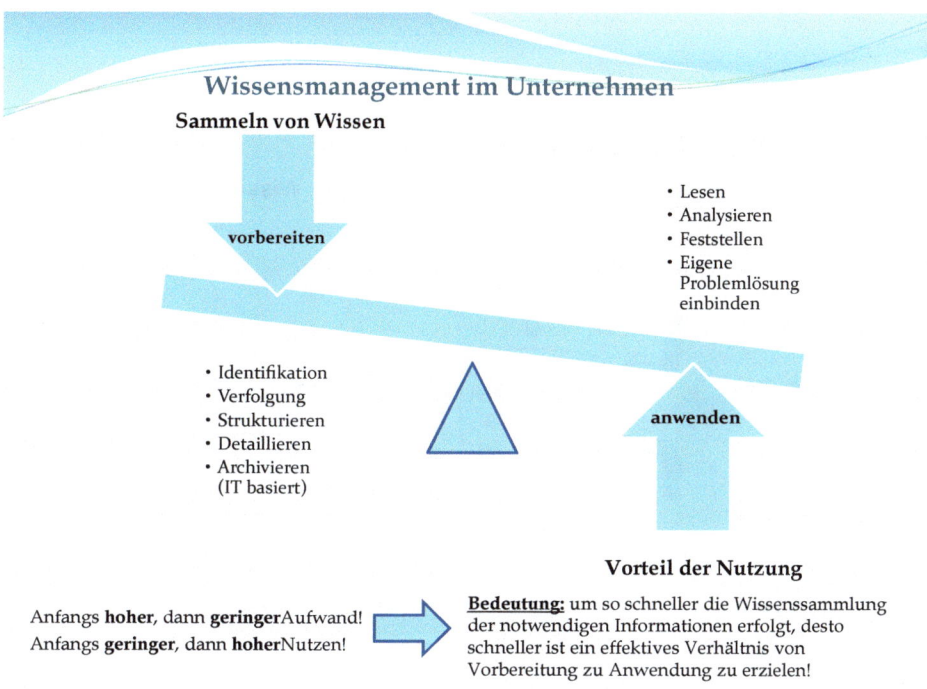

Abb. 1.1 Wissenssammlung und Wissensnutzung

Abläufe und Entscheidungen innerhalb eines Wertschöpfungsprozess ist ständig vorzunehmen, um die Vorteile der eigenen Technologieverfügbarkeit und des Einkaufs von Technologie miteinander in der Produktkette zu verknüpfen und uneingeschränkt nutzen zu können. Hierzu ist wieder das Wissensmanagement gefragt. Wie bereits ausgeführt setzt in diesen Fällen eine gute Struktur der Projekt- und Produktarbeit Maßstäbe für das Wissen und seine schnelle Verfügbarkeit zur Nutzung in Folgeprojekten.

In einem ersten Schritt wie zum Beispiel Aufbau einer Wissensdatenbank in einer Fachabteilung sind Wissensziele festzulegen und zu vereinbaren. Für die Fachabteilung Gewerblicher Rechtsschutz/Intellectual Property IP, Patente, know-how, Vertragswesen und Forschungszusammenarbeit mit Partnern, Wettbewerbern und Hochschulen, wird in den Kapiteln dieses Fachbuches versucht, anhand von Beispielen, Anregungen, Vorgehensweisen und Hilfsmitteln, Hilfestellung für ein Wissenstool zu geben.

Ziel ist es das Wissen im Patentprozess im Wissensmanagement des Unternehmens zu verankern und dort die Optimierung der Wissensverarbeitung, dem Wissensbedarf und dem Wissensangebot abzustimmen und zu verbessern.

Wissensziele erfordern generell die Identifikation, den Erwerb von Wissen, die Wissensentwicklung und Verteilung des Wissens sowie ihre anschließende strukturierte auf den Produktbereich zugeschnittene Archivierung und Nutzung, wie in Abb. 1.1 und 1.2 dargestellt.

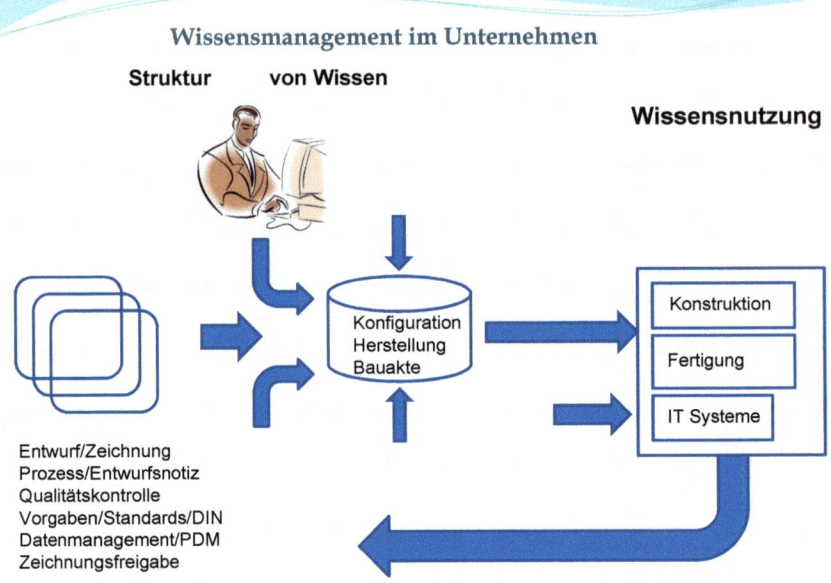

Abb. 1.2 Wissensstruktur

Auch die Bewahrung von gesammeltem Wissen je nach Einstufung der Wichtigkeit für neue Prozesse in der Wertschöpfungskette sowie die Bewertung für den Unternehmenswert stellen einen kaum zu schätzenden Wert für ein Wissensfeedback zur weiteren Nutzung dar.

Schon Albert Einstein hatte erkannt, dass der Fortschritt der Menschheit vom Austausch des Wissens lebt.

Die Säulen eines erfolgreichen Wissensmanagements stützen das Innovationshaus eines Unternehmens, dessen Innovationsprozess selbst bildlich gesprochen nur ein Stockwerk im größeren Ganzen des auf Innovationen ausgerichteten Unternehmens ist (Scholtissek 2009, S. 193 ff.). Es handelt sich um ein Gebilde, das in seinen Grundfesten die Kultur eines Unternehmens darstellt, unter dem Dach die Unternehmensstrategie und auf seinen Etagen die gesamten Bereiche einer Wertschöpfungskette im Sinne von Forschung, Entwicklung, sich daraus ergebenden und generierten Innovationen, die durch Schutz des know-hows im Gewerblichen Rechtsschutz, d. h. vorrangig das Patent- und Markenwesen, einhergehen. Das Thema Wissensmanagement, eine Managementfunktion, ist neben der Leistungsmessung, durch quantitative Innovationskennzahlen erreicht, dem Talentmanagements und dem Management externer Faktoren auf der Ebene 1, der ersten Etage, des Innovationshauses angesiedelt. Beispiele für Innovationskennzahlen sind in Abb. 1.3 dargestellt.

Wissensmanagement im Unternehmen

Qualitative und quantitative Innovations kennzahlen

- Aufwendungen für Forschung und Entwicklung im Verhältnis zum Umsatz
- Anzahl der Innovationsideen von Mitarbeitern beziehungsweise von Externen
- Zahl der Ideen pro Prozessschritt
- Anzahl der Patente (insgesamt, je Abteilung und je Mitarbeiter)
- Umsatzanteil der Produkte oder Services mit Markteintritt in den letzten 3 oder 5 Jahren
- Anteil der umgesetzten Ideen von Mitarbeitern/Externen
- Prozentuale Verteilung der Innovationen auf die Innovationsarten
- Erhöhung des Marktanteils durch Innovationen
- Absolute und prozentuale Kostenreduktion durch Prozessinnovationen
- Prozessdauer von der Ideengenerierung bis zur Marktdurchdringung
- Investitionen und Kosten pro Innovation

Abb. 1.3 Innovationskennzahlen. (Scholtissek 2009)

1.1.3 Der Handlungsspielraum im Wissensmanagement

Innovation ist heutzutage nicht nur Technologieverständnis und Anwendung sondern das Einbetten in ein funktionierendes Geschäftsmodell mit einem Mehrwert für Unternehmer und Kunden. Auch Barrieren im Wissensmanagement wie Zeitknappheit, Unkenntnis über den Wissensbedarf zum Patentwesen und der späteren Bewertung sowie fehlendes Bewusstsein und eine nicht definierte oder nicht bekannte Unternehmenskultur aus fehlenden Vorgaben müssen überwunden werden. Ebenso sollen Kriterien für Erfolgsfaktoren wie kooperative Führung, gegenseitiges Vertrauen, gute gezielte Kommunikation untereinander mit Einbindung der Mitarbeiter aller Fachbereiche in die Geschäftsprozesse einfließen.

Die Aufgaben des Wissensmanagement erstrecken sich auf alle Bereiche eines Unternehmens, eines Produktprozesses, einer Wertschöpfungskette, angefangen bei der Vorgabe und Unterstützung des Top Managements. Ein langfristiges Engagement mit der Unterstützung der Geschäftsführung und der Vorgabe der zukünftigen Missionen des Unternehmens sind ebenfalls unabdingbar für ein funktionierendes Wissensmanagement, zu dem eine ausgiebige Planung, Steuerung und Kontrolle des Wissenskreislaufs im jeweiligen Fachgebiet gehört. Es wird idealerweise ein Leitbild definiert und eine Führungskraft als Wissensmanager mit den Aufgaben und Funktionen zum gesamten Wissensmanagement im Unternehmen, ähnlich dem Risk Management, beauftragt. Die Verantwortung umfasst die Koordination aller Wissenselemente der Fachabteilungen, Strukturierung des Wissens in Fachwissen, projektorientiertes Wissen, Erkenntniswissen, Erfahrungswissen und Methodenwissen, die routinemäßige Datenpflege und die speziell erstellten Datenmengen wie beispielsweise Werkstoffdaten oder Patentdaten. Auch das systematische Ordnen zur späteren Akquise der individuellen Wissensdaten für ein neues Projekt oder die tägliche Arbeit in der Fachabteilung sind Koordinationsaufgaben des Wissensmanagers.

Die Informationsbereitstellung und die Datenpflege werden von den jeweiligen Fachbereichen verantwortet oder bereits so aufbereitet, dass diese in das Gesamtsystem übernommen werden kann. Alle Mitarbeiter arbeiten mit dem Verantwortlichen für Wissensmanagement eng zusammen, bringen ihre Ideen ein und lernen ihrerseits das System, die Fundstellen und den Abruf des Wissens für die laufenden Projektaufgaben kennen. In der Organisationsaufgabe für das Wissensmanagement spiegeln sich die im Unternehmen festgelegten und abgestimmten Abläufe, auch mit Kunden, Partnern und Lieferanten wider.

Die vereinbarte Teamstruktur auf Abteilungs- und Gruppenebene stellt sicher, dass neue Erkenntnisse, Ideen, Konstruktionen, Daten und Technologien der vorgegebenen Struktur zugeordnet werden und in dem Wissensgremium auf Unternehmensebene mit den jeweiligen Verantwortlichen zur Einarbeitung und Pflege freigegeben werden.

Das Zusammenspiel von Technologie, Mensch und Wissensorganisation ist neben der vorgegebenen Unternehmenskultur eine wichtige Säule zur Einführung von Wissensmanagement im Unternehmen. Dies muss als Teil der Geschäftsprozesse im Qualitätshandbuch des Unternehmens festgeschrieben sein.

Fazit Wissen

Mitarbeiterideen werden im Unternehmen genutzt,
um *Prozessstrukturen* zu schaffen,
damit *neue Produkte* entstehen zu lassen,
diese zu produzieren und *serienreif einzusetzen* und
Kunden zu helfen ihre Bedürfnisse zu erfüllen.
Damit wird *Wissen generiert*, das dem *Kunden und dem Unternehmen hilft*,
bei gezielter *Dokumentation und Anwendung*,
wertschöpfende Elemente zu schaffen und damit
Gewinne zu erzielen und die *Arbeitsplätze erhalten, ausbauen und sichern*,
um wiederum *innovative Ideen* zu generieren und nutzen zu können.

Wissen ist also die Grundlage für die Beziehung Kunde Unternehmen, das der Mensch Produkt Beziehung durch Organisation und Wertschöpfung hilft, eine Innovation zu schaffen und damit Gewinne zu erzielen und die Arbeitsplätze zu sichern, deren Mitarbeiter wiederum Erkenntnis- und Erfahrungswissen für neue Produkte einsetzen können.

1.1.4 Wissensarten einer projektorientierten Arbeitsweise

Zum projektorientierten Wissen gehört das Fachwissen, das sowohl während des gesamten Arbeitslebens durch die Mitarbeiter aufgebaut und in Produkte umgesetzt wie auch nach Ausscheiden aus dem Betrieb möglichst durch beratende Tätigkeit als Erkenntnis- und Erfahrungswissen dem Wissensmanagement in geeigneter Weise zugänglich gemacht wird. Dadurch ist oftmals einerseits der krasse Übergang vom Berufsleben in den Lebensabend der Mitarbeiter ein wenig abgefedert und andererseits für die Nachfolge im Unternehmen eine längere Einarbeitung mit Gewinn von zusätzlichen Erfahrungen sichergestellt. Dies trägt insgesamt zur Überwindung der Personalknappheit in der heutigen Globalisierungsrolle der Unternehmen und der Schließung von Ressourcenlücken bei.

Die Mitarbeiter haben durch persönliche und berufliche Bildung ihr Wissen erweitert und Einsichten über Wertqualitäten, Normen und Prinzipien gewonnen. Dieses Wissen, ausgerichtet am menschlichen Handeln, hilft zur Definition und Struktur des Wissensmanagement im Unternehmen, bleibt aber noch viel zu oft ungenutzt.

Die Verben, bewusst, verbalisierbar, diskutierbar, korrigierbar, transportierbar und hinterfragbar sind von jedem am Wissensprozess Beteiligten zu akzeptieren und anzuwenden, um Wissen für einen unabdingbaren Vorteil zu generieren, strukturieren und nutzbar zu machen. Auf diese Weise wird ein ganzheitliches System geschaffen, das am Ende des Prozesses und nach erfolgreicher Durchführung einer Wertschöpfungskette für ein Produkt geeignet ist die nachfolgenden Produkte schneller, sicherer, kundenorientierter und damit effizienter und kostengünstiger durchführen zu können. Die Akzeptanz aller Entscheider und Anwender wächst und nur bei Unterstützung konkreter Arbeitsabläufe ist der Nutzen eines Wissenstools quantifizierbar.

Abbildung 1.4 zeigt das Wissensmanagement im Innovationshaus Unternehmen mit dem Dach als strategische Ressource, dem Fundament, das die Vorgaben des Unternehmens und die Kultur beinhaltet sowie die fünf Stockwerke zur Wissensgewinnung, Wissensaufbereitung, Wissensstruktur, Wissensbedarf und Wissensnutzung.

Wendet man diese Verknüpfung auf das Schutzrechtsmanagement an so ergeben sich folgende Aktivitäten auf den einzelnen Stockwerken.

- *Organisation des Wissens – Wissen zuordnen*
  Prozess im Schutzrechtsmanagement definieren und in den Wissensmanagementprozess einbinden
  Daten zu Erfindung, Schutzrecht, Vergütung und Verwertung erfassen, verarbeiten und verknüpfen
  Schnittstelle zu den Fachabteilungen (interne Kunden) wie F&E, Fertigung, Marketing, Vertrieb etc. festlegen
- *Geschäftsmodell und Technologieverständnis – Wissen einbetten*
  Grundlagen des Ideengenerierens – Ideenliste
  Grundlagen des Erfindungswesens – Erfindungsmeldung, Stand der Technik
  Grundlagen des Schutzrechtsmanagements – Portfoliozuordnung, Anmeldestrategie
  Ablauf der Entscheidung zur Schutzrechtsanmeldung definieren

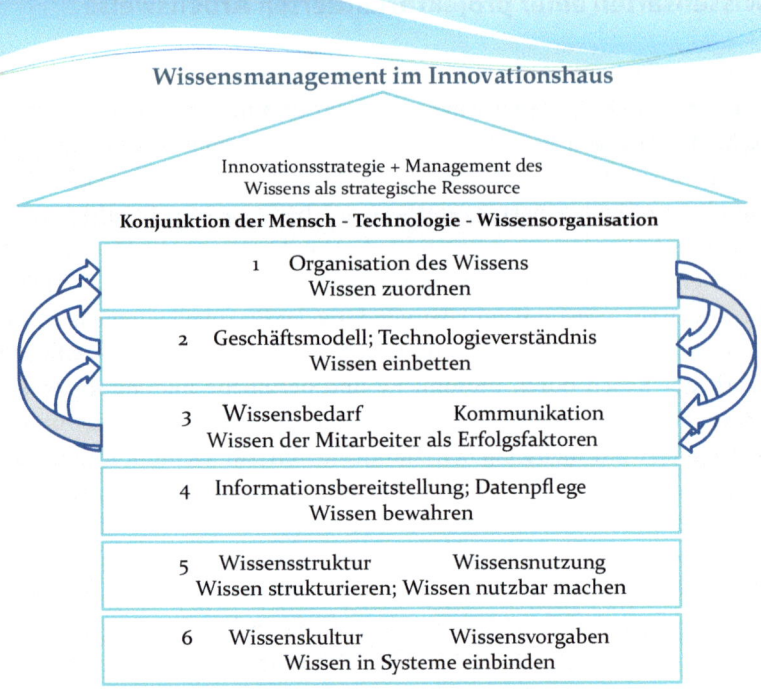

Abb. 1.4 Wissen im Innovationshaus Unternehmen – Wissenskonjunktion

- *Wissensbedarf und Kommunikation – Mitarbeiterwissen*
  Den Bedarf im Schutzrechtsmanagement festlegen; Datenelemente im Patentsystem überprüfen und gegebenenfalls ergänzen
  Kommunikation mit den internen Kunden (Bedarfsträger) und den einzelnen Erfindern direkt führen und als Bringschuld bzw. Holschuld festlegen
  Regelmäßiger Austausch von Wissen als Bindungsmaßnahme verstehen
  d. h. Unterstützung des Wissensfluss von Person zu Person unter Zuhilfenahme des Patentsystems und den Wissenswerkzeugen wie eigene Dateien, Verträge etc.
- *Informationsbereitstellung: Datenpflege – Wissen bewahren*
  Berichte aus den Patentsystemen für den internen Kunden erstellen
  Gemeinsames Festlegen der Kunde-Patentexperte win-win Elemente
  Relevante Daten erfassen, verfügbar halten und für spätere Aufgaben, wie Patentbewertung vorhalten und einpflegen
- *Wissensstruktur und Wissensnutzung*
  Patentwissen, insbesondere Ergebnisse aus dem Stand der Technik oder wiederkehrende Recheercheergebnisse aufbereiten, abstimmen und für die Unternehmensdatenbank zur Verfügung stellen

- Erfinder informiert halten
  Eigene Schutzrechte kommunizieren
  Fremdschutzrechte den Ansprechpartnern der Fachabteilungen zuleiten
  Die Vorgehensweise zur Archivierung und Nutzung kann durch das Balanced Score Card Modell als effizientes Steuerungselement unterstützt werden (Kaplan und Norton 1997)
- *Wissensvorgaben und Wissenskultur*
  Unternehmens- und Bereichsvorgaben wie Missionen, Strategien, Geschäftsmodelle und neue Produktdefinitionen berücksichtigen und beachten
  Schutzrechtsprozess in die Unternehmensprozesse integrieren und Schnittstellen definieren

1.2 Produkt- und Wertschöpfungskette als Wissensmodell

Beschreibung eines fiktiven Produktprozesses als Beispiel Die in den Abb. 1.5, 1.6 und 1.7 dargestellten fiktiven bzw. anonymisierten Prozesse für die Produktion von Teilen, Baugruppen, Neubau oder Modifikationen und Instandsetzungen, sollen hier kurz beschrieben werden. Die Einflüsse des gewerblichen Rechtsschutz auf die Schritte zur Projektbegleitung wie Gebrauchsmuster, Schutzrechte, Geschmacksmuster, Geheimhaltungsabreden, Vertragsaspekte mit Partnern und Zulieferern sowie urheberrechtliche Voraussetzungen sind in der weiter unten dargestellten Tabelle zusammengefasst und in den einzelnen Abschnitten kurz beschrieben.

Es gilt in jedem Projektabschnitt mit den verantwortlichen Rechtsberatern und dem Einkauf im Unternehmen sowie den Technologie- und Entwicklungsverantwortlichen zu prüfen, ob alle Voraussetzungen im Vertragswesen und die nötigen Geheimhaltungsabreden zum jeweiligen Projekt getroffen wurden. Leider gehen immer wieder Firmenangehörige ohne zu prüfen, davon aus, dass diese Vereinbarungen ja sicher schon lange von jemandem gemacht wurden. Ein sogenannter Double Check hilft große Unannehmlichkeiten beim Nachverhandeln und im schlimmsten Fall den Verlust von Geistigem Eigentum zu vermeiden.

Abbildung 1.5 zeigt einen Ablauf für eine fiktive Produkt- und Wertschöpfungskette zur Projektplanung eines neuen Produktes. Von der Projektidee, die entweder als Notwendigkeit aus einem Kundenverhältnis oder als Forderung des Marketing in Zusammenarbeit mit den Fachabteilungen des Unternehmens hervorgeht, wird definiert und angenommen. Die betreffenden Abteilungen oder Bereiche im Unternehmen sowie die Geschäftsleitung kauft den ausgearbeiteten Vorschlag ab und dieser wird die Basis für den Produktentstehungsprozess. Im nächsten Schritt soll die Entwicklung Ideen aus dem vorhandenen Wissen und zusätzlichen Vorschlägen zur Realisierung zusammentragen und deren Machbarkeit prüfen. In Zusammenarbeit mit den Patentverantwortlichen wird eine Zusammenstellung von Merkmalen der technischen Lehre erarbeitet, mit denen entweder

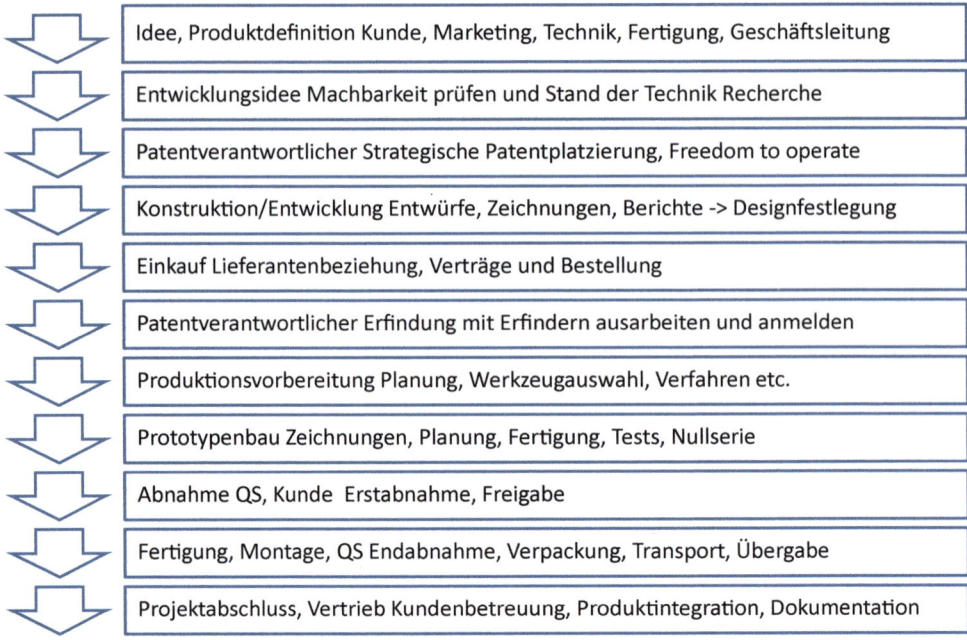

Abb. 1.5 Ablauf für eine fiktive Produkt- und Wertschöpfungskette

intern oder extern eine Patentrecherche durchgeführt wird. Das Ergebnis wird entsprechend analysiert und damit ermittelt, ob Entwicklungshandlungen mit dem erarbeiteten Design uneingeschränkt durchgeführt werden können. Näheres hierzu wird in Teil II, Punkt 4 unter dem Terminus „Freedom to operate" erklärt. Bei Vorliegen einer schutzfähigen Erfindung wird diese strategisch in das Produkt- und Bauteilportfolio aufgenommen, um später eine entsprechende Zuordnung machen zu können.

Nach weiteren Entwicklungsschritten werden Entwürfe, Zeichnungen, technische Berichte bis hin zum sogenannten Design freeze, der Designfestlegung, erstellt und in den Systemen für alle internen Kunden freigegeben. Insbesondere der Einkauf kann auf dieser Grundlage und nach der Entscheidung Make or Buy, also im Unternehmen herstellen oder durch Dritte herstellen lassen, die Ausschreibungen an die Lieferanten zur Angebotserstellung versenden. Für die endgültige Lieferantenbeziehung gilt auch hier wieder die vertraglichen Grundlagen zu vereinbaren, um das know-how des Unternehmens zu schützen und eine Festlegung für den Besitz des geistigen Eigentums zu treffen. Inzwischen können in einem parallelen Vorgang auch die Erfindungen aus dem neuen Design bereits zu schutzfähigen Formulierungen und die Ausführungsformen mit Hilfe von Skizzen und Zeichnungen geführt werden. Der Einkauf ist ein entscheidender Erfolgsfaktor im Unternehmen, er soll die Beschaffungsaktivitäten wertorientiert gestalten, indem er mit der Ressource Zeit verantwortungsvoll umgeht, die Qualität der Lieferanten gewissenhaft überprüft und dabei einen angemessenen Kostenfaktor für die Projekte im Auge behält.

1 Wissenssicherung im Ideen- und Erfindungswesen ... 17

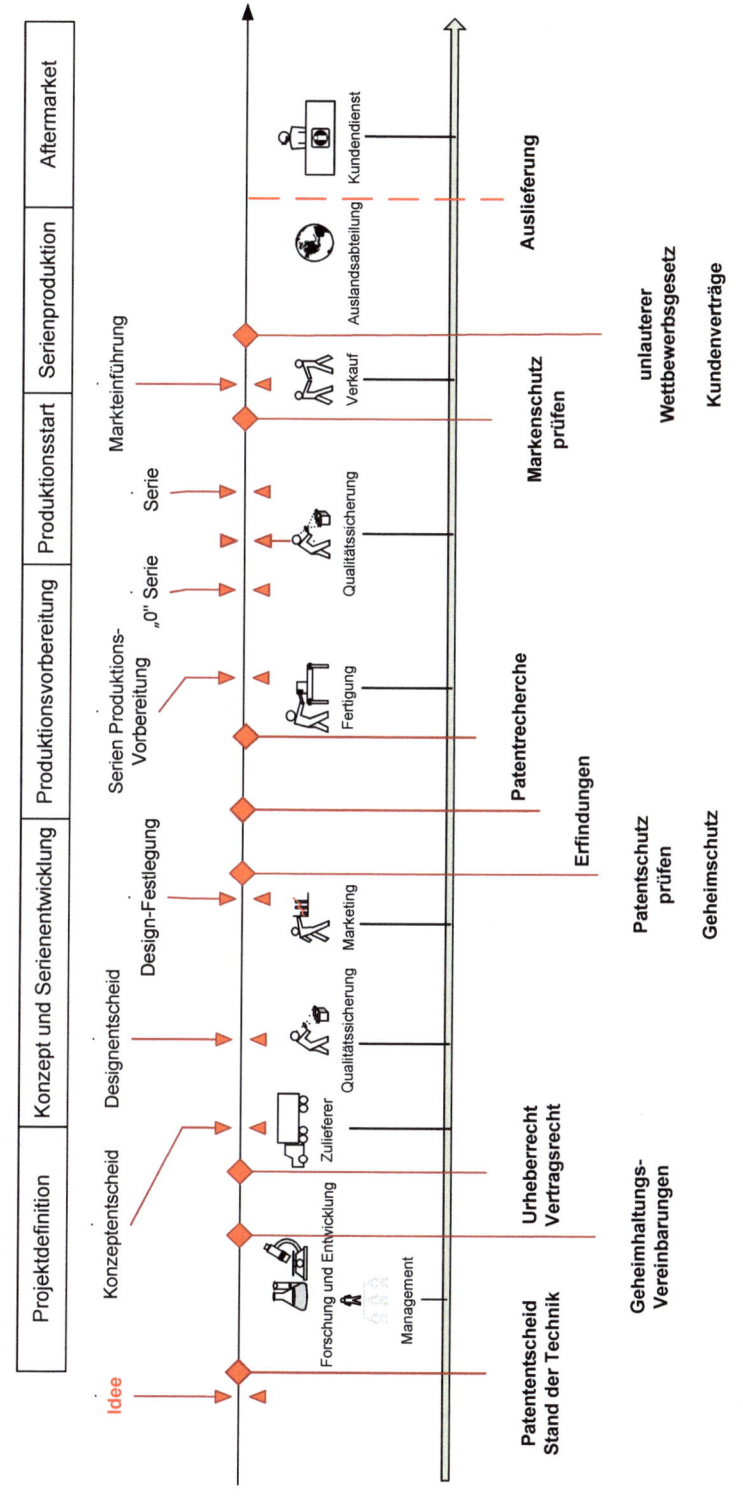

Abb. 1.6 Produktentstehungsprozess mit Elementen des gewerblichen Rechtsschutz. (Vgl. Mohnkopf, Kulik Vorlesungsskript bbw Hochschule Berlin, Lernportal TiM, 2013)

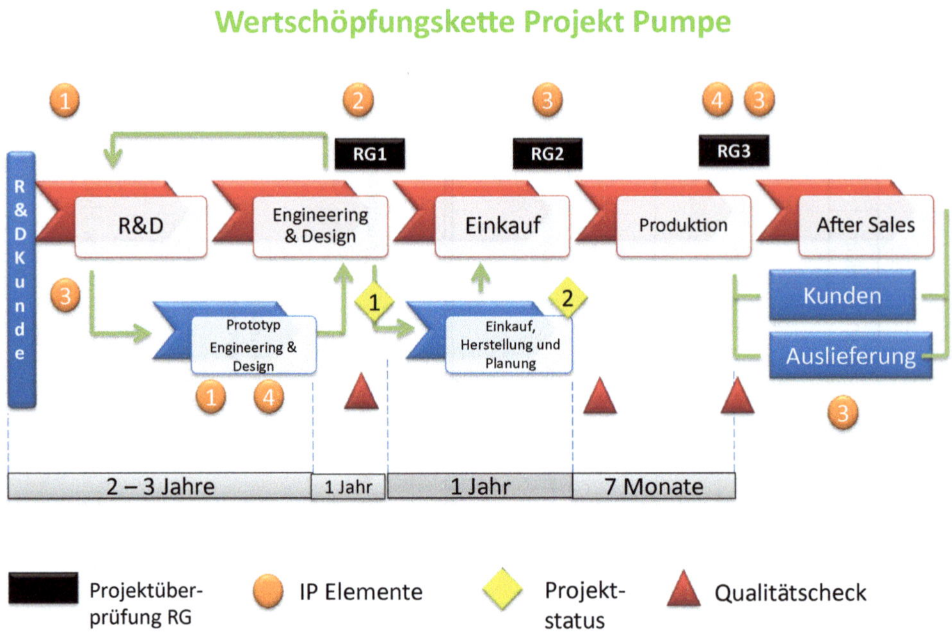

Wertschöpfungskette Projekt Pumpe

Abb. 1.7 Fallbeispiel Wertschöpfungskette anonymisiertes Projekt Pumpe

Dies ist im Hinblick auf die Innovationen im Unternehmen und die Produktentstehung, Produktentwicklung und Produktion von großer Bedeutung, da die Einkaufsstrategie stets als Funktion von der Unternehmensstrategie abgeleitet und in Zusammenarbeit mit den betreffenden Fachabteilungen kontrolliert werden muss. Zu einem erfolgreichen Lieferantenmanagement gehört es auch das Innovationspotential und die Wertschöpfungsreserven der Zulieferer vollständig auszuschöpfen und damit die Wettbewerbsfähigkeit sicherzustellen.

Die weiteren Projektschritte wie die Prototypen- und Produktionsvorbereitung werden ebenfalls von den Patentverantwortlichen begleitet, um zeitnah die anfallenden Schutzrechte zu identifizieren und die Erfinder beraten zu können. Nach dem Prototypenbau und der Erstabnahme sowie der Produktionsfreigabe kann die Fertigung beginnen und weitere Schritte, die hierzu notwendig sind je nach Projekt vereinbart werden.

Auch die Kundenbetreuung nach der Auslieferung ist je nach Vertrag eine weitere Aufgabe des Herstellers bzw. des Produktlieferanten. Oftmals ist eine Mitwirkung zur Produktintegration notwendig und Angelegenheit des liefernden Unternehmens. Hierzu sind die vertraglichen Voraussetzungen auch und insbesondere im Hinblick auf das geistige Eigentum von Wichtigkeit und finden Eingang in das Wissensmanagement zum Abruf bei ähnlichen oder gleichgelagerten Projekten.

Abbildung 1.6 zeigt einen Produktentstehungsprozess von einer Idee über die Projektdefinition, die Produktion und Serienauslieferung bis hin zum Service und der

Verbesserung der Produktqualität im Prozess nach Markteinführung, in die die wichtigsten Elemente des gewerblichen Rechtsschutz eingearbeitet sind. Diese Darstellung soll unter anderem als Grundlage für eine studentische Arbeit dienen und Hilfestellung zur weiteren Ausarbeitung sein. Die Elemente Stand der Technik Recherche, Geheimhaltungsvereinbarungen, vertragliche Grundlagen, Erfindungen, Gebrauchsmuster, Patente, Geschmacksmusterschutz, Geheimschutz, Markenschutz, Gesetz über den unlauteren Wettbewerb und Urheberrecht sind hier nur beispielhaft angegeben und können in jedem Schritt in der Produktionskette wiederholbar eingesetzt werden.

Abbildung 1.7 zeigt ein anonymisiertes Praxisbeispiel zur Entwicklung und dem Bau einer Pumpe für die Versorgung eines Wasserspeichers mit Angaben zum zeitlichen Durchlauf, ihren Projektüberprüfungspunkten und den realen Aktionen zum gewerblichen Rechtsschutz, kurz IP Elemente.

Nachdem die Entwicklung nach Angaben und Wünschen des Kunden einen Vorschlag unterbreitet hatte, wurde eine Patentrecherche nach Vorgaben durchgeführt (Nr.1 in Abb. 1.7), die auch an anderer Stelle noch einmal wiederholt wurden, um die rechtliche Freiheit, Freedom to operate, zur Durchführung des Projektes zu besitzen.

Nr. 2 in Abb. 1.7 zeigt nach der Festlegung des Designs einen Patentcheck, der die Unterschiede zwischen dem vorherigen Design und dem neuen Design beinhaltet. Hier wurde nach schutzfähigen Elementen gesucht und daraus entstanden drei Erfindungen je eine zur Vorrichtung, zum Material und zum Verfahren einer Oberflächenbeschaffenheit.

Die Nr. 3 in Abb. 1.7 repräsentiert jeweils eine Vertragsvereinbarung mit dem Kunden und den externen Partnern im Projekt, in diesem Falle einer Hochschule, die vordefinierte Tests als Auftragsforschung im Rahmen der Serienvorbereitung durchgeführt hat.

Gemäß Nr. 4 der Abb. 1.7 wurden Geheimhaltungsvereinbarungen mit Lieferanten geschlossen und vertragliche Aspekte zur Benutzung von Altschutzrechten und die Behandlung von Neuschutzrechten geregelt. In diesem Falle hatten die Vertragsparteien darüber Einigkeit erzielt, dass dem Auftraggeber die Rechte ausschließlich zustehen und der Auftragnehmer ein Nutzungsrecht für Dritte nur nach individueller Genehmigung bekommt.

Die Projektüberprüfungspunkte, Raute 1 und 2, beinhalteten ebenfalls Checklisten mit Dritten im Projekt und fanden jeweils nach dem Einfrieren des Designs und der Erstfreigabe des Kunden zur Produktionsplanung statt.

Die internen Überprüfungen, Rechtecke RG 1 bis RG 3 sind zustimmungspflichtige Voraussetzungen zur Weiterführung des Projekts, die unnötige Verzögerungen und Kosten vermieden haben.

Elemente des gewerblichen Rechtsschutz in einzelnen Wertschöpfungsphasen In der folgenden Tabelle sind einige Elemente und Aufgaben des Gewerblichen Rechtsschutz aufgeführt, die in den vorrangigen Produktphasen von Wichtigkeit sind und sowohl den Patentmanagern wie auch den Projektleitern Hilfestellung bei der Sicherung der Innovation entlang der Wertschöpfungskette geben sollen.

Elemente des gewerblichen Rechtsschutz

Wertschöpfungsphasen	Elemente bzw. Aufgaben
IDEENPHASE Neue Produktidee	Technik- und Patentrecherche mit Ideenschutz durch Patent oder Gebrauchsmuster als Schutzrecht (Umfang des Verbietungsrechts), mit Urheberrecht, Geheimschutz, absoluter Neuheitsbegriff, „Erfindungshöhe", gewerbliche Anwendbarkeit sowie weltweiter Patentschutz
KONZEPTPHASE Vorentwicklung, Konzeption und Nachforschungsaufträge	Weitere Recherchen sowie erste Voranmeldungen zu Patentrecht, Gebrauchsmusterrecht, Urheberrecht, Geheimschutz, Geschmacksmusterschutz, Sortenschutz, sowie Muster- bzw. Designschutz
ENTWICKLUNGSPHASE Produktentwicklung und Konstruktion mit Patentanmeldung und Testen des Produkts als Prototyp	Patentrecht, Gebrauchsmusterrecht, Urheberrecht, Geheimschutz, Geschmacksmusterschutz, Sortenschutz, Muster- bzw. Designschutz
FERTIGUNGSPHASE Produktion bzw. Fertigung des Produktes	Produktions- und Lieferantenverträge neben Patentrecht, Gebrauchsmusterrecht, Urheberrecht, Geheimschutz, Geschmacksmusterschutz, Sortenschutz, Muster- bzw. Designschutz
MARKTEINFÜHRUNG Auslieferung des Produktes an Kunden, Vertrieb, Vermarktung	Wettbewerbsrecht, Kundenverträge, Patentüberwachung, Lizenzverträge

1.3 Erfolgsfaktor Wissen

Die Herausforderungen im heutigen Informationszeitalter liegen unter anderem darin, dass wirtschaftlicher und betrieblicher Erfolg eines Unternehmens, immer mehr vom richtigen Umgang mit Informationen abhängt. Der Zugang zu Informationen ist einerseits leichter, breiter und billiger geworden, dagegen ist auf der anderen Seite die Menge der zur Verfügung stehenden Daten so groß, dass die Auswahl, Bewertung und Verwendung von Informationen in Entscheidungen des beruflichen Alltags immer mehr Aufwand und Zeit erfordert. Der Einsatz von modernen softwaregestützten Informationssystemen erleichtert heutzutage die Umsetzung von Unternehmensstrategien maßgeblich, ganz besonders in Bereichen wie der Forschung und Entwicklung (F&E). In diesem Zusammenhang tritt der Erfolgsfaktor Wissen in den Vordergrund einer wiederkehrenden Prozesskette und der Wertschöpfungskette eines Unternehmens. Die Auseinandersetzung mit Informationen aus Schutzrechten insbesondere aus Patentschriften gibt Aufschluss über wirtschaftliche und technische Entwicklungen im jeweilgen Technologiegebiet sowie über die F&E-Leistungen konkurrierender Unternehmen. Zudem lassen sich Rückschlüsse auf die Effizienz der eigenen F&E-Politik ziehen und ermöglichen außerdem wertvolle Anregungen für neue eigene Entwicklungen und Strategien. Innovative Unternehmen sollten sich stets Informationen über globale Entwicklungen verschaffen, um immer auf dem neusten Stand der Technik zu sein. Dadurch kann vermieden werden, dass unter hohem Kostenaufwand „das Rad neu erfunden" wird. Durch Mehrfachentwicklungen verlieren Unternehmen viel Geld und Zeit, was durch eine im Vorfeld angefertigte Recherche in und nach Patenten vermieden werden kann. Gewonnene Erkenntnisse aus Patentinformationen erlauben dem Unternehmen sich auf einfache und kostengünstige Weise über weltweite Entwicklungen am Markt zu informieren und so auf die Aktivitäten der Wettbewerber zu reagieren. Zudem sind Patentinformationen ein wichtiger Faktor um Konflikte mit anderen Patentinhabern zu vermeiden. Wird ein fremdes Patent verletzt, kann vom Patentinhaber Schadensersatz gefordert werden und im schlimmsten Fall drohen sogar strafrechtliche Folgen.

Aus diesen Gründen ist es für innovative Unternehmen von großer Bedeutung, sich mit einer Sammlung, Strukturierung und Archivierung von Wissen, das für die eigenen Tätigkeiten un Projekt- und Produktaufgaben wichtig ist, in regelmäßigen Abständen zu beschäftigten. Im Zeitalter der Informationsgesellschaft besteht das Hauptproblem der Schutzrechtsüberwachung und die damit verbundene Gewinnung von Patentinformationen nicht mehr darin, an Informationen zu kommen, sondern zu entscheiden, welches die richtigen Informationen sind, sie zu analysieren und mit bestehendem Wissen zu neuem Wissen zu verknüpfen und dafür zu sorgen, dass diese neuen Informationen und das neue Wissen tatsächlich genutzt werden (Mohnkopf und Klotz 2007).

Die Gewinnung, Aufbereitung und Auswertung von Patentinformationen erfordert heutzutage eine durch Software unterstützte Lösung. Grund hierfür ist die Menge der zur Verfügung stehenden Informationen. So sind derzeit rund vier Millionen Patente in Kraft und dazu werden jedes Jahr zirka eine Million Patentschriften neu veröffentlicht. Im folgenden werden die Grundlagen im Bereich des gewerblichen Rechtsschutzes dargestellt, Begrifflichkeiten geklärt und die Bedeutung des Wissensgebietes nachgewiesen. Zudem werden ausgewählte Schutzrechte vorgestellt und Patentstrategien und -funktionen beschrieben. Im weiteren Verlauf wird der Aufbau von Patentdokumenten und -schriften aufgezeigt und welche Informationen aus den Patentschriften gewonnen werden können. Wissensmanagement wurde für den Übergang von der Industrie- auf die Wissensgesellschaft propagiert. Es ist aber in der vereinfachten Form des automatisierten Wissens als gescheitert anzusehen. Die sich schon länger abzeichnende Aufgabe, das stetig zunehmende Wissen als Gesamtheit aller organisierten Informationen und ihrer wechselseitigen Zusammenhänge zu verstehen und für vernunftbegabte Systeme zu jeder Zeit an jedem Ort zur Verfügung zu haben, besteht aber fort. Die IT-Welt schafft heute bei der Informationsbereitstellung und Informationsverarbeitung die Grundlage, dass neues Wissen in den Köpfen der Menschen entstehen kann. Der Mensch steht wieder im Mittelpunkt, die IT-Systeme unterstützen ihn. Aus Expertendiskussionen in verschiedenen Foren wurden die Kluft zwischen zunehmenden Informationen und abnehmender Zahl der für technologiegetriebene Unternehmen ausgebildeten Mitarbeiter, die Ausbildungslücke in Form von nicht unmittelbar anwendbaren Universitätsabschlüssen sowie die Unverträglichkeit der eingeführten Managementverfahren für den Erhalt und den Aufbau von nachhaltigem Expertenwissen festgestellt. Die Probleme bestehen insbesondere in Großbetrieben, während in den klein- und mittelständischen Unternehmen der Wissenstransfer durch flachere Hierarchien und eine andere Unternehmenskultur häufig reibungsloser läuft. Herausforderung hier ist eher die risikobelastete Unternehmensnachfolge, wodurch volkswirtschaftlich wichtige Wissensressourcen in Gefahr geraten. Eine mögliche Synthese aus den aufgeworfenen Fragen und Pilotvorhaben muss noch ausgelotet werden. Überall geht ein frühes Ahnen dem späten Wissen voraus, also auch dem Wissen, wie mit der Fragestellung umgegangen werden und wie die Probleme gelöst werden sollen. Sollte man Großbetriebe in verantwortliche, teils selbstorganisierte Einheiten aufteilen und damit einen Schritt nach vorn in Richtung Wissensoptimierung gehen? Welche strukturellen Konflikte sind dabei zu erwarten? Soll man die heute unabdingbaren Managementverfahren im Hinblick auf ihre Eignung für den Produktionsprozess von Wissen überprüfen und anpassen? Kann man in Großbetrieben themenzentrierte Gruppen in einem sozialem Umfeld organisieren und damit den Zugriff auf Expertenwissen einschließlich des Kontextwissen optimieren? Welche Formen wären dazu geeignet? Wie steigert man nachhaltig den Substanzaufbau bei der Hochschulausbildung und in den Unternehmen? Welche Formen der frühen Kooperation und der betrieblichen Weiterbildung sind neu zu denken?

Wissensmanagement ist so alt, wie Wissen durch Menschen erstellt oder erworben wurde. Ohne die Vermittlung dieses Wissens wäre die Entwicklung der Menschheit nicht möglich geworden. Bis in die Renaissance hinein, war dieses Wissen überschaubar und vor allem als Bildung ganzheitlich, Kultur und Technik dabei umfassend verstanden. Die hohe Verbreitungsmöglichkeit von Wissen durch den Buchdruck führte zu einer Explosion und war nun unabhängig von persönlicher Begegnung über viele Grenzen hinweg möglich. Diese mediale Verbreitung mündet in die technische Revolution durch Computer seit den 1970-er Jahren. Die Ausdifferenzierung der wissenschaftlichen Systeme ließ den Gedanken eines universellen Weltverständnisses entstehen, Expertensysteme und Artificial Intelligence waren nun die großen Schlagworte, um Wissen zu managen. Leider führte die Überzeugung, menschliches Wissen ließe sich in Algorithmen vollständig abbilden, in eine Sackgasse. Auch heute – mit den exorbitanten Volumina in den Bibliotheken als Hort des kollektiven Gedächtnisses der Menschheit – hat sich daran noch nicht Grundsätzliches geändert. Gerade auch der ortsunabhängige und in Echtzeit mögliche Informationszugang über Inter- und Intranets hat trotz aller Erfahrungen diesen Zustand noch nicht nachhaltig verändert. Managementsysteme bzw. – lösungen werden in erster Linie technisch gedacht und in der Praxis von Mitarbeitern nicht umfassend genutzt, da sie meist nicht in Anreizsysteme integriert sind. Eine offene Austauschkultur kann hier zu nachhaltigen Lösungen führen. Beide – technische und kulturelle Grundlagen – werden künftig nur gemeinsam zu einem erfolgreichen Wissensmanagement beitragen können.

Durch ständige und vor allem schnellere Änderungen des Unternehmensumfeldes besteht das Ziel von Unternehmen vermehrt darin, das Wissen als einem von sechs Grundbedürfnissen systematischer zu nutzen. Nahrung, Gesundheit und Lebensalter, Wohnung und Lebensumfeld, Sicherheit, soziales Umfeld und eben auch Wissen bilden die Grundbedürfnisse (Zentralverband Elektrotechnik und Elektroindustrie, ZVEI,1993). Aber nicht nur explizit theoretisches Wissen, sondern vor allem das kontextspezifische Wissen der Mitarbeiter hat zunehmend hohen Wert, weil es als implizites Wissen den Komplexitäten im Unternehmen am besten begegnen kann, ohne Komplexität reduzieren oder auflösen zu müssen und damit die innere Verbindung von Prozessen außer Acht zu lassen. Dazu aber ist eine Vernetzung der Akteure notwendig, die auf technischer Basis erst eine Ordnung der Vernetzung ermöglicht. Mit Hilfe von digitalen Informationstechnologien müssen Unternehmen auch nicht zwingend zentralistisch gestaltet werden, sondern können ein Netzwerk dezentraler Einheiten bilden, das sie erst wirklich in die Lage versetzt, vorliegendes Wissen zu nutzen (Stichworte Matrixorganisation und flache Hierarchien). Wissensbasierte Unternehmen erfordern auch eine Weiterentwicklung der Organisations- und Kommunikationsstrukturen. Das Gesamtsystem besteht aus den Teilen Mensch, Technik und Ordnungsstruktur. Während technische Lösungen jedoch meist dem Leitbild folgen, organisationale Abläufe und Strukturen abzubilden und zu optimieren, ist der Fokus eines sozialen Wissensmanagements auf den informellen Austausch von Expertenwissen im Sinne der Generierung von neuen Ideen – Stichworte Kreativität und Innovation – gerichtet. Dafür werden experimentelle Lernorte und Freiräume gebraucht, in denen vor allem divergierende Sichtweisen gespiegelt werden können, um Schnittstellen für andere Interpretationen und Erfahrungskontexte herstellen zu können. Diese Freiräume – wie z. B Communities of Practice (CoP) – sind mit Vor- und Nachteilen verbunden. Vorteile sind in diesem Zusammenhang in erster Linie die Anpassungsfähigkeit von Wissen an lokale Arbeitsprozesse, die Weiterentwicklung von Kompetenzen und Entwicklung von neuen Ideen auf einer flexibleren Grundlage als reine Geschäftseinheiten bieten können. CoPs stiften aufgrund ihrer auf den Menschen gerichteten Konzeption höhere Identifizierungen mit dem Unternehmen und sind gerade bei hohen Fluktuationen von Personal relevant. Nachteilig können sich Nicht- oder Mehrdeutigkeiten in den Zielsetzungen aufgrund des informellen Charakters auswirken. Zudem kann es zu Verständnisproblemen vor allem mit Leitungsebenen kommen. In streng hierarchisch organisierten Unternehmen sind solche Freiräume oft nur von Arbeitnehmerseite erstrittene Zugeständnisse und werden nicht artspezifisch für Innovationen als zukunftsgerichtete Größen optimal eingesetzt (Lehnert 2010).

1.4 Der Weg zum zeitlichen Wettbewerbs-Monopol

1.4.1 Ideengenerierung und Ideensicherung

Viele Mitarbeiter in den Fachabteilungen Vorentwicklung, Konstruktion und Entwicklung, Fertigungsvorbereitung, Fertigungsverfahren, Fertigungsprozesse und Herstellung haben tagtäglich aufgrund ihres Erkenntniswissens und Erfahrungswissens gute Ideen und oft auch schon erfinderische Elemente zur Neukonstruktion oder Modifikation von Bauteilen, Baugruppen, Prototypen, Produkten und Verfahren. Oft aber bleibt es leider bei den spontanen Ideen, weil sie nicht ernst genug weiterverfolgt werden oder gar bereits als nicht so wichtig beziehungsweise als irrelevant eingeschätzt werden. „Hat doch sicher schon jemand so gemacht" oder „Ist doch sicher nicht mehr schutzfähig" sind die meisten Argumente, wenn man als Experte im Patentwesen nachfragt.

Um jede sogenannte kleine Erfindung erst einmal zu dokumentieren, ist es erforderlich, die Kollegen der Fachabteilungen zu informieren, zu schulen, sie zu unterstützen und ihre Hilfe zur Verfolgung der guten Ideen anzubieten. Dies bedarf nach einer Phase der Information über die Patentarbeit im Unternehmen einer intensiven Aus- und Weiterbildung zur Erstellung von möglichst umfassenden Erfindungsmeldungen. Dies kann im Rahmen einer kurzen Abteilungs- oder Teambesprechung ebenso wie in speziell angesetzten Kreativworkshops oder auf Ideengenerierung ausgerichteten Besprechungen erfolgen.

Sicher führt nicht jede Idee zu einer Patentanmeldung oder ist schon früh als sogenannter Blockbuster zu erkennen, aber nicht selten wird durch gemeinsames In Frage stellen, Hinterfragen und durch bohrendes Nachfragen bei den Spezialisten erst der Kern der Erfindung erkannt. Selbst in Interviews mit dem Patentanwalt nach der Vorbereitung kann klarer werden, welche Merkmale der Erfinder im einzelnen noch erfunden hat.

Aus der praktischen Erfahrung geht hervor, dass in jedem neuen Projekt eine Reihe von Ideen entstehen, die auch wenn sie nicht schutzfähig sind, zum Erfolg des Ganzen beitragen. Gerade im Material- und Werkstoffwesen führt eine Änderung oder Neueinführung, die schutzfähige Elemente beinhaltet, zu einigen weiteren Erfindungen in der Anwendung und Nutzung des neuen innovativen Materials. Hier kann als Beispiel das Thema „Anwendung von Composites in der Automobil- und Luftfahrttechnik dienen. Gerade derzeit und im Blick auf zukünftige Anwendungen der Hybridtechnologie geht es immer um Gewichtseinsparung und somit um Energiegewinnung und -rückgewinnung.

Daraus kann geschlossen werden, dass es sich lohnt nicht nur eine Ideen- und Erfindungsliste zu führen sondern gerade in der Ideengenerierungsphase jede Idee zu erfassen, den Urheber bzw. Erfinder zu benennen und schließlich gemeinsam die Idee zur Erfindung oder zur Patentanmeldung führen.

Insbesondere in Besprechungen, Erfinderworkshops und Teammeetings zur Verbesserung von Produkten, Bauteilen oder Redesign Aktivitäten empfielt es sich die einzelnen neuen Ideen als geistiges Eigentum des Urhebers zu dokumentieren, um spätere Missverständnisse und Zuordnungsprobleme zu vermeiden. Auch in Besprechungen mit Lieferanten und Kunden kann diese Vorgehensweise neben einer entsprechenden Geheimhaltungsvereinbarung viel Ärger und Dissonanzen ersparen.

Ein standardisierter Vordruck wie im Beispiel in Kap. 2.1.3, **Abb.** 2.4 kann dabei sehr hilfreich sein.

Die folgende Zusammenfassung von Voraussetzungen für ein erfolgreiches Ideen- und Erfindungsmanagement sollen einen kurzen Abriss aus der Praxis und Hilfestellung bei dem Aufbaue einer Organisation geben.

Was muss auf der Arbeitgeberseite vorhanden sein?
*Unternehmensstrategie
*Technologiestrategie

*Produktstrategie
*IP Strategie
*Wissensmanagement Tool
*Aufbauorganisation und Ausrichtung
*Ablauforganisation
*Kontrollsysteme
*Ressourcen
*Gutes Vertrauensverhältnis zu den MA
Was muss auf der Arbeitnehmerseite bekannt sein?
*Bekanntheit der Prozesse
*IT Tools und Intranet
*Schulung der Mitarbeitererfinder
*Qualifizierungsgrad je nach Aufgaben
*Ideenmanagement
*Vertrauen in die MA der Patentstelle
*Gutes Vertrauensverhältnis zu den Vorgesetzten
*Anreizsystem/Vergütung/Incentives/Ressourcen
Was muss für eine Aufbauorganisation des Erfindungs- und Patentmanagements beachtet werden?
*Form
*Entscheidungsstruktur
*Externisierungsgrad
*Koordination interner, dezentraler und internationaler Aktivitäten
*Richtlinie für das Erfindungs- und Patentwesen und die Vergütung
*Verantwortliche für den gewerblichen Rechtsschutz in den Fachbereichen
*Gremien zur Steuerung und Vorbereitung von Entscheidungen
*Eine auf das Unternehmen bezogene Patentanmeldestrategie
Was ist für die Finanzierung der Kosten wichtig?
*Verfügbarkeit eines zentralen Budgets *oder*
*Kostenstellenzuordnung *oder*
*In welchen Bereich die Erfindung fällt, der übernimmt die Patentkosten *oder*
*Welcher Bereich für die Nutzung der Erfindung, bzw. das Schutzrecht, verantwortlich ist
Welche Schulungen Workshops oder interne Besprechungen zu welchen Themen sind hilfreich?
*Zur Ideengenerierung
*Zur Konzeptbewertung
*Zu Schutzrechtsumgehungslösungen
*Zur Identifikation von Wettbewerbern/Marktbegleitern
*Zur Entscheidung, ob Lizenzen vergeben werden
*Zur Lizenzpartnerermittlung und Auswahl von Lizenznehmern

Die hier aufgeführten Datenelemente und Vorschläge können nur Anregungen geben und haben keinen Anspruch auf Vollständigkeit.
Ist die Innovationskultur, die zum gewerblichen Rechtsschutz gehört bekannt?
*Vorgaben der Unternehmensführung
*Sind die Mitarbeiter motiviert?
*Sind die Mitarbeiter in den Patentprozess involviert?
*Haben die Schutzrechte einen bekannten Stellenwert?
*Ist der Zeitfaktor der Mitarbeiter für Erfindungen berücksichtigt?
*Ist der Patentsachbearbeiter Vermittler zwischen Entscheidungsträgern und Erfindern?
*Ist ein Vertrauensverhältnis zwischen Patentsachbearbeiter und Erfindern vorhanden?
*Hilft der Patentsachbearbeiter oder Spezialist dem Arbeitnehmererfinder?
Die Ablauforganisation im Schutzrechtsmanagement
*Identifikation und Generierung, das sog. Frontend der Assets, festlegen
*Integration von Patentsachbearbeitern in die Prozesse der Wertschöpfungskette des Unternehmens
*Patentsachbearbeiter müssen eine Schnittstelle im Arbeitsprozess der potentiellen Erfinder sein
*Prüfen der vorhandenen Prozesse des betrieblichen Vorschlagswesen und Verbesserungsprozesse auf Kompatibilität mit dem Erfindungsprozess bzw. diesen anpassen
*Umgang mit den Erfindungen vor der Erstellung eines Anmeldetextes
*Schutzbedürfnis der Assets des Unternehmens feststellen
*Systematischen Auswahlprozess der eingereichten Erfindungen festlegen
*Den Patentanmeldeprozess zur Nachanmeldung im Ausland festlegen
*Einsatz und Schnittstelle weiterer Gebiete des gewerblichen Rechtsschutz betrachten, z. B. Marken, Gebrauchs- und Geschmacksmuster sowie Urheberrechte
*Die Nutzung der Schutzrechte und des know-hows im Unternehmen erfassen, archivieren und nachverfolgbar machen
*Interne Verwertung, Produktanwendung, und externe Möglichkeiten festlegen
*Identifizierung von internen Lizenznehmern im Konzern
*Technologietransfer technisch, steuerlich, wirtschaftlich und vergütungstechnisch regeln

1.4.2 Der Weg zum Patent aus Sicht des Unternehmens

Innerhalb eines Unternehmens existiert oft eine Patentabteilung oder eine Patentstelle, die sich um alle Belange rund um das Patent kümmert. Sie ist erster Ansprechpartner bei einer Erfindung, arbeitet mit dem Erfinder und dem Patentanwalt, der den Patentanmeldetext erstellt, die Merkmale und Ansprüche bzgl. einer Erfindungsmeldung heraus, reicht die Patentschrift zur Anmeldung ein, reagiert auf Fragen der Fachprüfer, beantwortet den Prüfbescheid der Ämter und überwacht die termingerechte Gebührenzahlung zur Erlangung und Aufrechterhaltung von Patenten.

1.4.2.1 Die Diensterfindung

Bei Diensterfindungen besteht eine Meldepflicht. Das bedeutet, dass die Erfindung unverzüglich dem Arbeitgeber schriftlich gemeldet werden muss. Dabei ist kenntlich zu machen, dass es sich um eine Erfindung handelt. Die vollständige Erfindungsmeldung muss die in 2.1.1 bis 2.1.3 aufgelisteten Datenelemente enthalten. Ein zusammenfassender Überblick ist in Abb. 1.8 dargestellt.

1.4.2.2 Titel der Erfindung

Angaben zum Erfinder bzw. zu den Erfindern (Name, Anschrift, Erreichbarkeit im Unternehmen, jeweiliger Anteil an der Erfindung)
  Stand der Technik, von dem ausgegangen wird, würdigen
  Nachteile dieses Standes der Technik beschreiben
  Vorschläge, um diese Nachteile zu beseitigen detailliert beschreiben
  Vorteile der Erfindung herausstellen
  zuordnen der Erfindung zu den Produkten und im Schutzrechtsportfolio
  Angaben über Fremdrechte machen (ob Erfindung bereits außerhalb des Unternehmens angesprochen wurde, ob fremde Firmen beteiligt waren oder ob das Projekt, in dessen Rahmen die Erfindung entstand, mit öffentlichen Geldern gefördert wurde)

1.4.2.3 Angaben über das Zustandekommen der Erfindung

Sind an der Erfindung mehr als eine Person beteiligt, kommt im weiteren Verlauf die Regel der so genannten Bruchteilsgemeinschaft (§§ 741 ff. BGB) zur Anwendung. Dafür sind unter anderem die Angaben wichtig, wer welchen Anteil an der Erfindung hat. Ist die Erfindungsmeldung unvollständig hat der Arbeitgeber das Recht zur Beanstandung und er kann nach §§ 15 Arbeitnehmererfindergesetz Ergänzungen verlangen, insbesondere diese, die zur Schutzrechtsanmeldung oder Vergütungsbemessung notwendig sind, wofür es zwei Gründe gibt. Erstens garantiert nur eine vollständige und ausführliche Beschreibung der Erfindung ein weitreichendes oder sogar nur ein einfaches Schutzrecht, denn sobald eine Patentanmeldung, entstanden aus der Beschreibung des Erfinders, beim zuständigen Patentamt eingereicht wurde, kann nichts mehr hinzugefügt werden. Der Prüfer entscheidet nur aufgrund der Patentschrift, ob die Erfindung patentwürdig ist oder nicht. Deshalb sollte es immer ein persönliches Gespräch zwischen Erfinder und Verfasser bzw. Einreicher der Patentmeldung geben, um sämtliche Merkmale der Erfindung zu erfassen und in Worte umsetzen zu können. Zweitens soll jeder Erfinder entsprechend seiner Leistung vergütet werden, weshalb der Anteil des einzelnen Erfinders an der Erfindung, der Patentabteilung mitgeteilt werden muss. Ganz wichtig ist, dass für Arbeitnehmer und Arbeitgeber eine Geheimhaltungspflicht nach außen besteht. Bevor über eine mögliche Erfindung mit Dritten gesprochen wird, sollte vorab die Patentabteilung angesprochen werden, um gemeinsam zu prüfen, ob eine Patentanmeldung in Frage kommt. Durch die Geheimhaltungspflicht kann der Erfinder sicher gehen, dass seine Erfindung, trotz der Prüfung, nicht öffentlich wird. Dies gilt für freie Erfindungen und im besonderen für Diensterfindungen.

Unternehmen	Erfindungsmeldung	
		Eingangsdatum:

Kurztitel	Nummer
Suchbegriff	
Stellungnahme	IPC 1
	IPC 2

Ort: Datum:

An die Patentstelle

1. **Titel der Erfindung**
2. **Erfinder**

	1.Erfinder	2.Erfinder	3.Erfinder
Name (Titel)			
Vorname			
Personal Nummer			
Privat-Anschrift:			
Straße + Haus-Nr.			
PLZ Wohnort			
Staat			
Telefon (Privat)			
Abteilung.			
Staatsangehörigkeit			
Standort/			
Telefon (dienstlich)			
Anteil an der Erfindung [%]			

Sofern Personen außerhalb Ihrer Firma an der Erfindung beteiligt sind, sind diese unter Punkt 8 zu nennen. Bitte beschreiben Sie Ihre Erfindung entsprechend der Gliederung der Punkte 3 bis 6, sofern Sie Ihre Angaben nicht direkt in dieses Formular eintragen.

3. Von welchem **Stand der Technik** gehen Sie bei Ihrer Erfindung aus?
   (Ihnen bekannte Konstruktionen, Verfahren, Schaltungen, Patentschriften, Fachliteratur, firmeninterne Vorarbeiten, Versuchsergebnisse, Protokolle, etc.)
4. Welche **Nachteile** hat dieser Stand der Technik ?
5. Welche **Maßnahmen** schlagen Sie vor, um diese Nachteile zu beseitigen?
   Beschreibung der Erfindung (konstruktive Merkmale, Schaltung, Verfahren oder dgl.; bitte ausführliche Funktionsbeschreibung mit Zeichnungen, Skizzen, Schaltplänen, Versuchsberichten, etc.)
6. Welche **Vorteile** bringt Ihre Erfindung? (z.B. hinsichtlich Funktion, Kosten, Lebensdauer, Gewicht, Verschleiß, etc.)
7. **Die Erfindung ist**
   1. zuzuordnen zur Komponente/Bauteil :
   2. für Benutzung vorgesehen ab (Datum/Baumuster) :
   3. für geplante Entwicklungen von Bedeutung für

Abb. 1.8 Aufbau einer Erfindungsmeldung als Beispiel

1 Wissenssicherung im Ideen- und Erfindungswesen ... 29

8. Fremdrechte
Die Erfindung wurde bereits mit Dritten außerhalb der Firma besprochen: ?: ☐ Ja ☐ Nein
Wenn „Ja", am ... mit Herrn/Frau ... der Firma ...
Ist diese Firma an der Erfindung beteiligt?   ☐ Ja ☐ Nein
Falls die Erfindung im Rahmen eines mit öffentlichen Mitteln geförderten Projektes (siehe Pkt. 9) gemacht wurde, sind folgende Angaben zu machen :

Zuwendungsgeber :
Förderkennzeichen :
Titel des Projektes :

9. Angaben zum Zustandekommen der Erfindung

Die Erfindung wurde gemacht:	1. Erfinder	2. Erfinder	3. Erfinder
im Rahmen eines Entwicklungsprojektes an dem Sie mitarbeiten, wenn „Ja" welches ?	☐ Ja ☐ Nein	☐ Ja ☐ Nein	☐ Ja ☐ Nein
infolge der bei Firma... bekannten Mängel	☐ Ja ☐ Nein	☐ Ja ☐ Nein	☐ Ja ☐ Nein
- aufgrund der von Ihnen selbst erkannten Mängel	☐ Ja ☐ Nein	☐ Ja ☐ Nein	☐ Ja ☐ Nein
- im Rahmen eines geförderten Projektes an dem Sie mitarbeiten, wenn „Ja", welches ?	☐ Ja ☐ Nein	☐ Ja ☐ Nein	☐ Ja ☐ Nein
Haben Sie die Erfindung gemacht:	1. Erfinder	2. Erfinder	3. Erfinder
- aufgrund Ihnen beruflich geläufiger Überlegungen	☐ Ja ☐ Nein	☐ Ja ☐ Nein	☐ Ja ☐ Nein
- innerbetrieblicher Erfahrung, Anregung	☐ Ja ☐ Nein	☐ Ja ☐ Nein	☐ Ja ☐ Nein
- unter Verwendung teurer technischer Hilfsmittel, z.B. Werkzeuge, Versuchsreihen, Simulationsprogramme	☐ Ja ☐ Nein	☐ Ja ☐ Nein	☐ Ja ☐ Nein
	1. Erfinder	2. Erfinder	3. Erfinder
Dienstliche Stellung / Funktion			
Erlernter Beruf:			

10. Datenschutz

Ihre Angaben aus dieser Erfindermeldung werden bei der Patentstelle gespeichert und vertraulich behandelt.

Aus organisatorischen Gründen kann die Verknüpfung dieser Daten und Ihrer bei der Personalabteilung gespeicherten Personaldaten erforderlich werden.

Unterschrift(en) des/der Erfinder(s):

_____   _____   _____

1. Erfinder   2. Erfinder   3. Erfinder
  Name :   Name :   Name :

Abb. 1.8 Forsetzung

1.4.2.4 Die Erfindungsmeldung (EM)

Grundlage einer jeden Patentanmeldung ist die Erfindungsmeldung bzw. die vorläufige Erfindungsdefinition. Deren Inhalt bildet die Grundlage für die weitere Bearbeitung der Erfindung. In der Erfindungsmeldung muss das vertiefte Verständnis des Erfinders zu Papier gebracht werden. Bloßes Aufzählen der sichtbaren Merkmale durch Bild und Text reichen oft nicht aus, um den Kern der Erfindung offen zu legen. Es muss ein direkter Zusammenhang zwischen den erfindungswesentlichen Eigenschaften und den dafür unerlässlichen Merkmalen erkannt werden. Dies wird durch ein persönliches Gespräch zwischen dem Patentingenieur der Patentabteilung und dem Erfinder erreicht. Ziel ist es, dem Patentanwalt eine tiefe Einsicht in die Erfindung und deren Charakteristika zu gewähren, damit er die notwendigen Kenntnisse bekommt, um eine Erfindungsmeldung bzw. eine Patentanmeldung zu verfassen, die alle Merkmale der Erfindung widerspiegelt.

Kurzbeschreibung zum Vordruck Abb. 1.8 In der Praxis hat es sich bewährt zu einem gut organisierten Wissensmanagement im Patentwesen die Elemente einer Idee, einer Erfindung oder einer Patentanmeldung frühzeitig zu erfassen. Das Beispiel aus Abb. 1.8 soll dazu dienen.

Punkt 1 des Vordrucks gibt den Titel der Erfindung wider. Dieser soll dem Leser zeigen, wo bzw. zu welchem Bauteil die Erfindung zugeordnet wird. Dieser Titel wird später durch den Titel der Patentanmeldung ersetzt.

Die Erfassung der persönlichen Daten des Erfinders werden im Hinblick auf die Patentanmeldung und die später eventuell zu vergütende Anwendung des Schutzrechtes in *Punkt 2 des Vordrucks* benötigt. Hier ist es erforderlich, dass der Erfinder nicht nur seine Adresse ersterfasst sondern auch alle Änderungen bekanntgibt, um im Falle von Nachfragen auch nach dem Arbeitsverhältnis erreichbar zu sein.

Die Anteile am Zustandekommen seiner Erfindung sind unerlässlich, weil bei weiteren beteiligten Miterfindern die Bruchteilsgemeinschaft wie in 2.1.2 beschriebene eine wichtige Rolle, insbesondere für die Auszahlung der Vergütung, spielt.

Punkt 3 des Vordrucks soll möglichst umfassende Informationen beinhalten, die zum Verfahren, der Konstruktion, den Entwürfen und Berichten sowie Konfigurationen der Bauteile Aussagen treffen können. Wenn Patentschriften Dritter zum Stand der Technik bekannt sind, sollte dieser hier zitiert werden, denn diese Informationen geben Hilfestellung zur technischen und wirtschaftlichen Bewertung der Erfindung im Unternehmen.

Punkt 4 des Vordrucks soll alle Nachteile des Standes der Technik erfassen, um die Aufgabe und Lösung der Erfindung schnell erkennen zu können. Diese Elemente dienen auch zur Beschreibung des Patentanmeldetextes.

Punkt 5 des Vordrucks beschreibt den Kern der Erfindung, in dem alle Merkmale wie zum Beispiel konstruktive Maßnahmen, Verfahren, Skizzen und Zeichnungen, Funktionen, Berichte etc. beschrieben werden, die zur Beseitigung der Nachteile des Standes der Technik aus Punkt 4 dienen. Es sollen möglichst auch Skizzen, Entwürfe und Entwurfsnotizen beigelegt werden, damit alle Merkmale der Technischen Lehre leicht zu ermitteln sind. Ein oder zwei Ausführungsbeispiele der neuen Konfiguration helfen darüber hinaus zur Verdeutlichung und schnellem Erkennen, worum es sich bei dieser Neuheit handelt. Auch alle Vorteile der Erfindung sind von Wichtigkeit und in *Punkt 6 des Vordrucks* zusammengefasst und unterstützen den Patentanwalt bei der Beschreibung des Anmeldetextes.

Punkte 7 bis 8 des Vordrucks enthalten Fragen zu Daten, die vom Unternehmen für verschiedene Zwecke im Wissensmanagement benötigt werden. Der Erfinder soll hier, wenn möglich, schon in der Phase der Entstehung der Erfindung dazu beitragen und insbesondere die externen Miterfinder von Partnern, Lieferanten etc. benennen, damit sein Unternehmen Kontakt zu den Patentstellen der externen Miterfinder aufnehmen kann, um alle Ergänzungen zur Anmeldung zu besprechen.

Punkt 9 des Vordrucks enthält wiederum wichtige Informationen am Zustandekommen der Erfindung, die bei Benutzung und der Berechnung der Erfindervergütung von grundlegender Bedeutung sein können. Auch Angaben zur Funktion und Stellung des Erfinders im Betrieb zum Zeitpunkt der Erstellung der Erfindung, sein erlernter Beruf und die Bedeutung und Verwendung von technischen Hilfsmitteln und Werkzeugen sowie die Durchführung von Versuchsreihen sollten dokumentiert werden.

Die Unterschrift im letzten Blatt dokumentiert gleichzeitig, dass die Erfinder in einer Erfindergemeinschaft sich über die prozentualen Anteile am Zustandekommen der Erfindung
geeinigt haben. Bei einer elektronischen Übermittlung der Erfindung an den Arbeitgeber ist zusätzlich ein Original mit den Unterschriften auf dem Postweg zur Dokumentation der Bruchteile empfehlenswert.

1.5 Der Stand der Technik

Der Erfinder hat in den meisten Fällen eine gute Kenntnis über den Stand der Technik zum Zeitpunkt der Erfindung. Entscheidend dabei ist, dass für eine Patentanmeldung nur der Stand der Technik herangezogen wird, der öffentlich, also jedermann zugänglich ist. Ein betriebsinterner Stand der Technik kann sich vom öffentlichen Stand der Technik unterscheiden und Betriebsgeheimnisse enthalten. Es ist somit wichtig, dass der, in der Patentanmeldung aufgeführte Stand der Technik nicht betriebsinternes Wissen enthält. Als Quellen für die notwendige Recherche zum Stand der Technik sind hauptsächlich Druckschriften wie in- und ausländische Patent- und Offenlegungsschriften, Gebrauchsmuster, Fachzeitschriften, Fachbücher und Tagungsberichte, Studien- und Diplomarbeiten, Dissertationen und veröffentlichte Referate.

Auch mündliche Aussagen zum Stand der Technik werden herangezogen, besonders wenn diese von mehreren Personen bestätigt werden können.

Da ein Patent stets veröffentlicht wird, ist es durch eine Recherche in Patentdatenbanken möglich, sich über den momentanen Stand der Technik in einem bestimmten Gebiet zu informieren. Ausgehend von der Recherche muss dann entschieden werden, ob das Patent eines Dritten lizenziert wird, oder ob man selber ein Produkt oder Verfahren entwickelt, welches noch nicht durch bestehende Patente geschützt ist. Die Patentrecherche ist ein komplexes Unterfangen, da neben Fachkenntnissen auch Kenntnisse über die Systematik von Patentklassifizierungen nötig sind. Durch die weitgehende Verbreitung des Internets ist die Durchführung einer Patentrecherche in den letzten Jahren einfacher geworden. Patentämter aller Industrienationen bieten Datenbanken zur Recherche an.

Deutsche Patente sind im Deutschen Patent Informationssystem auf der Homepage des deutschen Marken- und Patentamt unter www.depatisnet.de recherchierbar.

Europaweit kann in der Europäischen Patentdatenbank, erreichbar unter „http://ep.espacenet.com/" gesucht werden.

In den USA bietet das U.S. Patent Office unter „http://www.uspto.gov/patft/index.html" einen entsprechenden Service.

Möchte man nach Patenten innerhalb eines spezifischen Technologiebereichs suchen, bietet sich eine Eingrenzung des Suchfelds anhand der International Patent Classification (IPC) an. Wird eine Erfindung patentiert, erhält sie eine entsprechende Identifikation nach IPC. Die IPC ist hierarchisch aufgebaut. Sie ist in Sektionen, Untersektionen, Klassen, Unterklassen, Hauptgruppen, Gruppen und Untergruppen eingeteilt. Insgesamt gibt es etwa 60.000 Klassen, denen ein Patent zugeordnet werden kann. Eine detaillierte Auflistung aller Klassen erhält man durch eine Suche in der offiziellen IPC Datenbank. Sie wird von der World Intellectual Property Organisation (WIPO) regelmäßig aktualisiert.[1]

Sucht man beispielsweise nach der IPC Klassifizierung von Strahltriebwerken, schlägt die IPC Datenbank die Kategorie F02K vor. Die Kennung setzt sich zusammen aus Sektion F Untersektion 02 (Brennkraftmaschinen) und der Klasse K für Strahltriebwerke. Innerhalb der Klasse K folgen dann die Unterklassen, die jeweils bestimmte Teilbereiche und Funktionen eines Strahltriebwerks bezeichnen. Wichtig hierbei ist, dass sich beispielsweise Patente, die die Anordnung oder den Einbau von Triebwerken in Flugzeuge betreffen, in einer anderen Kategorie befinden, nämlich in diesem Fall in der Kategorie B64D.

Die Zahl der in einem bestimmten Bereich angemeldeten Patente unterscheidet sich von Land zu Land und ändert sich im Laufe der Zeit. Patentrecherchen werden in der heutigen Vernetzung auch über ein globales Netzwerk durchgeführt. Jeder kann sich an Projekten auf der Plattform beteiligen. Im Gegenzug gibt es Prämien für die besten Einreichungen – und das Gefühl, zu einem fairen und effizienten Patentsystem beizutragen.

Eine Vielzahl von Ingenieuren, anderen technischen Experten sowie professionellen Patentrechercheuren haben sich im globalen Experten-Netzwerk registriert und stellen ihre Expertise über die Plattform für Recherchen zu Patenten und Technologien zur Verfügung. Insgesamt umfasst dieses Netzwerk Nutzer aus über zwanzig Länder. Ihre unterschiedlichen Qualifikationen, Wissensgebiete und Sprachkenntnisse sind der Treibstoff für die Geschäftsidee. Durch möglichst umfassende Recherchen wird innovativen Technologie-

---

[1] www.wipo.int.

Unternehmen geholfen, im Wissensdschungel der heutigen Informationsgesellschaft die Orientierung zu behalten.[2]

Die Informationsexplosion stellt Unternehmen vor große Herausforderungen und jährlich entstehen viele Millionen wissenschaftliche Publikationen, Patente und weitere technische Dokumente. Im Innovationsmanagement ist diese Situation heikel, denn hier hängen von der Verfügbarkeit valider Informationen strategisch wichtige, häufig an knappe Fristen gebundene Entscheidungen ab. Den Unternehmen wird bei der Beschaffung solcher Informationen geholfen und zwar indem die Wissensträger selbst befragt werden. Über die Internet-Plattform und soziale Netzwerke werden die Rechercheaufträge für jedermann verständlich ausgeschrieben. Jeder einzelne Rechercheur kann dann über die Plattform relevante Dokumente hochladen und erhält dafür Prämien – so wird das Internet als mächtiges Tool, um Business-Intelligenz für das Schutzrechts- und Innovationsmanagement bereitzustellen, genutzt.

Typische Fragen im Innovationsmanagement sind etwa, was mit einer Patentanmeldung erreicht werden kann und ob dessen Gültigkeitsbereich international ausgeweitet werden soll oder die Kosten in den ausländischen Märkten wieder eingespielt werden können? Gibt es Normen oder Gesetze, die einer Markteinführung in anderen Ländern im Weg stehen?

Wo finde ich Vertriebspartner oder Lizenznehmer?

Es kann auch geprüft werden, ob sich ein gegnerisches Patent zu Fall bringen lässt. Über die Plattform werden Beweise dafür gesammelt, dass die geschützte Technologie zum Zeitpunkt der Patentanmeldung bereits öffentlich bekannt war. Mit geeigneten, so genannten Stand der Technik Dokumenten lässt sich die Gültigkeit eines Patents gerichtlich in Frage stellen oder die eigene Position bei Lizenzverhandlungen stärken. Die Bedeutung solcher Verteidigungsstrategien steigt; nicht nur gewöhnliche Patentklagen nehmen immer weiter zu.

Zur Vorbereitung einer guten Recherche sollte gemäß Beispiel in Abb. 1.9 eine Rechercheanfrage erstellt werden, die eine Beschreibung des Recherchegegenstandes enthält.

Vorbereitung zur Patentanmeldung Nachdem der Stand der Technik zusammengetragen wurde, werden die Dokumente herausgesucht, die einen direkten Bezug zur Erfindung herstellen und den eigentlichen Stand der Technik bezüglich der Erfindung darstellen. Nach Eingang einer Erfindungsmeldung kann eine Patentschrift verfasst werden, wenn der Patentingenieur bzw. der Patentanwalt den Kern der Erfindung verstanden hat und die Recherche zum Stand der Technik abgeschlossen ist. Die Patentschrift beinhaltet eine Einführung in das Problem, welches mit der Erfindung beseitigt werden soll, den für die Erfindung maßgeblichen Stand der Technik und dessen Nachteil, eine Beschreibung der

---

[2] Internetseite der Firma BluePatent Berlin. www.bluepatent.com.

Firma	**Adresse**

Stand der Technik Recherche

Search Request   SR   /201x

(1)
Name / Name
Abteilg./Departmt.

Anschrift

Telefon/ Phone
Antragsteller / Applicant
Patentabteilung
Ort
Telefon:
Telefax:

(2)   **Datum / date**
☐ TELEFAX vorab am ….
Facsimile send on

(3)
IPC-No.
(wenn bekannt /
if known)

(4)   **Amtliches Aktenzeichen / official reference** (wenn bekannt / if known)
Zusammenfassung des technischen Sachverhalts /**short description** of the subject

(5)

(6)   Suchbegriffe / Keywords
Bitte nennen Sie Suchbegriffe zur obigen Beschreibung für eine schnelle Recherche. /
Please list keywords out of your description for a quick search

a) .
b)
c)
d)
e)
f)

(7)   Anlagen / Enclosures:

1.	Seite(n) Beschreibung / description
2.	Blatt Zeichnungen / figure pages
3.	Zusammenfassung / summary
4.	

(8)   Unterschrift(en)
(9)   Interne Vermerke / Internal Notes

☐ Die genannten Anlagen sind vollständig eingegangen.   ☐ Recherche erfolgreich; Treffer:

☐ Folgende o.a. Anlagen fehlen: ☐ Ablage unter:

Abb. 1.9 Aufbau einer Stand der Technik Recherche als Beispiel

Erfindung mit Text und, wenn notwendig mit Bildern, die Patentansprüche, untergliedert in Haupt- und Unteransprüche und soll die folgenden Zwecke erfüllen:

- die geltenden Bestimmung über die Gliederung der Patentschrift,
- die erfinderische Leistung gegenüber dem Prüfer des jeweiligen Patentamts zum Ausdruck bringen,
- die Erfindung ausführlich beschreiben,
- eine ausreichende Grundlage für Beschränkungen der Ansprüche bieten und
- naheliegende Schlussfolgerungen aus der Erfindung zum Ausdruck bringen, die sonst von Dritten zum Gegenstand eigener Patentanmeldungen gemacht werden könnten.

1.6 Von der Idee zum Markterfolg

Für Technologieunternehmen haben Patente im globalen Wettbewerb eine sehr wichtige Funktion. Patente gewähren einen Schutz für neue Produkte und Verfahren und bieten dem Inhaber aufgrund des Monopolanspruchs einen Wettbewerbsvorsprung. Da neue Technologien zunehmend wettbewerbsbestimmend sind, ist es erforderlich, dass Unternehmen eine gezielte Patentstrategie entwickeln. Patente nutzen aber nicht nur dem Unternehmen, sondern auch den Arbeitnehmern der technischen Bereiche, von der F&E bis zur Produktion sowie den hierzu eingesetzten Werkzeugen und Vorrichtungen zur Fertigung und den Transport. Patente stellen wichtige Dokumente dar, aus denen sich der Stand von Wissenschaft und Technik ablesen lässt. Insoweit wird durch systematische Patentrecherche wie in 2.2 ausführlich beschriebene die Arbeit der Ingenieure sehr erleichtert. Für erfinderische Leistungen bekommen die Arbeitnehmererfinder eine gesonderte Erfindervergütung. Insgesamt lohnt es sich also, einen guten Überblick über das Patentwesen zu haben und dessen Möglichkeiten gezielt zur Verbesserung der globalen Wettbewerbsfähigkeit und der Entwicklung von Innovationen einzusetzen. Auf die Ideengenerierung folgt die Planung, die sich im Businessplan widerspiegelt oder in der Wertschöpfungskette seinen Platz findet. Als nächsten Schritt kommt es zu einem Prototypen oder Testdurchführungen mit anschließender Validierung der Ergebnisse. In den meisten Fällen folgt in der Kommerzialisierungsphase die Einbindung des Marketingbereiches mit dem Markteintritt und der Marktdurchdringung des Produktes.

1.6.1 Konzept des gewerblichen Rechtsschutz

Ein Patent ist ein vom Staat gewährtes Individualrecht, das dem Inhaber für einen bestimmten Zeitraum das alleinige Recht zur wirtschaftlichen Verwertung einer Erfindung einräumt. Das Wort Patent stammt von dem lateinischen Begriff litterae patentes ab, was soviel bedeutet wie offener Brief. Durch ein Patent werden Innovationen ermöglicht und unterstützt, es dient dem technischen Fortschritt. Forschung und Entwicklung sollen sich für Unternehmen lohnen, indem sie für die Erfindungen ein alleiniges Verwertungsrecht vom Staat eingeräumt bekommen. Als Gegenleistung erklärt sich der Erfinder bereit, dass der Gegenstand seiner Erfindung frühzeitig vom Patentamt veröffentlicht wird. Durch diese „Offenlegung" will der Staat den aktuellen Stand von Wissenschaft und Technik dokumentieren. Dadurch können Forschung und Entwicklung weiter angeregt und Fehlinvestitionen in Forschung und Entwicklung vermieden werden. Das Patent ist nationales Recht, d. h. es gilt jeweils nur in dem Land, in dem ein Patent angemeldet wurde (Territorialprinzip). Aufgrund des Territorialprinzips existieren weltweit unterschiedliche nationale Anforderungen an die Erteilung eines Patentes. Das deutsche Patentgesetz trat erstmalig 1877 in Kraft. Aber auch davor gab es bereits vergleichbare Regelungen. Die Idee, einen Erfinder mit einem monopolartigen Schutz auszustatten, ist deshalb nicht neu. Es ist bekannt, dass es ab dem 13. Jahrhundert in verschiedenen europäischen Ländern Strukturen gab, die einem Gewerblichen Rechtsschutz ähnlich waren. Allerdings bezogen sich diese häufig nicht auf die Erfindung sondern auf das Privileg, besondere Waren oder Produkte ausschließlich selber herstellen und vertreiben zu dürfen. Der Inhaber eines Patents genießt alleiniges Nutzungsrecht.

Ohne Erlaubnis ist es Dritten verboten das patentierte Erzeugnis herzustellen, anzubieten, zu besitzen oder zu gebrauchen. Also ein patentiertes Verfahren anzuwenden oder anzubieten beziehungsweise ein durch ein patentiertes Verfahren unmittelbar hergestelltes Erzeugnis zu gebrauchen oder anzubieten. Verboten ist ebenfalls die sogenannte mittelbare Nutzung, also unberechtigten Dritten Mittel anzubieten oder zu liefern, die offensichtlich dazu benutzt werden sollen, eine patentierte Erfindung zu verwenden. Der Wirkung von Patenten sind aber auch Grenzen auferlegt. So wird die Herstellung und Verwendung von patentierten Erfindungen für nichtgewerbliche- oder Versuchszwecke Dritter erlaubt. Ein vom Deutschen Patent- und Markenamt (DPMA) ausgestelltes Patent hat eine Schutzdauer von 20 Jahren. Ab dem dritten Jahr der Patenterteilung muss eine jährliche Gebühr entrichtet werden, sonst wird das Patent gelöscht.

In Deutschland definieren eine Reihe von Gesetzen und Verordnungen die Regeln und Normen für den Gewerblichen Rechtsschutz. Das Deutsche Patent- und Markenamt (DPMA) ist die Zentralbehörde auf dem Gebiet des Gewerblichen Rechtschutz, ihr ist auch die Schiedsstelle zugeordnet. Das Verfahren vor der Schiedsstelle soll Streitfälle gütlich regeln und ergibt schließlich einen Einigungsvorschlag für beide Seiten, den Arbeitgeber und den Arbeitnehmererfinder; es ist im Arbeitnehmererfindergesetz geregelt.

Das Deutsche Patent- und Markenamt ist dem Bundesministerium der Justiz untergeordnet und die folgenden Gesetze und Verordnungen sind wichtige rechtliche Rahmenbedingungen des deutschen Patentwesens.

Das deutsche Patentgesetz definiert, was in Deutschland als Patent angemeldet werden kann. Außerdem regelt es Verfahren vor dem Patentamt und vor Patentgerichten.

Die Patentverordnung regelt formale Kriterien der Patentanmeldung. Es wird zum Beispiel erklärt, nach welchem Standard Zeichnungen angefertigt werden müssen und welche Angaben auf einem Patentantrag zu finden sein müssen.

Das Gesetz über internationale Patentübereinkommen regelt die Erteilung europäischer Patente und die entsprechenden Verfahren.

Im Patentkostengesetz finden sich Angaben zu Gebühren, die für den Prüfungsprozess oder die Aufrechterhaltung eines Patents anfallen.

Das Gesetz über Arbeitnehmererfindungen regelt die Rechte und Pflichten zwischen dem Arbeitnehmer und dem Arbeitgeber hinsichtlich technischer Verbesserungen und Erfindungen im Unternehmen.

Für technische Verbesserungen in Erfindungen erhalten die Arbeitnehmer im Unternehmen eine Vergütung. Die Grundlagen hierzu sind in der Richtlinie für die Vergütung von Arbeitnehmererfindungen geregelt.

1.6.2 Welche Voraussetzungen müssen für eine Patentanmeldung gegeben sein

Dieser Unterabschnitt beschäftigt sich mit den Eigenschaften, über die eine Erfindung verfügen muss, um als Patent angemeldet werden zu können.

Nach § 1(1) PatG werden Patente für Erfindungen erteilt,

- die neu sind
- auf einer erfinderischen Tätigkeit beruhen
- und gewerblich anwendbar sind.

Dabei gilt nach § 3(1) Patentgesetz eine Erfindung als neu, wenn sie nicht zum Stand der Technik gehört. Wenn eine Erfindung also an anderer Stelle bereits öffentlich erwähnt wurde, zum Beispiel in einer wissenschaftlichen Publikation, kann sie nicht mehr zum Patent angemeldet werden. Es reicht aber auch eine nachweisbare mündliche Beschreibung, die der Öffentlichkeit zugänglich gemacht wurde oder eine Präsentation des F&E – Ergebnisses auf einer Messe. Bevor über eine mögliche Erfindung mit Dritten gesprochen wird, sollte unbedingt vorab die Patentabteilung angesprochen sein und gemeinsam geprüft werden, ob eine Patentanmeldung in Frage kommt. Nach § 4 Patentgesetz beruht eine Erfindung auf einer erfinderischen Tätigkeit, wenn sie sich für den „Fachmann nicht in naheliegender Weise aus dem Stand der Technik ergibt". Die Erfindung muss eine gewisse „Erfindungshöhe" haben, d. h. die erfinderische Leistung muss über das Können eines „Durchschnittsfachmanns" hinausgehen, ehe sie für ein Patent zugänglich ist. Dies prüft das Patentamt im Rahmen des Prüfantrags. Die letzte Bedingung der gewerblichen Anwendbarkeit einer Erfindung ist gemäß § 5 (1) Patentgesetz erfüllt, wenn die Möglichkeit besteht, die Erfindung in einem technischen Gewerbebetrieb oder der Landwirtschaft herzustellen oder zu benutzen.

Nicht alle Erfindungen sind in Deutschland patentfähig. So führt der § 1(3) Patentgesetz aus, dass Erfindungen in folgenden Bereichen ausgenommen sind:

- Entdeckungen
- wissenschaftliche Theorien und mathematische Methoden
- ästhetische Formschöpfungen Pläne, Regeln und Verfahren für gedankliche Tätigkeiten, für Spiele oder für geschäftliche Tätigkeiten sowie Programme für Datenverarbeitungsanlagen und die Wiedergabe von Informationen

Weitere Ausnahmen finden sich im § 1a Patentgesetz für den menschlichen Körper und seine Bestandteile und im § 2 Patentgesetz und § 2a Patentgesetz für das Klonen von menschlichen Lebewesen und für Pflanzensorten und Tierrassen. In anderen Ländern gelten andere Regeln, so in den USA z. B. im Bereich der Software. Dies ist bei einer Patentanmeldung zu beachten. Weitere Einzelheiten zu den Voraussetzungen für ein Patenterteilung finden sich in einem Merkblatt des Deutschen Patent- und Markenamts. Zur Erleichterung zur Anmeldung von Patenten in Europa gibt es neben dem Deutschen Patentamt noch das Europäische Patentamt. Hier angemeldete Patente haben dann europaweite Gültigkeit d. h. in allen Ländern des europäischen Patentübereinkommen kann nach Erteilung des europäischen Patents die nationale Phase eingeleitet werden.

Insgesamt gesehen sind der Schutz der eigenen Erfindung vor Nachahmung, der motivierende Effekt für den Erfinder und die mit der Patentierung verbundene Publikumswirksamkeit wichtige Brückenelemente beim Übergang von der Forschungstätigkeit zur wirtschaftlichen Verwertung einer Innovation.[3]

Letztlich stellt eine Patentanmeldung immer auf einen wirtschaftlichen Erfolg ab. Dieser kann aber in unterschiedlicher und vielschichtiger Form erfolgen.

1.6.3 Was hat der Entwicklungsingenieur von einer Patentanmeldung

Als Beteiligter an einer patentierten Erfindung genießt er bestimmte Vorteile.

Meistens werden Erfindungen von Angestellten eines Unternehmens getätigt. So scheint es, dass vor allem das Unternehmen von einer Patentanmeldung profitiert. Aus einer Patentanmeldung ergeben sich aber auch für den an der Erfindung beteiligten Arbeitnehmer mittel- und unmittelbare Vorteile.

Der Erfinder hat Aussicht auf Vergütung
Die Erfindung dient zur Arbeitserleichterung
Die Erfindung sichert seinen Arbeitsplatz
Durch das Patent wird seine eigene Arbeit gewürdigt

---

[3] Internetseite des Deutschen Patent und Markenamtes München. http://www.dpma.de/infos/einsteiger/einsteiger_allg03.html.

1.6.4 Welchen strategischen Nutzen habe ich von einer Patentanmeldung

Neben dem Erfinder selbst kann das Unternehmen, bei dem der Erfinder beschäftigt ist, in vielfacher Weise von einer Patentierung profitieren.

Ein wichtiges Ziel eines Unternehmens ist es, Mehrwert für seine Anteilseigner zu schaffen. Besonders in Technologieunternehmen spielen Patente dabei eine wichtige Rolle. Mehrwert kann dabei auf direkte oder indirekte Weise realisiert werden. Die direkte Nutzung beschreibt Handlungsspielräume, die eine Patentierung mit sich bringen kann. Die Art- und Weise der direkten Nutzung beschreibt die Patentstrategie eines Unternehmens. Um den optimalen Nutzen aus der eigenen F&E Arbeit zu ziehen, entwickeln die meisten Unternehmen IP- und Patentstrategien. Die jeweilige Strategie wird durch die Stellung im Markt, der Konkurrenzsituation und den verfügbaren Ressourcen des Unternehmens beeinflusst. Häufig werden diese Strategien auch „Intellectual Property (IP) Strategien" genannt.

Die Ziele des strategischen Innovations- und IP Management

- Technische Ideen zur Erfindung führen – Innovationstätigkeit unterstützen
- Fragen zur Evaluierung einer Erfindung
- Neuheit gegenüber dem Stand der Technik, erfinderischer Schritt, technische Voraussetzungen, ausreichende Merkmale zur Veröffentlichung, passt die Erfindung in das Portfolio, welche alternativen Technologien sind verfügbar, liegt möglicherweise ein Interesse des Wettbewerbers vor, ist die Erfindung leicht von Dritten festzustellen, zukünftige Verwirklichung der Erfindung im Produkt, Lizensierungsmöglichkeiten etc.
- IP Management als Teil des Unternehmensmanagements etablieren
- Notwendige Abläufe (Werkzeuge und Methoden) im naturwissenschaftlich-technischen Prozess aufstellen und optimieren
- Organisatorische Veränderungen vornehmen
- Die sozialen Prozesse, die dadurch entstehen, definieren
- Mitarbeiterideen als Angebot von Problemlösungen verstehen und umsetzen
- Technologietransfer im Unternehmen regeln – Zusammenspiel zwischen IP, Finanzabteilung, Rechtsabteilung, Entwicklung, Marketing und Vertrieb regeln
- Mitarbeiterideen für neues know- how fördern und sichern
- Neue Technologien und Produktionsmethoden als Wissen zum Überleben und Wachsen identifizieren, analysieren, archivieren und nachverfolgbar machen
- Wissensmanagement im Unternehmen aufbauen und verfügbar machen
- Sicherheit in der Planung, Kundenzufriedenheit, Produktstabilität und innerbetriebliches Zusammenwirken als Globalisierungsvoraussetzung sehen
- Ein schlagkräftiges Ideenmanagement, internen Stand der Technik verbessern und Schutzrechte durch Merkmale der technischen Lehre (äußerer Stand der Technik) in Technologien der Entwicklung und Fertigung dem Unternehmen sichern

Zu den direkten Nutzungsmöglichkeiten der Patente gehören u. a.

- Die eigene Verwertung des Patentes
- Gezielter Ausschluss von Wettbewerbern aus dem Marktsegment aufgrund des Monopolanspruchs
- Freie und breite Produktentwicklung auf dem durch Patente rechtlich abgesichertem Gebiet
- Zusätzliche Einnahmen durch Lizenzen
- Verkauf des Patentes an andere Nutzer

Diese direkten Nutzungsmöglichkeiten stehen im unmittelbaren Zusammenhang mit der Technologie- und Innovationspolitik des Unternehmens. Die indirekte Nutzung eines Patents stellt es als immaterielles, einmaliges Wirtschaftsgut dar, welches ein Ergebnis der Arbeit des „Humankapitals" ist. Ist der Wert eines Patents für das Unternehmen quantifiziert, kann es als Messgröße in verschiedenen Bereichen des Unternehmens eingesetzt werden. Ein indirekter Mehrwert aus Patenten ergibt sich zum Beispiel durch Bilanzierung der immateriellen Werte der Patente. Auch die Absicherung von Krediten über Patente kann eine externe Finanzierung erleichtern. Aufwendungen für Patente haben positive steuerliche Effekte und sie stärken die Wettbewerbsfähigkeit und erleichtern Verhandlungen mit Lieferanten und Kunden.

Immaterielle Vermögenswerte wie Patente haben in den Unternehmen in den letzten drei Jahrzehnten eine enorme Bedeutung erlangt. Ein nicht einfach zu lösendes Problem bei der Quantifizierung des Nutzens eines Patents ist die Einschätzung des Wertes. Hier gibt es mehrere Methoden, die jeweils für bestimmte Bereiche eher geeignet sind als andere. Es existieren kostenbasierte, marktbasierte und einkommensbasierte Ansätze. In Kap. 4 wird hierauf im Einzelnen eingegangen (Vgl. Moser 2011, Seite 5 ff.).

1.6.5 Der kurze Blick in die zukünftige Entwicklung

Was sind mögliche Entwicklungen im Bereich Gewerblicher Rechtsschutz?
Welche Rolle werden Patente in Zukunft spielen?
In den letzten Jahren hat sich der Wertschöpfungsschwerpunkt innerhalb der Wertschöpfungskette verlagert. Wie die untenstehende Grafik zeigt, gewinnen F&E – Leistungen zunehmend an Bedeutung. Im öffentlichen Raum diskutierte Begriffe wie Informations- und Wissensgesellschaft bezeugen die sich ändernden Anforderungen an Unternehmen. Die Prozesse Produktion und Distribution werden bereits seit langem weltweit ausgelagert. Neue Technologien und große Markttransparenz beeinflussen erheblich die Distributionsprozesse (E-Commerce, Internet). Außerdem sind viele Käufer weniger markentreu und neigen eher dazu, zu einem anderen Hersteller zu wechseln. Daher muss ein Unternehmen sich neben der Markenbildung auch durch Technologie und Innovationen sowie Qualität von der Konkurrenz absetzen. Besonders im internationalen

Abb. 1.10 Globalisierung der Wertschöpfung. (Vgl. www.mohnkopf.eu; Patente mehr als nur ein Recht)

Wettbewerb spielen diese Wettbewerbsfaktoren eine zentrale Rolle, indem sie den raschen Verfall der Gewinnmarge verlangsamen können (Abb. 1.10).

Ein Patent hat aber nur dann einen Nutzen, wenn es sich juristisch durchsetzen lässt. Seit dem rasanten Aufstieg Chinas zu einem bedeutenden Produktionsstandort und Absatzmarkt wird immer mehr deutlich, wie wichtig ständige Produktinnovationen sind. Denn selbst patentierte Technologien werden schnellstens kopiert und als Original vermarktet. Bis sich in China und anderen Schwellenländern der gewerbliche Rechtsschutz zuverlässig etabliert hat und die Rechte auch durchsetzbar sind, muss ein Unternehmen den Nachahmern und Verletzern immer einen Schritt voraus sein. Der langfristige Nutzen von Patenten wird in jüngster Vergangenheit von verschiedenen Seiten hinterfragt. Neben den Rufen der Politik und Teilen der Wirtschaft nach einer stärkeren Durchsetzung der Rechte aus dem gewerblichen Rechtsschutz gibt es jedoch auch zunehmend Kritik am bisherigen Modell. Hintergrund der Überlegungen ist die Frage, ob es nicht für das Unternehmen von größerem Nutzen ist, alle Erfindungen offenzulegen. Schließlich repräsentieren Erfindungen Wissen, und Wissen ist die einzige Ressource, die durch das Teilen wächst. Ein methodischer Ansatz wird zum Beispiel mit dem Begriff „Open Innovation" umschrieben. Der Begriff wurde von Henry Chesbrough von der University of California at Berkeley geprägt. Das Modell beschreibt die Öffnung des Innovationsprozesses für die Außenwelt, das heißt für Lieferanten, Kunden und externe Partner. Dabei gibt es drei zentrale Vorgehensweisen, die Integration externen Wissens, die Externalisierung internen Wissens sowie die Verbindung von beidem. Ziel ist es, die Qualität und Geschwindigkeit des Innovationsprozesses zu erhöhen. Ein gutes Beispiel für einen offenen Innovationsprozess ist die Entwicklung des erfolgreichen Betriebssystems Linux und anderer Open-Source Projekte. Es ist spannend zu beobachten, wie sich Patentstrategien von Unternehmen unter dieser neuen Entwicklung verändern können. Zunehmend ist zu beobachten, dass sich einzelne Unternehmen mit der Methode „Open Innovation" intensiv beschäftigen und sie auch praktisch erproben.

1.7 Das Anmeldeverfahren

1.7.1 Vorprüfung der Anmeldung

Nachdem die Anmeldung beim Deutschen Patent- und Markenamt DPMA registriert worden ist, werden die Unterlagen an eine Vorprüfungsabteilung weiter gereicht. Dort wird die Anmeldung von erfahrenen Prüfern daraufhin analysiert, ob offensichtliche sachliche Fehler enthalten sind oder ob die angemeldete Erfindung überhaupt nicht dem Patentschutz zugänglich ist. Wie bereits erwähnt können unter anderem Kunstwerke, mathematische Methoden und Entdeckungen nicht patentiert werden. Diese Vorprüfung dient dazu, bereits im Vorfeld der eigentlichen Patentprüfung den Anmelder auf augenfällige Fehleinschätzungen hinzuweisen. Darüber hinaus hat die Vorprüfung die wichtige Funktion, die Erfindung von ihrem sachlichen Gehalt her zu erfassen und in ein international geltendes, fein unterteiltes Klassifikationsschema einzuordnen. Dieses internationale Patentklassifikations-System „IPC" ermöglicht es, jede Erfindung einer definierten technischen Klasse zuzuordnen. Die eigentlichen Prüfungsabteilungen sind nach diesem Klassifikationsschema aufgeteilt, jeder Prüfer ist für eine oder mehrere dieser Klassen zuständig. Dieses Verfahren stellt sicher, dass jede Erfindung zu einem Prüfer kommt, der für den betreffenden Sachverhalt große Erfahrung und hohen Sachverstand hat. Dadurch kann jede Erfindung optimal geprüft werden. Dem Anmelder werden Formmängel und offensichtliche Patentierungshindernisse mitgeteilt, und er wird zur Beseitigung dieser Mängel oder zur Zurücknahme der Anmeldung innerhalb einer bestimmten Frist aufgefordert. Werden die Mängel nicht behoben, oder wird die Anmeldung nicht zurückgenommen, so ist bereits in diesem Verfahrensabschnitt mit der Zurückweisung der Anmeldung zu rechnen. Unabhängig vom Verfahrensstand wird die Patentanmeldung in der Regel achtzehn Monate nach dem Anmelde- oder Prioritätstag offengelegt (§ 31 Abs. 2 Nr. 2 Patentgesetz). Dies geschieht durch Veröffentlichung des Offenlegungshinweises im Patentblatt (§ 32 Abs. 5 Patentgesetz) und Herausgabe der Anmeldungsunterlagen als „Offenlegungsschrift" (§ 32 Abs. 2 Patentgesetz). Die Offenlegung hat zur Folge, dass jedermann freie Einsicht in die Akten der Patentanmeldung nehmen kann. Außerdem erhält der Anmelder unter bestimmten Voraussetzungen einen Entschädigungsanspruch (§ 33 Patentgesetz). Der Anmelder kann sich gegenüber dem Deutschen Patent- und Markenamt jedoch auch schon vorzeitig mit der Offenlegung und den sich daraus ergebenden Rechtsfolgen einverstanden erklären (§ 31 Abs. 2 Nr. 1 Patentgesetz).

1.7.2 Die Prüfung – Patent

Damit die Erfindung nicht nur durch eine Anmeldung beim Deutschen Patent- und Markenamt hinterlegt wird, sondern vom zuständigen Prüfer auch geprüft und zum Patent geführt werden kann, ist nach der Anmeldung ein weiterer Antrag, der „Antrag auf Prüfung des Patents" erforderlich. Der Anmelder erhält dann Kopien aller wichtigen Schriften aus dem Stand der Technik, die bei der Prüfung seiner Anmeldung ermittelt werden. Damit ist das Prüfungsverfahren in Gang gesetzt. Weitere Information gibt das „Merkblatt für Patentanmelder", das zusammen mit den notwendigen Anmeldeformularen bei der Auskunftsstelle im Deutschen Patent- und Markenamt kostenlos angefordert oder über Formulare, Merkblätter direkt abgerufen werden kann. Bei der Prüfung einer angemeldeten Erfindung auf ihre Patentierbarkeit hin führt der zuständige Prüfer nach einer eingehenden Analyse des Sachverhalts eine Recherche zum Stand der Technik durch. Dazu stehen über 35 Mio. internationale Patentdokumente sowie eine Bibliothek mit über 1,1 Mio. Büchern zur Verfügung. Von zunehmender Bedeutung sind auch Recherchen in verschiedensten internen und externen elektronischen Datenbanken, die von den Prüfern mit Hilfe moderner Informationstechnik durchgeführt werden. Im Vergleich mit dem Stand der Technik, der zu einer bestimmten Erfindung in der Recherche aufgefunden worden ist, beurteilt der Prüfer, ob eine Erfindung die durch das Patentgesetz vorgegebenen Kriterien erfüllt. Dementsprechend wird dann vom Prüfer ein Patent erteilt oder die Anmeldung zurückgewiesen, wenn sie die Anforderungen des Patentgesetzes nicht erfüllt. Der Anmelder oder sein Vertreter kann dabei Gründe gegen das Patent vorbringen, die im Prüfungsverfahren bisher nicht bekannt waren. In diesem Fall wird die Erfindung nochmals geprüft, diesmal nicht von einem einzelnen Prüfer, sondern in einem Gremium, dem zwei Prüfer und der Leiter der zuständigen Patentabteilung angehören. Als Ergebnis dieser Prüfung wird von dem Prüfungsgremium beschlossen, das Patent aufgrund des Einspruchs zu widerrufen oder teilweise oder ganz aufrecht zu erhalten. Im Fall des Widerrufs eines Patents kann der Patentinhaber, gegen den entschieden worden ist, Beschwerde gegen den Beschluss einlegen und das Verfahren vor dem Bundespatentgericht weiterverfolgen. Wird das Patent andererseits teilweise oder ganz aufrecht erhalten, so steht dem Einsprechenden der Beschwerdeweg beim Bundespatentgericht offen.

1.7.3 Die Offenlegung

Wenn eine Erfindung angemeldet wird, ist sie danach 18 Monate lang für die Öffentlichkeit nicht zugänglich. In dieser Zeit läuft in der Regel das Prüfungsverfahren, an dem nur der Anmelder bzw. dessen Patentanwalt und der Prüfer beteiligt sind. Ist in dieser Zeit das Prüfungsverfahren noch nicht abgeschlossen, so erfolgt in jedem Fall 18 Monate nach dem Anmeldetag die Veröffentlichung der angemeldeten Erfindung in Form einer herausgegebenen Offenlegungsschrift. Diese Offenlegungsschrift beinhaltet die schriftliche Darlegung der Erfindung, wie sie am Anmeldetag eingereicht worden ist. Die Herausgabe der Offenlegungsschrift dient dazu, die Öffentlichkeit zu informieren, damit etwa Wettbewerber frühzeitig erfahren, was in nächster Zeit an Schutzrechten Dritter auf sie zukommt. Die Zeitspanne von 18 Monaten, in der die angemeldete Erfindung beim Patentamt der Öffentlichkeit gegenüber geheim gehalten wird, erlaubt es dem Anmelder, sich zu entscheiden, ob er seine Anmeldung weiterverfolgen möchte oder ob er sie etwa aufgrund einer negativen Beurteilung im Prüfungsverfahren noch vor der Offenlegung zurückzieht, damit gewisse Details seiner Erfindung nicht an die Öffentlichkeit gelangen.

1.7.4 Die Patenterteilung

Genügt die Anmeldung den vorgeschriebenen Anforderungen, sind gerügte Mängel beseitigt und ist der Gegenstand der Anmeldung patentfähig, so wird die Erteilung des Patents beschlossen. Mit der Veröffentlichung der Erteilung im Patentblatt treten die gesetzlichen Wirkungen des Patents ein. Gleichzeitig wird die Patentschrift veröffentlicht. Sie enthält die Patentansprüche, die Beschreibung und die Zeichnungen, auf Grund derer das Patent erteilt worden ist. Außerdem werden in der Patentschrift die Nummern sämtlicher Druckschriften angegeben, die im Erteilungsverfahren in Betracht gezogen worden sind; auf die übrigen Druckschriften, die im Fall eines vorangegangenen Rechercheantrages ermittelt und dem Anmelder bereits mitgeteilt worden sind, wird hingewiesen. Die Zusammenfassung wird in die Patentschrift nur aufgenommen, wenn sie nicht schon in die Offenlegungsschrift aufgenommen wurde. Das Patent kann von jedem innerhalb von drei Monaten nach der Veröffentlichung der Erteilung durch Einspruch angegriffen werden (§ 59 PatG). Ist ein zulässiger Einspruch eingelegt, so wird das Patent insgesamt dahin gehend überprüft, ob es zu Recht erteilt worden und aufrechtzuerhalten oder zu widerrufen ist.

1.8 Der Ausschluss von Wettbewerbern

Patente und Gebrauchsmuster sind Individualrechte, die ihren Inhabern eine Monopolstellung einräumen und damit Wettbewerber von ihrer Nutzung ausschließen. Inzwischen ist der gewerbliche Rechtsschutz ein fester Bestandteil in der Strategieplanung von Technologieunternehmen. Insbesondere über die Patentabsicherung ist es in vielen Technologieunternehmen möglich, einen deutlichen Vorsprung vor den Wettbewerbern zu erhalten und damit ihren Marktanteil sichern oder auszubauen. Das gilt auch im zunehmenden globalen Wettbewerb.

1.9 Die Lizensierung mit dem Ziel, Lizenzeinnahmen zu generieren

Der Inhaber eines Patentes kann Dritten gestatten, die patentierte Technologie oder das patentierte Verfahren zu nutzen. Hieraus lassen sich Lizenzeinnahmen generieren, die wiederum zur Finanzierung weiterer Forschung- und Entwicklungsaufgaben genutzt werden können. Der Lizenzvertrag wird immer mehr angewendet und hat eine bedeutende Rolle erlangt. Firmen räumen Dritten ein Nutzungsrecht ein und geben somit einen Teil ihres know-hows weiter. An dieser Stelle sollte genau betrachtet werden, um welchen Konfigurationsstand es sich handelt und welche Branche ein Nutzungsrecht erhält, um dem Wettbewerb nicht ein Stück des Markts zu überlassen. Auch bei der Entscheidung extern fertigen zu lassen spielen Lizenzen inzwischen eine wichtige Rolle.

Die Verbindung zwischen Lizenzverträgen und dem Arbeitnehmererfinderrecht in Deutschland besteht im besonderen darin, dass die Lizenzanalogie eine der wichtigsten Methoden zur Ermittlung der Bemessungsgrundlage des Erfindungswertes ist.

Inhalt, Rechtsnatur und Arten des Lizenzvertrages sowie Allgemeine Bestimmungen und Pflichten des Lizenzgebers und Lizenznehmers sind in der Literatur, ein Beispiel ist hier angeführt, ausführlich erläutert (Stumpf und Groß 2005).

1.9.1 Die Lizensierung – unternehmensübergreifende Kooperation

Unternehmen können sich gegenseitig Lizenzen für die Nutzung der jeweiligen Patente des anderen einräumen. Dies macht besonders dann Sinn, wenn ein Produkt zusammen entwickelt wird. Ein Beispiel für diese Nutzungsform ist die Kooperation von Ford und Volkswagen bei der Entwicklung einer Großraumlimousine, die von VW als „Sharan" und von Ford als „Galaxy" vermarktet wird. Die sogenannte Kreuzlizensierung hilft den Unternehmen Kosten zu sparen, denn durch die gegenseitigen Nutzungsrechte wird ein Großteil der Kosten für das Vertragswesen und die Bearbeitung und Nachverfolgung von Lizenzdaten eingespart

1.9.2 Die externe und interne Reputationswirkung

Die Anmeldung von Patenten und die Publikation von technischen Erfindungen signalisiert, dass auf einem bestimmten Gebiet Forschung und Entwicklung betrieben wird und dass entsprechendes Know-how im Unternehmen vorhanden ist sowie weiterentwickelt wird. Hiervon geht sowohl bei der Fremdmittelbeschaffung, etwa bei der Beantragung von Fördermitteln, als auch im Zuge der Personalrekrutierung eine wichtige Signalwirkung aus. Im internationalen Wettbewerb spielt diese Reputation bei den Kunden ebenfalls eine sehr große Rolle.

Für die Arbeitnehmer im Unternehmen stellt die Patenterteilung eine wichtige interne Reputation dar. Im Patent werden die Erfinder namentlich erwähnt. Die Offenlegung stellt zudem eine wichtige Publikation dar. Die Erfinder können auf ihre Leistung stolz sein. Neben der immateriellen Anerkennung erfolgt auch eine finanzielle zusätzliche Honorierung für die Erfinder. Die Erfindervergütungen, die im Arbeitnehmererfindergesetz geregelt sind, stellen im Zusammenhang mit technischen Entwicklungen Anreiz- und Motivationssysteme für die Arbeitnehmer in Forschung und Entwicklung sowie im Bereich der Anwendung dar.

1.9.3 Die defensive Publikation

Wie bereits dargestellt, schafft die Veröffentlichung einer Erfindung jedweder Art den Stand der Technik. Nach dem Patentgesetz kann man damit auf diese Erfindung kein Patent mehr beantragen. Eine defensive Publikation durch ein Unternehmen verhindert folglich, dass eine andere Partei ein Ausschlussrecht gewährt bekommt und sichert dem eigenen Unternehmen somit Handlungsfreiheit, d. h. das Recht die publizierte Erfindung zu nutzen. Des Weiteren macht der Erfinder damit eine Festlegung, selbst keine Ausschlussrechte zu erwerben und auszuüben.

1.10 Die Sicherheiten bei der Finanzierung

Unter finanziellen Zielsetzungen eines Unternehmens basiert der Wertbeitrag einer technischen Erfindung oder eines Patents auf dem (zukünftigen) ökonomischen Nutzen, der sich unter der bestmöglichen Verwertung der Erfindung oder des Patentes erzielen lässt. Damit stellen Patente einen immateriellen Wert dar. Dieser Wert kann auch materiell umgesetzt werden, so zum Beispiel durch die Vergabe von Lizenzen oder den Verkauf des Patentes. Insoweit können Patente auch als Sicherheit gegenüber der Bank genutzt werden und damit die Finanzierung über Kredite oder Risikokapital erleichtern.

1.11 Die Hilfsmittel bei Standardisierungsprozessen

Häufig ist es durch grundlegende Erfindungen möglich, dass der Gegenstand der Erfindung zum Standard in einer Branche wird. Dieses ist ein wichtiges Mittel, zukünftige Erträge nachhaltig zu sichern. Diese technischen Standards werden dann innerhalb der Branche von allen genutzt und sie sind für jeden lizenzpflichtig. Zur Durchsetzung von Standards ist allerdings nicht nur eine gute technische Lösung erforderlich, sondern auch eine hinreichende Marktmacht. Da diese häufig nicht für ein Unternehmen alleine gegeben ist, schließen sich Unternehmen zusammen und entwickeln gemeinsam diesen Standard unter Einräumung wechselseitiger Nutzungsrechte an der Erfindung. Dritte aber müssen dann Lizenzgebühren entrichten. Derzeit sind Bemühungen um einen neuen Standard im Bereich der DVD Nachfolgeformate zu beobachten, bei dem sich zwei Firmenverbünde im Wettbewerb befinden. Da die beiden konkurrierenden Standards HD DVD und BluRay noch recht neu auf dem Markt sind, kann noch nicht genau gesagt werden, welches Format am Ende siegen wird.

1.12 Der Technologietransfer

Patente erleichtern den Technologietransfer. Unternehmen und wissenschaftliche Einrichtungen arbeiten häufig eng zusammen. Die Forschungsergebnisse sollen auf die Unternehmen übertragen werden. Hierzu benötigt man eine vertragliche Grundlage und zugleich eine Absicherung des Know-hows. Das Unternehmen möchte ja nur insoweit für die Technologienutzung etwas zahlen, wenn es die F&E Ergebnisse alleine nutzen kann. Hierzu ist eine Patentanmeldung notwendig. Aber auch in Unternehmen selber werden häufig Erfindungen getätigt, die vom Unternehmen selber gar nicht verwertet werden sollen. So passt z. B. die Technologie nicht zum Produktportfolio oder zum Marktsegment. Da aber in anderen Unternehmen sehr wohl Interesse bestehen könnte, wird man ein Patent anmelden, um dieses an einen Dritten veräußern zu können. Über das Patent wird Know-how zum handelbaren immateriellen Vermögensgegenstand.

Der Technologietransfer von Unternehmen zu Unternehmen oder von Instituten oder Hochschulen zu Unternehmen kann auf unterschiedlichen Wegen realisiert werden. Dieser kann entweder über direkte Kooperationen mit Partnern, über Beteiligungen oder Neugründungen oder über Verwertung bzw. Lizensierungen von Schutzrechten und know-how erfolgen. All diese Transfers müssen durch Verträge abgesichert sein. Auch diese Aktivitäten zählen zum Wissensmanagement, weil dadurch Wissen kontrolliert verbreitet und ein wichtiger Beitrag zur Innovationsfähigkeit dokumentiert wird.

1.12.1 Der Technologietransfer zwischen Industrie- und Wissenschaft

Patente erleichtern den Technologietransfer. Unternehmen und wissenschaftliche Einrichtungen arbeiten häufig eng zusammen. Meist sollen die sich daraus ergebenden Forschungsergebnisse auf die Unternehmen übertragen werden. Hierzu benötigt man eine vertragliche Grundlage und zugleich eine Absicherung des Know-hows, da das Unternehmen nur insoweit für die Technologienutzung etwas zahlen will, wenn es die F&E Ergebnisse alleine nutzen kann, d. h. ein ausschließliches Nutzungsrecht eingeräumt bekommt. Hierzu ist eine Patentanmeldung notwendig.

Um die Zusammenarbeit zwischen Industrie und Hochschule vertraglich zu regeln, wurden durch einen Berliner Arbeitskreis, der sich aus Vertretern Berliner Hochschulen und verschiedenen Unternehmen aus Berlin-Brandenburg und der Bundesrepublik zusammensetzte, Mustervertragsbausteine unter dem Stichwort „Berliner Vertrag" zusammengestellt. Die aktuellen Versionen sind auch in englischer Sprache in der Internetseite des Verfassers zu finden.[4] Die Vertragsbausteine geben Anhaltspunkte über die Abgrenzung zwischen Dienst-/Werksvertrag, Auftragsforschung und Forschungskooperation und regeln speziell für Verträge von Auftragsforschung und Forschungskooperationen die Ansprüche und Vergütungen der Vertragspartner bei Patentanmeldungen. Dabei werden

---
[4] Internetseite der Firma Ingenieurbüro Prof. H. Mohnkopf, Rangsdorf. www.mohnkopf.eu.

die Belange der Hochschule (Vergütung, Publikationsrechte, erscheinen in Ranglisten für Patentanmeldungen) und der Industrie (ausschließliches Nutzungsrecht) beachtet und bei der Vertragsgestaltung umgesetzt. Der Vertrag regelt auch die Unterscheidung bei Auftragsforschung und Forschungskooperation. Während es bei der Auftragsforschung nur eine vertraglich geregelte Vergütung gibt, wird bei der Forschungskooperation grundsätzlich zwischen Industriepartner-Ergebnissen (Hochschule hat keinen Anteil an der Erfindung), Gemeinschaftsergebnissen (Erfindungsanteil der Hochschule liegt bis 50 %) und Hochschul-Ergebnissen (Erfindungsanteil der Hochschule über 50 %) unterschieden, was Auswirkungen auf Vergütungszahlungen und Ansprüche bzgl. einer Patentanmeldung hat.

Aber auch in Unternehmen selber werden Erfindungen getätigt, die vom Unternehmen gar nicht verwertet werden können oder sollen, weil die Technologie nicht in das Produktportfolio oder zum Marktsegment passt. Wenn bei andern Unternehmen sehr wohl Interesse bestehen könnte, wird ein Patent angemeldet um dieses an einen Dritten zu veräußern oder eine Lizenz vergeben zu können. Über das Patent wird dadurch Know-how zum handelbaren immateriellem Gut, was in den Bilanzen des Unternehmens aufgeführt wird und so den Unternehmenswert steigert (Schmeisser et al. 2007, Kap. 79).

1.13 Die Erfindervergütung anhand eines Berechnungsbeispiels

In Deutschland regelt das Arbeitnehmererfindergesetz wie mit Erfindungen von sogenannten Arbeitnehmererfindern in einem Unternehmen umgegangen werden muss. Dieses Gesetz ist einzigartig in der Welt. Keine andere Nation hat gesetzliche Regelungen getroffen, die die Beteiligung von Mitarbeitern an den Verwertungserlösen eines Patents so weitgehend festlegt. Erfindungen, die ein Mitarbeiter in einem Unternehmen tätigt oder maßgeblich auf Erfahrungen oder Arbeiten des Unternehmens beruhen, werden Diensterfindungen genannt. Diensterfindungen sind dem Arbeitgeber unverzüglich schriftlich mitzuteilen. Der Rechteübergang ist in Deutschland ebenfalls seit 2009 gesetzlich geregelt. Ist ein Arbeitgeber nicht an der Nutzung einer Erfindung interessiert, kann er diese Erfindung freigeben. Nach der Freigabe kann der eigentliche Erfinder sich selber nach einer kommerziellen Verwertungsmöglichkeit umsehen. Nutzt jedoch der Arbeitgeber eine Erfindung in der Serienproduktion, so hat der Arbeitnehmer im Gegenzug Anspruch auf angemessene Vergütung, die Erfindervergütung.

Die Höhe dieser Vergütung bemisst sich nach:

- der wirtschaftlichen Verwertbarkeit der Erfindung
- den Aufgaben und der Stellung des Arbeitnehmers im Betrieb
- dem Anteil des Betriebes am Zustandekommen der Erfindung

Die wirtschaftliche Verwertbarkeit einer patentierten Erfindung kann anhand unterschiedlicher Verfahren abgeschätzt werden. Aus der Verwertbarkeit ergibt sich der erwartete

Wert eines Patents. Mitarbeiter, die in höherer hierarchischer Stellung tätig sind bzw. mit F&E Aufgaben beauftragt sind, werden entsprechend der Kriterien weniger Vergütung bekommen wie zum Beispiel Erfinder aus der Montage, die eine Erfindung zu einer Entwicklungsaufgabe gemacht haben.

Schließlich richtet sich die Vergütung auch danach, welche Leistung das Unternehmen am Zustandekommen der Erfindung hatte. Ist diese maßgeblich durch eigene Leistungen des Mitarbeiters zustande gekommen, ist die Vergütung höher zu bemessen, als wenn der Betrieb selber maßgeblich zum Beispiel durch Stellung von Laboren und Geräten zur Erfindung beigetragen hat. Die „geniale" Erfindung jenseits seines engeren Tätigkeitsgebietes wird insoweit mit einer höheren Erfindervergütung honoriert, als der gute Einfall im Labor bei der üblichen Routinetätigkeit des Mitarbeiters.

Erfinder müssen vom Unternehmen nach deutschem Recht vergütet werden. Das Arbeitnehmererfindergesetz regelt die Rechtsbeziehung zwischen Arbeitgeber und Arbeitnehmererfinder. Diese erhalten über die Erfindervergütung nicht nur einen Teil der durch das Patent erzeugten Einnahmen, sondern Ihnen ist auch die Anerkennung Ihrer Kollegen und Vorgesetzten gewiss. In einem Patent werden immer auch die Erfinder namentlich und persönlich benannt. Die Patenturkunde ist für viele Ingenieure und Naturwissenschaftler die offizielle Anerkennung für besondere herausragende erfinderische Leistungen. Sie ragen mit den Merkmalen der Technischen Lehre im Patent über den Stand von Wissenschaft und Technik heraus.

Artur Fischer, Unternehmer und erfolgreicher Erfinder zum Beispiel war eher stolz auf seine Erfindungen als auf seine erfolgreiche Unternehmertätigkeit. Mit dem Fischerdübel hat es angefangen, zwischenzeitlich wurden mehrere tausend Erfindungen angemeldet.

Der Arbeitnehmer hat Anspruch auf eine angemessene Vergütung, wenn seine Erfindung rechtmäßig auf den Betrieb übergegangen ist. Mit der Vergütung kann der Abkauf von Erfindungsrechten des Arbeitnehmererfinders durch den Arbeitgeber einhergehen. Die frühe Auszahlung einer Vergütung wirkt zudem motivierend.

Die Erfindervergütung ist ein gesetzlicher Anspruch der zwar belohnenden Charakter hat aber kein Arbeitsentgelt darstellt. Im Vergleich zum Arbeitsentgelt stellt die Erfindervergütung keine arbeitsvertraglich geschuldete Gegenleistung des Arbeitgebers dar. Die Art und Höhe der Vergütung soll nach dem Arbeitnehmererfindergesetz in angemessener Frist zwischen Arbeitnehmer und Arbeitgeber festgelegt werden. Sind mehrere Arbeitnehmer an einer Erfindung beteiligt, ist die Vergütung nach dem Prozentsatz der Beteiligung am Zustandekommen der Erfindung, Erfinder sind eine sogenannte Bruchteilsgemeinschaft festzulegen und auszuzahlen.

Die folgende einfache Berechnung einer Vergütung zur Vorgehensweise ist auf Basis der Erfindung zur Konstruktion einer Pumpe zur Speisung eines Wasserspeichers, analog des Wertschöpfungsprozess gemäß Abb. 1.7, beispielhaft mit fiktiven Zahlen vorgenommen. Die Berechnung wurde nach Vorliegen der Berechnungsgrundlagen, d.h. nach serienmäßiger Nutzung und Generierung von Umsatz im dritten Jahr nach der Anmeldung ermittelt. Die Vergütung lässt sich mittels des Erfindungswertes und des Anteilfaktors folgendermaßen berechnen:

Die zu zahlende Vergütung V

$$V = E^*A \qquad (1.1)$$

ergibt sich aus dem Erfindungswert E multipliziert mit dem Anteilsfaktor A in Prozent.

Der Anteilsfaktor wird mit Hilfe von drei Teilwerten ermittelt, deren Zustandekommen im ArbEG geregelt ist. Der erste Teilwert ist ein Maß für die Einflussnahme des Betriebes in Hinblick auf das Heranführen zur Erfindung, z. B. durch konkrete Aufgabenstellung. Die Wertzahl ist umso höher, je größer die Eigeninitiative des Erfinders bei der Aufgabenstellung und je größer dessen Beteiligung bei der Erkenntnis der Mängel war.

Der Umfang der „geistigen und materiellen" Hilfe des Betriebes wird in dem zweiten Teilwert berücksichtigt. Er bewertet, welchen Anteil das Unternehmen am Zustandekommen der Erfindung hatte. Ist diese maßgeblich durch eigene Leistungen des Mitarbeiters zustande gekommen, liegt die Wertzahl höher, als wenn der Betrieb selber maßgeblich zur Erfindung beigetragen hat, z. B. durch Stellung von Laboren, Materialprüfung und Geräten, und Versuchsdurchführungen. Der letzte Teilwert befasst sich mit der berechtigten Leistungserwartung des Betriebes an den Arbeitnehmererfinder, d. h. mit seiner Stellung im Betrieb. Grundsätzlich gilt, je forschungsnäher der Mitarbeiter arbeitet und je höher seine hierarchische Stellung ist, desto geringer wird die entsprechende dritte Wertzahl sein. Der Gesetzgeber geht bei dieser Regelung davon aus, dass Mitarbeiter, die in höherer hierarchischer Stellung tätig bzw. mit F&E Aufgaben beauftragt sind, bereits für ihre Kreativität und „das Erfinden" entlohnt werden.

Für den Anteilsfaktor werden die ermittelten drei Wertzahlen addiert. Die entstandene Summe entspricht einem Prozentsatz, der den Anteilsfaktor darstellt, wobei die Höhe des Prozentsatzes direkt von der Höhe der Wertzahlensumme abhängt. Der entsprechende Prozentsatz geht aus einer allgemeingültigen Tabelle nach dem Arbeitnehmererfindergesetz hervor.

Der Erfindungswert selber ist das Produkt aus Bezugsgröße B und dem Lizenzsatz L

$$E = B^*L. \qquad (1.2)$$

Wird der Erfindungswert in die Gleichung der zu zahlenden Vergütung eingesetzt ergibt sich

$$V = B^*L^*A. \qquad (1.3)$$

Die Bezugsgröße B kann ein Geldbetrag oder eine Stückzahl sein, wovon ebenfalls der Lizenzsatz abhängt. Ist die Bezugsgröße ein bestimmter Geldbetrag (zum Beispiel der Umsatz) so ist der Lizenzsatz ein Prozentsatz. Ist jedoch die Bezugsgröße eine Stückzahl oder eine Gewichtseinheit, ist der Lizenzsatz ein bestimmter Geldbetrag, der auf die Stückzahl (Geldeinheit je Stück) oder auf das Gewicht (Geldeinheit je Gewichtseinheit) bezogen ist.

Der Erfindungswert kann mit drei verschiedene Ansätzen berechnet werden:

- nach der Lizenzanalogie
  zugrundegelegt wird ein Lizenzsatz, der für vergleichbare Fälle bei freien Erfindungen in der Praxis üblich ist

- nach dem betrieblich erfassbaren Nutzen
  der Nutzen, der dem Betrieb aus der Benutzung der Erfindung erwächst, wird herangezogen
- durch Schätzen des Erfindungswertes.

Die Lizenzanalogie ist die einfachste und zuverlässigste Methode, weshalb er von Unternehmen und seitens der Schiedsstelle und den Gerichten am häufigsten angewendet wird.
Die Ermittlung des Erfindungswertes soll an einem kleinen Beispiel näher erläutert werden:

Die Erfindung betrifft die Konstruktion einer Pumpe zur Speisung eines Wasserspeichers. Die Bezugsgröße B soll der Anteil des Gehäuses am Gesamtpreis der Pumpe sein. Dieser wurde aufgrund der erfundenen technischen Merkmale gemäß dem Hauptanspruch des erteilten Schutzrechts mit 5 % festgelegt und vereinbart.

Das ergibt bei einer Produktionsmenge von 100.000 Stück und einem Preis von 200 EUR pro Stück eine Bezugsgröße von

$$B = 100.000 * 200 * 0,05 = 1.000.000\,\text{EUR}.$$

Darauf basierend lässt sich der Erfindungswert nach (2) bestimmen. Der Lizenzsatz L wird aufgrund der Erfahrung bei Lizensierung in dem betreffenden Fachgebiet und da die erfindungsgemäße Konstruktion des Pumpengehäuses eine neue Generation von Pumpen begründet hat, mit 2 % angesetzt. Damit beträgt der Erfindungswert

$$E = 1.000.000\,\text{EUR} * 0,02 = 20.000\,\text{EUR}.$$

Anmerkung
Würde das Schutzrecht durch den Arbeitgeber nicht genutzt und nur zum Zwecke der Verbietung gegen Marktbegleiter aufrechterhalten, kann es neben der Pauschalvergütung nach der Patenterteilung weitere Pauschalvergütungen nach 7 und 14 Jahren geben.

Bei Benutzung des Patentes in Serie wird die Methode der Lizenzanalogie angewendet, wie im folgenden weitergeführten Beispiel:

Der Erfindungswert beträgt 1.000.000 EUR. Bei einem ermittelten Anteilfaktor A von 12 % des Erfinders am Zustandekommen der Erfindung ergibt sich eine Vergütung von

$$V = 20.000\,\text{EUR} * 0,12 = 2.400\,\text{EUR}.$$

Erhöht sich die Anzahl der verkauften Pumpen, wodurch die Bezugsgröße beeinflusst wird, erhält der Erfinder darauf basierend eine weitere Vergütung, die entweder jährlich im Nachhinein oder als Pauschalvergütung je nach Vereinbarung gezahlt werden kann.

Ab einem bestimmten erfindungsgemäßen Umsatz, gemessen am Gesamtumsatz des Produktes, kann je nach Situation eine Abstaffelung der Erfindervergütung vorgenommen werden, in dem der zugrunde gelegte erfindungsgemäße Umsatz nach der offiziellen Abstaffelungstabelle des Arbeitnehmererfindergesetz festgestellt wird. Hintergrund dafür ist, dass bei hohen erfindungsgemäßen Umsätzen der erfinderische Anteil daran immer geringer wird und dafür stärker von der Stellung des Lizenznehmers am Weltmarkt, seine Reputation, seinem Vertrieb, der Vermarktung und die Bemühungen in F&E etc. abhängen.

Der Einfluss der Staffelung auf die Erfindervergütung soll an dem weitergeführten Beispiel näher erläutert werden.

Bei einer Erhöhung des Absatzes von 100.000 auf 250.000 Pumpen verändert sich der erfindungsgemäße Umsatz insgesamt zu

$$B = 250.000*200*0{,}05 = 2.500.000\,\text{EUR}.$$

Basierend auf der Abstaffelungstabelle wird ab einer bestimmten Referenzumsatzsumme auf 1.994.038,34 EUR abgestaffelt. Die Differenz zwischen dem „wirklichen" erfindungsgemäßen Umsatz und der Referenzumsatzsumme wird mit einem vorgeschriebenen, aus der Abstaffelungstabelle entnommenen, Multiplikator (hier 0,9) multipliziert und mit dem Abstaffelungsbetrag zu dem abgestaffelten erfindungsgemäßen Gesamtumsatz in Höhe von

$$B^* = 1.994.038{,}34\,\text{EUR} + 454.832{,}48*0{,}9 = 2.403.387{,}57\,\text{EUR}$$

addiert. Damit ändert sich der Erfindungswert zu

$$E^* = 2.403.387{,}57\,\text{EUR}*0{,}02 = 48.067{,}75\,\text{EUR}$$

und es ergibt sich bei einem Anteilsfaktor des Erfinders von 12 % eine Erfindervergütung von

$$V^* = 48.067{,}75\,\text{EUR}*0{,}12 = 5.768{,}13\,\text{EUR}$$

Abzüglich der bereits ausgezahlten Erfindervergütung in Höhe von 2.400 EUR erhält der Erfinder

$$V = 5.768{,}13\,\text{EUR}\text{-}2.400\,\text{EUR} = 3.368{,}13\,\text{EUR}$$

statt 3.600 EUR, die sich ohne eine Abstaffelung des Gesamtumsatzes ergeben würde (Schmeisser und Mohnkopf 2008, Seite 148 ff.).

1.14 Vorteile durch Schutzrechte

1.14.1 Die Arbeitserleichterung

Dies ist besonders durch die Möglichkeit einer Patentrecherche gegeben. Durch eine Recherche kann sich ein Entwicklungsingenieur relativ schnell einen Überblick über den Stand der Technik verschaffen. Außerdem kann durch Lizensierung einer Technologie eine Doppelentwicklung vermieden werden. Der Entwicklungsingenieur ist immer wieder auf den aktuellen Stand von Wissenschaft und Technik angewiesen. Diesen anhand von Veröffentlichungen nachzuvollziehen ist sehr arbeitsintensiv. Über eine Patentrecherche ist diese Arbeit häufig schneller und zielführender zu realisieren. Bei einer Entwicklung besteht auch die Gefahr, eine mutmaßlich gute Idee ungeprüft in einer Entwicklung umzusetzen. Dabei kann nicht ausgeschlossen werden, dass man unwissentlich gegen ein Patent verstößt. Wenn das erst sehr spät mit der Markteinführung des Produktes erkannt wird, kann das erhebliche finanzielle Einbußen für das Unternehmen bedeuten. Um sich davor zu schützen, kann sehr einfach eine Patentrecherche vor Freigabe der Konstruktion erstellt werden, eine weitere wichtige Arbeitserleichterung für den Entwicklungsingenieur.

1.14.2 Die Sicherung des Arbeitsplatzes

Bisher wurde im Einzelnen dargestellt, wie Patente das Unternehmen stärken und dessen Wettbewerbsposition verbessern können. Damit tragen Patente zum langfristigen Wachstum des Unternehmens bei. Gerade für ein technologieorientiertes Unternehmen dienen Patente der nachhaltigen Sicherung im Wettbewerb. Es ist anhand der internationalen Patentstatistik erkennbar, dass die Zahl der angemeldeten Patente in jüngster Zeit deutlich schneller gestiegen ist, als der Aufwand für F&E. Das bedeutet, dass Unternehmen versuchen ihren technologischen Vorsprung im Markt in Wettbewerbsvorteile umzusetzen. Dies geht nur, wenn das Unternehmen das Wissen in Patenten absichern lässt. Patentstrategien des Unternehmens sind auch Ausdruck des Technologiewettbewerbs und ein wesentlicher Beitrag am Innovationsmanagement zur Sicherung von Marktanteilen für ihre Produkte und Dienstleistungen.

1.15 Strategische Aspekte im IP Management, IPM

1.15.1 Patentverwertungsstrategie und Technologiemarketing

Diese Managementfunktion hat innerhalb des IPM in den vergangenen Jahren einen starken Wandel erfahren, denn Technologie, wenn sie entsprechend geschützt ist, ist eine zunehmend erwerbbare Ressource geworden. Erfolgreiches Technologiemarketing beginnt heute bereits am Anfang der Wertschöpfungskette und der F&E. Wesentliche Elemente sind die Ermittlung des Standes der Technik, die Feststellung der Wettbewerber in den Schlüsseltechnologiefeldern, die festgelegte Schutzrechtsstrategie in den Unternehmen, die Geschäftsmodelle und ihre Planung wie die Risikominimierung von Innovationen und das Kosten- und Zeitmanagement im Produktzyklus (Time-to-Market). Neben der unternehmensinternen Gestaltung von Technologien, Produkten und Dienstleistungen beinhaltet moderne Technologieverwertung auch Aspekte des Standortmarketings, der Kooperation mit Partnern, Hochschulen, externen Technologieinstituten und Wettbewerbern in Förderungsprojekten. Mit Methoden des Technologiemanagements werden Innovationen unter Minimierung von zeitlichen und finanziellen Aufwänden zum Markterfolg gebracht.

Wenn der Technologietransfer, insbesondere innerhalb eines Konzerns, der Einkauf von Technologien, Know-how und Anwendungen konsequent verfolgt werden, können die Fixkosten gesenkt werden, die Time-to-Market verkürzt und damit das Innovationsrisiko des Unternehmens beträchtlich reduziert werden. Damit sind technologische Innovationen besser plan- und kalkulierbar. Es werden immer noch hohe Investitionen und neue Technologieprojekte gemacht, die aber außerhalb des eigenen Unternehmens für geringe Kosten erwerbbar sind.

Der Kerngedanke des Intellectual Property Management besteht aber darin, sich mit geringem Aufwand bei Beginn eines Projektes über den Stand der Technik zu informieren und alle Vorkehrungen zu treffen, das Ziel der Entwicklungsaufgabe in kurzer Zeit zu erreichen.

1.15.2 Die Marke als wesentliches Wissenselement

Der Wert einer Marke beruht auf Vertrauen zum Unternehmen, in das Produkt, die Qualität und die Mitarbeiter. Eine gute und bereits bekannte Marke zeugt jeder Zeit von Verlässlichkeit, gleichbleibender Qualität und Kontinuität der Servicebereitschaft und der Dienstleistungen nach Auslieferung der Produkte. Sie ist ein wesentliches Element zur Beurteilung des Unternehmens und seiner Kultur und stellt einen nicht zu unterschätzenden Wachstumstreiber dar. Die Mitarbeiter lösen durch ihren Beitrag zum Innovations- und Wissensmanagement das Markenversprechen der Firmenmarke gegenüber Partnern, Lieferanten und Kunden ein. Der Wert der Marke drückt aus, was für ihren Wertaufbau, die Werterhaltung und den Bekanntheitsgrad getan wurde und in jeder Hinsicht für ein Qualitätssymbol des Unternehmens steht. Das Einlösen des Markenversprechens kann nur erfolgreich sein, wenn das Wissen im Unternehmen nach dem bereits beschriebenen Vorgehen gut dokumentiert und wiederholbar abgerufen werden kann.

Die Verknüpfung der Marke mit dem know-how und den sogenannten Assets des Unternehmens wie den Schutzrechten ist zwingend erforderlich und zeigt sich insbesondere im Vorgehen bei der Patentbewertung, die in Kap. 4 im einzelnen beschrieben und an Beispielen dargestellt ist.

1.15.3 Wissenswertes zum Markenschutz und der Historie[5]

Eine weit in die Vergangenheit reichende Geschichte besitzen die Warenzeichen (heute Marken genannt), unter denen Fabrik- und Handelsmarken, Dienstleistungsmarken,

---

[5] Vgl. auch http://dpma.de/marke/.

Handelsnamen, Herkunftsangaben und Ursprungsbezeichnungen zusammengefasst werden. Bereits im Altertum war es üblich, Waren mit speziellen Zeichen ihrer Hersteller zu versehen, um sie von den Waren anderer zu unterscheiden. Bekannt sind seit dem 13. Jahrhundert die Wasserzeichen der Papiermühlen. Später entwickelten die Zünfte strenge Regeln für die Registrierung und Verwendung ihrer Zeichen. Landesherren vergaben Privilegien zur Führung von Marken, z. B. an Porzellanmanufakturen. In das Preußische Landrecht ging der Schutz von Warenzeichen Ende des 18. Jahrhunderts ein. Das starke wirtschaftliche Interesse von Handwerk und Industrie führte bereits 1874 zu einem Reichsgesetz über den Markenschutz. Die Registrierung von Warenzeichen – ausschließlich Bildmarken waren einem Rechtsschutz zugänglich – erfolgte bei den Amtsgerichten. Mit dem Gesetz zum Schutze der Warenbezeichnungen aus dem Jahre 1894 wurde die Anmeldung von Warenzeichen erleichtert, die Wortmarke schutzfähig und ein einheitliches Warenzeichenregister beim damaligen Kaiserlichen Patentamt errichtet. In gleicher Weise wie im Patentwesen drängte der Weltmarkt in der zweiten Hälfte des 19. Jahrhunderts auf eine Internationalisierung des Warenzeichenschutzes. Dieser fand bereits in der ersten Fassung der Pariser Verbandsübereinkunft Berücksichtigung. Dennoch war die Warenzeichenanmeldung in jedem einzelnen Land gesondert erforderlich, verbunden mit einem hohen Aufwand für die oft langwierigen Prüfungs- und Erteilungsverfahren.

Mit dem im Jahre 1891 unterzeichneten Madrider Abkommen über die internationale Registrierung von Fabrik-, Handels- und Dienstleistungsmarken konnte dieser Mangel überwunden werden. Auf der Grundlage dieses Abkommens kann mit der internationalen Registrierung einer Marke beim Internationalen Büro in Genf Rechtsschutz in allen Vertragsstaaten erlangt werden, für die der Anmelder das wünscht. Diese internationale Registrierung wirkt wie eine in allen Vertragsstaaten gleichzeitig erfolgte nationale Anmeldung (Bündelmarke). Deutschland trat diesem Abkommen 1922 bei. Der Vollständigkeit halber wird auf einen am gleichen Tag wie das Madrider Markenabkommen unterzeichneten Vertrag hingewiesen, nämlich auf das Madrider Abkommen zum Schutz von Herkunftsangaben. Anliegen dieses Abkommens ist es, falsche oder irreführende Herkunftsangaben auf Waren zu verhindern und damit jenen Produzenten uneingeschränkte Marktvorteile zu sichern, die Qualitätserzeugnisse in einem bestimmten Gebiet produzieren, das für diese Produkte bekannt und anerkannt ist.

Im Rahmen des EU-Binnenmarktes ist in der EU das Institut einer Gemeinschaftsmarke geschaffen worden, d. h. Rechtsschutz in allen EU-Staaten mit einer einzigen Anmeldung. 1996 hat das Europäische Harmonisierungsamt, dem die Erteilung der Gemeinschaftsmarke obliegt, im spanischen Alicante seine Tätigkeit aufgenommen.

Der Schutz von Marken und sonstigen Kennzeichen
Marken
geschäftliche Bezeichnungen
geographische Herkunftsangaben

Schutzfähige Marken Als Marke können alle Zeichen, insbesondere Wörter einschließlich Personennamen, Abbildungen, Buchstaben, Zahlen, Hörzeichen, dreidimensionale

Gestaltungen einschließlich der Form einer Ware oder ihrer Verpackung sowie sonstige Aufmachungen wie Farben und Farbzusammenstellungen geschützt werden, die geeignet sind, Waren oder Dienstleistungen eines Unternehmens von denjenigen anderer Unternehmen zu unterscheiden.

Beispiele sind:

Bildmarke: Gekreuzte Schwerter aus dem Kurfürstlichen Wappen, seit 1725 Kennzeichen der Porzellanmanufaktur Meissen

Wortmarken: Persil, Golf, Coca-Cola

Werbeslogan: Im Falle eine Falles klebt UHU wirklich alles Buchstaben: ARD, AEG

Zahlen: 4711, 007,

Bilder, Embleme, graph. Gestaltungen: Mercedesstern, Deutsche Bank

Farben: Lila – Milka; Blau-weiss – ARAL, Rot-gelb – Maggi

Verpackung: Odolflasche

Werbefiguren: Michelin-Männchen

Wort-Bild-Marken: ZDF, Wella

Tonfolgen

Kennfäden

Firmenmarken als Dachmarken

Kollektivmarken

Inhaber von Kollektivmarken können nur rechtsfähige Verbände sein.

Die Satzung regelt die Benutzung.

Geographische Herkunftsangaben Namen von Orten, Gegenden, Gebieten oder Ländern sowie sonstige Angaben oder Zeichen, die im geschäftlichen Verkehr zur Kennzeichnung von Waren oder Dienstleistungen benutzt werden. Sie dürfen nicht für Waren oder Dienstleistungen anderer Herkunft, anderer Qualität oder für solche Waren und Dienstleistungen benutzt werden, die nicht unbegründet sind.

Beispiele: Spreewälder Gurken, Dresdner Christstollen, Schwarzwälder Schinken, Thüringer Rostbratwurst

Die Bedeutung der Marke

- Die Marke fördert den Wettbewerb
  Ohne die Marke als Mittel der Unterscheidung der Bezugsquellen von Erzeugnissen geht ein wichtiger Anreiz, verbesserte Qualität anzubieten, verloren.
- Die Marke fixiert die Verantwortung
  Unzufriedene Verbraucher können sofort die Erzeugnisse erkennen, die nicht den gepriesenen Eigenschaften oder dem erwarteten Qualitätsniveau entsprechen.
- Die Marke reizt zur Innovation
  Die laufende Entwicklung neuer Produkte bedarf in einer freien Gesellschaft der
- Fabrikmarke, um sicherzustellen, dass die neuen Waren eines Herstellers erkannt werden und er dafür entsprechend honoriert wird, wenn sie sich als erfolgreich erweisen.

- Die Marke senkt die Kosten
  Ohne die Marke wären Kosten sparende Vertriebstechniken, wie beispielsweise der Selbstbedienungsverkauf, blockiert.
- Die Marke spart Verbraucherzeit
- Schnelles Wiedererkennen der Ware spart dem Verbraucher wertvolle Zeit.
- Die Marke bietet Auswahl
- Die Marke ermöglicht es dem Verbraucher, die Produkte voneinander zu unterscheiden, seine bevorzugte Markenware auszuwählen und die nicht gewünschten zurückzuweisen.
- Die Marke schafft Auslandsmärkte
- Marken machen es den Herstellern möglich, weltweite Märkte für ihre Produkte zu schaffen. Wer durch eine Marke auf Besonderheiten seiner betrieblichen Erzeugnisse hinweisen kann, benennt damit nicht lediglich die Herkunft seines Produktes; es ist Ausdruck seines Leistungswillens.

Schutzhindernisse

- fehlende Unterscheidungskraft
- Marken, die ausschließlich aus Zeichen oder Angaben bestehen, die im Verkehr zur Bezeichnung der Art, der Beschaffenheit, der Menge, der Bestimmung, des Wertes, der geographischen Herkunft, der Zeitangabe etc dienen können
- Marken, die ausschließlich aus Zeichen oder Angaben bestehen, die im allgemeinen Sprachgebrauch zur Bezeichnung von Waren oder Dienstleistungen üblich geworden sind.
- Marken, die geeignet sind, über die Art, die Beschaffenheit oder die geographische Herkunft von Waren oder Dienstleistungen zu täuschen,
- oder die gegen die öffentliche Ordnung/die guten Sitten verstoßen
- staatliche Hoheitszeichen, Wappen von Kommunen, amtliche Prüf- und Gewährzeichen, Wappen, Flaggen, Kennzeichen, Siegel, Bezeichnungen internationaler zwischenstaatlicher Organisationen
- Marken, die Identität oder Ähnlichkeit mit angemeldeten oder eingetragenen Marken bzw. mit einer notorisch bekannten Marke besitzen

Verkehrsdurchsetzung kann einer Marke nachträglich Unterscheidungskraft verleihen. *Beispiel:* „Schöner Wohnen"

Wer zuerst kommt, mahlt zuerst Das ältere Markenrecht ist im Streitfall grundsätzlich stärker als alle anderen jüngeren Kennzeichnungsrechte.
  Ein jüngeres Markenrecht muss im Streitfall älteren Rechten grundsätzlich weichen.

Verwechslungsgefahr

- Ähnlichkeit der Marken:
- Klang: Sherrif- Cheri
- Sinngehalt: Rancher-Farmer
- Bildmarke: Gesamteindruck
- Ähnlichkeit zwischen Wort und Bild: Schmetterling- Falter
- Ähnlichkeit der Waren und Dienstleistungen

Marken sollen benutzt werden Nach Ablauf von fünf Jahren sind Verbietungsrechte nur noch für eine benutzte geschützte Marke durchsetzbar.

Wirkung des Markenschutzes ausschließliches Recht des Inhabers der Marke zur Benutzung, Auskunfts-, Unterlassungs-, Schadensersatz-, Vernichtungsanspruch gegen Dritte.

Für Markenstreitsachen sind die Landgerichte zuständig.

Prüfungs-/Eintragungsverfahren

- formale und materiell-rechtliche Prüfung
- Zurückweisung oder Eintragung in die Markenrolle des Patent- und Markenamtes
- Veröffentlichung der Eintragung
- dreimonatige Widerspruchsfrist
- gegen die Beschlüsse der Markenabteilungen findet die Beschwerde an das Bundespatentgericht statt.

Schutzdauer Die Schutzdauer beginnt mit dem Anmeldetag und endet zehn Jahre nach Ablauf des Monats, in den die Anmeldetag fällt. Die Schutzdauer kann um jeweils zehn Jahre verlängert werden.

Zum Markenschutz, der auf die Erfahrungen eines Patentanwalts bauen muss wird im Kap. 2 (13) näher eingegangen.

1.16 Urheberrechtsgesetz

Im folgenden sollen nur einige Aspekte zum Urheberrecht einschließlich des Schutzes von Computerprogrammen erwähnt werden.

Die Grundlage hierfür ist das Gesetz über Urheberrecht und verwandte Schutzrechte (Urheberrechtsgesetz) vom 09.September 1965 und seine Änderungen.[6]

---

[6] http://de.wikipedia.org/wiki/Urheberrechtsgesetz.

Das Urheberrecht schützt Werke der Literatur, der Wissenschaft und der Kunst zugunsten des Urhebers (§ 1 Urheberrechtsgesetz). Gegenstand des Urheberrechtes ist somit das Werk. Der Urheber wird in seinen geistigen und persönlichen Verbindungen zum Werk und in der Nutzung des Werkes geschützt. In bestimmten gesetzlich geregelten Fällen muss der Urheber allerdings Einschränkungen seines Urheberrechts zugunsten der Allgemeinheit hinnehmen (sog. Schranken). Wird das Urheberrecht verletzt, kann der Rechteinhaber verschiedene Ansprüche geltend machen.

Zu den geschützten Werken der Literatur, Wissenschaft und Kunst gehören insbesondere:

- Sprachwerke, wie Schriftwerke, Reden und Computerprogramme
- Werke der Musik
- pantomimische Werke, einschließlich der Werke der Tanzkunst
- Werke der bildenden Künste, einschließlich der Werke der Baukunst und der angewandten Kunst und Entwürfe solcher Werke
- Lichtbildwerke, einschließlich der Werke, die ähnlich wie Lichtbildwerke geschaffen werden
- Filmwerke, einschließlich der Werke, die ähnlich wie Filmwerke geschaffen werden
- Darstellungen wissenschaftlicher oder technischer Art, wie Zeichnungen, Pläne, Karten, Skizzen, Tabellen und plastische Darstellungen.
- Werke im Sinne dieses Gesetzes sind nur persönliche geistige Schöpfungen
- Übersetzungen und andere Bearbeitungen eines Werkes, die persönliche geistige Schöpfungen des Bearbeiters sind, werden unbeschadet des Urheberrechts am bearbeiteten Werk wie selbstständige Werke geschützt

Weitere Themen sind:
Abmahnung wegen Urheberrechtsverletzungen
Fotorechte/Bildrechte
Werke und Werkarten im Urheberrecht
Schranken des Urheberrechts.

1.17 Unlauterer Wettbewerb Gesetz

Als unlauteren Wettbewerb bezeichnet man im *Wettbewerbsrecht* eine bestimmte Form des *Rechtsbruchs*. *Unlauterer Wettbewerb* liegt dann vor, wenn das Verhalten von *Unternehmen* im wirtschaftlichen Wettbewerb gegen die *guten Sitten* verstößt. Unlauterer Wettbewerb führt daher zu Unterlassungs- und Schadensersatzansprüchen.[7]

---

[7] http://de.wikipedia.org/wiki/Unlauterer_Wettbewerb.

Der Schutz gegen den unlauteren Wettbewerb gehört zum Gewerblichen Rechtsschutz Dieser beinhaltet gesetzlich festgelegte Grundregeln des fairen Verhaltens im Wirtschaftsleben und fand 1900 Eingang in die Pariser Verbandsübereinkunft und 1909 in das deutsche Recht

Dem Schutz gegen unlauteren Wettbewerb liegt die Vision zugrunde, dass im Spiel der freien Kräfte auf dem Markt der tatsächlich Beste durch seine eigene Leistung den Sieg davon tragen soll. Damit soll das Wettbewerbsrecht einerseits dazu beitragen, Konkurrenz als grundlegende Bewegungsform der Marktwirtschaft zu erhalten und andererseits ungerechtfertigte Wettbewerbsvorteile, z. B. durch Aneignung fremder Leistung, durch täuschende Werbe- und Verkaufsmethoden zu unterbinden.

Damit sind alle wesentlichen Elemente des Gewerblichen Rechtsschutzes skizziert, ihre Berührungspunkte zum Urheberrecht, einem zweiten großen Instrumentarium zum Schutz des geistigen Eigentums angedeutet, ihre wesentlichen Entwicklungsprobleme aufgezeigt und sollte ein erster Zugang zu diesem sich in der Praxis oft als kompliziert und exotisch darstellenden Rechtszweig erschlossen sein.

1.18 Definitionen

1.18.1 Terminologische Grundlagen

1.18.1.1 Geistiges Eigentum (Intellectual Property, IP)

Unter dem Begriff „Geistiges Eigentum" sind nach *Hilgers* die Schutzrechte zu verstehen, die durch das Urheberrecht und die verwandten Schutzrechte sowie den gewerblichen Rechtsschutz geschützt werden. Das heißt geistiges Eigentum ist als eine Art Sammelbegriff für Patente, Gebrauchsmuster, Geschmacksmuster und Urheberrechte zu verstehen. Der Begriff stammt aus dem gewerblichen Rechtsschutz sowie jüngst einer neuen gebräuchlichen Bezeichnung, dem Immaterialgüterrecht. Dieses Recht charakterisiert ein so genanntes Exklusivrecht an immateriellen Gütern wie z. B. Ideen, Konzepten, technische Erfindungen, Werken und Informationen. Dabei wird, außer dem Inhaber des Rechtes, die Verwendung, Nachahmung oder die unerlaubte Nutzung an dem immateriellen Gut untersagt. Der Schutz geistigen Eigentums ist wichtig für die Förderung von Innovationen, kreatives Schaffen, Verbesserung der Wettbewerbsfähigkeit und schließlich zum Erhalt einer ganzen Volkswirtschaft.

1.18.1.2 Innovationsmanagement

Das Innovationsmanagement stellt die Schlüsselphasen von der Idee bis zur Einführung verbunden mit dem Patentlebenszyklus dar.

Schlüsselphase 1 ist die Ideenfindung, der Beginn einer Innovation. Schlüsselphase 2 betrifft den Schutz der Innovation, von der Durchsetzung des Patents bis zur Verteidigung. Schlüsselphase 3 stellt die Aufrechterhaltung des Patents dar. Schlüsselphase 4 ist die Umsetzung, Einführung und Anwendung der Innovation, des Patents.

1.18.1.3 Gewerblicher Rechtsschutz

Auch hier soll *Hilgers* Definition für den Gewerblichen Rechtsschutz genutzt werden: [„…umfasst diejenigen Regelungen, die dem Schutz des geistigen Schaffens auf gewerblichen Gebiet dienen. Hierzu zählen etwa das Patent-, Muster-, Marken- und Wettbewerbsrecht. Das Patentrecht gewährt ein ausschließliches Verwertungsrecht für Erfindungen. Durch das Geschmacksmusterrecht werden ausschließlich Rechte begründet, Muster und Modelle mit ästhetischem Wert nachzubilden. Das Markenrecht berechtigt den Inhaber, ein Produkt oder eine Dienstleistung erstmals in den Verkehr zu bringen und die Marke als Schutz vor Konkurrenten zu nutzen. Das Wettbewerbsrecht schließlich, will unlautere Wettbewerbspraktiken unterbinden"] (Hilgers 2003, S. 1).

1.18.1.4 Patentwesen, Patentmanagement und Innovationsmanagement

Eine Abgrenzung der Begriffe Patentwesen und Patentmanagement ist relativ schwierig, da diese in der Literatur häufig zusammen genutzt werden.

Eine Definition für das Patentwesen bietet *Huch*: [„… befasst sich mit der rechtlichen Sicherung, der wirtschaftlichen Verwertung von technischen Erkenntnissen"] (Huch 1997, S. 2). Technische Erkenntnisse sind: Erfindungen, neue technische Mittel und Wege sowie Verfahren zur Befriedigung menschlicher Bedürfnisse. *Huch* definiert wirtschaftliche Verwertung als „…Einsatz von wirtschaftlichen Mitteln (Kapital und Arbeit) in einem Unternehmen mit dem Ziel, durch die Anwendung der technischen Erkenntnisse die eingesetzten Mittel zurück zu gewinnen und darüber hinaus einen Gewinn zu erzielen" (Huch 1997, S. 3). Die rechtliche Sicherung begründet *Huch* mit der Schaffung einer Vorzugsstellung und dies solange, bis die eingesetzten Mittel wieder zurück gewonnen sind (Huch 1997, S. 3).

Das Patentmanagement hingegen versucht mit gewonnen Patentinformationen Einfluss auf das Technologiemanagement zu nehmen. *Ernst* definiert das Patentmanagement wie folgt: „Das Patentmanagement unterstützt das Technologiemanagement in seiner zentralen Aufgabe, den Prozess der internen sowie der externen Technologiegewinnung, -speicherung und -verwertung im Hinblick auf die bestmögliche Erfüllung der Unternehmensziele zu planen und zu steuern" (Ernst 2002, S. 3). Auch *Harhoff* ordnet das Patentmanagement den technologischen Wissensgebieten zu und findet seine Einordnung im Innovationsmanagement wieder. Innovationsmanagement kann nach *Harhoff* definiert werden als Versuch, Innovationsprozesse im Unternehmen systematisch so zu gestalten und zu beeinflussen, dass dem Unternehmen eine optimale Rendite aus der Schaffung und Vermarktung von neuen Produkten, Dienstleistungen und Prozessen zufließt. Schutzrechte wie Patente, Gebrauchsmuster und das Urheberrecht stellen in diesem

Zusammenhang Instrumente des Innovationsmanagements dar. Dabei bestimmt das Patentmanagement eines Unternehmens Strategien, Prozesse und Strukturen, die den Wert des intellektuellen Eigentums eines Unternehmens optimieren sollen (vgl. Harhoff 2005, S. 177).

Das Innovationsmanagement übernimmt und steuert die Schlüsselphasen von der Idee bis zur Einführung des Produktes, verbunden mit dem Patentlebenszyklus im Unternehmen.

1.18.1.5 Invention, Innovation und Diffusion

Unter Invention wird in der Forschung überwiegend die „Erfindung bzw. Entdeckung neuer Problemlösungspotenziale" verstanden, die „... gedankliche Vorwegnahme einer möglichen Problemlösung". Neben dem Merkmal der (objektiven) Neuheit wird zum Teil als weiteres Merkmal eine gewisse „voraussichtliche Nützlichkeit" gefordert. Innovation beinhaltet dann das faktische Handeln, mit dem die das Neue repräsentierende Idee realisiert, d. h. als marktfähiges Produkt in den Markt eingeführt wird. Eine solche Unterscheidung liegt der Analyse von Innovationsprozessen zugrunde. Unter Invention versteht man überwiegend in der Forschung die Erfindung bzw. die Entdeckung neuer Problemlösungspotentiale.

Innovation beinhaltet dann das faktische Handeln, mit dem die das Neue repräsentierende Idee realisiert, d. h. als marktfähiges Produkt in den Markt eingeführt wird.

Demgegenüber präferiert Fischer eine mehr finale Interpretation der Begriffe Invention und Innovation Invention umfasst das Ausdenken wie die Schaffung bzw. Herstellung des Neuen als materielles oder immaterielles „Produkt", während unter Innovation ein übergeordneter Prozess verstanden wird, der auf die Einführung und den Wandel dieses neuen „Produkts" gerichtet ist. Invention und Innovation beinhalten beide einen Denk- und Handlungsaspekt, diese sind jedoch auf verschiedene Intentionen ausgerichtet.

Während in der ersten Interpretation Invention und Innovation in einem Verhältnis der Gleichordnung zueinander stehen bzw. im Prozessablauf die Invention der Innovation eindeutig vorausgeht, liegt der zweiten Interpretation ein Unterordnungsverhältnis zugrunde, das Interdependenzen und Rückkopplungen zwischen Invention und Innovation zulässt. Eindeutiger scheint die Abgrenzung von Innovation und Diffusion zu sein: der *Diffusionsprozess*, den Mansfield im wesentlichen als „Lernprozess" charakterisiert, setzt zeitlich dann ein, wenn das neue „Produkt", die Innovation, zum ersten Mal auf den Markt gebracht worden ist.

In der Diffusionsforschung werden statistisch of die ersten 2,5 % der Anwender von Neuerungen im Diffusionsprozess als „Innovatoren", die Nachfolgenden als Imitatoren bezeichnet. Eine solche Unterteilung ist aus der Sicht der Unternehmung jedoch wenig sinnvoll, da es nicht auf die objektive Neuigkeit von Innovationen ankommt, sondern auf die subjektive Neuerung für das jeweilige Unternehmen (Schmeisser et al. 2006, S. 11–12).

1.18.1.6 Gewerblicher Rechtschutz

Der Gewerbliche Rechtsschutz umfasst diejenigen Regelungen, die dem Schutz des geistigen Eigentums/Schaffens auf gewerblichem Gebiet dienen

1.18.1.7 Patentmanagement

Das Patentmanagement versucht mit gewonnenen Erkenntnissen in der Patentinformation Einfluss auf das Technologiemanagement zu nehmen.

1.18.1.8 Freedom to operate FTO

FTO bedeutet, die Freiheit zu haben, eine Technologie anzuwenden, zu benutzen oder herzustellen ohne Rechte Dritter zu verletzen.

Eine FTO Analyse soll in Verbindung zu den einzelnen Ländern oder Regionen stehen, in denen jemand seine Produkte herstellen, besitzen oder verkaufen möchte. Es dürfen keine validierenden Schutzrechte Dritter in diesen Ländern bestehen. Sie sollten allerdings auf ihre Rechtsbeständigkeit überprüft werden, da ggfs. bereits ein Stand der Technik beispielsweise wegen Aufgabe des betreffenden Schutzrechts vorliegen kann.

1.18.1.9 Open innovation

Der Begriff Open Innovation bzw. offene Innovation bezeichnet die Öffnung des Innovationsprozesses von Organisationen und damit die aktive strategische Nutzung der Außenwelt zur Vergrößerung des Innovationspotenzials. Das Open-Innovation-Konzept beschreibt die zweckmäßige Nutzung von in das Unternehmen ein- und ausdringendem Wissen, unter Anwendung interner und externer Vermarktungswege, um Innovationen zu generieren.

1.19 Datenelemente für das Wissensmanagement im Gewerblichen Rechtsschutz

Zur schnellen Übersicht und als Nachschlagewerk steht dem Leser im folgenden eine Zusammenfassung der wichtigsten Datenelemente aus Kap. 1 als Tabelle zur Verfügung. Die aufgelisteten Wissenselemente von der Ideengenerierung bis hin zur Patenterteilung erheben keinen Anspruch auf Vollständigkeit, da von Fall zu Fall zusätzliche Parameter hinzukommen klönnen.

In Tab. 1.1 sind die prinzipiellen Elemente von der ersten Idee bis zur Erteilung eines Schutzrechts und in Tab. 1.2 diejenigen, die das Lizenzwesen, den Technologietransfer und die Vergütungsberechnung betreffen, aufgelistet.

Tab. 1.1 Wichtige Datenelemente zur Wissensaufbereitung und zum Strukturaufbau- Von der Idee bis zur Erteilung

Pos.	Verantwortlich	Betroffenes Datenelement	Kurzbeschreibung
1	Erfinder	Mitarbeiteridee	Idee, die ein Mitarbeiter aus F&E, Fertigung etc. hat und in seine Ideenliste einträgt
2	Erfinder	Erfindungsmeldung (EM)	Beschreibung einer Erfindung nach Vordruck
3	Erfinder	Stand der Technik (S.d.T.)	Alle Rechercheergebnisse des Erfinders
4	Erfinder	Titel der EM (Arbeitstitel)	Im Titel soll ein Stichwort zum Fachgebiet enthalten und zum Inhalt vorhanden sein
5	Erfinder	Erfinderangaben – persönliche Daten	Name und Adresse des jeweiligen Erfinders
6	Erfinder	Bruchteil des jeweiligen Erfinders am Zustandekommen der Erfindung	Prozentuale Angabe (Bruchteilsgemeinschaft)
7	Miterfinder	Miterfinder Daten wie in Pos. 5 und 6	
8	Erfinder	Zuordnung der Erfindung zum Produkt	Produkt, Bauteil, Komponente, Teilenummer – Kleinste handelsübliche Einheit
9	Erfinder	Vorgesehene Benutzung der Erfindung	Im Produkt – Welches, ab wann?
10	Erfinder/ Patentverantwortlicher	Schutzrechtsnummer Dritter	Amtliches Aktenzeichen
11	Erfinder	Förderkennzeichen	des Fördergebers, wenn vorhanden
12	Erfinder	Zuwendungsgeber	des Fördergebers, wenn vorhanden
13	Erfinder	Projekttitel	des Fördergebers, wenn vorhanden
14	Erfinder	Erlernter Beruf, Stellung im Betrieb	z. B. Teamleiter angeben
15	Patentverantwortlicher	Amtliches Aktenzeichen der Erstanmeldung	z. B. DE10 2009 141 386 A1
16	Patentverantwortlicher	Amtliches Aktenzeichen der Patentschrift	z. B. DE10 2009 141 386 B2
17		Anmeldetag des Patenttextes	z. B. 28.01.2009
18		Offenlegungstag	z. B. 29.06.2010 (18 Monate später)
19		Veröffentlichung der Patenterteilung	z. B. 14.07.2013
20		Internationale Patentklassifizierung	z. B. B66F 9/06

Tab. 1.1 Forsetzung

21	Patentinhaber	Firma …
22	Vertreter	Patentanwälte …
23	Erfinder	Name und Wohnort mit PLZ
24	Ergebnis der Amtsrecherche – alle Schriften	Amtliche Aktenzeichen
25	Bezeichnung (der Anmeldung)	Amtlicher Titel
26	Auslandsanmeldungen	Alle korrespondierende Nummern der Familienmitglieder der Erstanmeldung
27	Anmeldedaten aller Auslandsanmeldungen	Alle korrespondierende Anmeldenummern und – daten der Familienmitglieder der Erstanmeldung
28	Korrespondenzanwälte	Daten der Korrespondenzanwälte in den Ländern der sog. Nachanmeldungen

Tab. 1.2 Wichtige Datenelemente zur Wissensaufbereitung und zum Strukturaufbau- Von der Lizenzvergabe bis zur Vergütungsberechnung

Pos.	Verantwortlich	Betroffenes Datenelement	Kurzbeschreibung
1	Lizenzverantwortlicher	Vertragspartner	Angabe der Vertragspartner mit Name und Adresse sowie Koordinator
2		Lizenzvertragstyp	Einfache Lizenz oder Exklusivlizenz
3		Dauer der Laufzeit	Datum von … bis
4		Fachgebiet und Verantwortlicher intern	Bezeichnung, Name
5		Verantwortlicher extern	Firma, Name
6		Referenzpatent	Patentfamilie
7		Territorialer Geltungsbereich	Für welche Länder ist die Lizenz vergeben
8		Letter of intent	Nummer und Datum sofern relevant
9		Laufzeit des Nutzungsrecht	Datum von … bis
10		Auslaufdatum des Vertrags	Datum
11		Vertragsverlängerung	Von … bis
12	Verantwort-Licher/Bereich	Technologietransfer TT im Unternehmen	Übersicht wegen Steuer und Kostenaufteilung
13		Vertragsnummer, Datenverfolgung	Systempflege, Nachverfolgbarkeit
14		Partner/Tochter/Mutter/Externer	Wer ist Ansprechpartner?
15		Schnittstelle im Unternehmen	z. B. Finanzabteilung, Exportkontrolle, IP, Zoll, Risk Management etc

Tab. 1.2 Forsetzung

16	Markenverantwortlicher	Marke	Welche? Wofür?
17		Anmeldedatum	Datensystem
18		Nummer	Nachverfolgung
19		Widerspruchsdatum	Wann? Wer?
20		Markenanwalt	Name, Kanzlei, Kontaktperson
21	Patentverantwortlicher	Serienanwendung der Erfindung	Ja/nein
22		Vergütungsberechnung	Startdatum
23		Lizenzsatz	Üblicher Lizenzsatz in dem betroffenen Fachgebiet/Firmenüblicher Lizenzsatz
24		Anteilsfaktor des jeweiligen Erfinders	z. B. A = 15 %, wenn Festlegung vorgenommen
25		Bezugsgröße	Erfindungsgemäßer Anteil an der kleinsten handelsüblichen Einheit bzw. Prozentsatz
26		Anzahl der verkauften Produkte im vorangegangenen Jahr	Stückzahl der Produkte und Ersatzteile, in denen die Erfindung umgesetzt ist
27		Weitere individuell zutreffende Daten	z. B. Pauschalvergütung oder jährliche Abrechnung der Vergütung
28		Weitere Vertragsdetails mit dem Erfinder	Liegt ein Vertrag vor? Wenn ja – > System

Literatur

Davenport Th, Prusak L (1999) Wenn Ihr Unternehmen wüsste, was es alles weiß … Praxisbuch zum Wissensmanagement. MI, Landsberg am Lech

Ernst H (2002) Strategisches Technologiemanagement mit Patentinformation. Vorlesungsskript an der wissenschaftlichen Hochschule für Unternehmensführung Otto Beisheim, Vallendar. Lehrstuhl für Technologie- und Innovationsmanagement, S 3

Harhoff D (2005) Handbuch Technologie und Innovationsmanagement. Gabler Verlag Wiesbaden, S 177

Hilgers H.-A (2003) Historische und rechtliche Grundlagen über geistiges Eigentum sowie Perspektiven des geistigen Eigentums. Wissenschaftliche Dienste des Deutschen Bundestages. Ausarbeitung vom 26.09.2003, 2. WF VII 134/03, S 1

Huch P (1997) Die Industriepatentabteilung. Carl Heymanns. Verlag, Köln, S 2

Kaplan RS, Norton DP (1997) Balanced Scorecard. Strategien erfolgreich umsetzen. Schäffer-Poeschel Verlag, Stuttgart

Lehnert T (2010) FORUM46 – Interdisziplinäres Forum für Europa e. V. – Wissensmanagement. Springer, Berlin

Mohnkopf H, Klotz M (2007) Steuerung von Schutzrechen in F&E, VDM Verlag
Moser U (2011) Bewertung immaterieller Vermögenswerte. Schäffer Poeschel
Schmeisser W, Mohnkopf H (2008) Ausgewählte Beiträge zum Innovationsmanagement. Rainer Hampp Verlag, München
Schmeisser W, Kantner A, Geburtig A, Schindler F (2006) Forschungs- und Technologiecontrolling. Schäffer Poeschel Verlag, Stuttgart, S 11–12
Schmeisser W, Mohnkopf H, Hartmann M, Metze G (2007) Innovationserfolgsrechnung. Springer
Scholtissek S (2009) Die Magie der Innovation. Finanzbuch verlag, München, S 193
Stumpf H, Groß M (2005) Der Lizenzvertrag. Verlag Recht und Wirtschaft GmbH, Frankfurt am Main

Wissen an der Schnittstelle Mandant/Patentanwalt

2

Joachim Weber

Inhaltsverzeichnis

2.1	Erfindungsmeldung	70
	2.1.1 Eine Erfindungsmeldung formulieren	70
	2.1.2 Die Darstellung des zugrundeliegenden Problems	71
	2.1.3 Die Aufgabenstellung führt zur Lösung	72
	2.1.4 Die Lösung der Aufgabe verdeutlicht die Erfindung	73
2.2	Was ist ein Patentanwalt?	75
2.3	Recherchen zum Stand der Technik	76
	2.3.1 Die optimale Planung einer Recherche	76
	2.3.2 Der Recherchenaufwand ist planbar	77
2.4	Strategieentwicklung/Welcher Schutz ist zu empfehlen?	79
	2.4.1 Ein Beispiel verdeutlicht die Thematik	80
	2.4.2 Der Blick auf die Mitbewerber ist wichtig	80
	2.4.3 Auch bei Schutzrechten drängt die Zeit	80
	2.4.4 Ein schnelles Verfahren ist nicht immer erwünscht	81
	2.4.5 Werner von Siemens, der Urvater des Patentsystems	83
	2.4.6 Ein Weltpatent gibt es nicht!	83
	2.4.7 Der Schutzumfang ist begrenzt	84
2.5	Warum braucht ein Unternehmen Patente?	85
2.6	Welche Rolle spielt der Patentanwalt?	86
2.7	Von der Erfindungsmeldung zum Anmeldungsentwurf	87
	2.7.1 Wer ist Erfinder, wer ist Anmelder?	87
	2.7.2 So sieht eine Patentanmeldung aus	88
	2.7.3 Die Patentansprüche geben an, was geschützt werden soll	89
2.8	Veröffentlichung der Patentanmeldung	91

J. Weber (✉)
Hoefer & Partner Patentanwälte, Pilgersheimer Straße 20,
81543 München, Bayern, Deutschland
E-Mail: info@hoefer-pat.de

2.9 Von der Patentanmeldung zum Patent 92
       2.9.1   Der manchmal lange Weg zu einem Patent 92
       2.9.2   Was versteht man unter Neuheit im Patentgesetz? 93
       2.9.3   Was ist denn die erfinderische Tätigkeit? 94
2.10 Die Wirkung des Patents 96
       2.10.1 Benutzungsrecht und Verbot der unmittelbaren Benutzung 97
2.11 Benutzung einer patentierten Erfindung durch den Patentinhaber 98
2.12 Die Kosten einer Patentanmeldung 99
2.13 Markenschutz 99
2.14 Der Schutz des Designs 99
2.15 Definitionen 100
2.16 Links 102

2.1 Erfindungsmeldung

Nachdem Sie sich im vorangehenden Kapitel mit den verschiedenen Aspekten des Erfindungswesens beschäftigt haben, wollen wir uns nun der Umsetzung in die Praxis zuwenden. Dabei besteht die Frage, welche konkreten Schritte erforderlich sind, um von einer Erfindung zu einem erteilten Patent zu gelangen. Ganz konkret stellt sich dabei die Frage, welche Vorarbeiten der Anmelder oder der Erfinder leisten müssen, um das weitere Verfahren erfolgreich zu gestalten.

Zur Beantwortung dieser Frage sind die nachfolgend diskutierten Aspekte erfahrungsgemäß von besonderer Wichtigkeit. Es versteht sich, dass im Rahmen dieses Buches nicht sämtliche Fallkonstellationen, die bei unterschiedlichsten Erfindungen auftreten können, abschließend behandelt werden können. Die Erfahrung vieler Jahrzehnte zeigt jedoch, dass die nachfolgenden Punkte die meisten Aspekte abdecken und ein sehr gutes Gerüst bilden können.

2.1.1 Eine Erfindungsmeldung formulieren

Der nachfolgend benutzte Begriff Erfindungsmeldung ist dabei nicht im Sinne des Arbeitnehmererfinderrechts zu verstehen, sondern soll ganz allgemein das bezeichnen, was der Erfinder an Vorarbeiten leisten sollte, um erfolgreich mit seinem Patentanwalt zu kommunizieren und diesem zu ermöglichen, eine vollständige und richtige Patentanmeldung auszuarbeiten.

Voranstellend soll an dieser Stelle betont werden, dass es für den Patentanwalt zur Ausarbeitung einer Patentanmeldung erforderlich ist, mit dem Erfinder und/oder Anmelder eine offene, ehrliche Kommunikation zu führen. Diese kann selbstverständlich auf unterschiedlichstem Wege erfolgen, sei es schriftlich, telefonisch oder durch ein persönliches Gespräch. Welche Vorgehensweise sich letztendlich als die Beste erweist, hängt vom

Einzelfall ab. Die Erfahrung zeigt jedoch, dass es sachdienlich ist, die Erfindungsmeldung zunächst schriftlich zu fixieren und dem Patentanwalt zu übermitteln, damit sich dieser auf ein nachfolgendes Gespräch vorbereiten kann.

Die schriftliche Formulierung einer umfänglichen Erfindungsmeldung bringt auch den Vorteil, dass der Erfinder durch die schriftliche Fixierung seiner Überlegungen sich selbst Klarheit verschafft, was er erfunden hat und welche Aspekte für ihn wichtig sind.

Die Erfindungsmeldung sollte somit den Beginn eines offenen Dialogs mit dem Patentanwalt bilden, um diesen mit allen erforderlichen Informationen zu versorgen und in die Lage zu versetzen, eine qualitativ hochwertige Patentanmeldung auszuarbeiten.

Die Erstellung einer Erfindungsmeldung beginnt erfahrungsgemäß zunächst mit der Sammlung von Fakten. Hierbei erweist es sich als sachdienlich, diese Sammlung von Fakten systematisch aufzubauen, da hierdurch sichergestellt ist, dass keine Aspekte vergessen werden oder unberücksichtigt bleiben.

2.1.2 Die Darstellung des zugrundeliegenden Problems

Zunächst sollte erläutert werden, welches Problem insgesamt besteht. Man könnte beispielsweise anhand von Prospektunterlagen oder Mustern die Thematik erläutern, die von dem Erfinder erfolgreich bearbeitet wurde und im Rahmen derer die Erfindung zu sehen ist. Probleme können beispielsweise darin bestehen, Fehlerquellen an Gegenständen zu beseitigen, Verfahren zu verbessern, neue Lösungen zu schaffen, die auf dem Markt Erfolg haben könnten oder Weiterentwicklungen zu betreiben, um bestehende Schutzrechte von Mitbewerbern zu umgehen. Ganz allgemein ist dabei zu erläutern, welcher Problemkreis vorliegt.

Es versteht sich, dass eine Erfindungsmeldung keinen Anspruch auf literarische Perfektion zu haben braucht. Es ist deshalb auch möglich, die Gedanken stichwortartig zu Papier zu bringen und mit Handskizzen zu ergänzen. Im Rahmen einer Erfindungsmeldung ist es zunächst nicht erforderlich, perfekte Zeichnungen zu erstellen oder sich bereits darüber Gedanken zu machen, wie die Patentansprüche formuliert werden könnten. Ziel der Erfindungsmeldung ist es vielmehr, den Patentanwalt mit allen für ihn erforderlichen Informationen zu versorgen. Wie er diese dann auswertet und im Rahmen einer Patentanmeldung nutzt, wird sich im weiteren Verfahren zeigen.

Nachdem die zugrunde liegende Problemstellung angesprochen wurde, ist es in vielen Fällen sachdienlich, den Patentanwalt in das der Erfindung zugrunde liegende Spezialgebiet einzuweisen und ihm die Möglichkeit zu geben, sich einzuarbeiten. Dies ist selbstverständlich bei thematischen neuen Projekten von größerer Bedeutung als bei Erfindungen, welche auf bisherigen Patentanmeldungen, die der Patentanwalt bereits bearbeitet hat, aufbauen. In jedem Falle sollte der Erfinder beachten, dass er selbst für den Erfindungskomplex hoch spezialisiert ist und vielfältige Detailkenntnisse hat, die selbst ein hoch qualifizierter Patentanwalt, der sich auf dem betreffenden Gebiet auskennt, nicht zwangsläufig auch vorliegen haben muss. Es kann sich somit empfehlen, dem Patentanwalt auch einige grundsätzliche Unterlagen zur Verfügung zu stellen, damit dieser den Zusammenhang beurteilen kann, in dem die Erfindung zu sehen ist.

Um dem Erfinder die Möglichkeit zu geben, seine Erfindung klar und präzise zu formulieren, sollte er sich zunächst darauf konzentrieren, von welchen bisher vorliegenden Kenntnissen er ausgegangen ist. Patentrechtlich wird dabei gerne von dem vorbekannten Stand der Technik gesprochen. Der Erfinder sollte zumindest den ihm bekannten Stand der Technik kurz beschreiben. Den Stand der Technik kann der Erfinder im Rahmen einer Erfindungsmeldung beispielsweise durch Firmenprospekte, Kopien von Patentveröffentlichungen, Mustern oder sonstigen Beschreibungen darstellen. Dabei sollte die Diskussion des Standes der Technik auch kritisch beschreiben, was bisher gemacht wurde und welche Nachteile sich hieraus ergeben.

2.1.3 Die Aufgabenstellung führt zur Lösung

Was soll nunmehr mit der Erfindung erreicht werden? Diese Frage könnte man auch als Aufgabenstellung formulieren. Die Aufgabe ergibt sich in logischer Abfolge aus der Beschreibung des Standes der Technik sowie aus der Beschreibung dessen, was bisher gemacht wurde oder wie bisher vorgegangen wurde. Dabei sind, wie oben beschrieben, auch die Nachteile der bisherigen Lösungen erläutert worden. Aufgrund dieser Kenntnisse kann dann die zugrunde liegende Aufgabe formuliert werden.

Eine Aufgabe könnte beispielsweise darin bestehen, nach einer Alternativlösung zu dem bisherigen Stand der Technik zu suchen. Eine Aufgabe könnte auch sein, die Nachteile des Standes der Technik zu vermeiden und dabei insbesondere die bei der vorbekannten Vorgehensweise auftretenden Fehler zu eliminieren. Es können jedoch auch ganz andere Aufgabenstellungen vorliegen, beispielsweise die Aufgabe, die Kosten für die Herstellung zu senken oder die Lebensdauer eines Produktes zu erhöhen. Es könnte auch eine Aufgabe sein, gänzlich neue Lösungswege zu beschreiten und beispielsweise einen neuen Gegenstand oder ein neues Verfahren zu schaffen.

Die Erfahrung zeigt, dass die allermeisten Erfindungen einen kleinen Schritt in der Weiterentwicklung der Technik betreffen und somit zur kontinuierlichen technischen Entwicklung beizutragen.

Im Rahmen einer Erfindungsmeldung ist es nicht zwingend erforderlich, eine einzige, perfekt formulierte Aufgabe zu Papier zu bringen. Es ist in ganz vielen Fällen besser, stichwortartig die Aspekte zu erläutern, welche mithilfe der Erfindung weiterentwickelt werden sollen. Im Rahmen einer ehrlichen Kommunikation mit dem Patentanwalt kann es auch sachdienlich sein, wenn dieser erfährt, dass die eigentliche Aufgabenstellung vielleicht noch gar nicht sichtbar ist oder die Aufgabe aus der Sicht des Erfinders möglicherweise nur sehr unbedeutend erscheint. Über alle diese Aspekte sollte der Patentanwalt informiert werden.

2.1.4 Die Lösung der Aufgabe verdeutlicht die Erfindung

Nachdem nunmehr die bisherige Vorgehensweise und der Stand der Technik diskutiert wurden, ist es an der Zeit, dem Patentanwalt die Lösung darzustellen. Auch dies kann stichwortartig erfolgen. Es ist dabei besser, eine einfache Sprache zu verwenden, die sehr präzise ist, als eine literarische Ausdrucksweise, bei der die wirklich wichtigen Aspekte nicht beachtet werden oder zu kurz kommen. Wichtig ist es, die Lösung insgesamt zu beschreiben und vor allem das Lösungsprinzip zu verdeutlichen. Viele Erfinder beschäftigen sich im Rahmen ihrer Konstruktionsaufgaben damit, einen bestimmten Gegenstand konstruktiv zu bearbeiten und zu gestalten. Irgendwann ist der Erfinder dann mit dieser Arbeit fertig und sieht, dass das Ergebnis eine Reihe von Vorteilen bringt, die es rechtfertigen, das Arbeitsergebnis durch ein Patent zu schützen. Ob es sich dabei um eine patentrechtlich vollständige und patentierbare Erfindung handelt, wird dann im späteren Verfahren zu berücksichtigen sein. Im Rahmen der Erfindungsmeldung sollte der Erfinder diese Thematiken nicht in den Vordergrund stellen, sondern dem Patentanwalt alle Informationen übermitteln, die zum Verständnis der erfindungsgemäßen Lösung erforderlich sind.

Der Erfinder stellt sich nunmehr die Frage, wie er es schafft, einem nicht in seine Aufgabe einbezogenen Fachmann seine Erfindung zu erläutern. Dies kann erfahrungsgemäß am besten anhand von Ausführungsbeispielen erfolgen. Ausführungsbeispiele können durch Konstruktionszeichnungen, 3D-Darstellungen oder auch Handskizzen dargestellt werden. Bei der Darstellung von Ausführungsbeispielen ist es zwingend erforderlich, dass die erfindungswesentlichen Aspekte deutlich und nachvollziehbar gezeigt sind. Da auch in einer Patentanmeldung Ausführungsbeispiele beschrieben werden müssen, kann diese Vorarbeit des Erfinders im Rahmen der Erfindungsmeldung sehr wertvolle Anregungen für den Patentanwalt liefern.

Bei der Beschreibung von Ausführungsbeispielen sollte der Erfinder auch kritisch sich selbst gegenüber nachfragen, ob die Ausführungsbeispiele wirklich die wichtigen Erfindungskomplexe beschreiben und die erfindungsgemäße Lösung zeigen.

Wie bereits angedeutet, können Ausführungsbeispiele anhand von Skizzen oder Zeichnungen beschrieben werden. Dabei ergibt sich stets die Frage, wie ausführlich diese Darstellungen sein müssen. Diese Frage ist generell nicht allgemein zu beantworten, da dies von dem jeweiligen Einzelfall abhängt. Skizzen und Zeichnungen, anhand derer ein Ausführungsbeispiel beschrieben wird, können von sehr einfachen, blackbox-artigen Skizzen bis zu Detailzeichnungen reichen. Welche Darstellung der Patentanwalt für die Ausarbeitung eines Patentanmeldungsentwurfes benötigt, wird sich dann ergeben. Im Rahmen der Erfindungsmeldung kommt es zunächst darauf an, die Erfindung anhand des Ausführungsbeispiels und der hierbei verwendeten Skizzen und Zeichnungen zu beschreiben.

Die Erfahrung zeigt, dass die Sprache des Fachmannes auf vielen technischen Gebieten sehr spezielle Begriffe kennt. Diese sind manchmal historisch bedingt oder entspringen der ursprünglichen Ausdrucksweise der Handwerker, die mit diesen Themen befasst waren. Beispielhaft möchte ich den Bären nennen, der in der Schmiedetechnik verwendet wird oder den Hund, den man im Bergbau kennt und den man üblicherweise als Transportfahrzeug bezeichnen würde. Aus der Schweißtechnik kennt man die Wurzel einer Schweißnaht. Ein anderer Begriff aus der Pflanzenwelt ist das Korn eines Schleifkörpers. Auch aus dem anatomischen Bereich werden Begriffe verwendet, beispielsweise die Zähne eines Sägeblatts oder der Kopf eines Fräsers. Auch das Wort Seele hat auf manchen technischen Gebieten eine Bedeutung, beispielsweise bei der Drahtherstellung.

Wir sehen, dass es unbedingt erforderlich ist, im Rahmen einer Erfindungsmeldung auch die verwendeten Begriffe zu definieren oder zu erläutern. Dies trägt dazu bei, in der Erfindungsmeldung eine präzise Sprache zu verwenden und dieselben Dinge mit demselben Begriff zu belegen. In der Praxis zeigt es sich, dass besonders dieser Aspekt nicht immer berücksichtigt wird. Für den Patentanwalt, der sich mit der Erfindungsmeldung beschäftigt, stellt sich dann häufig die Frage, was der Erfinder wohl mit einem speziellen Ausdruck gemeint haben könnte, insbesondere wenn für diesen Ausdruck auch andere Synonyme verwendet werden, ohne den Zusammenhang darzustellen. Daraus folgt, dass eine Erfindungsmeldung auch hierzu Erklärungen abgeben sollte.

Wir hatten darüber gesprochen, dass es zur Darstellung der Erfindung sachdienlich ist, Ausführungsbeispiele zu erläutern. Hierbei kann es auch wichtig sein, Vergleichsbeispiele darzustellen. Beispielsweise ist es bei chemischen Zusammensetzungen oder bei Legierungen wichtig, anhand von Vergleichsbeispielen zu erläutern, welche Vorteile die erfindungsgemäße Lösung hat oder wie die Erfindung wirkt. Vergleichsbeispiele können dabei physikalische oder chemische Eigenschaften präzisieren, beispielsweise Festigkeiten, Temperaturbeständigkeiten, Härten oder Ähnliches.

Schließlich sollte die Erfindungsmeldung sich auch mit den Vorteilen beschäftigen, die durch die Erfindung zu erzielen sind. Auch hierbei steht im Vordergrund, den Patentanwalt offen und ehrlich mit den nötigen Informationen zu versorgen und ihm auch kritisch zu erläutern, welche Nachteile sich gegebenenfalls neben den Vorteilen der Erfindung einstellen können. Der Patentanwalt hat dann die Möglichkeit, die Erfindung in geeigneter Weise zu präzisieren und in der Patentanmeldung zu erläutern.

Zusammenfassend ist somit deutlich geworden, dass an der Schnittstelle zwischen Erfinder und Patentanwalt ein offener und ehrlicher Informationsaustausch nötig ist und dass der Patentanwalt sehr detailliert mit allen Aspekten und Details der Erfindung versorgt werden muss, um seine Arbeit qualitativ hochwertig durchführen zu können.

In diesem Zusammenhang möchte ich auch darauf hinweisen, dass eine Patentanmeldung, die bei einem Patentamt zur Erteilung eines Patentes eingereicht wird, nachträglich nicht mehr ergänzt werden kann. Auch aus diesem Grund ist es erforderlich, sämtliche für die Beschreibung der Erfindung nötigen Aspekte und Informationen bei der Patentanmeldung zu berücksichtigen. Nicht mehr benötigte Textpassagen oder Ausführungsbeispiele im späteren Verfahren zu streichen, bringt keine Probleme mit sich. Ergänzungen und Änderungen, die über den ursprünglichen Umfang der Patentanmeldung hinausgehen, sind jedoch keinesfalls zulässig. Diese Regelung zwingt alle Beteiligten, im Vorfeld eine vollständige und technisch richtige Darstellung der Erfindung zu erstellen.

Die Abb. 2.1 zeigt ein vereinfachtes Ablaufdiagramm des Aufbaus einer Erfindungsmeldung:

Abb. 2.1 Aufbau einer Erfindungsmeldung

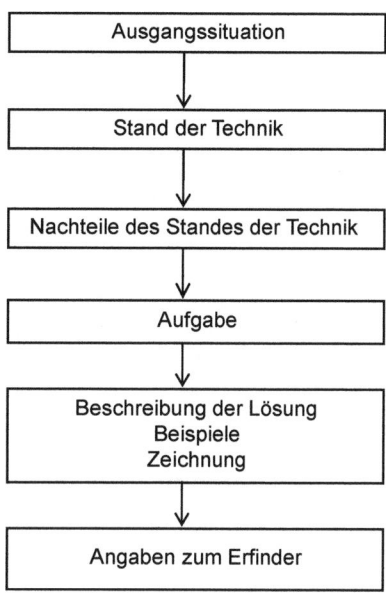

2.2 Was ist ein Patentanwalt?

Wenn man das Wort Anwalt hört, dann denkt man zweifelsfrei zunächst an Rechtsanwälte. Die nächste Überlegung ist dann, ob Patentanwälte denn etwas von Technik verstehen oder ob es sich lediglich um Juristen handelt, die sich auf Patentsachen spezialisiert haben. Wohl auch bedingt durch die im Vergleich zu niedergelassenen Rechtsanwälten sehr geringe Zahl an Patentanwälten ist die Antwort auf diese Frage nicht allen geläufig.

An dieser Stelle erscheint es deshalb sachdienlich, kurz den Ausbildungsweg und die Kenntnisse eines Patentanwalts zu beschreiben. Deutsche Patentanwälte sind üblicherweise Ingenieure oder Naturwissenschaftler mit einem abgeschlossenen wissenschaftlichen Hochschulstudium, mit Industriepraxis und einer langjährigen juristischen Zusatzausbildung. Patentanwälte sind somit sowohl im einschlägigen Recht zuhause, wie in der Wissenschaft und Technik. Dies ist eine wichtige Voraussetzung, um Innovationen verstehen und beurteilen zu können und um diese in einer Patentanmeldung zu formulieren und das weitere Prüfungsverfahren bis zur Erteilung eines Patentes erfolgreich betreuen zu können.

Wie gesagt, sind Patentanwälte im einschlägigen Recht spezialisiert. Dieses umfasst nicht nur das Patentrecht, sondern alle Aspekte des gewerblichen Rechtsschutzes, so dass auch das Markenrecht sowie der Schutz von Designs oder Software zum täglichen Alltag des Patentanwalts gehört.

Ein Patentanwalt benötigt zum einen die Zulassung vor dem Deutschen Patent- und Markenamt. Diese Zulassung wird ihm erteilt, wenn er eine Prüfung absolviert hat, die vom Deutschen Patent- und Markenamt im Auftrag des Justizministeriums abgehalten wird. Zusätzlich benötigt ein Patentanwalt auch die Zulassung beim Europäischen Patentamt, um europäische Patentverfahren betreuen zu können. Diese Zulassung erfordert eine separate Prüfung, die beim Europäischen Patentamt zu absolvieren ist.

Da ein Patentanwalt ein Ingenieurstudium oder ein naturwissenschaftliches Studium absolviert hat, ist er somit ein Fachmann auf dem entsprechenden Gebiet. Er wird die Sprache des Erfinders sprechen und dessen technische oder naturwissenschaftliche Erläuterungen verstehen können. Dies hat wiederum zur Folge, dass für die einzelnen technischen oder naturwissenschaftlichen Erfindungen ein Patentanwalt herangezogen werden sollte, der dieses Gebiet von seiner fachlichen Qualifikation her beherrscht. Größere Patentanwaltskanzleien mit mehreren Patentanwälten haben deshalb Mitglieder unterschiedlicher technischer oder naturwissenschaftlicher Fachrichtungen, damit ein breites Feld von Erfindungen bearbeitet werden kann.

2.3 Recherchen zum Stand der Technik

Wir hatten bereits darüber gesprochen, dass der Erfinder bei der Abfassung der Erfindungsmeldung auch den Stand der Technik angeben und umreißen sollte, der ihm vorliegt. Üblicherweise sind jedoch die Recherchenmöglichkeiten der Erfinder nicht immer ganz ausgereift. Zudem bedarf es zur Durchführung einer sachgerechten und hinsichtlich der Ergebnisse vollständigen Recherche einer langjährigen Erfahrung. Eine einfache Internetrecherche beantwortet mit Sicherheit nicht die entscheidenden Fragen.

Um eine Patentanmeldung vorbereiten zu können, kann es sich deshalb empfehlen, durch den Patentanwalt im Vorfeld zunächst die Recherchenmöglichkeiten zu prüfen.

2.3.1 Die optimale Planung einer Recherche

Ganz allgemein ist festzustellen, dass sämtliche Patentanmeldungen, unabhängig davon, ob diese zu einem Patent führen oder nicht, nach 18 Monaten veröffentlicht werden. Es liegt somit ein sehr umfangreicher Recherchenstoff vor, der sämtliche der patentierbaren Technologien abdeckt. Somit erscheint es auf den ersten Blick sehr einfach, eine Recherche durchzuführen. Man braucht ja nur in den Patentveröffentlichungen recherchieren und schon findet sich ein Ergebnis.

Leider ist es in der Praxis nicht ganz so trivial. Bei der Vorbereitung einer Recherche sind zunächst die zu verwendenden Suchbegriffe zu definieren. Auch hierzu bedarf es bereits einer erheblichen Erfahrung, da gleiche Gegenstände in der deutschen Sprache nicht immer mit den gleichen, präzisen Begriffen belegt sind. Gleiches gilt für die englische Sprache. Um somit eine zuverlässige Recherche durchführen zu können, muss zunächst die Erfindungsmeldung studiert werden. Es ergibt sich dann, welche Suchbegriffe am geeignetsten erscheinen.

Der gesamte durch Patente zu monopolisierende technische Bereich ist in Klassen und Untergruppen aufgeteilt. Zur Vorbereitung einer Recherche ist es deshalb erforderlich, den Erfindungsgegenstand zu klassifizieren und damit festzulegen, in welcher Patentklasse die Recherche durchgeführt werden soll.

Die Klasseneinteilung, welche international festgelegt wird, berücksichtigt selbstverständlich die Weiterentwicklung des Standes der Technik. Aus diesem Grunde wird die Klasseneinteilung von Zeit zu Zeit geändert, ergänzt oder präzisiert. Schon allein aus diesem Grunde ist es erforderlich, exakt die richtige Klasse nach dem neuesten Klassenverzeichnis zu bestimmen und zugleich zu sehen, in welchen Klassen die Druckschriften nach den älteren Systemen klassifiziert waren. Möglicherweise ergeben sich hierbei Lücken oder Überschneidungen, die bei der Durchführung der Recherche zu berücksichtigen sind.

Derartige Recherchen zum Stand der Technik werden üblicherweise von den Patentanwälten angeboten, da diese zum einen die erforderlichen Informationen aus der Erfindungsmeldung vorliegen haben und zum anderen über langjährige Erfahrung verfügen. In diesem Zusammenhang ist insbesondere darauf hinzuweisen, dass ein Patentanwalt zur Verschwiegenheit verpflichtet ist, so dass der Anmelder keinerlei Sorge zu haben braucht, dass die Informationen aus der Erfindungsmeldung an Dritte weitergegeben werden. Dies ist bei kommerziellen Recherchenbüros, die auch Recherchendienste anbieten, nicht immer gewährleistet.

Um eine Recherche durchzuführen, wird man zunächst die Suchbegriffe mit der oder den Klassen kombinieren. Es ergibt sich dann eine Anzahl von Treffern. Ist die Trefferanzahl zu hoch, so zeigt sich, dass die gewählten Suchbegriffe nicht präzise genug sind. Es muss somit Schritt für Schritt eine Eingrenzung vorgenommen werden, bis eine handhabbare Zahl an Druckschriften aufgefunden werden kann. Dabei zeigt die Erfahrung, dass einige Dutzend Druckschriften den maximalen Umfang des Rechercheergebnisses darstellen sollten. Zu viele Druckschriften können zum einen nur mit einem doch sehr erheblichen Arbeitsaufwand gesichtet werden und bringen zum anderen erfahrungsgemäß nicht die gewünschten präzisen Ergebnisse.

2.3.2 Der Rechercheaufwand ist planbar

Anhand der Trefferliste, die sich nach Präzisierung der Suchbegriffe ergibt, kann dann ein Kostenvoranschlag für eine Recherche erstellt werden. Dieser berücksichtigt den reinen Rechercheaufwand und den Arbeitsaufwand, um die Druckschriften zu sichten und hinsichtlich der Sach- und Rechtslage zu überprüfen.

In jedem Falle ist es für den Anmelder möglich, sich zunächst einen Überblick über den erforderlichen Rechercheaufwand zu verschaffen, bevor er eine Recherche in Auftrag gibt und mit den Recherchekosten belastet wird.

Leider gibt es auch technische Gebiete, in denen die Klassifizierung der Patentliteratur nicht sehr präzise vorgenommen wurde. Diese Klassen umfassen somit eine Vielzahl von Veröffentlichungen, ohne dass diese im Einzelnen eingegrenzt werden könnten. Somit kann es vorkommen, dass es sich von der strategischen Vorgehensweise empfiehlt, ohne detaillierte Vorab-Recherche die Erfindung zum Patent anzumelden und die Recherche dem Patentamt zu überlassen.

Wenn eine derartige Recherche nach Stand der Technik durchgeführt wird, um die Erfindungsmeldung zu präzisieren und um eine sachgerechte Ausarbeitung einer Patentanmeldung vorzunehmen, so berücksichtigt diese Recherche selbstverständlich nur die

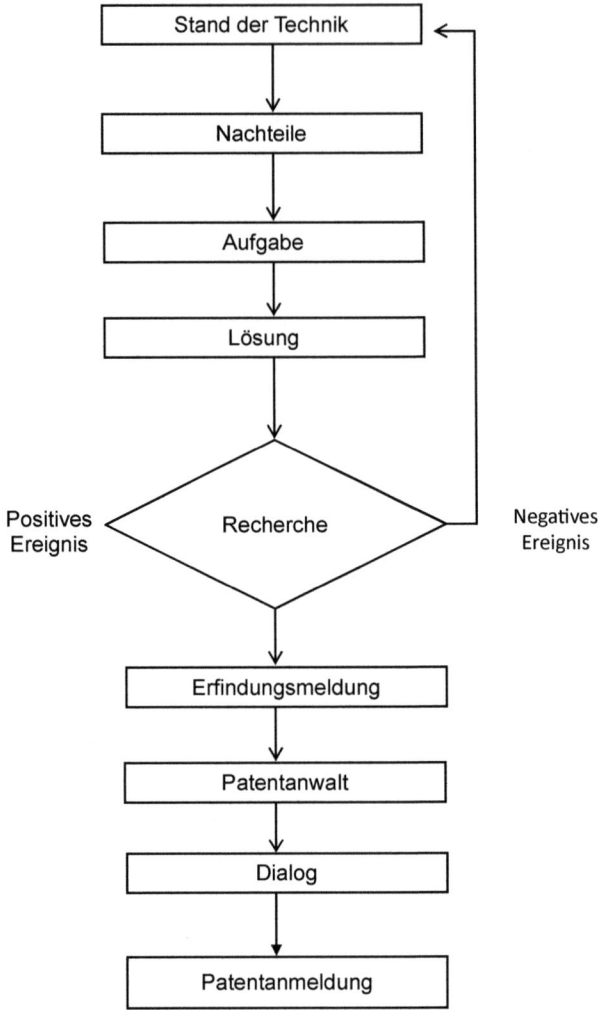

Abb. 2.2 Von der Erfindung zur Patentanmeldung

Fakten, die mit der Erfindungsmeldung vorgelegt wurden. Dies bedeutet, dass eine derartige Recherche nur einen Ausblick auf die Erfolgsaussichten einer Patentanmeldung geben kann. Die Frage, ob der Anmelder bei der Realisierung seiner Erfindung Schutzrechte Dritter verletzt, kann mit einer derartigen Vorrecherche nicht abschließend beurteilt werden. Selbstverständlich kann es vorkommen, dass Patentveröffentlichungen ermittelt werden, die exakt das zeigen, was der Erfinder erfunden hat. Wenn keine derartigen Veröffentlichungen ermittelt werden können, bedeutet dies im Rückschluss jedoch nicht, dass die Erfindung auch in die Praxis umgesetzt werden kann, ohne mit bestehenden Schutzrechten zu kollidieren. Wir werden diesen Aspekt im weiteren Teil des Buches noch besprechen.

In der Abb. 2.2 ist die Vorgehensweise in Verbindung mit einer vor der Erstellung eines Anmeldeentwurfs durchgeführten Recherche erläutert. Es kann vorkommen, dass das Rechercheergebnis zu einer Präzisierung oder Änderung der erfindungswesentlichen Aspekte führt.

2.4 Strategieentwicklung/Welcher Schutz ist zu empfehlen?

Die gewerblichen Schutzrechte unterteilen sich hauptsächlich in drei große Gruppen. Diese betreffen die technischen Schutzrechte, den Bereich der Marken sowie den Designschutz.

Bei den technischen Schutzrechten gibt es neben den Patenten auch die Gebrauchsmuster. Beide Schutzrechte dienen zum Schutz von technischen Erfindungen, die eine technische Lehre zum technischen Handeln darstellen.

Marken dienen primär als Herkunftshinweis. Deshalb geben Marken dem Verbraucher insbesondere einen Hinweis auf die Herkunft (z. B. auf den Hersteller) der so gekennzeichneten Waren oder Dienstleistungen oder auf deren Qualität.

Die dritte bedeutende Gruppe der gewerblichen Schutzrechte betrifft das Design von Produkten. Der Designschutz darf sich nicht nur auf technische Merkmale stützen, sondern betrifft in erster Linie die ästhetische Ausgestaltung von Produkten. Man bezeichnet dies auch als Geschmacksmusterschutz.

Bei den technischen Schutzrechten, nämlich dem Patent und dem Gebrauchsmuster besteht der größte Unterschied darin, dass Patente geprüft werden, bevor sie erteilt werden. Gebrauchsmuster sind dagegen reine Registerrechte. Gebrauchsmusteranmeldungen werden nur formell überprüft und dann registriert.

Der sich aus dieser rechtlichen Situation ergebende Unterschied besteht darin, dass es bei einem erteilten Patent relativ einfach ist, einen so genannten Patentverletzer gerichtlich zu belangen. Steht demgegenüber nur ein Gebrauchsmuster zur Verfügung, so ist es im Verletzungsfall zunächst erforderlich, die Rechtsbeständigkeit des Gebrauchsmusters zu überprüfen. Es wird somit zunächst der Gebrauchsmusterinhaber vor die Notwendigkeit gestellt, sich zu vergewissern, dass sein Gebrauchsmuster auch rechtsbeständig ist. Er wird deshalb eine Recherche durchführen und sich von seinem Patentanwalt ein Gutachten zur Rechtsbeständigkeit anfertigen lassen müssen. Gleiches gilt für denjenigen, der aus einem Gebrauchsmuster in Anspruch genommen werden soll. Auch dieser vermeintliche Gebrauchsmusterverletzer wird zunächst eine Recherche durchführen, um den Schutzumfang des Gebrauchsmusters beurteilen zu können und eine für ihn geeignete Verteidigungsstrategie zu entwickeln.

Bereits aus diesen Unterschieden ergibt sich, dass es hinsichtlich der Entwicklung einer Strategie erforderlich ist, eine Entscheidung zu treffen, durch welche technischen Schutzrechte eine neue Erfindung oder neue Entwicklung am besten geschützt werden kann. Selbstverständlich können sich häufig Fälle ergeben, in welchen mehrere Schutzrechtsarten anzuraten sind. Beispielsweise kann der technische Aspekt über ein technisches Schutzrecht abgesichert werden, während zugleich die ästhetische Ausgestaltung eines Gegenstandes durch ein Geschmacksmuster (Designschutz) geschützt wird. Zusätzlich bietet es sich an, bereits in diesem Stadium die spätere Vermarktung im Auge zu behalten und gegebenenfalls zusätzlich eine Marke anzumelden.

2.4.1 Ein Beispiel verdeutlicht die Thematik

Um Ihnen ein Beispiel für eine derartige Themenstellung zu geben, möchte ich die Entwicklung eines neuartigen Garten-Klappstuhls ansprechen. Der besondere Klappmechanismus, verbunden mit einer speziellen Gestaltung der Rahmenteile des Gartenstuhls kann durch ein technisches Schutzrecht geschützt werden. Der ästhetische Eindruck, der sich aus der technisch bedingten Möglichkeit ergibt, kann durch ein Design geschützt werden. Das Design darf dabei nicht die technischen Aspekte in den Vordergrund stellen, sondern stützt sich auf die gestalterischen Möglichkeiten, die sich in unserem Beispiel aus der Gesamtgestaltung des Gartenstuhls ergeben.

Zusätzlich kann es sich anbieten, nach einer passenden Marke zu suchen, die dem Verbraucher einen Hinweis auf die speziell ausgestalteten Gartenstühle gibt.

Ganz allgemein ist bei der Strategieentwicklung zu beachten, dass technische Schutzrechte eine Monopolstellung verleihen. Es ist, wie wir später noch sehen werden, Dritten damit untersagt, die technische Lehre eines Patents oder Gebrauchsmusters zu nutzen, dessen Design zu kopieren oder identische oder ähnliche Marken zu verwenden.

Die Strategieentwicklung sollte somit zunächst ausführlich mit dem Patentanwalt diskutiert werden. Er ist der Fachmann, der beurteilen kann, welcher Schutzumfang sich bei den einzelnen Schutzrechten ergibt und welches Schutzrecht somit für die vorliegende Erfindung oder die vorliegende Entwicklung am besten geeignet ist.

2.4.2 Der Blick auf die Mitbewerber ist wichtig

In diesem Zusammenhang stellt sich stets auch die Frage, wie der Mitbewerber des Anmelders reagieren könnte. Insbesondere die technischen Schutzrechte geben bei der Formulierung der Ansprüche für eine Patentanmeldung oder eine Gebrauchsmusteranmeldung vielfältige Möglichkeiten, den strategisch richtigen Weg zu wählen und einen möglichst breiten Schutzumfang anzustreben. Es ist deshalb sehr zu empfehlen, dem Patentanwalt auch Informationen zu den Mitbewerbern zu geben und mit ihm die bisherige Strategie der Mitbewerber zu beleuchten.

In diesem Zusammenhang muss auch bereits in diesem sehr frühen Stadium darüber nachgedacht werden, welche Umgehungslösungen oder Umgehungsvarianten bereits jetzt andenkbar sind. Diese sollten bei der Ausarbeitung einer Patentanmeldung berücksichtigt werden, sei es durch geeignete Formulierung der Ansprüche oder zumindest durch Aufnahme von Ausführungsbeispielen, die diese Umgehungsvarianten beschreiben.

2.4.3 Auch bei Schutzrechten drängt die Zeit

Ein sehr wichtiger Aspekt bei allen gewerblichen Schutzrechten ist der Zeitfaktor. Die grundsätzliche Regelung ist so, dass derjenige, der zuerst ein Schutzrecht anmeldet, den besseren Zeitrang hat. Somit spielt der Anmeldetag eine ganz entscheidende Rolle. Insbesondere bei technischen Entwicklungen, welche parallel von unterschiedlichen Anmeldern betrieben werden, kann es ganz entscheidend sein, möglichst frühzeitig ein Schutzrecht anzumelden.

Eine weitere, sehr wichtige Regelung besteht darin, dass Patente und Gebrauchsmuster nur für fertige technische Entwicklungen angemeldet werden können. Es ist deshalb darauf zu achten, dass diese Schutzrechte eine Lehre zum technischen Handeln verlangen. Die reine Aufgabenstellung als solche ist nicht schutzfähig. Dieser Aspekt spielt oft eine Rolle, wenn ein Erfinder erkennt, welchen technischen Lösungsweg man einschlagen könnte, ohne jedoch die technische Realisierung bereits ausreichend weit vorangetrieben zu haben. Dabei ist auch zu sehen, dass eine Patentanmeldung (wir werden diesen Aspekt nachfolgend noch näher erläutern) auch zumindest ein Ausführungsbeispiel zeigen muss, mit welchem die Erfindung realisiert werden kann. Die Patentämter prüfen die technische Umsetzbarkeit zwar nicht in allen Fällen vollständig, die Beschreibung eines Ausführungsbeispiels in einer Patentanmeldung sollte jedoch realitätsbezogen sein und sich auf eine technisch umsetzbare Lösung beziehen.

Es ist somit im Rahmen der Strategieentwicklung auch der richtige Zeitpunkt zum Einreichen einer Patentanmeldung oder Gebrauchsmusteranmeldung (Gleiches gilt für Marken- und Designschutz) zu bestimmen. Wird zu früh angemeldet, so befindet sich die Erfindung möglicherweise noch in einem zu frühen Stadium. In diesem frühen Stadium kann es möglich sein, dass sich nachträglich wichtige Erkenntnisse bei der Realisierung ergeben, die in die Patentanmeldung nicht aufgenommen sind und, da Patentanmeldungen ebenso wenig wie Gebrauchsmusteranmeldungen ergänzt werden können, nachträglich nicht eingefügt werden können. Es wäre somit gegebenenfalls erforderlich, nochmals eine zusätzliche Anmeldung einzureichen.

Wird mit dem Einreichen der Anmeldung zu lange gewartet, beispielsweise um aufwändige Funktionstests durchzuführen oder um erste, geheime Markttests durchzuführen, so besteht die Möglichkeit, dass die Mitbewerber schneller sind und sich somit durch eigene Anmeldungen einen besseren Zeitrang sichern. All diese Aspekte sollten mit dem Patentanwalt diskutiert werden, sobald ihm die Erfindungsmeldung mit der Beschreibung der Erfindung übermittelt wurde.

Es gibt, wie wir in einem späteren Kapitel noch sehen werden, die unterschiedlichsten strategischen Aspekte zur Formulierung von Patenten und Patentanmeldungen. Im Rahmen der nunmehr zu diskutierenden Strategieentwicklung ist in jedem Falle der zeitliche Ablauf nach Einreichung einer Patentanmeldung oder Gebrauchsmusteranmeldung (Gleiches gilt auch bei einer Designanmeldung und einer Markenanmeldung) zu sehen:

2.4.4 Ein schnelles Verfahren ist nicht immer erwünscht

Aus strategischen Gründen kann es wünschenswert sein, möglichst schnell ein Schutzrecht zu erlangen, beispielsweise ein geprüftes Patent, ein eingetragenes Gebrauchsmuster, eine registrierte Marke oder ein registriertes Geschmacksmuster. Beispiele hierfür können sein, dass die Mitbewerber bereits sehr kurzfristig auf den Markt drängen und der Anmelder deshalb sehr kurzfristig seine Rechte durchsetzen möchte.

Ein anderer Aspekt der Strategie kann darin liegen, das gesamte Prozedere möglichst lange herauszuziehen. Diese Vorgehensweise kann beispielsweise bei Patenten sehr wirksam sein. Eine anhängige Patentanmeldung (die ja nach 18 Monaten veröffentlicht und damit jedem zugänglich wird) entfaltet bereits eine gewisse Sperrwirkung, da ernsthafte Mitbewerber das Risiko berücksichtigen werden, dass auf der Basis der Anmeldung ein Patent erteilt wird. Für den Mitbewerber ist es jedoch nicht oder nur bedingt möglich, den sich bei einer späteren Erteilung eines Patentes ergebenden Schutzumfang zu beurteilen. Er wird somit seine Aktivitäten auf dem Markt zurückstellen, bis er sich Gewissheit verschafft hat. Je länger sich die Anmeldung im Prüfungszustand befindet, desto länger ist für den Mitbewerber die Situation unübersichtlich.

Ein weiterer Vorteil, der für ein langsameres Prüfungsverfahren einer Patentanmeldung spricht, ist die Tatsache, dass es dem Patentanmelder möglich ist, seine Patentansprüche während des Prüfungsverfahrens zu ändern. Somit ist es auch möglich, auf bereits am Markt erscheinende Verletzungsformen (Produkte der Konkurrenz) zu reagieren. Die Patentansprüche können dann so gestaltet werden, dass sie präzise auf den Verletzungsgegenstand passen und somit den Erfolg einer Verletzungsklage erhöhen.

Bei Patentanmeldungen (jedoch nicht beim erteilten Patent) besteht zudem die Möglichkeit, die Anmeldung zu teilen. Dies bedeutet, dass ein Teil der Anmeldung abgetrennt und zu einer selbstständigen Patentanmeldung gemacht werden kann. Aus einer derartigen Teilanmeldung kann sich dann ebenfalls die Möglichkeit ergeben, präzise auf bereits auf dem Markt befindliche Produkte von Mitbewerbern zu reagieren und die Patentansprüche diesen Produkten anzupassen. Dies führt nicht zwangsweise zu einer Doppelpatentierung, aus strategischen Gründen kann es jedoch sehr sachdienlich sein, sich diese Option offen zu halten.

Das Patentrecht kennt auch die so genannte Abzweigung eines Gebrauchsmusters aus einer anhängigen Patentanmeldung. Dies bedeutet, dass es möglich ist, aus einer Patentanmeldung ein Gebrauchsmuster abzuzweigen und die Ansprüche des Gebrauchsmusters so zu präzisieren, dass diese möglichst exakt den Verletzungsgegenstand eines Mitbewerbers treffen. Sobald das Gebrauchsmuster registriert ist, kann dann aus dem Gebrauchsmuster eine Verletzungsklage erhoben werden, während sich die eigentliche Patentanmeldung noch im Prüfungsverfahren befindet.

Wir sehen somit, dass die gewerblichen Schutzrechte primär dazu dienen, Monopolrechte gegenüber den Mitbewerbern zu erschaffen und diese somit daran zu hindern, den Erfindungsgegenstand oder das Ergebnis einer Designentwicklung zu kopieren. Anders ausgedrückt handelt es sich bei den gewerblichen Schutzrechten um Möglichkeiten, die Mitbewerber zu behindern und zu blockieren und ihnen die Möglichkeit zu nehmen, die Entwicklungen oder Erfindungen eines Anmelders ohne eigene Leistung zu kopieren.

2.4.5 Werner von Siemens, der Urvater des Patentsystems

Dieser Aspekt hat bereits in der Entwicklungsphase des heutigen Patentrechts eine große Rolle gespielt. Generell kann man sagen, dass lediglich das US-Patentrecht einem etwas anderen System folgt, während praktisch alle anderen Industrienationen sehr vergleichbare Regelungen für die Erlangung eines Patentes haben. Den Ursprung findet das Patentrecht in den Überlegungen von Werner von Siemens. Dieser hatte gegen Ende des 19. Jahrhunderts Überlegungen angestellt, nach welchen Regeln Monopolrechte erteilt werden sollten. In früheren Zeiten gab es bereits Monopole, diese wurden jedoch mehr oder weniger willkürlich und ohne feste Regeln erteilt. Werner von Siemens hatte sich hierzu im Rahmen seiner elektrotechnischen Entwicklungen Gedanken gemacht und den Vorschlag unterbreitet, dass Patente nur für Erfindungen erteilt werden sollten, die neu sind und auf einer erfinderischen Tätigkeit beruhen.

Die Frage der Neuheit wird im Patentrecht so definiert, dass alles das neu ist, was sich nicht aus dem Stand der Technik entnehmen lässt.

Unter erfinderischer Tätigkeit oder Erfindungshöhe versteht man das Naheliegen der durch ein Patent zu schützenden technischen Lehre. All das, was sich für den Fachmann nahe liegend ergibt, wenn er den nächstkommenden Stand der Technik betrachtet, soll nicht nochmals monopolisiert werden. Da Patente nach der zugrunde liegenden Belohnungstheorie nur auf Leistungen erteilt werden, die einen Beitrag zur technischen Weiterentwicklung der Menschheit bringen, ist es verständlich, dass nahe liegende Lösungen keinen derartigen Beitrag leisten können und deshalb nicht durch ein Patent belohnt werden sollten.

Werner von Siemens hat Ende des 19. Jahrhunderts einen Vorschlag für ein Patentgesetz ausgearbeitet. Diesem Vorschlag ist seinerzeit weitgehend gefolgt worden. Man kann somit sagen, dass Werner von Siemens der Vater des modernen Patentsystems ist.

Ausgehend von den im Grundsatz immer noch gleichen Regeln, die Werner von Siemens seinerzeit aufgestellt hatte, wurde nicht nur das europäische Patentsystem geschaffen, sondern auch Patentgesetze in vielen anderen Ländern, beispielsweise Japan und China formuliert.

2.4.6 Ein Weltpatent gibt es nicht!

Ein weiterer, wichtiger Aspekt, der bei der Strategieentwicklung zu berücksichtigen ist, ist die territoriale Wirkung von Patenten. Grundsätzlich werden Patente für einzelne Länder erteilt. Auch das europäische Patentsystem berücksichtigt diesen Aspekt, da das klassische europäische Patent lediglich ein mit Wirkung für die Mitgliedsstaaten erteiltes Patent ist, welches nach der Erteilung in ein Bündel nationaler Patente zerfällt. Daraus ergibt sich bei der strategischen Betrachtung der möglichen Vorgehensweise für den Anmelder die Notwendigkeit, die geeignete Vorgehensweise auszuwählen, um in den von ihm gewünschten Ländern Patentschutz zu erlangen. Das manchmal erwähnte Weltpatent gibt es in dieser Form nicht. Um hinsichtlich der Kosten eine Optimierung durchzuführen, bietet es sich für deutsche Anmelder an, zunächst beim Deutschen Patent- und Markenamt eine Patentanmeldung einzureichen. Es besteht dann die Möglichkeit, innerhalb des so genannten Prioritätsjahres Anmeldungen in anderen Ländern vorzunehmen und dabei den ursprünglichen deutschen Anmeldetag zu beanspruchen. Somit kann innerhalb eines Jahres der Zeitrang der ursprünglichen deutschen Anmeldung in Anspruch genommen werden, um beispielsweise ein europäisches Patent oder ein Patent in China oder Japan oder den USA anzumelden.

Innerhalb dieses Prioritätsjahres wird der Anmelder üblicherweise vom Deutschen Patent- und Markenamt entweder einen Recherchenbericht oder einen ersten Prüfungsbescheid erhalten. Daraus lassen sich die Erfolgsaussichten besser beurteilen als lediglich auf der Basis einer selbst durchgeführten Recherche.

Ein ähnliches Prioritäts-System liegt auch bei Marken und Geschmacksmustern vor. Dort beträgt allerdings der Prioritätszeitraum nur sechs Monate.

Es ist somit festzustellen, dass im Rahmen der strategischen Planung sehr viele Aspekte zu berücksichtigen sind. Zu der gesamten Thematik ist der Patentanwalt der richtige Ansprechpartner.

2.4.7 Der Schutzumfang ist begrenzt

Bei der Diskussion über die strategisch beste Vorgehensweise ist somit zu berücksichtigen, dass die eigenen technischen Entwicklungen, die eigenen Produkte, die eigenen gestalterischen Entwicklungen (Design) sowie die eigenen Marken des Anmelders bestmöglich geschützt werden sollen. Die gewerblichen Schutzrechte errichten somit einen „Schutzwall", innerhalb dessen die Mitbewerber nicht aktiv werden sollen. Die Größe dieses „Schutzwalls" wird durch den Schutzumfang der einzelnen Schutzrechte definiert. Deshalb ist es unumgänglich, im Vorfeld bereits ausführliche Überlegungen zu dieser Thematik anzustellen.

In die Überlegungen zu dem sich ergebenden Schutzumfang ist auch einzubeziehen, welche Schutzrechte als so genannte Sperrpatente angemeldet werden sollten. Sperrpatente schützen technische Entwicklungen, die durch den Anmelder nicht in Form eigener Produkte realisiert werden. In den meisten Ländern ist es nicht erforderlich, ein Patent zu benutzen. Viele der von großen Unternehmungen gehaltenen Patente erfüllen zumindest zum Teil die Wirkung eines Sperrpatentes.

Bei der Diskussion des Schutzumfanges muss natürlich auch berücksichtigt werden, dass das gesamte System der gewerblichen Schutzrechte geschaffen wurde, um den technischen Fortschritt zu unterstützen und die Mitbewerber dazu anzuregen, Umgehungslösungen zu bestehenden Schutzrechten zu entwickeln. Aus diesem Grunde ist nichts Negatives darin zu sehen, wenn ein Unternehmen Entwicklungen betreibt, um bestehende Schutzrechte der Mitbewerber zu umgehen. Dies ist vielmehr das gewünschte Ergebnis der gesamten Schutzrechtssystematik.

2.5 Warum braucht ein Unternehmen Patente?

Gewerbliche Schutzrechte insgesamt und speziell Patente dienen dazu, die eigene technische Entwicklung abzusichern. Es handelt sich somit im übertragenen Sinne wirklich um eine Art Versicherung der eigenen Entwicklungen und insbesondere des Aufwandes, der für diese Entwicklungen betrieben wurde.

Abgesehen von dem Schutz der eigenen Erfindungen oder Entwicklungen können Patente, wie bereits kurz diskutiert, auch dazu benutzt werden, um den Tätigkeitsbereich des Patentanmelders zu sichern und um dessen Produkte herum einen „Schutzwall" aufzubauen. Dies kann durch so genannte Sperrpatente erfolgen, deren Sinn und Zweck darin besteht, die Mitbewerber durch Monopolrechte zu blockieren.

Ein weiterer, wesentlicher Grund, warum die Erteilung eines Patentes angestrebt wird, kann durch die Werbung gegeben sein. Man spricht heutzutage gerne von Patentportfolios und der Patentportfolio-Bewertung. Diese findet indirekt auch auf dem Gebiet der Werbung statt. Für viele Unternehmen ist es von ausschlaggebender Bedeutung, ihre Innovationsfähigkeit und Kreativität unter Beweis zu stellen. Wie könnte dies besser dokumentiert werden als durch eine größere Anzahl an Schutzrechtsanmeldungen?

Insbesondere in der Zuliefererindustrie kommt es häufig vor, dass die Kunden nur Produkte erwerben wollen, welche patentrechtlich geschützt sind oder für welche zumindest Patentanmeldungen eingereicht worden sind. Der Kunde will sich dadurch ebenfalls ein Monopolrecht sichern, welches ihm seine Exklusivität ermöglicht. Somit kann es vorkommen, dass Unternehmen wegen ihrer Kunden gezwungen werden, Schutzrechte anzumelden.

Ein Grund, Schutzrechte anzumelden, kann auch auf finanziellem Gebiet liegen. Vielfach beurteilen Banken die Bonität und Kreditwürdigkeit von Unternehmen im Hinblick auf deren Kreativität. Ein großes und gut strukturiertes Patentportfolio ist bei Gesprächen über Finanzierungen oft von erheblichem Vorteil. Die Banken können dann das Rating des Unternehmens verbessern und größere Sicherheiten bei der Kreditvergabe erzielen.

Auch bei der Beantragung von Subventionen kann es sehr hilfreich sein, auf Patente oder Patentanmeldungen verweisen zu können. Da die Subventionsvergabe vielfach auch Überlegungen zum gewünschten Markterfolg und den sich somit ergebenden Gewinnen einbezieht, spielen Patente hier eine wichtige Rolle.

Hinsichtlich der steuerlichen Optimierungen können Schutzrechte ebenfalls vorteilhaft sein. Es gibt Unternehmen, deren Schutzrechte von Tochterunternehmen in steuergünstigen Drittländern angemeldet und gehalten werden. Durch betriebsinterne Lizenzvergabe kann gegebenenfalls eine Steueroptimierung erfolgen.

Patente müssen, wie erläutert, nicht unbedingt an ein eigenes Produkt und eigene Aktivitäten auf dem Markt gebunden sein. Vielmehr ist es auch möglich, Schutzrechte nur zu dem Zweck anzumelden oder zu erwerben, um diese nachfolgend lizenzieren zu können und auf diese Weise einen Unternehmensgewinn zu erzielen.

Die Anmeldung eines Patents kann auch damit begründet werden, ein Wissensmonopol zu kreieren. Da Schutzrechtsanmeldungen nach 18 Monaten veröffentlicht werden, kann auf diese Weise verhindert werden, dass Mitbewerber für die gleiche Erfindung oder Entwicklung ein eigenes Schutzrecht bekommen können. Auch dieses Wissensmonopol stellt in gewissem Maße eine Behinderung der Mitbewerber dar, da sich deren Möglichkeiten zur Erlangung eigener Schutzrechte schwieriger gestalten können.

Zuletzt ist noch ein weiterer strategischer Aspekt zu erwähnen. Es kann bei wichtigen Patenten, die durch den Patentinhaber selbst genutzt werden, sachdienlich oder zwingend erforderlich sein, eine Abfolge von Patenten anzumelden. Da die maximale Laufzeit eines Patentes auf 20 Jahre begrenzt ist, kann es vorkommen, dass die geschützte Erfindung nach Ablauf des Patentes noch von großer Wichtigkeit ist. Besteht kein Patent mehr, so ist grundsätzlich die Möglichkeit für Mitbewerber eröffnet, den ehemals geschützten Patentgegenstand nachzubauen. Sofern es gelingt, in zeitlicher Abfolge weitere Patente zu erlangen, die insbesondere die Weiterentwicklung des ursprünglichen Patentgegenstands schützen, kann sich eine erhebliche strategische Wirkung ergeben.

Die oben stehende Aufzählung ist bestimmt nicht vollständig und kann auch nur die wichtigsten Aspekte diskutieren. Insgesamt zeigt sich jedoch, dass nicht nur den Patenten, sondern insgesamt allen gewerblichen Schutzrechten ein erhebliches Potenzial innewohnt.

2.6 Welche Rolle spielt der Patentanwalt?

Der Patentanwalt ist der fachkundige Ansprechpartner auf allen Gebieten der gewerblichen Schutzrechte. Er hat durch seine berufliche Erfahrung einen speziellen Kenntnisstand, welcher meist beim Anmelder nicht vorliegt. Zudem kann der Patentanwalt dem Anmelder Informationen zu Themen geben, die dem Anmelder bisher nicht geläufig waren oder deren Relevanz er nicht bedacht hat.

Sobald dem Patentanwalt die Erfindungsmeldung vorliegt, ist er nicht nur in der Lage, die strategischen Aspekte mit dem Anmelder zu besprechen. Vielmehr kann der Patentanwalt aufgrund der Patentanmeldung die Erfindung präzisieren und das herausarbeiten, was im späteren Verfahren patentrechtlich, gebrauchsmusterrechtlich oder als Marke oder als Geschmacksmuster geschützt werden kann.

In diesem Verfahrensschritt ist nicht nur die Kreativität des Patentanwalts gefordert, sondern auch die Kreativität des Erfinders. Beide sollten die Erfindung oder die Entwicklung gemeinsam diskutieren, um zu einem optimalen Ergebnis zu führen. Auch hierbei ist zu berücksichtigen, dass der Patentanwalt zur Verschwiegenheit verpflichtet ist, so dass der Anmelder oder der Erfinder ganz offen mit dem Patentanwalt sprechen können. Dies ist Voraussetzung für ein optimales Arbeitsergebnis. Werden dem Patentanwalt entscheidende Informationen vorenthalten, so kann dies nicht zu einer erfolgreichen Strategieentwicklung und zu optimalen Schutzrechten führen.

In diesem Zusammenhang ist auch die Thematik der Industriespionage und der Geheimhaltung anzusprechen. Da der E-Mail-Verkehr überwacht werden kann, ist zu empfehlen, die Informationen zu einer Patentanmeldung und insbesondere den fertig gestellten Anmeldungsentwurf auf dem Postweg zu versenden. Hierdurch wird es für Dritte weitaus schwieriger, von dem Erfindungskomplex vorab Kenntnis zu erlangen.

2.7 Von der Erfindungsmeldung zum Anmeldungsentwurf

Nachdem die Erfindungsmeldung, wie oben erwähnt, erstellt wurde, um die Erfindung im Einzelnen zu erläutern, folgt jetzt eine Phase der Diskussion mit dem Patentanwalt. Er wird die Erfindungsmeldung im Einzelnen studieren und sie im Hinblick auf sein Fachwissen und die zugrunde liegende Sach- und Rechtslage beurteilen.

Dabei kann es sich als hilfreich erweisen, dem Patentanwalt zusätzliche Informationen oder Erläuterungen zu geben, sei es telefonisch oder im Rahmen einer persönlichen Besprechung. Es ist schwer, hier einen Vorschlag für die bestmögliche Vorgehensweise zu unterbreiten. Dies hängt zum einen davon ab, wie ausführlich die Erfindungsmeldung formuliert wurde. Zum anderen ist zu berücksichtigen, wie viel Erfahrung der Patentanwalt mit dem speziellen Mandanten auf diesem technischen Gebiet bereits hat und ob er noch weitere Informationen benötigt. In den allermeisten Fällen dürfte es ausreichend sein, die zugrunde liegende Thematik sowie die Erfindung telefonisch zu erläutern.

Der Patentanwalt wird daraufhin einen Anmeldungsentwurf mit vorläufigen Figuren erstellen. Dieser Anmeldungsentwurf wird dann zur Durchsicht und Kontrolle an den Erfinder oder Anmelder übermittelt.

2.7.1 Wer ist Erfinder, wer ist Anmelder?

Erfinder ist derjenige, der die Erfindung gemacht hat. Es versteht sich, dass auch mehrere Erfinder an einer Erfindung beteiligt sein können.

Bei der Anmeldung einer Erfindung beim Patentamt ist es erforderlich, Namen und Adresse des Erfinders anzugeben. Der Erfinder wird bei der Veröffentlichung der Patentanmeldung und auf der Patentschrift genannt.

In speziellen Fällen kann es auch möglich sein, die Nicht-Veröffentlichung des Erfinders zu beantragen. Dies ist jedoch ein seltener Spezialfall, auf den hier nicht eingegangen werden soll.

Weiterhin stellt sich die Frage, wer der Anmelder der Patentanmeldung sein soll. Sowohl natürliche Personen als auch juristische Personen können Patente anmelden. Im Falle eines angestellten Erfinders regelt das Gesetz über Arbeitnehmererfindungen den Rechtsübergang auf den Arbeitgeber.

Das Gesetz über Arbeitnehmererfindungen enthält auch detaillierte Regelungen über die Vergütung, die der Arbeitgeber seinem Arbeitnehmer gegebenenfalls zu zahlen hat. Diese Thematik ist sehr komplex und kann an dieser Stelle nicht erschöpfend erläutert werden.

2.7.2 So sieht eine Patentanmeldung aus

Der Aufbau einer Patentanmeldung ist hinsichtlich seiner zugrunde liegenden Reihenfolge und Logik analog zu der Erfindungsmeldung:

Ein üblicher Anmeldungsentwurf für eine Patentanmeldung oder Gebrauchsmusteranmeldung beschreibt zunächst das technische Gebiet, auf welchem die Erfindung angesiedelt ist. Nachfolgend wird mehr oder weniger intensiv der bereits bekannte Stand der Technik erläutert. Dieser Teil der Patentanmeldung sollte kurz und präzise sein und sich auf diejenigen Aspekte beschränken, die zum Verständnis der Erfindung notwendig sind. Eine zu detaillierte Besprechung des Standes der Technik könnte sich in einem nachfolgenden Prüfungsverfahren als problematisch erweisen. Insbesondere die Diskussion um die Erfindungshöhe könnte sich in eine negative Richtung bewegen, wenn voranstellend in der Patentanmeldung zu viel Stand der Technik diskutiert wird, der dem Fachmann zum Zeitpunkt der Erfindung geläufig war. Dieser Hinweis ist selbstverständlich nicht bindend und hängt vom Einzelfall ab. Dies ist bei der Ausarbeitung der Patentanmeldung zu berücksichtigen.

Der nächste Teil des Anmeldungsentwurfs sollte sich dann mit den sich aus dem Stand der Technik ergebenden Nachteilen beschäftigen oder ganz allgemein beschreiben, welche Notwendigkeit oder Motivation für die Erfindung bestand.

Nachfolgend wird eine sehr allgemeine Aufgabenstellung formuliert. Diese kann sich zunächst in ganz allgemeinen Floskeln ausdrücken. So ist es beispielsweise üblich, im Rahmen der Aufgabenstellung lediglich anzugeben, dass ein bestimmtes Verfahren oder eine bestimmte Vorrichtung geschaffen werden sollen, welche die Nachteile des Standes der Technik vermeiden.

Auf die Aufgabe folgend umfasst der Text einer Patentanmeldung eine Darstellung der Lösung. In vielen Fällen kann es sachdienlich sein, an dieser Stelle die Formulierung zu wiederholen, die für den Patentanspruch 1 verwendet wurde und diese mit den sich ergebenden Vorteilen zu verdeutlichen. In gleicher Weise sollten die für die Unteransprüche ausgewählten Merkmalskombinationen an dieser Stelle besprochen und diskutiert werden. Dabei ist es wichtig, sämtliche Aspekte der erfindungsgemäßen Lösung zu beschreiben, diese im Einzelnen zu erläutern und/oder deren Vorteile herauszustellen.

Wenn nun die Lösung in allgemeiner Form diskutiert wurde, so folgt die Beschreibung zumindest eines Ausführungsbeispiels in Verbindung mit der Zeichnung. Dabei wird eine Kurzbeschreibung der einzelnen Figuren gegeben. Nachfolgend wird anhand der Figuren das zumindest eine Ausführungsbeispiel im Einzelnen erläutert. Diese Erläuterungen sollten Aspekte der vorher allgemein beschriebenen Lösung aufgreifen und deren Umsetzung in die Praxis verdeutlichen.

Bei der Formulierung der gesamten Patentanmeldung ist darauf zu achten, die wesentlichen Merkmale und Teile präzise zu benennen und deren Benennung über den gesamten Anmeldungstext beizubehalten. Die Patentanmeldung muss so klar und präzise wie möglich formuliert werden, um in einem späteren Prüfungsverfahren die Möglichkeit zu haben, auf die Beschreibung zurückzugreifen. Dabei kann es im Rahmen der Beschreibung auch möglich sein, Fachbegriffe so zu definieren, wie sie in der Patentanmeldung zu verstehen sind. Auch dies ist ein wesentlicher Aspekt, um Missverständnissen oder Fehldeutungen während des Prüfungsverfahrens vorzubeugen.

Anschließend an die ausführliche Diskussion des zumindest einen Ausführungsbeispiels sollte sich eine Bezugszeichenliste anschließen. Diese gibt die in den Figuren verwendeten Bezugszeichen nochmals wieder und dient auch dazu, den gesamten Text und die Figuren leichter lesbar und verständlich zu machen. Die Bezugszeichenliste, die der Patentanwalt während der Ausarbeitung der Patentanmeldung erstellt, dient auch dazu, die stets gleiche Verwendung von Begriffen in der gesamten Beschreibung zu kontrollieren.

Nachdem nunmehr der allgemeine Teil der Patentanmeldung erstellt wurde, folgt der wichtigste Teil, nämlich die Patentansprüche.

2.7.3 Die Patentansprüche geben an, was geschützt werden soll

In den Patentansprüchen (analog hierzu sind selbstverständlich die Ansprüche einer Gebrauchsmusteranmeldung zu betrachten) wird im Einzelnen erläutert, was durch ein auf die Patentanmeldung zu erteilendes Patent monopolisiert werden soll. Hierfür wird, historisch bedingt, eine auf den ersten Blick für den Laien nicht immer ganz leicht verständliche Formulierung verwendet. Ein Patentanspruch wird in einem Satz formuliert. Die einzelnen Merkmale müssen positiv erläutert werden und erhalten jeweils ein Bezugszeichen, welches zu dem zumindest einen Ausführungsbeispiel passt. Die Aufnahme von Vorteilen oder besonderen Wirkungen in einen Patentanspruch ist grundsätzlich nicht möglich.

Ganz allgemein werden im Bereich der Technik zwei verschiedene Anspruchskategorien verwendet. Die eine Anspruchskategorie sind Vorrichtungsansprüche, die sich auf einen technischen Gegenstand beziehen. Die andere Anspruchskategorie richtet sich auf Verfahrensschritte, so dass man von Verfahrensansprüchen spricht.

Bei Ansprüchen, die eine Vorrichtung beschreiben, ist es erforderlich, so kurz und präzise als möglich die mindestens erforderlichen Merkmale aufzulisten. Je kürzer ein Patentanspruch formuliert ist, desto breiter ist sein Schutzumfang. Der Patentanwalt wird deshalb bei der Erstellung der Patentanmeldung versuchen, möglichst breite Patentansprüche zu formulieren. Im späteren Prüfungsverfahren ist es dann im Hinblick auf den zitierten Stand der Technik möglich, die Ansprüche einzugrenzen, indem weitere Merkmale hinzugefügt werden.

Während Vorrichtungsansprüche ganz allgemein nur auf Vorrichtungsmerkmale gerichtet sind, beschreiben Verfahrensansprüche lediglich Verfahrensschritte. Dabei kann zur Erläuterung auch ein Vorrichtungsmerkmal hinzugefügt werden. Es ist jedoch nicht möglich, die beiden Anspruchskategorien zu vermischen.

Die Patentanmeldung umfasst üblicherweise mehrere Patentansprüche. Der erste Patentanspruch, welcher auch als Hauptanspruch bezeichnet wird, soll dabei den breitesten Schutzumfang bilden. Die auf diesen Hauptanspruch zurückbezogenen Unteransprüche beschreiben weitere vorteilhafte Ausgestaltungen der Erfindung, welche im späteren Prüfungsverfahren dazu genutzt werden können, den Hauptanspruch abzugrenzen.

Es versteht sich, dass parallel zu einander in einer Anmeldung auch Vorrichtungsansprüche und Verfahrensansprüche aufgestellt werden können. Man spricht dann bei den jeweiligen Hauptansprüchen von Nebenansprüchen.

Da sowohl das Deutsche Patent- und Markenamt als auch das Europäische Patentamt ab einer bestimmten Anzahl von Patentansprüchen Gebühren nehmen, wird sich der die Patentanmeldung ausarbeitende Patentanwalt bemühen, unterhalb dieses Limits von 10 bzw. 15 Ansprüchen zu bleiben, um die Gebühren zu sparen.

An die Patentansprüche schließt sich dann eine Zusammenfassung an. Diese ist nur aus formellen Gründen erforderlich, so dass hierauf inhaltlich keine große Mühe verwendet werden braucht, insbesondere da die Zusammenfassung nicht zum Gesamtinhalt (man spricht von der Gesamtoffenbarung der Patentanmeldung) gehört. Üblicherweise wird in der Zusammenfassung der Hauptanspruch wiederholt.

Da die Ausführungsbeispiele in Verbindung mit den Zeichnungen beschrieben wurden, versteht es sich, dass die Patentanmeldung auch Zeichnungen umfasst. Sie werden für den Anmeldungstext üblicherweise zunächst als provisorische Zeichnungen erstellt. Sobald dann mit dem Anmelder/Erfinder Einigkeit über den Anmeldungstext erzielt wurde, empfiehlt es sich, die Zeichnungen vor der Einreichung der Patentanmeldung zu überarbeiten und vorschriftsmäßige Zeichnungen zu erstellen. Dies ist auch deshalb von Wichtigkeit, weil im späteren Verfahren die Notwendigkeit bestehen könnte, bestimmte Merkmale, die nur in den Zeichnungen offenbart sind, für die Anspruchsformulierung zu verwenden. Aus diesem Grunde ist es ratsam, auch die Zeichnungen präzise und technisch korrekt anzufertigen und in den Zeichnungen möglichst viele Details wiederzugeben.

Wie bereits erläutert, ist es nach der Einreichung einer Patentanmeldung nicht mehr möglich, diese zu ergänzen. Es sollte deshalb höchste Sorgfalt darauf verwendet werden, alle relevanten Aspekte der Erfindung in der Patentanmeldung zu erläutern. Textpassagen nachträglich zu streichen oder auf Ausführungsbeispiele zu verzichten, ist jederzeit möglich. Ergänzungen sind jedoch keinesfalls zulässig. Dies betrifft auch Umformulierungen von technischen Begriffen, welche ursprünglich vielleicht nicht so präzise gewählt waren, wie sich dies dann im späteren Verfahren als notwendig erweist. Die Erfahrung zeigt, dass es besser ist, redundant mehrere Aspekte zu beschreiben, als den Anmeldungstext zu kurz abzufassen.

Ein weiterer Punkt, der bei der Formulierung der Patentanmeldung diskutiert werden sollte, betrifft geplante Auslandsanmeldungen. Sofern insbesondere in den USA eine Patentanmeldung eingereicht werden soll, ist es erforderlich, den Anmeldungstext bereits von Anfang an an die speziellen formellen Erfordernisse des US-Patentrechts anzupassen.

Nachdem die Patentanmeldung durch den Patentanwalt ausgearbeitet wurde, wird diese dem Anmelder bzw. dem Erfinder vorgelegt, damit dieser überprüfen kann, ob die Erfindung in technischer Hinsicht vollständig und richtig dargestellt ist. Dabei ergibt sich wiederum ein Dialog mit dem Patentanwalt, im Rahmen dessen eine weitere Präzisierung oder Ergänzung des Entwurfs der Patentanmeldung erfolgen kann. Ohne diese

Abb. 2.3 Aufbau einer Patentanmeldung

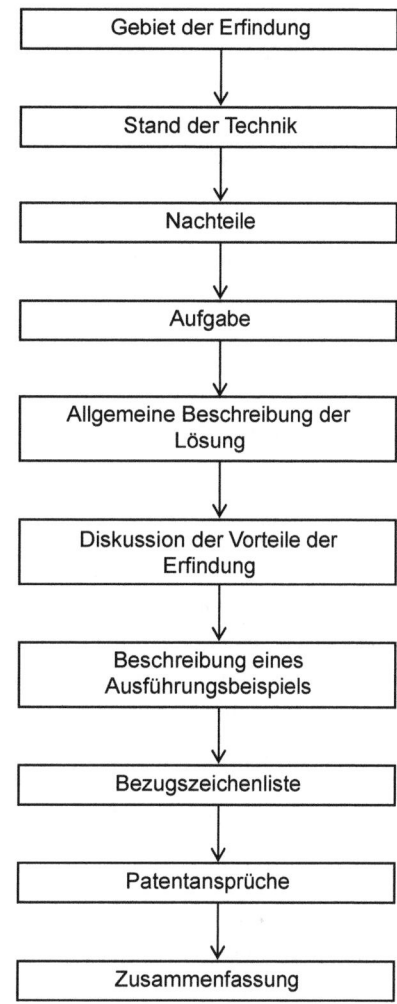

abschließende Freigabe wird eine Patentanmeldung üblicherweise nicht beim Patentamt eingereicht.

Die Abb. 2.3 zeigt vereinfacht den Aufbau einer Patentanmeldung:

2.8 Veröffentlichung der Patentanmeldung

Patentanmeldungen werden automatisch 18 Monate nach dem Anmeldetag veröffentlicht. Hierdurch erhält jeder Kenntnis vom Inhalt der Patentanmeldung. Da das Patentwesen zur Weiterbildung des technischen Wissens dienen soll, stellen die veröffentlichten Patentanmeldungen eine sehr gute und aktuelle Grundlage für technische Recherchen dar. Es ist insbesondere möglich, die Patentanmeldungsveröffentlichungen laufend zu überwachen, beispielsweise hinsichtlich bestimmter Anmelder oder hinsichtlich bestimmter Patentklassen. Hierdurch kann man einen guten Überblick über die Aktivitäten der Mitbewerber erlangen. Die veröffentlichten Patentanmeldungen (Offenlegungsschriften) bieten eine wertvolle Grundlage, aufgrund derer weitere Forschungen und Entwicklungen betrieben werden können.

Gebrauchsmuster werden ebenso wie Designanmeldungen nach ihrer Registrierung veröffentlicht.

2.9 Von der Patentanmeldung zum Patent

Nachdem die Patentanmeldung ausgearbeitet und mit dem Erfinder und dem Anmelder diskutiert wurde, kann diese beim Patentamt eingereicht werden.

Sofern das Deutsche Patentamt bei Veröffentlichung der Patentanmeldung bereits eine Recherche durchgeführt hat, wird das Recherchenergebnis ebenfalls veröffentlicht. Das Europäische Patentamt veröffentlicht ebenfalls das Recherchenergebnis.

Die Einreichung einer Patentanmeldung erfolgt üblicherweise durch den Patentanwalt. Dieser trägt dafür Sorge, dass die formellen Erfordernisse erfüllt sind und insbesondere auch die vorgeschriebenen Gebühren entrichtet werden.

Bei der Einreichung einer Patentanmeldung ist es erforderlich, den Anmelder richtig und vollständig anzugeben. Hierbei erweist es sich als sachdienlich, bei juristischen Personen einen Abgleich mit dem aktuellen Handelsregistereintrag vorzunehmen, um Fehler zu vermeiden.

Im Rahmen einer Patentanmeldung ist es auch erforderlich, den oder die Erfinder zu nennen und deren Adressen anzugeben. Die Adressen der Erfinder werden vom Patentamt nicht veröffentlicht, sind jedoch in den amtlichen Akten geführt.

Sofern alle Voraussetzungen erfüllt sind, bestätigt das Patentamt die Einreichung der Patentanmeldung und teilt dem Anmelder den Anmeldetag sowie das amtliche Aktenzeichen mit.

2.9.1 Der manchmal lange Weg zu einem Patent

Sowohl das deutsche als auch das Europäische Patentamt führen zunächst eine formelle Überprüfung der Patentanmeldungen durch. Dabei wird auch geprüft, ob die erforderlichen Gebühren entrichtet wurden. Nachfolgend wird der in der Patentanmeldung beschriebene Erfindungsgegenstand klassifiziert, um ihn in die richtige Klasse der internationalen Patentklassifizierung einreihen zu können. Dieser Aspekt spielt bei der Veröffentlichung der Patentanmeldung nach 18 Monaten eine Rolle.

Die Patentanmeldung gelangt dann, vorausgesetzt, der Prüfungsantrag oder Recherchenantrag wurde gestellt, beim deutschen Patentamt zu dem zuständigen Prüfer. Dieser führt eine umfangreiche Recherche nach relevantem Stand der Technik durch. Gleiches gilt für das europäische Patentverfahren. Dem Anmelder wird dann der recherchierte Stand der Technik mitgeteilt, so dass die Chancen auf Erteilung eines Patentes ersichtlich sind. Tritt die Patentanmeldung in die Phase der Prüfung ein, so prüft der Prüfer die in der Patentanmeldung formulierten Patentansprüche, um zu ermitteln, ob aufgrund dieser Patentansprüche ein Patent erteilt werden kann. Auch hierbei zeigt es sich, dass die Formulierung der Patentansprüche von größter Wichtigkeit ist. Gelangt der Prüfer zu dem Ergebnis, dass die derzeitigen Patentansprüche nicht für die Erteilung eines Patentes zugrunde gelegt werden können, so hat der Anmelder die Möglichkeit, geänderte Patentansprüche einzureichen. Der Prüfer kann diesen Patentansprüchen dann entweder zustimmen oder nochmals einen Prüfungsbescheid versenden. Sofern der Prüfer den Ansprüchen zustimmt und diese die Voraussetzungen unter anderem der Neuheit und der Erfindungshöhe erfüllen, beschließt das Patentamt die Erteilung eines Patentes. Dieses wird dann als Patentschrift veröffentlicht.

Wie wir bereits bei den von Werner von Siemens formulierten Überlegungen zum Patentgesetz gesehen haben, ergibt sich nach der Patenterteilung für Dritte die Möglichkeit, innerhalb der gesetzlichen Frist (drei Monate beim deutschen Patentamt und neun Monate beim Europäischen Patentamt) Einspruch einzulegen. Im Rahmen eines Einspruchsverfahrens kann dann die Erteilung des Patentes nochmals überprüft werden.

Diese Möglichkeit, auf Patente von Wettbewerbern zu reagieren, stellt ein besonders wichtiges Werkzeug dar. Da die Patenterteilung üblicherweise einige Zeit in Anspruch nimmt, besteht im Vorfeld bereits ausreichend Gelegenheit, nach Kenntnis der nach 18 Monaten erfolgenden Veröffentlichung der Patentanmeldung das weitere Verfahren zu beobachten und gegebenenfalls Material zu sammeln, um gegen die Erteilung eines Patentes Einspruch einzulegen. Auch diese Thematik der Überwachung von Patentanmeldungen von Mitbewerbern und die sich daraus ergebenden weiteren Aktionen ist eine der Kernkompetenzen des Patentanwalts.

2.9.2 Was versteht man unter Neuheit im Patentgesetz?

Im Rahmen der Prüfung einer Patentanmeldung ermittelt das Patentamt, wie erwähnt, zunächst den für die Patentanmeldung relevanten Stand der Technik. Dieser wird im Hinblick auf die im Anspruch 1 beschriebene Erfindung recherchiert. Der Prüfer vergleicht dann den Gegenstand des Anspruchs 1 mit den aufgefundenen Druckschriften, um zu ermitteln, ob der Gegenstand des Anspruchs 1 die erforderliche Neuheit aufweist.

Aus § 3 (1) Deutsches PatG ergibt sich Folgendes:

Eine Erfindung gilt als neu, wenn sie nicht zum Stand der Technik gehört. Der Stand der Technik umfasst alle Kenntnisse, die vor dem für den Zeitrang der Anmeldung maßgeblichen

Tag durch schriftliche oder mündliche Beschreibung, durch Benutzung oder in sonstiger Weise der Öffentlichkeit zugänglich gemacht worden sind.

Man sieht somit, dass die gesetzliche Regelung auf den Zeitrang einer Patentanmeldung abstellt. Dies ist beispielsweise der Anmeldetag, an welchem die Patentanmeldung beim Deutschen Patentamt eingereicht wurde. Eine im Wesentlichen gleich lautende Regelung findet man auch im Art. 54 des Europäischen Patentübereinkommens.

Welche Folge hat diese Regelung für den Anmelder? Der Anmelder muss somit eine Patentanmeldung einreichen, bevor seine Erfindung der Öffentlichkeit, d. h. beliebigen Dritten zur Kenntnis gelangt ist. Ganz wichtig ist in diesem Zusammenhang, dass auch der Anmelder selbst die Neuheit zerstören kann und somit durch eigene Veröffentlichungen, beispielsweise Testverkäufe bei Kunden, Ausstellungen auf Messen, Internet-Auftritte oder Ähnliches sich die Möglichkeit verbauen kann, später ein Patent zu bekommen.

Diese Neuheitsvoraussetzung wird leider bei unerfahrenen Anmeldern häufig verletzt, weil sie sich nicht bewusst sind, dass auch ihre eigenen Handlungen als Erfinder die Neuheit zerstören können.

Auch in größeren Betrieben kann diese Thematik zu Problemen führen. Hierbei sind insbesondere die Aktivitäten der Marketing-Abteilung genau zu betrachten. Die Vertriebsleute tendieren gerne dazu, neueste Entwicklungen oder Produkte so schnell als möglich zu veröffentlichen. Hier hilft nur eine enge Zusammenarbeit mit dem Vertrieb oder der Marketing-Abteilung, um sicherzustellen, dass die Aktionen erst dann gestartet werden können, wenn eine Patentanmeldung beim Patentamt eingereicht wurde.

Eine weitere Voraussetzung zur Erteilung eines Patentes ist die erfinderische Tätigkeit/Erfindungshöhe. Dabei überprüft der Prüfer, ob sich der Gegenstand des Anspruchs 1 für den Durchschnittsfachmann in naheliegender Weise aus dem Stand der Technik ergibt. Der bei dieser Diskussion immer in Betracht zu ziehende Durchschnittsfachmann ist eine fiktive Person, die auf dem betreffenden technischen Gebiet durchschnittliche bis gute Fachkenntnisse hat. Es wird dann zugrunde gelegt, dass dem Durchschnittsfachmann die zu lösende Aufgabe bekannt ist und er in dem aufgefundenen Stand der Technik nach Informationen zur Lösung dieser Aufgabe sucht. Wenn er dann beispielsweise durch Kombination von zwei der aufgefundenen Druckschriften zu dem Gegenstand des Anspruchs 1 gelangt, so wird unterstellt, dass keine ausreichende Erfindungshöhe bzw. erfinderische Tätigkeit vorliegt.

2.9.3 Was ist denn die erfinderische Tätigkeit?

Sowohl § 4 des deutschen Patentgesetzes als auch Art. 56 des Europäischen Patentübereinkommens bestimmen Folgendes:

Eine Erfindung gilt als auf einer erfinderischen Tätigkeit beruhend, wenn sie sich für den Fachmann nicht in nahe liegender Weise aus dem Stand der Technik ergibt.

Diese Regelung macht durchaus Sinn, da hierdurch verhindert werden soll, dass Monopolrechte, durch welche die Öffentlichkeit behindert werden kann, auf Erfindungen erteilt werden, die sich dem Fachmann ohne Weiteres erschließen. Man spricht dann vom Fehlen von Erfindungshöhe, wenn der Fachmann ohne erfinderisches Zutun durch einen Blick auf die vorbekannten Lösungen (den so genannten Stand der Technik) ohne Weiteres zu der erfindungsgemäßen Lösung kommen kann. Im Patentrecht wird an dieser Stelle ein fiktiver Durchschnittsfachmann definiert, dessen Kenntnisse in Abhängigkeit von der Komplexität der Erfindung und dem jeweiligen technischen Gebiet betrachtet werden müssen. Maßgeblich ist dabei die Kenntnis des Durchschnittsfachmannes zum Zeitpunkt der Anmeldung einer Patentanmeldung.

Ergibt die Prüfung der Patentanmeldung, dass auf die Anmeldung ein Patent erteilt werden kann, so übermittelt das Patentamt dem Patentanmelder den Erteilungsbeschluss (Deutsches Patentamt) oder schickt ihm nochmals die zur Erteilung des Patentes vorgesehene Fassung (Europäisches Patentamt). Hierin kann der Patentanmelder nochmals alle wichtigen Daten sowie die exakte Formulierung des zu erteilenden Patentes überprüfen und feststellen, ob das Patentamt die Patenterteilung in richtiger Weise durchführen wird.

Die Patenterteilung wird nachfolgend im Patentblatt veröffentlicht, so dass jeder Dritte Kenntnis hiervon erlangen kann. Zusätzlich erfolgt die Veröffentlichung einer Patentschrift. Diese stellt das eigentliche Monopolrecht dar. Sie entspricht hinsichtlich ihres Aufbaus im Wesentlichen dem eingereichten Anmeldungstext, berücksichtigt jedoch Änderungen, die sich hinsichtlich der Ansprüche und der Beschreibung im Erteilungsverfahren ergeben haben.

Nach der Veröffentlichung der Patenterteilung beginnt die Einspruchsfrist, innerhalb derer Dritte gegen die Erteilung eines Patentes Einspruch erheben können. Das Einspruchsverfahren, welches vom Patentamt durchgeführt wird, dient der Überprüfung der Rechtmäßigkeit der Patenterteilung. Während das bisherige Anmeldeverfahren ein einseitiges Verfahren zwischen dem Patentanmelder und dem Patentamt war, besteht nun erstmals die Möglichkeit, dass Dritte in dem Verfahren zur Überprüfung der Patenterteilung mitwirken. Das Einspruchsverfahren stellt somit eine wirksame Möglichkeit dar, fehlerhafte Patenterteilungen zu überprüfen. Der Einsprechende hat dabei insbesondere die Möglichkeit, weiteren Stand der Technik in das Verfahren einzubringen, den der Patentprüfer bisher nicht gekannt hat.

Als Ergebnis des Einspruchsverfahrens wird entweder der Einspruch zurückgewiesen oder das Patent wird in der erteilten Fassung oder in einer geänderten Fassung aufrecht erhalten.

Nach Ablauf der Einspruchsfrist bzw. nach Beendigung eines Einspruchsverfahrens besteht dann lediglich die Möglichkeit, im Rahmen eines Nichtigkeitsverfahrens gegen das Patent vorzugehen.

In der Abb. 2.4 ist vereinfacht der Ablauf eines Prüfungsverfahrens gezeigt.

Abb. 2.4 Prüfung einer Patentanmeldung

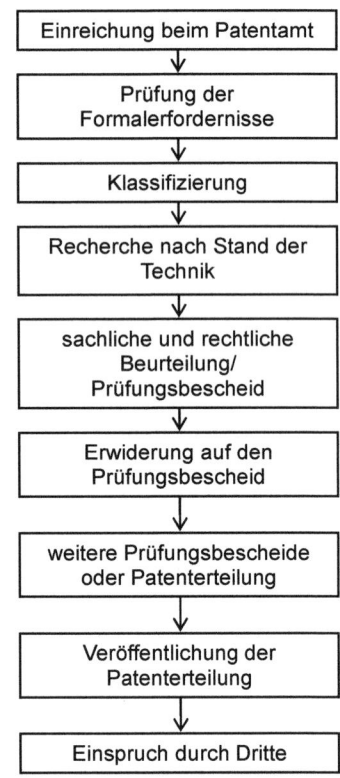

2.10 Die Wirkung des Patents

In der veröffentlichten Patentschrift wird angegeben, wofür ein Patent erteilt wurde. Hierbei ist insbesondere der Anspruch 1 von besonderer Relevanz. Er definiert den monopolisierten Gegenstand oder das monopolisierte Verfahren.

Zugegebenermaßen ist die für Patentansprüche verwendete Sprache etwas ungewöhnlich und für den Laien nicht auf den ersten Blick nachvollziehbar. Um sich einen Überblick über den geschützten Gegenstand oder das geschützte Verfahren zu schaffen, empfiehlt es sich, zunächst die einzelnen Merkmale, die im Patentanspruch genannt sind, separat aufzulisten und eine sogenannte Merkmalsanalyse zu erstellen. Hierdurch wird es dann vielfach leichter, sich einen Überblick über den Schutzumfang des Patentes zu verschaffen.

Die Thematik der Patentverletzungen und Gebrauchsmusterverletzungen ist sehr komplex und durch jahrzehntelange Rechtsprechung untermauert. Es würde den Rahmen dieser Erläuterungen sprengen, auf alle Details im Einzelnen einzugehen. Im Nachfolgenden soll deshalb nur ein kurzer Hinweis auf die Rechte aus einem Patent gegeben werden.

Es versteht sich, dass ähnliche Regelungen auch beim Gebrauchsmuster bestehen. Um diesen Beitrag leichter verständlich zu halten, werden nur Patente erläutert.

2.10.1 Benutzungsrecht und Verbot der unmittelbaren Benutzung

Aus § 9 des deutschen Patentgesetzes ist die gesetzliche Regelung zu entnehmen, welche Rechte das Patent dem Patentinhaber sichert. Dabei führt der Gesetzestext Folgendes aus:

Das Patent hat die Wirkung, dass allein der Patentinhaber befugt ist, die patentierte Erfindung ... zu benutzen. Jedem Dritten ist es verboten, ohne die Zustimmung des Patentinhabers

- *ein Erzeugnis, das Gegenstand des Patentes ist, herzustellen, anzubieten, in Verkehr zu bringen oder zu gebrauchen oder zu den genannten Zwecken entweder einzuführen oder zu besitzen;*
- *ein Verfahren, das Gegenstand des Patents ist, anzuwenden oder, wenn der Dritte weiß oder es aufgrund der Umstände offensichtlich ist, dass die Anwendung des Verfahrens ohne Zustimmung des Patentinhabers verboten ist, zur Anwendung im Geltungsbereich dieses Gesetzes anzubieten;*
- *das durch ein Verfahren, das Gegenstand des Patents ist, unmittelbar hergestellte Erzeugnis anzubieten, in Verkehr zu bringen oder zu gebrauchen oder zu den genannten Zwecken entweder einzuführen oder zu besitzen.*

Diese gesetzliche Regelung gibt dem Patentinhaber einen sehr breiten Schutz, welcher sich auf das Gebiet der Bundesrepublik Deutschland bezieht. Ähnliche Regelungen existieren in allen Ländern, welche vergleichbare Patentsysteme haben.

Der Patentinhaber verfügt mit seinem Patent somit über ein Monopol, welches die Benutzung der patentierten Erfindung in umfänglicher Weise schützt. Es versteht sich, dass jede Regel auch Ausnahmen kennt und dass auch der sich durch ein Patent ergebende so genannte Schutzumfang seine Grenzen hat. Um diese Grenzen zu definieren, hat ein Patent so genannte Patentansprüche. Der Wortlaut dieser Patentansprüche ist zugrunde zu legen, um den Schutzumfang zu bestimmen und um zu ermitteln, ob ein vermeintlicher Patentverletzer in den Patentschutz eingreift oder diesen umgeht. Die Prüfung derartiger Fragen fällt in die Kernkompetenz eines Patentanwalts. Selbstverständlich stellen sich diese Fragen nicht nur für einen Patentinhaber, der einen vermeintlichen Patentverletzer im Visier hat. Vielmehr liegt oft die Fragestellung zugrunde, was getan werden muss, um einen Eingriff in ein bestehendes Patent zu verhindern. Man spricht in diesem Zusammenhang davon, dass eine Umgehungslösung gefunden wird, welche den Patentschutz umgeht. Da sich diese Diskussionen letztendlich um die Formulierung des Patentanspruchs drehen, wird verständlich, warum die Formulierung der Patentansprüche das Wichtigste bei einer Patentanmeldung ist. Die Beschreibung der Erfindung und die Erläuterung von Ausführungsbeispielen stellen nicht den schwierigsten Teil bei der Ausarbeitung einer Patentanmeldung dar. Demgegenüber ist die Formulierung der Patentansprüche eine echte Herausforderung, welche umfangreiche Kenntnisse und viel Erfahrung des Patentanwalts erfordern.

In diesem Zusammenhang ist auch nochmals die Thematik der Industriespionage und der Geheimhaltung anzusprechen. Da der E-Mail-Verkehr überwacht werden kann, ist zu empfehlen, die Informationen zu einer Patentanmeldung und insbesondere den fertig gestellten Anmeldungsentwurf verschlüsselt oder auf dem Postweg zu versenden. Hierdurch wird es für Dritte weitaus schwieriger, von dem Erfindungskomplex vorab Kenntnis zu erlangen.

2.11 Benutzung einer patentierten Erfindung durch den Patentinhaber

Es wird oft davon ausgegangen, dass ein Patentinhaber die zum Patent angemeldete Erfindung oder die in einem Patent monopolisierte Erfindung auch benutzen darf. Wie verhält es sich somit mit dem so genannten positiven Benutzungsrecht?

Wie erläutert, prüft das Patentamt die in einer Patentanmeldung beschriebene Erfindung, um insbesondere die Frage der erforderlichen Neuheit und der erforderlichen Erfindungshöhe beantworten zu können. Dabei recherchiert der zuständige Patentprüfer jedoch nur solchen Stand der Technik, der ihm zur Beantwortung dieser Fragen relevant erscheint. Es handelt sich somit um eine Vorgehensweise, die ausschließlich Thematiken der Patenterteilung betrifft.

Ob nun die patentierte Erfindung benutzt werden kann, hängt jedoch von gänzlich anderen Faktoren ab, die das Patentamt einerseits nicht prüft, da es sich nur mit der Patenterteilung beschäftigt, und die es auch nicht prüfen kann, da sich aus der Patentanmeldung nicht zwangsweise ergibt, in welcher Form der Erfinder oder Patentinhaber seine Erfindung benutzt.

Um die Frage zu beantworten, ob mit der Realisierung einer Erfindung in Schutzrechte Dritter eingegriffen wird, ist eine separate Begutachtung erforderlich. Im Extremfall kann sich eine Situation ergeben, in der ein Patent erteilt wurde, welches jedoch nicht in die Praxis umgesetzt werden kann, weil es notwendigerweise von der Lehre eines oder mehrerer anderer Patente Gebrauch macht. Gleiches gilt auch für Gebrauchsmuster, Designs und Marken. Zusätzlich besteht natürlich auch die Möglichkeit, dass die Realisierung einer Erfindung mit anderen gesetzlichen Vorschriften kollidiert. Ein sehr gutes Beispiel hierfür sind Gesetze, die das Klonen von Embryonen verbieten oder Gesetze, die die Waffentechnik oder die Verwendung gefährlicher Stoffe betreffen.

Um sich zu dieser Thematik Sicherheit zu verschaffen, ist es unumgänglich, dass der Erfinder oder Patentanmelder durch den Patentanwalt überprüfen lässt, welche bestehenden Patente der Verwendung einer Erfindung im Wege stehen könnten. Auch für derartige Verletzungsgutachten ist der Patentanwalt Spezialist.

2.12 Die Kosten einer Patentanmeldung

Zunächst ist voranstellend auszuführen, dass die Kosten zur Ausarbeitung einer Patentanmeldung vom Arbeitsaufwand abhängen. Um unliebsame Überraschungen zu vermeiden, sollte deshalb im Vorfeld mit dem Patentanwalt abgeklärt werden, welcher Kostenrahmen zur Verfügung steht und mit welchen Kosten in einem nachfolgenden Prüfungsverfahren zu rechnen ist.

Alles in allem muss jedoch unbedingt im Auge behalten werden, dass die Erlangung eines Patentes vorhergehende Forschungen und Entwicklungen erforderlich macht, die mit einem ebenfalls nicht unerheblichen Kostenaufwand verbunden sind. Die Kosten für eine Patentanmeldung und die Ausarbeitung eines Budgets für Schutzrechte muss deshalb unbedingt im Gesamtzusammenhang der Firmenpolitik gesehen werden. Gewerbliche Schutzrechte sichern die Entwicklungstätigkeiten und den technischen Vorsprung und können nicht in Alleinstellung betrachtet werden. Dabei ist auch zu berücksichtigen, dass ein Patent über einen Zeitraum von 20 Jahren eine Monopolstellung einräumt. Dies ist ein sehr langer Zeitraum, sodass sich die Kosten doch sehr relativieren.

2.13 Markenschutz

Es wurde bereits erläutert, dass es sachdienlich ist, den gesamten Komplex der gewerblichen Schutzrechte zu betrachten. Zusätzlich zu dem Schutz der technischen Erfindung kann es sehr wichtig sein, zusätzlich eine Marke registrieren zu lassen.

Marken haben eine Herkunftsfunktion, die den Verkehrskreisen unter anderem einen Hinweis auf die Herkunft von Waren oder Dienstleistungen gibt.

Über Marken wird in der Presse häufig berichtet. Einige Produkte verdanken ihren Erfolg am Markt ausschließlich der Marke. Es ist deshalb im Vorfeld wichtig, sich auch mit der Thematik der späteren Vermarktung einer Erfindung zu beschäftigen und zu prüfen, ob ein Markenschutz notwendig erscheint. Auch hierfür ist der Patentanwalt der richtige Ansprechpartner.

2.14 Der Schutz des Designs

Wir haben gesehen, dass ein Patent oder ein Gebrauchsmuster eine Möglichkeit gibt, technische Aspekte einer Erfindung zu schützen. Parallel hierzu besteht auch die Möglichkeit, das Design eines Produktes unter Schutz zu stellen.

Wir hatten hierzu bereits das Beispiel eines Garten-Klappstuhls angesprochen, dessen technischer Aufbau mittels eines Patentes geschützt werden kann und dessen Design durch ein so genanntes Geschmacksmuster geschützt werden kann. Beide Schutzrechtsarten können somit parallel zueinander bestehen.

Auch bei der Erlangung eines Designschutzes ist die Frage der Neuheit zu diskutieren. Deshalb sollte diese Thematik bereits zu Anbeginn mit dem Patentanwalt erläutert werden.

Eine Geschmacksmusteranmeldung kann entweder national beim deutschen Patentamt beantragt werden oder durch ein EU-Geschmacksmuster geschützt werden. Die richtige Vorgehensweise sollten Sie ebenfalls mit Ihrem Patentanwalt besprechen.

Ein Geschmacksmuster ist ein reines Registerrecht. Das Patentamt prüft somit nicht, ob ein Geschmacksmuster die gesetzlichen Voraussetzungen für die Rechtsbeständigkeit erfüllt. Es erfolgt lediglich eine formelle Prüfung, an welche sich dann die Eintragung des Geschmacksmusters anschließt.

Die Darstellung eines mittels eines Geschmacksmusters zu schützenden Gegenstands kann durch Zeichnungen oder Fotografien erfolgen. Für die Ermittlung der optimalen Vorgehensweise ist der Patentanwalt ebenfalls der geeignete Ansprechpartner.

2.15 Definitionen

Anmelder: Anmelder einer Patentanmeldung kann eine natürliche oder eine juristische Person sein.

Anmeldetag: Dies ist der Tag der Einreichung einer Patentanmeldung oder Gebrauchsmusteranmeldung beim Patentamt.Gleiches gilt für Marken und Designs.

Ausführungsbeispiele: Im Rahmen einer Patentanmeldung oder einer Gebrauchsmusteranmeldung muss durch mindestens ein Ausführungsbeispiel beschrieben werden, wie die Erfindung in die Praxis umgesetzt werden kann.

Designanmeldung: Durch eine Designanmeldung kann Schutz auf eine ästhetische Ausgestaltung eines Produktes erlangt werden (Geschmacksmuster).

Durchschnittsfachmann: Der Durchschnittsfachmann ist eine fiktive Person, die bei der Diskussion der erfinderischen Tätigkeit/Erfindungshöhe betrachtet wird. Er verfügt über durchschnittliche bis gute Fachkenntnisse auf dem betreffenden technischen Gebiet, beispielsweise ähnlich einem Fachhochschulingenieur oder Techniker mit längerer Berufserfahrung. Der fiktive Durchschnittsfachmann hat auch Kenntnisse in benachbarten technischen Gebieten.

Einspruch: Im Rahmen eines Einspruchsverfahrens kann nach Erteilung eines Patentes die Patenterteilung überprüft werden.

Erfinderische Tätigkeit: Die erfinderische Tätigkeit oder Erfindungshöhe ist für die Erteilung eines Patentes erforderlich. Das, was sich für den Fachmann in naheliegender Weise aus dem Stand der Technik ergibt, ist nicht nochmals monopolisierbar.

Erfindung:	Eine Erfindung löst eine technische Aufgabe zur Weiterentwicklung der Technik.
Erfindungsmeldung:	Eine Erfindungsmeldung ist eine erste Beschreibung der Erfindung, die vom Erfinder für den Arbeitgeber oder den Patentanwalt verfasst wird.
Gebrauchsmuster:	Ein Gebrauchsmuster ist ein reines Registerrecht zum Schutz von technischen Erfindungen, welches inhaltlich durch das Patentamt nicht geprüft wird.
Geschmacksmuster:	Ein Geschmacksmuster ist ein reines Registerrecht zum Schutz des Designs von Produkten.
Neuheit:	Unter Neuheit versteht man im Patentrecht alles das, was sich nicht aus dem Stand der Technik entnehmen lässt.
Offenlegungsschrift:	Als Offenlegungsschrift bezeichnet man die Veröffentlichung einer Patentanmeldung.
Patent:	Ein Patent ist ein von einem Patentamt geprüftes Monopolrecht.
Patentamt:	Beim Patentamt werden Patentanmeldungen eingereicht. Es prüft die Patentanmeldungen und erteilt Patente.
Patentanmeldung:	Als Patentanmeldung bezeichnet man die Schrift, die zur Anmeldung eines Patentes beim Patentamt eingereicht wird.
Patentansprüche:	Die Patentansprüche definieren, was durch ein Monopolrecht geschützt werden soll oder geschützt ist.
Patentanwalt:	Der Patentanwalt ist ein Fachmann auf dem gesamten IP-Gebiet und hat zusätzlich zu seinen technischen und naturwissenschaftlichen Kenntnissen Spezialkenntnisse auf juristischen Gebieten.
Patentverletzer:	Als Patentverletzter bezeichnet man denjenigen, der in den Schutzumfang eines Patentes eingreift, indem er von der monopolisierten Lehre des Patents Gebrauch macht.
Portfoliobewertung:	Im Rahmen einer Portfoliobewertung wird der Bestand an Patentanmeldungen und erteilten Patenten aufgelistet und hinsichtlich seines rechtlichen und wirtschaftlichen Wertes bestimmt.
Priorität:	Durch die Einreichung einer ersten Anmeldung beim Patentamt wird der Prioritätstag definiert. Innerhalb von 12 Monaten ab dem Prioritätstag können weitere Patentanmeldungen im Ausland angemeldet werden, welche den ersten, ursprünglichen Anmeldetag beanspruchen können.
Prüfungsbescheid:	Bei der Prüfung einer Patentanmeldung erlässt das Patentamt üblicherweise zumindest einen Prüfungsbescheid, in dem der Prüfer die einer Patenterteilung entgegenstehenden Sach- und Rechtslage erläutert. Üblicherweise antwortet

	der Patentanmelder auf den Prüfungsbescheid mit einer Änderung der Patentansprüche.
Recherchenbericht:	Im Recherchenbericht listet das Patentamt die für die Patentanmeldung relevanten Druckschriften zum Stand der Technik auf.
Schutzrecht:	Unter Schutzrecht versteht man jede Art von Monopolrecht, beispielsweise ein Patent, ein Gebrauchsmuster, ein Geschmacksmuster oder eine Marke.
Schutzumfang:	Der Schutzumfang ergibt sich aus der Formulierung der Patentansprüche oder Gebrauchsmusteransprüche und definiert die Grenzen des Monopolrechts.
Sperrpatente:	Sperrpatente sind Patente, von denen der Patentinhaber keinen Gebrauch macht.
Stand der Technik:	Als Stand der Technik bezeichnet man alle Kenntnisse, die für die Erfindungsthematik bereits bekannt sind.
Technische Schutzrechte:	Technische Schutzrechte betreffen technische Lehren zum technischen Handeln. Sie umfassen Patente und Gebrauchsmuster.
Teilanmeldung:	Es ist möglich, Patentanmeldungen zu teilen, um diese in mehreren separaten Anmeldungen weiterzuverfolgen.
Verletzungsform:	Die Verletzungsform ist das, was der vermeintliche Patentverletzer oder Gebrauchsmusterverletzer macht.

2.16 Links

Deutsches Patentgesetz: http://www.gesetze-im-internet.de/patg/index.html
Deutsches Markengesetz: http://www.gesetze-im-internet.de/markeng/index.html
Arbeitnehmererfindergesetz: http://www.gesetze-im-internet.de/arbnerfg/index.html
Geschmacksmustergesetz: http://www.gesetze-im-internet.de/geschmmg_2004/index.html
Gemeinschaftsmarke: http://oami.europa.eu/ows/rw/pages/CTM/legalReferences/regulations.de.do
Gemeinschaftsgeschmacksmuster: http://oami.europa.eu/ows/rw/pages/RCD/legalReferences/regulations.de.do
Deutsches Patentamt: http://www.dpma.de/
Europäisches Patentamt: http://www.epo.org/index.html
Patentanwaltskammer: http://www.patentanwalt.de/

Grundlagenwissen Vertragsgestaltung im Gewerblichen Rechtsschutz und Urheberrecht

3

Sven Schilf

Inhaltsverzeichnis

3.1	Einführung	104
3.2	Durchsetzbarkeit des Vertrages: Gerichtsstands-/Schiedsklausel und Rechtswahl	104
	3.2.1 Gerichtsstands- oder Schiedsklausel: Funktion	105
	3.2.2 Gerichtsstands- oder Schiedsklausel: Vor – und Nachteile	106
	3.2.3 Gerichtsstands- und Schiedsklausel: Form und Inhalt	110
	3.2.4 Rechtswahlklausel	116
3.3	Vertragsgegenstand	118
	3.3.1 Bedeutung	118
	3.3.2 Registergebundene Schutzrechte	119
	3.3.3 Nichteingetragene Schutzrechte und technische Informationen	119
3.4	Vertragszweck	120
	3.4.1 Regelung der Vertragsverhandlungen	121
	3.4.2 Rechteübertragung	125
	3.4.3 Einräumung von Nutzungsrechten	127
3.5	Zwingender Vertragsrahmen	129
	3.5.1 Schutzstatut	129
	3.5.2 Arbeitnehmererfinderrecht	131
	3.5.3 Kartellrecht	131
	3.5.4 Exkurs: Distributionsverträge, Urheberrecht und Allgemeine Geschäftsbedingungen	136
Literatur		140

S. Schilf (✉)
Rechtsanwalt, Eschenstraße 4, 12161 Berlin, Deutschland
E-Mail: SvenSchilf@web.de

3.1 Einführung

Der Vertrag ist das Instrument des Individuums zur Gestaltung der ihm eingeräumten Freiheit (Flume 1992, Bd. 2, S. 1). Das Maß an Sorgfalt, das auf seine Gestaltung aufgewandt wird, ist entscheidend für den wirtschaftlichen Erfolg oder Misserfolg des in dem Vertrag geregelten Vorhabens. Drei Bedingungen sind unabdingbar für eine wirtschaftlich tragfähige Vertragsgrundlage:

1. die zutreffende und vollständige Erfassung des zu regelnden Lebenssachverhaltes;
2. die klare Definition der eigenen Interessen;
3. die juristisch korrekte Formulierung der eigenen Position.

Die Beachtung der vorgenannten Bedingungen ist bei Verträgen über tatsächlich und juristisch komplexe Themen von größter Bedeutung. Hierzu ist auch das Gebiet des Geistigen Eigentums zu rechnen, handelt es sich dabei doch häufig um eine technisch ebenso anspruchsvolle wie lukrative, zugleich aber auch flüchtige Materie.

Der nachstehende Beitrag behandelt die wesentlichen Elemente eines Vertrages über Fragen des Geistigen Eigentums. Der Begriff „Elemente" steht dabei für wesentliche Vertragsbestimmungen, deren Inhalte, Eigenarten und Wirkungen zueinander jeweils kurz vorgestellt werden. Dies soll gerade auch dem Nichtjuristen eine Vorstellung davon vermitteln, welche Inhalte ein wirtschaftlich interessengerechter Vertrag aufweisen sollte und zugleich die Sensibilität für bestimmte, in der Vertragspraxis immer wieder vernachlässigte, Fragen schärfen. Eine umfassende, fachjuristische Beratung kann und soll dieser Beitrag nicht ersetzen. Er soll aber die Fragestellungen aufzeigen, auf die eine Vertragspartei achten und ggf. ihre juristischen Fachberater ansprechen sollte.

3.2 Durchsetzbarkeit des Vertrages: Gerichtsstands-/Schiedsklausel und Rechtswahl

Ein Vertrag kann inhaltlich noch so gut ausgestaltet sein: Alle auf die Formulierung verwandten Mühen sind vergebens, wenn sich diese Inhalte nicht auch gegenüber der anderen Partei durchsetzen und ggf. vollstrecken lassen. Ob und unter welchen Bedingungen sich die Vertragsinhalte durchsetzen lassen, legen die Parteien – zumeist ohne sich dessen bewußt zu sein – mit der Formulierung der Gerichtsstands- bzw. Schiedsklausel und der Rechtswahlklausel fest. Die übliche Positionierung dieser Art von Klauseln am Ende des Vertrages steht damit in diametralem Gegensatz zu ihrer Bedeutung. Tatsächlich sind es nämlich die im Rahmen dieser Regelungen getroffenen Vereinbarungen, die darüber entscheiden, ob und unter welchen Umständen sich die sonstigen Inhalte des Vertrages tatsächlich auch durchsetzen lassen. Das bedeutet auch, dass je besser diese Klauseln formuliert sind, je besser sie die Durchsetzbarkeit der sonstigen Inhalte gewährleisten, desto höher ist die Wahrscheinlichkeit, dass sich die andere Vertragspartei vertragskonform verhält. Dies gilt nicht nur auf europäischer bzw. internationaler Ebene, sondern in gewissem Umfang auch bei rein inländischen Sachverhalten.

3.2.1 Gerichtsstands- oder Schiedsklausel: Funktion

Mit der Gerichtsstandsklausel legen die Parteien das für Streitigkeiten aus einem bestimmten Rechtsverhältnis (also beispielsweise aus einem Vertrag) zuständige Gericht fest. Der Vorteil einer solchen Abrede liegt darin, dass der spätere Kläger nicht ausschließlich darauf angewiesen ist, seine Klage an dem von den anwendbaren europäischen bzw. inländischen Zuständigkeitsregeln bestimmten Gerichtsstand zu erheben. Fehlt nämlich eine Gerichtsstands- oder Schiedsklausel, wird sich der Kläger – vorbehaltlich anderweitiger Gerichtsstände – grundsätzlich darauf einstellen müssen, den Beklagten vor den Gerichten des Landes verklagen zu müssen, in dem dieser seinen Wohnsitz bzw. Geschäftssitz hat[1]. Ein deutscher Kläger muss also einen französischen Beklagten grundsätzlich vor den zuständigen Gerichten in Frankreich verklagen. Dass dies misslich sein kann, liegt auf der Hand: Der Kläger muss sich einen im betreffenden Ausland tätigen Rechtsanwalt suchen, etwaige Dokumente in der Landessprache zur Verfügung stellen und die dadurch verursachten Mehrkosten tragen. Hinzu kommen möglicherweise überlange Verfahrenszeiten im Ausland und unter Umständen mit Vorbehalten gegenüber dem ausländischen Kläger behaftete Richter. All dies kann zu der Schlussfolgerung führen, dass es wirtschaftlich sinnvoller ist, einen Vertragsverstoß hinzunehmen, anstatt ihn in der gebotenen Weise zu ahnden.

Die Gerichtsstandsklausel enthält jedoch auch eine weitere Festlegung: Da bei internationalen Sachverhalten jedes Gericht zur Feststellung des anwendbaren Rechts die an seinem Sitz geltenden Normen zur Ermittlung des anwendbaren Rechts anzuwenden hat (Grundsatz der lex fori), wählen die Parteien mit der Gerichtsstandsklausel auch die sog. Kollisionsnormen und damit am Ende auch das auf ihren Sachverhalt anwendbare Recht. Die genaue Analyse und Auswahl der in einem Fall in Betracht kommenden Gerichte u. a. anhand des anwendbaren Rechts bezeichnet man als „Forum shopping".

Die Festlegung eines Gerichtsstandes durch die Parteien gebietet dem Forum shopping im Idealfall Einhalt und kann die mit der Inanspruchnahme fremder Gerichte verbundenen Beschwernisse minimieren. Problematisch bleibt allerdings, dass bei der Gerichtsstandsklausel immer nur die Wahl eines staatlichen Gerichts in Betracht kommt.

Alternativ können sich die Parteien darauf einigen, dass ein von ihnen selbst bestimmter, nichtstaatlicher Spruchkörper etwaige Streitigkeiten zwischen ihnen in einem prozessförmigen, auf die Herbeiführung einer vollstreckbaren Entscheidung gerichteten Verfahren, rechtsgültig entscheiden soll.

---

[1] Für die Europäische Union: Art. 2 Abs. 1 EuGVVO.

Spruchkörper dieser Art heißen Schiedsgerichte. Die Möglichkeit der Parteien, derartige Spruchkörper in Anspruch zu nehmen, wird von der großen Mehrheit der Staaten weltweit anerkannt. Träger derartiger Spruchkörper sind zum Teil renommierte Organisationen wie die Internationale Handelskammer in Paris[2], deren International Court of Arbitration zugleich der älteste seiner Art ist, der London Court of International Arbitration[3] und in Deutschland die Deutsche Institution für Schiedsgerichtsbarkeit (DIS)[4]. Speziell für Fragen des geistigen Eigentums bietet die World Intellectual Property Organization ein eigenes Schiedsverfahren an[5].

Diese sog. institutionellen Schiedsgerichte stellen den Parteien eigene Verfahrensordnungen zur Verfügung. Den Parteien steht es aber auch frei, ein eigenes Schiedsgericht zu bilden und dieses mit einer eigenen, von den Parteien bestimmten Verfahrensordnung auszustatten, ohne dass sie damit allerdings die grundlegenden Verfahrensrechte (z. B. das Recht auf rechtliches Gehör) beseitigen könnten. In diesem Fall spricht man von dem betreffenden Schiedsgericht als einem ad hoc-Schiedsgericht.

3.2.2 Gerichtsstands- oder Schiedsklausel: Vor – und Nachteile

Gerichtsstands- und Schiedsklausel stehen in einem Alternativverhältnis zueinander. Beide haben Vor- und Nachteile.

3.2.2.1 Gerichtsstandsklauseln

Staatlichkeit der gewählten Gerichte
Ein Nachteil von Gerichtsstandsklauseln wurde bereits angesprochen. Als zuständiges Gericht kann lediglich ein staatliches Gericht bestimmt werden. Das kann insbesondere dann schwierig werden, wenn der Gerichtsstand im Ausland liegt, die gesamten Dokumente in eine andere Sprache übersetzt werden müssen und ein ausländischer Rechtsanwalt bemüht werden muss. Das mögliche Vorhandensein unterschwelliger Vorbehalte gegenüber ausländischen Parteien wurde bereits erwähnt. Zumal bei internationalen Verträgen wird es sich nicht vermeiden lassen, dass zumindest eine der Parteien im Fall einer Klage einen ausländischen Gerichtsstand aufsuchen muss. Denkbar wäre natürlich die Bestimmung eines drittstaatlichen Gerichts als zuständiges Forum. Aber auch dann würden sich die Parteien lediglich die vorgenannten Nachteile teilen.

Vollstreckbarkeit
Die Entscheidungen eines staatlichen Gerichtes gelten als Hoheitsakt dieses Staates und sind damit nur in seinem Territorium vollstreckbar. Soll das Urteil in einem anderen Staat vollstreckt werden, muss es von dem anderen Staat zunächst anerkannt werden. Derartige Anerkennungs- und Vollstreckungsverfahren können langwierig und kostenaufwändig

---

[2] www.icc-wbo.org.
[3] www.lcia.org.
[4] www.dis-arb.de.
[5] www.wipo.int/amc/en.

sein. Probleme bereitet immer wieder vor allem die Frage, ob die Gegenseitigkeit verbürgt ist; ob also der um Anerkennung ersuchte Staat davon ausgehen kann, dass auch die Entscheidungen seiner Gerichte in dem Staat annerkannt und vollstreckt werden, dessen Entscheidung anerkannt werden soll. Dies ist eine der Anerkennungsvoraussetzungen, die auch erfahrene Juristen immer wieder vor Schwierigkeiten stellt.

Innerhalb der Europäischen Union besteht dank der EG-Verordnung Nr. 44/2001 über die gerichtliche Zuständigkeit und die Anerkennung sowie Vollstreckung von Entscheidungen in Zivil- und Handelssachen vom 22. Dezember 2000 (EuGVVO) eine Verpflichtung der mitgliedstaatlichen Gerichte zur Anerkennung und Vollstreckung von in einem anderen Mitgliedstaat ergangenen Entscheidungen in Zivil- und Handelssachen. Hierunter fallen auch Verträge über die Einräumung und Verwertung von Rechten am geistigen Eigentum. Zumindest für die Europäische Union ist damit ein wesentliches Hindernis für den grenzüberschreitenden Rechtsverkehr aus dem Weg geräumt worden.

Bestimmung des anwendbaren Rechts
Wie bereits in der Einleitung angedeutet, haben staatliche Gerichte das anwendbare Recht auf der Grundlage der in ihrem Sitzstaat geltenden Normen zur Ermittlung des anwendbaren Rechts – den sog. Kollisionsnormen – zu ermitteln. Diese können von Staat zu Staat variieren und damit für Rechtsunsicherheit sorgen.

In der Europäischen Union existiert mit der Verordnung (EG) Nr. 593/2008 des Europäischen Parlaments und des Rates über das auf vertragliche Schuldverhältnisse anzuwendende Recht vom 17. Juni 2008 (Rom I-Verordnung) ein einheitliches Instrument zur Bestimmung des auf Verträge anwendbaren Rechts. Auch für die Verletzung von Rechten des geistigen Eigentums existiert eine vereinheitlichte Regelung in Art. 8 der Verordnung (EG) Nr. 864/2007 des Europäischen Parlaments und des Rates über das auf außervertragliche Schuldverhältnisse anzuwendende Recht vom 11. Juli 2007 (Rom II-Verordnung). Die eingangs angesprochene Rechtsunsicherheit hinsichtlich des anwendbaren Rechts wird damit erheblich reduziert. Anzuwenden ist von staatlichen Gerichten allerdings allein staatliches Recht.

3.2.2.2 Schiedsklauseln

Angesichts dieser grundsätzlichen Nachteile von Gerichtsstandsklauseln verwundert es nicht, dass Schiedsklauseln insbesondere im internationalen Wirtschaftsverkehr stark verbreitet sind.

Verfahrensausgestaltung
Schiedsklauseln eröffnen den Parteien insbesondere die Möglichkeit, die Schiedsrichter, den Ort und den Ablauf des Verfahrens zu bestimmen. Sie haben damit insbesondere die Gelegenheit, die zur Entscheidung berufenen Schiedsrichter anhand ihrer Erfahrung und Fachkenntnisse auszuwählen. Die Besorgnis unterschwelliger Vorbehalte kann so schon im Keim erstickt werden.

Vertraulichkeit

Ein weiterer Vorteil von Schiedsverfahren liegt darin, dass der vor staatlichen Gerichten geltende Grundsatz der Öffentlichkeit des Verfahrens für sie nicht gilt. Die Verfahren sind also grundsätzlich vertraulich. Dies ist gerade für Verträge über geschützte Technologien und/oder geheimzuhaltendes Know how von größter Bedeutung, besteht damit doch vor Schiedsgerichten eine größere Chance, derartig sensible Gegenstände weiterhin geheim zu halten. Es empfiehlt sich allerdings, die Geheimhaltungspflicht auch im Hinblick auf das Schiedsverfahren noch einmal explizit zu vereinbaren.

Auch die leichtere Vollstreckbarkeit schiedsgerichtlicher Entscheidungen, sog. Schiedssprüche, im Ausland gilt als beachtlicher Vorteil der Wahl von Schiedsgerichten.

Grund hierfür ist das New Yorker UN-Übereinkommen von 1958 über die Anerkennung und Vollstreckung ausländischer Schiedssprüche, dem derzeit 144 Staaten, darunter alle bedeutenden Industriestaaten, angehören. Es verpflichtet die Mitgliedstaaten nicht nur zur Anerkennung einer Schiedsvereinbarung, sondern auch zur Anerkennung und Vollstreckung der auf einer solchen Grundlage ergangenen Entscheidung[6].

Insoweit ist jedoch zu differenzieren. Aus Sicht eines in der Europäischen Union beheimateten Vertragspartners, der gegen eine ebenfalls in der EU ansässige Vertragspartei vorgehen möchte, ist zum einen zu berücksichtigen, dass die Anerkennung und Vollstreckbarkeit innerhalb der EU ergangener Entscheidungen staatlicher Gerichte in Zivil-und Handelssachen in einem anderen EU-Mitgliedstaat im Regelfall gewährleistet ist. Grundlage ist die EG-Verordnung Nr. 44/2001 über die gerichtliche Zuständigkeit, die Anerkennung und Vollstreckung von Entscheidungen in Zivil- und Handelssachen vom 22. Dezember 2000 (EuGVVO)[7]. Somit empfiehlt sich die Vereinbarung eines Schiedsgerichts insbesondere dann, wenn eine außerhalb der EU ansässige Partei involviert ist.

Zum anderen ist aber zu berücksichtigen, dass auch innerhalb der EU die Effizienz der mitgliedstaatlichen Gerichte erheblich variiert. Stammt eine der Vertragsparteien also aus einem Mitgliedstaat, dessen Gerichte für überlange Verfahren von bis zu zehn Jahren in einer Instanz bekannt sind, so ist der Abschluss einer Schiedsvereinbarung auch für Vertragsbeziehungen innerhalb der EU bedenkenswert.

Bestimmung des anwendbaren Rechts

Ein weiterer Vorteil der Schiedsgerichte liegt darin, dass für sie das vor staatlichen Gerichten anwendbare Kollisionsrecht nicht gilt[8]. Stattdessen sehen die staatlichen Regelungen für Schiedsverfahren zumeist eine vom sonstigen Kollisionsrecht abweichende Regelung

---

[6] Text des Übereinkommens unter www.uncitral.org/uncitral/en/uncitral_texts/arbitration/NY Convention.html.

[7] Die EuGVVO wird mit Wirkung ab dem 10. Januar 2015 abgelöst durch die Verordnung (EU) Nr. 1215/2012 vom 12. Dezember 2012 über die gerichtliche Zuständigkeit und die Anerkennung und Vollstreckung von Entscheidungen in Zivil- und Handelssachen, Amtsblatt der Europäischen Union 2012, L 351, S. 1.

[8] Herrschende Meinung, vgl. MünchKomm-Münch, ZPO, 4. Aufl. 2013, § 1051, Rn. 7, 60; s. auch unten, II 4 b).

zur Bestimmung des anwendbaren Rechts vor[9]. Dieses zeichnet sich dadurch aus, dass es den Parteien zumeist erlaubt, auch anderes als nur staatliches Recht als in der Hauptsache anwendbares Recht zu bestimmen[10]. Damit können die Parteien der mit dem Zwang zur Wahl eines staatlichen Rechts einhergehenden Notwendigkeit entgehen, entweder das Heimatrecht einer der Parteien oder aber ein drittes, beiden Parteien gleich unbekanntes Recht wählen zu müssen. In Betracht kommt namentlich die Wahl der UNIDROIT Principles of International Commercial Contracts[11] oder der Principles of European Contract Law[12]. Beides sind auf internationaler Ebene ausgearbeitete Modellregelungen zur Verwendung auf internationaler bzw. europäischer Ebene. Beide Werke orientieren sich an schon existierenden Übereinkommen auf dem Gebiet des Vertragsrechts und enthalten zudem erklärende Kommentare, durch die eine einheitliche Auslegung und Anwendung gesichert werden soll. Vor allem die UNIDROIT Principles of International Commercial Contracts finden häufiger vor Schiedsgerichten Anwendung.

Endgültige Entscheidung – keine Berufung
Schiedsgerichte treffen eine endgültige Entscheidung. Eine Berufung wie vor staatlichen Gerichten findet nicht statt. Allenfalls können die Parteien versuchen, den Schiedsspruch von staatlichen Gerichten aufheben zu lassen. Dafür ist aber in aller Regel die bloß falsche Rechtsanwendung nicht ausreichend. Entsprechendes gilt für das Anerkennung- und Vollstreckungsverfahren. Insbesondere unter dem New Yorker UN-Übereinkommen von 1958 bestehen nur eingeschränkte Möglichkeiten, einen einmal gefällten Schiedsspruch für nicht anerkennungs- und vollstreckungsfähig erklären zu lassen. Ganz im Gegenteil: Es kommt durchaus vor, dass ein Schiedsspruch von den Gerichten des Staates, in dem der Schiedsspruch erlassen wurde (Erlassstaat), zwar aufgehoben wurde, der Schiedsspruch gleichwohl aber in anderen Staaten auf Grundlage des New Yorker Übereinkommens anerkannt und vollstreckt wurde[13].

Kosten
Die Kosten des Schiedsverfahrens hängen entscheidend von den jeweils gewählten Institutionen und den von ihnen vorgesehenen Vergütungsmodellen ab. Grundsätzlich ist davon auszugehen, dass institutionelle Schiedsgerichte die Zahlung einer Verwaltungspauschale und ferner die Zahlung von Vorschüssen auf die Schiedsrichterhonorare verlangen. Hinzu kommen etwaige Reisekosten für auswärtige Schiedsrichter, Auslagen für etwaige Räume

---

[9] So in Deutschland § 1051 Abs. 1 ZPO.
[10] § 1051 Abs. 1 ZPO erlaubt die Wahl von „Rechtsvorschriften" anstelle eines „Rechts", vgl. Art. 3 Abs. 1 Rom I-VO.
[11] Text unter www.unidroit.org.
[12] Text unter http://frontpage.cbs.dk/law/commission_on_european_contract_law/.
[13] So entschied beispielsweise die französische Cour de cassation mit Urteil vom 23. März 1994 in Sachen Société Hilmarton Ltd v Société Omnium de traitement et de valorisation (OTV), Yearbook Commercial Arbitration XX (1995), S. 663.

zur Durchführung von Anhörungen, Sachverständigenkosten und natürlich die Kosten der eigenen Parteivertreter.

Zusammengenommen werden die Kosten für ein Schiedsgerichtsverfahren damit in der Regel höher liegen als vor einem deutschen Gericht erster Instanz. Der Kostenfaktor wiegt jedoch unterschiedlich schwer, je nachdem welche staatlichen Gerichte als Vergleichsmaßstab herangezogen werden. Außerdem entscheiden Schiedsgerichte eben abschließend, so dass man bei einem seriösen Vergleich auch den Zeit – und Kostenaufwand für langwierige Berufungsverfahren vor staatlichen Gerichten mit einberechnen muss. Tut man dies, relativiert sich der Kostenvorteil von staatlichen Gerichtsverfahren in vielen Fällen erheblich.

3.2.3 Gerichtsstands- und Schiedsklausel: Form und Inhalt

Die Formulierung formell und inhaltlich einwandfreier Gerichts- bzw. Schiedsklauseln bereitet in der Praxis erhebliche Probleme. Gerichtsstands- und Schiedsklauseln ist gemeinsam, dass zum einen die Zuständigkeit an sich zuständiger Gerichte abbedungen wird („Derogation"); zum anderen die Zuständigkeit an sich unzuständiger (Schieds-) Gerichte begründet wird („Prorogation"). Wird nun eine Gerichtsstands- bzw. Schiedsabrede getroffen, ist unbedingt sicherzustellen, dass beide Wirkungen von den betreffenden (Schieds-) Gerichten akzeptiert werden. Insbesondere wenn pro- und derogierte Gerichte in verschiedenen Staaten liegen, können für die entsprechende Vereinbarung unterschiedliche Voraussetzungen gelten. Werden diese Voraussetzungen auch nur teilweise nicht beachtet, kann dies zur Folge haben, dass sich das gewählte Gericht einerseits für nicht zuständig erachtet, weil es seine Bestimmung als zuständiges Gericht für nicht wirksam hält; sich andererseits das Gericht, dessen Zuständigkeit abbedungen wurde, aufgrund der aus seiner Sicht wirksamen Abwahl seiner Zuständigkeit ebenfalls weigert, sich des Rechtsstreits anzunehmen.

3.2.3.1 Gerichtsstandsklausel

Für den Bereich der Gerichtsstandsklauseln hat der Europäische Gesetzgeber mit Art. 23 der schon erwähnten EG-Verordnung Nr. 44/2001 über die gerichtliche Zuständigkeit und die Anerkennung und Vollstreckung von Entscheidungen in Zivil- und Handelssachen vom 22. Dezember 2000 (EuGVVO oder Brüssel I-VO) eine einheitliche Regelung für die Europäische Union geschaffen, die auch im Verhältnis zu Drittstaaten gilt (z. B. den USA)[14].

Außer der vorerwähnten EuGVVO enthält aber auch die deutsche Zivilprozessordnung (ZPO) in den §§ 38, 40 Regelungen über Gerichtsstandsklauseln. Ihr Anwendungsbereich ist nach dem Inkrafttreten der EuGVVO streitig. Nach Auffassung der Gerichte gelten sie jedoch für reine Inlandsfälle fort. Zu beachten ist in diesem Zusammenhang, dass als „Inlandsfall" nur solche Konstellationen gelten, in denen die Parteien aus ein und demselben Staat stammen und einen Gerichtsstand im selben Staat vereinbaren. Vereinbaren

---

[14] Künftig: Art. 25 Verordnung (EU) Nr. 1215/2012.

sie einen im Ausland gelegenen Gerichtsstand, findet bereits die EuGVVO Anwendung (Rauscher-Staudinger 2011, Rn. 20).

Zulässigkeit
Gerichtsstandsklauseln sind weder nach der EuGVVO noch nach der ZPO uneingeschränkt zulässig. Unzulässig ist eine Gerichtsstandsvereinbarung bei Geltung der EuGVVO insbesondere, sofern die EuGVVO einen ausschließlichen Gerichtsstand vorsieht: Dies gilt gemäß Art. 22 Nr. 4 EuGVVO „für Klagen, welche die Eintragung oder die Gültigkeit von Patenten, Marken, Mustern und Modellen sowie ähnlicher Rechte, die einer Hinterlegung oder Registrierung bedürfen, zum Gegenstand haben"[15]. Für diese Klagen sind der vorgenannten Vorschrift zufolge ausschließlich die Gerichte des Mitgliedstaats zuständig, in dessen Hoheitsgebiet die Hinterlegung oder Registrierung beantragt oder vorgenommen worden ist.

Weiterhin muss das Bestimmtheitserfordernis in zweierlei Hinsicht erfüllt werden: Zum einen muss das Rechtsverhältnis, für das die Gerichtsstandsvereinbarung gelten soll, bestimmbar sein; zum zweiten muss das für zuständig erklärte Gericht bestimmbar sein.

Dass der deutsche Gesetzgeber Gerichtsstandsvereinbarungen noch deutlich restriktiver gehandhabt sehen will, ergibt bereits die oberflächliche Lektüre der §§ 38, 40 ZPO. Zulässig ist der Abschluss einer solchen Vereinbarung nämlich entweder nur dann, wenn beide Parteien „Kaufleute, juristische Personen des öffentlichen Rechts oder öffentlich-rechtliche Sondervermögen" sind.

Nichtkaufleute können eine wirksame Gerichtsstandsvereinbarung gemäß § 38 Abs. 2 ZPO nur treffen, sofern eine der Parteien keinen inländischen Gerichtsstand hat. Gewählt werden kann zudem nur ein inländisches Gericht, bei der die inländische Partei ihren allgemeinen oder einen besonderen Gerichtsstand hat.

Wie die EuGVVO verlangt im übrigen auch die ZPO, dass sowohl das erfasste Rechtsverhältnis als auch das für zuständig erklärte Gericht bestimmbar sein müssen, § 40 Abs. 1 ZPO. Ferner scheidet eine Gerichtsstandsvereinbarung aus, sofern die ZPO eine anderweitige ausschließliche Zuständigkeit vorsieht[16]. Hierzu zählt u. a. die ausschließliche sachliche Zuständigkeit der Landgerichte bei Markenstreitigkeiten[17].

Form
Hinsichtlich der Form bestimmt Art. 23 Abs. 1 S. 3 EuGVVO, dass die Gerichtsstandsvereinbarung entweder schriftlich, wobei auch die elektronische Form dem Schriftformerfordernis genüge tut, sofern sie eine dauerhafte Aufzeichnung der Vereinbarung ermöglicht[18], oder aber mündlich mit schriftlicher Bestätigung geschlossen werden kann. Weiterhin gilt eine Gerichtsstandsvereinbarung als wirksam abgeschlossen, wenn entweder die Form der

---

[15] Künftig: Art. 24 Nr. 4 Verordnung (EU) Nr. 1215/2012.
[16] § 40 Abs. 2 ZPO.
[17] § 140 Abs. 2 MarkenG.
[18] Art. 23 Abs. 2 EuGVVO; künftig: Art. 25 Abs. 2 Verordnung (EU) Nr. 1215/2012.

Klausel den zwischen den Parteien üblichen Gepflogenheiten entspricht (Art. 23 Abs. 1 b)[19] EuGVVO) oder aber, wenn sie in einer Form abgeschlossen wurde, die im internationalen Handel einem Handelsbrauch entspricht, den die Parteien kennen mussten und der in dem betreffenden Geschäftszweig bekannt ist und regelmäßig beachtet wird (Art. 23 Abs. 1 c)[20] EuGVVO).

Im übrigen stellt Art. 23 Abs. 1 S. 2[21] EuGVVO klar, dass die aufgrund dieser Regelung getroffenen Vereinbarungen ausschließliche Wirkung haben. Das prorogierte Gericht wird also ausschließlich zuständig für alle von der Vereinbarung erfassten Streitigkeiten.

Der deutsche Gesetzgeber gestattet im Anwendungsbereich der ZPO Kaufleuten den Abschluß einer Gerichtsstandsvereinbarung durch „ausdrückliche oder stillschweigende Vereinbarung". Das bedeutet, dass zumindest bei Kaufleuten kein Schriftformerfordernis besteht. Empfehlen wird sich dies gleichwohl aus Gründen der Beweisbarkeit. Sofern eine Gerichtsstandsvereinbarung gemäß § 38 Abs. 2 ZPO mit einer ausländischen Partei geschlossen wird, besteht indes Formzwang: Die Vereinbarung muss entweder schriftlich oder mündlich mit schriftlicher Bestätigung geschlossen werden, § 38 Abs. 2 S. 2 ZPO.

Liegt kein Fall des Auslandsbezuges im Sinne von § 38 Abs. 2 ZPO vor, darf die Gerichtsstandsvereinbarung nur „ausdrücklich und schriftlich", vor allem aber erst „nach dem Entstehen der Streitigkeit" getroffen werden.

Inhalt
Gerichtsstandsvereinbarungen sind in vielen Formen anzutreffen. Nur wenige davon sind allerdings auch zu empfehlen. Beliebt ist etwa die Formulierung, wonach „die Gerichte in XY (Stadt) für alle Streitigkeiten aus diesem Vertrag" zuständig sein sollen. Eine solche Formulierung berücksichtigt indes nicht, dass in Deutschland häufig Spezialzuständigkeiten für Fragen des geistigen Eigentums bestehen[22]. Daher stellt sich die Frage, ob angesichts einer solchen Vereinbarung in einem Vertrag über geistiges Eigentum auch diese Zuständigkeiten ausgeschlossen sein sollen. Eine andere Formulierung, wonach jeweils die am Sitz des Klägers zuständigen Gerichte zuständig sein sollen, führt bei jeder Streitigkeit – zumal bei Parteien aus verschiedenen Staaten – zu zwei parallelen Verfahren über zusammengehörende Fragen und wirft schwierige Fragen der anderweitigen Rechtshängigkeit auf.

Sinnvoll wird demgegenüber in vielen Fällen eine Regelung sein, die die für den Sitz der nach ihrer vertraglichen Funktion (z. B. Auftraggeber/Auftragnehmer; Veräußerer/Erwerber) bezeichneten Vertragspartei zuständigen Gerichte für zuständig erklärt. So werden Unklarheiten vermieden, die sich aus einer vorzeitigen geographischen Festlegung des Ortes des zuständigen Gerichtes ebenso ergeben können wie aus dem Abstellen auf eine völlig unklare Rolle einer Partei in einem künftigen Prozess (Kläger/Beklagter).

---

[19] Künftig: Art. 25 Abs. 1 Nr. b) Verordnung (EU) Nr. 1215/2012.
[20] Künftig: Art. 25 Abs. 1 Nr. c) Verordnung (EU) Nr. 1215/2012.
[21] Künftig: Art. 25 Abs. 1 S. 2 Verordnung (EU) Nr. 1215/2012
[22] Z. B. § 140 Abs. 2 MarkenG.

3.2.3.2 Schiedsklausel

Zulässigkeit

Wie Gerichtsstandsvereinbarungen sind auch Schiedsvereinbarungen nicht uneingeschränkt zulässig. Vielfach unterwerfen einzelne Staaten Schiedsvereinbarungen sogar deutlich rigideren Zulässigkeitsvoraussetzungen als Gerichtsstandsvereinbarungen. Immerhin geht es bei Schiedsvereinbarungen im Unterschied zu Gerichtsstandsvereinbarungen darum, nicht einfach ein anderes (staatliches) Gericht für zuständig zu erklären, sondern darum, die Zuständigkeit staatlicher Gerichte abzuwählen.

Wichtigstes Kriterium für die Zuständigkeit einer Schiedsklausel ist die Schiedsfähigkeit. Man unterscheidet zwischen der subjektiven und der objektiven Schiedsfähigkeit. Erstere bezeichnet die Fähigkeit der an einer Schiedsvereinbarung beteiligten Parteien, eine Schiedsvereinbarung abzuschließen; letztere bezieht sich auf die Eignung eines bestimmten Rechtsverhältnisses, Gegenstand eines Schiedsverfahrens zu sein.

Während die subjektive Schiedsfähigkeit bei Fragen des geistigen Eigentums kaum relevant werden dürfte, stellt sich die Frage der objektiven Schiedsfähigkeit bei bestimmten Arten von Schutzrechtsstreitigkeiten durchaus. Streitig ist insbesondere, ob sog. Löschungsverfahren, etwa im Marken- oder Patentrecht, vor Schiedsgerichten geführt werden dürfen. Bis zur Reform des deutschen Schiedsverfahrensrechts 1998 herrschte die Auffassung vor, dass derartige Verfahren staatlichen Gerichten vorbehalten sind. Nunmehr wird davon ausgegangen, dass auch derartige Verfahren vor Schiedsgerichten ausgetragen werden dürfen (Zöller 2012, § 1030, Rn. 14 f). Eine höchstrichterliche Klärung steht allerdings noch aus.

Form

Bei der Form der Schiedsklausel ist es empfehlenswert, sich an Art. II des New Yorker UN-Übereinkommens von 1958 über die Anerkennung und Vollstreckung ausländischer Schiedssprüche (UNÜ) zu orientieren. Obgleich es sich bei dem Übereinkommen nämlich um ein Übereinkommen zu Fragen der Anerkennung und Vollstreckung von Schiedssprüchen handelt, enthält Art. II Abs. 1, 2 UNÜ dennoch eine Regelung zur Form einer Schiedsvereinbarung. Danach muss die Schiedsvereinbarung schriftlich getroffen werden, Art. II Abs. 1 UNÜ. Art. II Abs. 2 UNÜ definiert die „schriftliche Vereinbarung" im Sinne des Abs. 1 als eine Klausel in einem Vertrag oder eine eigenständige Abrede, die von beiden Parteien unterzeichnet wurde oder „in Briefen oder Telegrammen" enthalten ist, die die Parteien gewechselt haben. Diese Regelung lässt wesentliche, heute wichtige Fragen offen: Reicht etwa eine elektronisch getroffene oder in Allgemeinen Geschäftsbedingungen enthaltene Schiedsvereinbarung aus?

Derartige Fragen sind oft anhand des jeweils anwendbaren nationalen Rechts zu klären, wobei die Antworten differenzieren und unangenehme Überraschungen bereiten können.

Vorsicht ist insbesondere dann geboten, wenn die Schiedsvereinbarung nicht von der betroffenen Partei selbst, sondern von deren Vertreter abgeschlossen wird. Manche Staaten erkennen derartige Schiedsklauseln nur an, wenn der Vertreter auf Grundlage einer originalschriftlichen, ausdrücklich auf den Abschluß der Schiedsvereinbarung gerichteten Vollmacht gehandelt hat (Schilf 2009, S. 154–160)[23].

All dies unterstreicht, dass vor der Vereinbarung von Schiedsklauseln unbedingt sachkundiger Rat einzuholen ist. Als Grundregel sollte jedoch soweit wie möglich dem Grundgedanken des Art. II UNÜ gefolgt und eine ausdrückliche, schriftliche und mit Unterschrift versehene Regelung getroffen werden.

Inhalt

Wie bereits dargelegt, können die Parteien im Rahmen einer Schiedsklausel prinzipiell selbst festlegen, wie das Verfahren vonstattengehen soll.

Da allerdings der mit der Regelung eines ganzen streitigen Verfahrens verbundene Aufwand die meisten Parteien überfordern würde, empfiehlt es sich, auf institutionelle Schiedsgerichte zurückzugreifen. In diesen Fällen erschöpft sich der Inhalt einer Schiedsklausel in der Wahl der maßgeblichen Verfahrensordnung, der Festlegung des Sitzes des Schiedsverfahrens, ggf. der Anzahl der Schiedsrichter, der Angabe der Verfahrenssprache und, soweit nicht schon in einer eigenständigen Regelung erfolgt, des anwendbaren Rechts.

Im Vorfeld der Formulierung einer Schiedsklausel ist zu klären, ob es den Beteiligten nach dem für sie maßgeblichen Recht überhaupt gestattet ist, eine Schiedsvereinbarung zu treffen. Ansonsten droht die Aufhebung eines etwaigen Schiedsspruches oder, zu einem späteren Zeitpunkt, die Versagung der Anerkennung und Vollstreckung eines Schiedsspruches gemäß Art. V Abs. 1 a) 1. Var. UNÜ.

In der Unterscheidung zwischen der Aufhebung des Schiedsspruches sowie dessen Anerkennung und Vollstreckung zeigt sich, dass aus praktischer Sicht immer mindestens zwei Rechtsordnungen im Blick behalten werden müssen: Zum einen die des Staates, wo das Verfahren seinen Sitz hat und nach dessen Regelungen bei Missachtung bestimmter von ihm für grundlegend erachteter Mindeststandards die Aufhebung droht; zum anderen die Rechtsordnungen, wo später mutmaßlich Vollstreckungshandlungen vorzunehmen sind.

Was den Sitz anbelangt, so muss dieser von den Parteien vereinbart werden. Im Vorteil ist dabei die Partei, die sich frühzeitig über die unterschiedlichen Regelungen der in Betracht kommenden Sitzstaaten informiert und dementsprechend gerüstet in die Verhandlungen gehen kann (s. o. – forum shopping). Ein sehr anschauliches Praxisbeispiel für die Verknüpfung von Sitzstaat und Vollstreckungsverfahren liefert China. China akzeptiert inländische Schiedssprüche bislang nur dann als Vollstreckungsgrundlage, wenn das Verfahren nach den Regelungen der CIETAC durchgeführt wurde. Ein Schiedsverfahren beispielsweise auf Basis der ICC Verfahrensordnung in China durchzuführen, ist also riskant, wenn später in China vollstreckt werden soll. Als „ausländisch" gelten jedoch auch in Hong Kong als Sitz erlassene Schiedssprüche auf der Basis außerchinesischer Schiedsverfahrensordnungen wie der ICC oder der DIS, so dass diese auf Grundlage einer bilateralen Vereinbarung zwischen Festland China und Hong Kong vollstreckt werden.

---

[23] So in Österreich, s. § 1008 ABGB.

Nichtchinesischen Parteien ist also dazu zu raten, entweder auf einen Sitz in Hong Kong oder Drittstaaten hinzuwirken.

Für IP-Verträge oft entscheidend ist der Zugang zum Eilrechtsschutz. Wird eine Lizenz verletzt, muss oft binnen Stunden reagiert werden können, um größeren Schaden abzuwenden. Eine gut vorbereitete Partei sollte daher auf Ihren Rechtsberater dahingehend einwirken, dass dieser vor Vertragsschluss ermittelt, welche der als Sitz eines Schiedsverfahrens in Betracht kommenden Staaten ein staatliches Eilverfahren unbeschadet der Wirksamkeit einer Schiedsklausel für zulässig erachtet. Die meisten Schiedsverfahrensordnungen bieten zwar ebenfalls die Möglichkeit eines Eilrechtsschutzes. Dazu muss sich aber das Schiedsgericht erst konstituiert haben, was dauern kann. Ein staatlicher Richter ist hingegen sofort verfügbar. Hinzu kommt: Die Vollstreckbarkeit unter dem UNÜ erfordert einen bindenden Schiedsspruch (Art. V Abs. 1 lit. e) UNÜ). Daran fehlt es jedoch den Entscheidungen im Eilrechtsschutz, die lediglich eine vorläufige und keine endgültige Regelung treffen.

Im übrigen kann gar nicht eindringlich genug betont werden, wie wichtig es ist, die gewählte Verfahrensordnung und Institution richtig zu bezeichnen. Schon hier scheitern in der Praxis erschreckend viele Klauseln. Das führt schlimmstenfalls dazu, dass sich Gerichte wegen Art. II UNÜ für unzuständig erklären, die falsch bezeichnete Schiedsinstitution sich aber ebenfalls für unzuständig hält[24]. Selbst wenn dieser Extremfall nicht eintritt, sollte auch unter dem Eindruck einer erfolgreichen Verhandlung immer bedacht werden, dass im Streitfall auch der angenehmste Partner als Beklagter in einem Schiedsverfahren ohne Rücksicht seinen Vorteil suchen wird und nach Kräften bestreiten wird, dass jemals Einigkeit über die in der Klausel irrtümlicherweise falsch bezeichnete Schiedsinstitution geherrscht habe. Derartige Zuständigkeitsstreitigkeiten kosten Zeit und damit Geld. Überdies ist ihr Ausgang riskant. All das kann mit einer klaren, sorgfältigen Bezeichnung von Anfang an vermieden werden.

Ein weiterer, besonders für IP-Verträge wichtiger Punkt ist die möglichst umfassende Formulierung der Zuständigkeit des Schiedsgerichts. Wird die Zuständigkeit allein auf Streitigkeiten aus einem Vertrag beschränkt, kann das so verstanden werden, als dürfe das Gericht nicht über außervertragliche Ansprüche, etwa aus dem Marken- oder Patentgesetz entscheiden. Ein Schiedsgericht, dass gehalten ist, einen vollstreckbaren Schiedsspruch zu erlassen, müsste sich dann, sobald entsprechende Ansprüche geltend gemacht werden, für unzuständig erklären und die Parteien an staatliche Gerichte verweisen, um die Versagung der Anerkennung und Vollstreckung des Schiedsspruches. gemäß Art. V Abs. 1 c) UNÜ zu vermeiden.

Eine in diesem Sinne vorbildlich weit gefasste Schiedsklausel empfiehlt die WIPO den Parteien:

> Any dispute, controversy or claim arising under, out of or relating to this contract and any subsequent amendments of this contract, including, without limitation, its formation, validity, binding effect, interpretation, performance, breach or termination, as well as non-contractual claims, shall be referred to and finally determined by arbitration in accordance

---

[24] Exemplarisch OLG Oldenburg, Beschluss vom 20. Juni 2005, Az. 9 SchH 2/05 (= SchiedsVZ 2006, S. 223–224).

with the WIPO Arbitration Rules. The arbitral tribunal shall consist of [a sole arbitrator][three arbitrators]. The place of arbitration shall be [specify place]. The language to be used in the arbitral proceedings shall be [specify language]. The dispute, controversy or claim shall be decided in accordance with the law of [specify jurisdiction][25].

3.2.4 Rechtswahlklausel

Schließlich und endlich gehört der Inhalt der Rechtswahlklausel zu den entscheidenden Weichenstellungen, die die Parteien bei Abschluss eines Vertrages treffen. Zu unterscheiden ist dabei zwischen Rechtswahlbestimmungen im Zusammenhang mit Gerichtsstandsvereinbarungen und solchen, die im Zusammenhang mit einer Schiedsabrede getroffen werden.

Der Grundgedanke der Rechtswahl ist immer derselbe: Den Parteien ist es im Rahmen der kollisionsrechtlichen Parteiautonomie gestattet, das anwendbare Recht selbst zu bestimmen. Anders als im Rahmen einer sog. materiellrechtlichen Verweisung, etwa durch Bezugnahme auf Allgemeine Geschäftsbedingungen, wird den Parteien nicht lediglich die Ausgestaltung bzw. Anpassung des an sich geltenden Rechts an ihre individuellen Bedürfnisse im Rahmen der ihnen vom geltenden Recht gesetzten Grenzen gestattet. Vielmehr erlaubt die Rechtswahl gerade die Wahl des anwendbaren Rechts mitsamt der dann zwingenden Normen.

Am weitesten anerkannt ist die Rechtswahlfreiheit im Vertragsrecht. Die Freiheit, das auf den Vertrag anwendbare Recht, das Vertragsstatut, wählen zu können, ist international weithin anerkannt. Von ihr soll nachfolgend vornehmlich die Rede sein.

3.2.4.1 Vor staatlichen Gerichten

Jene Norm, die den Parteien erlaubt, das auf den Vertrag anwendbare Recht zu wählen, gehört zu den sog. Kollisionsnormen. Eine Kollisionsnorm ist eine Norm, die bestimmt, welchen Staates Recht in einem Fall mit Auslandsberührung zur Anwendung kommt. Die Gesamtheit derartiger Normen für privatrechtliche Fälle wird als Internationales Privatrecht bezeichnet. Doch obwohl diese Normen international genannt werden, sind sie national: Prinzipiell hat jeder Staat seine eigenen Kollisionsnormen. Ferner besteht internationale Einigkeit dahingehend, dass jedes Gericht grundsätzlich die Kollisionsnormen des eigenen Sitzstaates anwendet (Grundsatz der lex fori). Wer eine Gerichtsstandsvereinbarung trifft, wählt mit dem zuständigen Gericht also auch dessen Kollisionsnormen, welche sich für eine Partei als einmal mehr, einmal weniger günstig erweisen können.

Vor staatlichen Gerichten in den Mitgliedstaaten der EU werden die Parteien indes ein weitgehend vereinheitlichtes Kollisionsrecht antreffen. Das auf internationale Verträge anzuwendende Recht ist, anhand der Normen der Verordnung (EG) Nr. 593/2008 des Europäischen Parlaments und des Rates über das auf vertragliche Schuldverhältnisse anzuwendende Recht (Rom-I-Verordnung), vom 17. Juni 2008 zu bestimmen.

---

[25] http://www.wipo.int/amc/en/clauses/#4 (besucht am 20. Januar 2014).

Gemäß deren Art. 3 Abs. 1 S. 1 sind die Parteien frei, das anwendbare Recht im Wege einer Vereinbarung zu bestimmen. Sie können dies ausdrücklich oder stillschweigend tun. Freilich empfiehlt sich eine schriftliche Fassung schon aus Beweisgründen. Gewählt werden kann herrschender Meinung nach nur ein staatliches Recht.

Wichtig ist auch die Berücksichtigung des Umstandes, dass eine Rechtswahl nur dann als solche honoriert wird, wenn die Vereinbarung außer der Rechtswahl selbst weiteren Auslandsbezug aufweist. Fehlt dieser, wird die Rechtswahl wie eine materiellrechtliche Verweisung im Rahmen des ohne die Rechtswahl zur Anwendung berufenen Rechts behandelt; die zwingenden Normen des letzteren können also nicht abgewählt werden, Art. 3 Abs. 3 Rom I-VO.

Wird eine Rechtswahl wirksam getroffen, so bedeutet das nicht, dass nunmehr alle dem Vertrag entspringenden oder mit ihm im Zusammenhang stehenden Fragen unter Zugrundelegung des gewählten Rechts zu beurteilen wären. Manche Fragen des Vertragsschlusses, z. B. die Geschäftsfähigkeit oder die Form, beurteilen sich nach anderen Normen. Man spricht dann von Vorfragen. Weiterhin bleiben bestimmte Lebenssachverhalte, auch wenn sie im sachlichen Zusammenhang mit dem Vertrag stehen, anderen Kollisionsnormen zugeordnet. So unterfällt die Frage, welches Recht auf Verletzungen immaterieller Schutzrechte anzuwenden ist, nicht der Rom I-VO, sondern Art. 8 der sog. Rom II-VO, der Verordnung (EG) Nr. 864/2007 des Europäischen Parlaments und des Rates über das auf außervertragliche Schuldverhältnisse anzuwendende Recht vom 11. Juli 2007. Besagter Art. 8, der das bei Schutzrechtsverletzungen anwendbare Recht bestimmt, läßt jedoch keine Rechtswahl zu, Art. 8 Abs. 3 Rom II-VO.

Anzuwenden ist nach Art. 8 Abs. 1 vielmehr das Recht des Staates, für den der Schutz beansprucht wird. Bei Schutzrechten, die auf einem Rechtsakt der Europäischen Gemeinschaft beruhen, ist, soweit nicht der Rechtsakt selbst Anwendung findet, das Recht des Staates anzuwenden, wo die Verletzung begangen wurde.

Dies sind im wesentlichen die Eckpunkte, an denen sich die Vertragsparteien bei der Zuständigkeit staatlicher Gerichte zu orientieren haben.

3.2.4.2 Vor Schiedsgerichten

Vor Schiedsgerichten ist die Situation anders, was sich bereits daran zeigt, dass die nationalen Regelungen für Schiedsverfahren eigene Kollisionsnormen für Schiedsgerichte vorsehen. In Deutschland ist dies § 1051 ZPO. Dies deutet darauf hin, dass die für staatliche Gerichte geltenden Römischen Verordnungen zum Internationalen Privatrecht nicht gelten. Tatsächlich wird zunehmend vertreten, dass die Sonderkollisionsnormen für Schiedsgerichte mit Inkrafttreten der Römischen Verordnungen obsolet geworden sind und nunmehr nur letztere von Schiedsgerichten mit Sitz in der EU anzuwenden sind (Meinungsstand bei MünchKomm-Münch, ZPO, 4. Aufl. 2013, § 1051, Rn. 7). Dies ist jedoch nicht zutreffend. Der europäische Gesetzgeber hatte nicht die Absicht, die auf dem Gebiet des Schiedsverfahrensrechts in wesentlichen Fragen, darunter auch der des anwendbaren Rechts, erreichte Vereinheitlichung durch eigene Sonderregeln wieder in Frage zu stellen und hat dies auch durch entsprechende Ausschlußregelungen betont (Schilf 2013).

Vor Schiedsgerichten wird es grundsätzlich für zulässig erachtet, auch nichtstaatliche Normen als Recht für anwendbar zu erklären, beispielsweise die o. g. Zusammenstellungen von Grundregeln des internationalen Vertragsrechts[26].

Ein weiterer Unterschied zu vor staatlichen Gerichten geltenden Kollisionsnormen besteht darin, dass die Kollisionsnormen für Schiedsverfahren „offen" formuliert sind: Es gibt keine Abgrenzung zwischen vertraglichen und außervertraglichen Ansprüchen, so dass die Rechtswahlfreiheit prinzipiell gerade nicht allein auf Fragen vertragsrechtlicher Natur beschränkt ist.

Falsch wäre aber die Vorstellung, dass Schiedsgerichte keinen Beschränkungen bei der Rechtsanwendung unterworfen wären: Ihre Entscheidungen bedürfen u. U. staatlicher Vollstreckungshandlungen, was u. a. voraussetzt, dass der jeweilige Schiedsspruch nicht gegen den ordre public verstößt. Hierzu gehören aus europäischer Sicht insbesondere die kartellrechtlichen Vorsschriften der EU.

Hinsichtlich Form und Inhalt empfiehlt sich, wie vor staatlichen Gerichten, eine schriftliche, möglichst knappe Regelung. Folgender Satz ist vollkommen ausreichend: „Anzuwenden ist das Recht der/des (Staatsbezeichnung)".

3.3 Vertragsgegenstand

Der Begriff „Vertragsgegenstand" kann zur Bezeichnung des von dem Vertrag betroffenen Objekts bzw. Gutes ebenso verwendet werden wie als Oberbegriff für die mit dem Vertrag verfolgten Ziele. Interessieren soll zunächst nur die erstgenannte Bedeutung. Soweit es um die Gestaltung von Verträgen im IP-Bereich geht, kommen als Vertragsgegenstand in diesem Sinne nur rechtlich definierte IP-Rechte bzw., bei Informationen, die keine eigenen Schutzrechte begründen, nur diese in Betracht.

3.3.1 Bedeutung

Die genaue Bezeichnung des Vertragsgegenstandes ist von immenser Bedeutung. Es genügt bereits, an den vorangehenden Abschnitt über Schiedsklauseln anzuknüpfen, um das zu verdeutlichen: Wird der Vertragsgegenstand unklar oder unvollständig bezeichnet, so muss sich das angerufene Schiedsgericht im Verfahren bald die Frage stellen, in wie weit es überhaupt entscheidungsbefugt ist. Wird etwa ein bestimmtes Patent „nebst zugehörigem Know how" lizenziert, kann sich die Frage stellen, welches von dem überlassenen Know how noch dem Patent und dem darüber geschlossenem Vertrag nebst Schiedsklausel zuzuordnen ist, und welches nicht.

---

[26] S. oben, 3.2.2.2 - Bestimmung des anwendbaren Rechts.

Auch unterhalb der Schwelle eines streitigen Verfahrens ist eine unklare Bezeichnung des Streitgegenstandes mit Risiken behaftet. Sie kann die Parteien dazu einladen, mit denselben Begrifflichkeiten unterschiedliche Erwartungen zu verbinden, die dann überhaupt erst Anlass für einen Streit geben.

Die erste Regel für die Bezeichnung des Vertragsgegenstandes lautet daher, sie so klar und präzise wie möglich zu fassen.

Die zweite Regel lautet, die Bezeichnung in einer möglichst verständlichen Sprache zu formulieren. Verträge sind kein Selbstzweck. Sie sollen äußerstenfalls dazu dienen, einem Dritten im Streitfall eine Entscheidung über diesen Vertrag zu ermöglichen. Dazu muss der Dritte in der Lage sein, den Inhalt des Vertrages auch ohne Hilfe von Fachleuten zu verstehen. Bereits die Verwendung einer klaren, verständlichen Sprache reduziert deshalb das Risiko von Fehlentscheidungen. Immer wieder anzutreffende Negativbeispiele sind insbesondere im verschärften deutsch-englischen IT-Mischmasch verfasste Umschreibungen von Softwarelizenzen.

Die dritte Regel hinsichtlich des Vertragsgegenstandes lautet, die entsprechende Beschreibung an möglichst prominenter Stelle im Vertrag zu positionieren. Geeignet sind beispielsweise die Präambel oder die erste Regelung des Vertrages. Dies unterstreicht die herausgehobene Stellung der betreffenden Technologien bzw. Informationen und stellt sicher, dass die weiteren Vertragsregelungen auch als auf ihnen basierend verstanden werden.

Der Aufwand, der im einzelnen bei der Vertragsgestaltung zu betreiben ist, hängt wesentlich davon ab, ob die Vertragsgegenstände im vorgenannten Sinne in einem Register (Patent- bzw. Markenregister) verzeichnet sind, oder nicht.

3.3.2 Registergebundene Schutzrechte

Registergebundene Schutzrechte machen es den Verfassern eines Vertrages leicht. Die Rede ist von Schutzrechten, die wie Patente, Gebrauchsmuster, eingetragene Geschmacksmuster und Marken in einem Register verzeichnet sind. Der Inhalt einer solchen Eintragung ist schnell und unkompliziert auffindbar, was es den Vertragsparteien ermöglicht, den Vertragsgegenstand durch seine generelle Bezeichnung und einen Hinweis auf die Registernummer bzw. auf eine als Anlage beigefügte Kopie des betreffenden Eintrages unzweideutig zu bezeichnen.

3.3.3 Nichteingetragene Schutzrechte und technische Informationen

Nun gibt es aber auch solche Schutzrechte, die nicht aufgrund der Eintragung in ein Register überprüfbar sind. Hierzu gehören nicht eingetragene Marken und Geschmacksmuster, vor allem aber nicht schutzrechtsfähige Informationen aller Art, insbesondere sog.

Know how sowie alle Arten von noch im Antragsstadium befindlicher registergebundener Schutzrechte.

Mit Ausnahme von Marken, die sich durch schlichte Wiedergabe im Vertrag oder einem Anhang dazu bezeichnen lassen, besteht die Schwierigkeit hinsichtlich aller anderen Arten von Vertragsgegenständen darin, sie gleichzeitig so umfassend und korrekt zu bezeichnen, dass keine Zweifel darüber aufkommen können, was von dem Vertrag erfasst ist. Eine Möglichkeit besteht darin, eine generische Bezeichnung zu verwenden (z. B. „alle die XY-Technologie betreffenden Informationen und zugehöriges Know how"). Der Nachteil dieser Art von Formulierungen liegt darin, dass spätestens hinsichtlich des Know hows Abgrenzungsprobleme zu allgemeinen Informationen auftreten können. Diese werden vor allem relevant bei

- der Frage der Reichweite etwaiger Lizenzen;
- der Frage der Reichweite von Geheimhaltungspflichten;
- der Frage der Reichweite von Nichtangriffspflichten;
- der Frage etwaiger Ansprüche hinsichtlich Weiterentwicklungen etc.

Die vorstehende Zusammenstellung von mit der Bezeichnung des Vertragsgegenstandes zusammenhängenden Fragestellungen verdeutlicht die überragende Bedeutung einer korrekten Bezeichnung des Vertragsgegenstandes. Empfohlen wird daher, die zuvor beispielhaft genannte generische Bezeichnung durch einen Einschub mit genauerer Bezeichnung der betroffenen Informationen zu ergänzen. Dies kann zum einen im Hinblick auf die mit den Informationen verbundene technische Funktionalität sein („zum Zwecke der Steuerung von Baugruppen der..."), und/oder durch die Spezifizierung weiterer Informationsbestandteile mit „insbesondere" („insbesondere Prototypen, Zeichnungen,..."). Selbstverständlich lassen sich beide Ergänzungen auch kombinieren. Schließlich bleibt die Möglichkeit eines umfassenden Anhangs mit einer genauen Auflistung der zu überlassenden Informationen.

Gerade bei nicht registergebundenen Schutzrechten gilt also: Viel hilft viel.

3.4 Vertragszweck

Der Vertragszweck bezeichnet das Ziel des Vertrages. Auch dieses sollte, zusammen mit Informationen zu den Parteien und ihrer wesentlichen Motivation, schon in der Präambel erwähnt werden. Zu den insoweit relevanten Informationen in der Präambel gehören beispielsweise die Kenntnisse beider Parteien, deren Marktstärke und deren vertragsübergreifende Ziele (z. B. Erschließung neuer Marktsegmente, Technologieverbesserung etc.). Diese Informationen können im Einzelfall von Bedeutung sein, wenn es darum geht, einzelne Vertragsbestimmungen auszulegen und ggf. richterlich zu ergänzen.

Die Zwecke eines Vertrages im IP-Bereich lassen sich im Regelfall auf drei Grundformen beziehen:

- die Regelung der Vertragsverhandlungen;
- die Rechteübertragung;
- die Einräumung von Nutzungsrechten.

Die entsprechenden Regelungen sollen nacheinander vorgestellt werden.

3.4.1 Regelung der Vertragsverhandlungen

Dass ein Vertrag zur Regelung von Vertragsverhandlungen abgeschlossen wird, sich ein Vertrag sozusagen mit seinem Entstehungsprozess beschäftigt, mag auf den ersten Blick befremdlich erscheinen. Die Notwendigkeit derartiger Vereinbarungen erschließt sich aber sehr schnell, wenn man sich vor Augen führt, dass insbesondere bei IP-Verträgen auf Seiten des IP-Inhabers ein erhebliches, berechtigtes Interesse an der Geheimhaltung sowohl der geschützten Materie als auch möglicherweise des Umstandes besteht, dass überhaupt Verhandlungen geführt werden. Das gilt umso mehr, wenn eine komplexe Thematik zu regeln ist und die Vertragsverhandlungen nicht kurzfristig zum Abschluss gebracht werden können. Gerade an derartigen Verhandlungen lässt sich die Abfolge bestimmter Schritte aufzeigen, die einander bedingen und nacheinander abgearbeitet werden müssen:

- Geheimhaltung,
- Letter of Intent/Deal memory/Term sheet,
- Due diligence.

3.4.1.1 Geheimhaltung, Nichtangriffspflicht, Kundenschutz

Es versteht sich von selbst, dass kein Anbieter von IP-Schutzrechten zu Auskünften bereit ist, sofern nicht sichergestellt ist, dass die von ihm im Laufe der Verhandlungen gegebenen Informationen nicht dazu genutzt werden, die damit zu erzielenden Ergebnisse zu reproduzieren oder sie einfach an Dritte weiterzuveräußern. Diese Aufgabe erfüllt die Geheimhaltungsvereinbarung.

Eine Geheimhaltungsvereinbarung hat immer dieselbe Struktur.

Zunächst wird geklärt, was geheim zu halten ist. Hier empfiehlt sich eine allumfassende Regelung: Geschützt werden grundsätzlich alle überlassenen Informationen, sofern nicht der Rechteinhaber einzelne Informationen ausdrücklich schriftlich freigibt. Auf diese Weise erspart sich der Rechteinhaber langwierige Streitigkeiten über die Frage, was alles geschützt werden sollte (s. o., Vertragsgegenstand). Die Notwendigkeit der schriftlichen Freigabe schafft eine klare Beweislage, die gerade im einstweiligen Rechtsschutz den Erlass einer einstweiligen Verfügung erheblich beschleunigen kann.

Von den geheimhaltungsbedürftigen Informationen sind solche auszunehmen, die

- die der die Information empfangenden Partei bei Abschluss der Vereinbarung bereits bekannt sind;
- nach Abschluss der Vereinbarung ohne Zutun der die Informationen empfangenden Partei öffentlich bekannt werden;
- der empfangenden Partei von Dritten ohne Bruch dieser Geheimhaltungsvereinbarung mitgeteilt werden;
- aufgrund gesetzlicher Anordnung von entsprechend autorisierten Behörden herausverlangt werden.

Wichtig ist, diese Ausnahmetatbestände so zu formulieren, dass die Beweislast für das Vorliegen der Ausnahmetatbestände bei der empfangenden Partei liegt.

Sodann sind die einzelnen Geheimhaltungspflichten festzulegen. Zentraler Punkt ist die Verpflichtung zum Schutz der geschützten Informationen vor dem Zugriff Dritter. Hierzu sollten auch der empfangenden Partei verbundene Unternehmen gerechnet werden, da auf diese Weise die Umgehung der Geheimhaltungspflichten unterbunden werden kann. Sinnvoll ist auch die Verpflichtung der empfangenden Partei, die eigenen Angestellten und Beauftragten in einer der Vereinbarung entsprechenden Weise zur Verschwiegenheit zu verpflichten.

Neben diese Grundstruktur treten weitere optionale Regelungen. Eine dieser Regelungen ist die Nichtangriffsverpflichtung. Bei registergebundenen Schutzrechten, die den Gegenstand einer Transaktion bilden, sollte immer darauf geachtet werden, dass die empfangende Partei nicht aufgrund der erlangten Informationen in die Lage versetzt wird, bei einem Nichtzustandekommen des eigentlichen Vertrages die von der Gegenpartei gehaltenen Schutzrechte für nichtig erklären zu lassen. Diesem Zweck dient die sog. Nichtangriffsverpflichtung, mit der nicht mehr erreicht werden soll, als dass sich die empfangende Partei verpflichtet, keines der von der offenbarenden Partei gehaltenen Rechte in Frage zu stellen (zur kartellrechtlichen Zulässigkeit von Nichtangriffsverpflichtungen s. unten, 3.5.3.2).

Eine weitere sinnvolle Ergänzung ist der Kundenschutz. Gehört zum Vertragsprogramm auch die Weitergabe von Kundendaten einer oder beider Partei, so sollte vorgesehen werden, dass die jeweils empfangende Partei diese Daten bei Nichtzustandekommen der Zusammenarbeit nicht für eigene Zwecke nutzen darf. Andernfalls schafft sich die auskunftgebende Partei unnötigen Wettbewerb.

Für den Fall Beendigung der Vereinbarung ist die Rückgabe bzw. die Vernichtung der empfangenen Daten und die Verpflichtung zum Nachweis zwingend vorzusehen. Des weiteren sollte die Geheimhaltungspflicht auf einen Zeitraum von mindestens zwei bis fünf Jahren nach Beendigung der Geheimhaltungsverpflichtung erstreckt werden.

Bei sensiblen Informationen sollte schließlich eine Vertragsstrafenregelung in die Geheimhaltungsvereinbarung aufgenommen werden. Üblich sind Formulierungen, wonach für jeden Fall der Zuwiderhandlung eine Vertragsstrafe in einer angemessenen Höhe zu leisten ist, deren Festsetzung im Einzelfall in das Ermessen des Gläubigers gestellt wird, wobei die Festsetzung durch das Gericht überprüft werden kann. Das hat den Vorteil, dass die Vertragsstrafe jedenfalls nicht als zu hoch und damit als unwirksam angesehen werden kann. Sie hat aber zugleich den Nachteil, dass sich bei der Durchsetzung die betroffene Partei immer auf den Standpunkt stellen wird, die beanspruchte Summe sei zu hoch und müsse durch das Gericht geklärt werden.

Es versteht sich von selbst, dass auch insoweit eine Schiedsklausel vorgesehen werden kann. Hierbei ist aber sicherzustellen, dass in Fällen einstweiligen Rechtsschutzes die Zuständigkeit staatlicher Gerichte neben derjenigen des prorogierten Schiedsgerichts fortbesteht. Gerade bei der Verletzung von Geheimhaltungspflichten besteht meist erheblicher Zeitdruck dem durch die Anrufung staatlicher Gerichte am Sitz des Beklagten am ehesten Rechnung getragen werden kann, da dies sich nicht erst – wie ein Schiedsgericht – konstituieren muss und auch die Vollstreckbarkeit von Entscheidungen im einstweiligen Rechtsschutz zumindest dann problemlos möglich ist, wenn direkt die Gerichte am Sitz des Gegners angerufen werden (Hinweise zu Vertraulichkeitsklauseln in internationalen Verträgen: Fontaine und De Ly 2006, S. 297 f.).

3.4.1.2 Letter of Intent und due diligence

Der Letter of Intent, die sog. Absichtserklärung, oft auch als Memorandum of Understanding, „Term-Sheet" oder Deal Memory bezeichnet, gehört zu den regelmäßigen, ebenso regelmäßig aber auch problembehafteten Formen des Vertragsschlusses im Vorfeld des eigentlichen Hauptvertrages.

Die unterschiedlichen Bezeichnungen sind vor allem branchenbezogen: In der Finanzbranche spricht man von „Term Sheets"; in der Filmbranche von „Deal Memories". Inhaltliche Unterschiede bestehen kaum, weshalb im Folgenden mit dem Begriff „Letter of Intent" alle Varianten gemeint sind.

Im Grundsatz dient der Letter of Intent dazu,

- den Vertragsgegenstand;
- Leistung und Gegenleistung, sowie
- die weiteren Abläufe bis zum Abschluss des Hauptvertrages

vorläufig zu fixieren. Die Parteien bringen also zum Ausdruck, was sie in welchen Schritten erreichen wollen, ohne dass sie – und das ist das Entscheidende – sich hinsichtlich der aufgeführten Zielmarken im Hinblick auf den Vertragsgegenstand und die Hauptleistungspflichten schon rechtlich einklagbar verpflichten wollen. Sie bekunden insoweit eben nicht mehr als ihre Absicht, auf einen Vertrag über den benannten Vertragsgegenstand hinarbeiten zu wollen.

Das bedeutet freilich nicht, dass die Parteien bar jeder rechtlichen Bindungen wären: Sie sind mit dem Abschluss einer solchen Vereinbarung jedenfalls als verpflichtet anzusehen, im Rahmen des Zumutbaren und Möglichen auf einen Vertragsschluss zu den angestrebten Bedingungen hinzuarbeiten. Bricht eine Partei nach Abschluss eines Letter of Intent die Verhandlungen grundlos ab oder lässt sie sie mutwillig scheitern, hat dies im Grundsatz deren Verpflichtung zur Leistung von Schadensersatz zur Folge.

Regelmäßig erschöpfen sich Letters of Intent allerdings nicht in Regelungen der vorbezeichneten Art. Wie schon angedeutet, wird häufig auch eine Art „Arbeitsprogramm" festgelegt. Dies umfasst u. a. die Durchführung einer sog. „due diligence", ggf. auch die Durchführung von Markt- und/oder Machbarkeitsstudien sowie Finanzierungsmaßnahmen.

Diese Zwischenschritte dienen dazu, für die endgültige vertragliche Regelung wesentliche Tatsachen aufzuklären. Die „due diligence" kommt ihrem Namen und dem Grundgedanken nach aus dem anglo-amerikanischen Rechtsraum und gestattet dem Vertragspartner bei dem Kauf einer Sache oder einem Recht dessen Untersuchung auf Mangelfreiheit und Werthaltigkeit. Auf Patente bezogen wird im Rahmen einer due diligence zu klären sein, ob das betreffende Schutzrecht, wenn es schon eingetragen ist, Aussicht auf Bestand in etwaigen Einspruchsverfahren hat, ob es in anderen Ländern schutzfähig ist und inwieweit Chancen bestehen, das Patent kommerziell zu verwerten. Bei Marken wird immer deren Schutzfähigkeit und damit auch Durchsetzbarkeit gegenüber Dritten zu prüfen sein. Bei bloßen Patentanmeldungen muss zudem aus Sicht eines potentiellen Erwerbers oder Lizenznehmers geklärt werden, inwieweit überhaupt Chancen auf Erlangung des begehrten Schutzrechts bestehen. Je nachdem wie weit die Marktaktivitäten des Erwerbers/Lizenznehmers reichen, sind u. U. verschiedene Staaten mit unterschiedlichen Rechtsordnungen und ggf. abweichendem Stand der Technik in die im Rahmen der „due diligence" durchzuführende Recherche mit einzubeziehen (Beisel und Andreas-Hartmann 2010, § 14 Rn. 1–3).

Die due diligence stellt aus Sicht des Anbieters eine äußerst gefahrgeneigte Preisgabe überaus schützenswerter Informationen dar. Erfolgt die due diligence nicht auf Grundlage einer rechtlich und inhaltlich wasserdichten Geheimhaltungsvereinbarung, droht der kompensationslose Totalverlust marktrelevanten Wissensvorsprunges.

Neben die Geheimhaltungsvereinbarung als schützender Barriere zugunsten des Anbieters tritt die Vereinbarung der Modalitäten im Rahmen des Letter of Intent. Der Anbieter von IP-Rechten sollte unbedingt darauf achten, dass die due diligence kontrolliert vonstattengeht. Das heißt: Es sollte festgelegt werden,

- wann die due diligence stattfindet,
- wo sie stattfindet (idealerweise in einem vom Anbieter bestückten Datenraum);
- wer von der Interessentenseite zu dem Datenraum Zugang hat.

So wird zusätzlich organisatorisch der Gefahr vorgebeugt, dass unkontrolliert Informationen an den Interessenten gelangen.

Im Einzelfall mag man die Sinnhaftigkeit der due diligence anzweifeln; grundsätzlich jedoch dürfte jeder Verzicht auf die Durchführung einer solchen Prüfung des Vertragsgegenstandes aus Interessentensicht als grob fahrlässig zu werten sein. Aus Anbietersicht bietet die due diligence die Chance, sein Produkt durch optimale Vorbereitung einer solchen Prüfung in den Augen des Anbieters noch interessanter zu gestalten. Wer z. B. schon im Vorfeld der due diligence auch die potentiellen Märkte des Interessenten bei der Prüfung der Schutzfähigkeit der angebotenen IP geprüft und vorbeugend etwaige Hindernisse in sein Kalkül miteinbezogen hat, kann bei der due diligence zusätzlich punkten und den Preis entsprechend höher veranschlagen.

Es versteht sich von selbst, dass die Regelungen zur due diligence aus Sicht beider Parteien nicht lediglich eine entsprechende Absicht der Parteien zum Ausdruck bringen, sondern unmittelbare, rechtsverbindliche Pflichten der Parteien begründen sollen.

Nichts anderes gilt im Regelfall für weitere Bestandteile des von den Parteien vereinbarten „Arbeitsprogramms", etwa die Durchführung von Machbarkeits- und Marktstudien und insbesondere für Regelungen zur etwaigen Finanzierung des Preises.

Das geschilderte Nebeneinander von „weichen" und „harten" Regelungen lässt den Letter of Intent in der Praxis oft problematisch werden, wenn nicht schon aus der Formulierung heraus erkennbar wird, was als rechtsverbindlich gelten soll und was nicht. Wollen die Parteien lediglich die Zielsetzung dokumentieren und keinerlei rechtliche Verpflichtungen begründen, dann sollten sie das auch so festhalten und jegliche Haftung für den Fall eines Abbruchs der Verhandlungen ausdrücklich ausschließen. Soweit gerichtlich durchsetzbare Verpflichtungen begründet werden sollen, reichen die üblichen Formulierungen in Verträgen aus („ist verpflichtet", „muss", „hat... vorzunehmen" etc.). Finden sich beide Typen von Regelungen in einem Letter of Intent, so sollten die unverbindlichen Regelungen einerseits und die verbindlichen Regelungen andererseits in einem eigenen Abschnitt zusammengeführt und bereits zu Beginn des jeweiligen Abschnitts klargestellt werden, dass die nachfolgenden Regelungen entweder unverbindliche Absichtserklärungen sind, deren Missachtung keine Haftungsfolgen nach sich zieht bzw. deren Beachtung die Grundlage der weiteren Vertragsverhandlungen bildet (Empfehlungen für die Verhandlung von Vertraulichkeitsklauseln bei Fontaine und De Ly 2006, S. 54–56; aus der deutschsprachigen Literatur: Heussen 2002).

3.4.2 Rechteübertragung

Bei der Rechteübertragung werden IP-Rechte von dem bisherigen Inhaber auf den Erwerber übertragen. Rechtsgrund hierfür wird meist ein Kauf sein. Zwingend ist das nicht. Grundsätzlich ist auch eine unentgeltliche Übertragung denkbar. Vollzogen wird die Rechteübertragung durch eine sog. Abtretung. Entsprechend erfolgt auch die Formulierung im Vertrag, wonach der bisherige Inhaber die als Vertragsgegenstand näher bezeichneten Rechte an den Erwerber abtritt und der Erwerber diese Abtretung annimmt. Ausreichend sind freilich auch Formulierungen, denen zufolge der Veräußerer die Rechte auf den Erwerber überträgt. Soll die Übertragung zu einem späteren Zeitpunkt erfolgen, ist der Zusatz „mit Wirkung zum (Datum)" ergänzend aufzunehmen.

Was abgetreten wird, ist so genau wie möglich zu bezeichnen. Dies erfordert der für die Wirksamkeit von Abtretungen maßgebliche Bestimmtheitsgrundsatz. Insoweit wird auf die obigen Ausführungen zum Vertragsgegenstand verwiesen.

Zur Sicherung einer Kaufpreiszahlung kann es Sinn machen, die Übertragung als durch die Kaufpreiszahlung aufschiebend bedingt vorzunehmen („tritt die Rechte an... unter der aufschiebenden Bedingung der Zahlung an den Erwerber ab, der diese Abtretung annimmt").

Soll die Übertragung insgesamt und nicht nur für einzelne Rechtsordnungen erfolgen, sollte dies klargestellt werden (z. B. „alle weltweit bestehenden Rechte an ...").

Für nicht registergebundene Schutzrechte ist die Abtretung zwischen den Parteien ausreichend. Anders bei den registergebundenen Schutzrechten: Soll die Abtretung mit Wirkung gegenüber Dritten erfolgen, muss eine Umschreibung in den maßgeblichen Registern erfolgen, wofür zumindest die Einwilligung des bisherigen Inhabers gegenüber dem jeweils zuständigen Register vonnöten ist. Dieses kann auch verlangen, dass die Abtretung selbst in einer bestimmten Form vorgenommen wird.

Es ist deshalb im Interesse des Erwerbers, den Veräußerer zur Vornahme aller zum Vollzug der Abtretung und deren Eintragung notwendigen Erklärungen und Mitwirkungshandlungen zu verpflichten. Ggf. kann die Zustimmung auch direkt im Vertrag erklärt werden, was eine spätere, u. U. zeitraubende nochmalige Befassung des Veräußerers nach Vertragsschluss entbehrlich werden lässt.

Rechteübertragungen sind im Regelfall endgültig und daher aus Sicht des Veräußerers wirtschaftlich in zweierlei Hinsicht risikobehaftet. Zum einen kann er die Gegenleistung für die Übertragung nur einmal fordern, was zur Folge hat, dass er an späteren, möglicherweise wesentlichen Wertsteigerungen des übertragenen Rechts nicht mehr teilhat[27]. Zum zweiten geht mit der Rechteübertragung, insbesondere bei der Übertragung von Patenten, nicht nur ein Recht, sondern auch ein zeitweiliges, gesetzlich geschütztes Monopol über die Ausbeutung des Inhalts der Schutzrechte auf den Erwerber über.

Die Übertragung führt also in diesen Fällen dazu, dass der Veräußerer die so geschützten Rechte nicht mehr anderweitig für sich nutzen kann. Will er dies dennoch tun, muss er dem Erwerber noch vor der Abtretung das Recht zur Weiternutzung der zu übertragenden Technologie in bestimmten Fällen für die ihn interessierenden Fälle abhandeln. Man spricht insoweit von einer „Rücklizenz".

Bezüglich des Inhalts einer solchen Rücklizenzregelung wird auf den nachfolgenden Abschnitt zu der Einräumung von Nutzungsrechten verwiesen.

Umgekehrt wird der Erwerber im Falle technischer IP häufig darauf bestehen, dass der Veräußerer sich einem Wettbewerbsverbot unterwirft. So vermeidet er das Risiko, dass ihm der Veräußerer nach der Veräußerung der Technologie mit einer anderen, aber dasselbe Marktsegment abdeckenden, möglicherweise attraktiveren Technologie Konkurrenz macht.

Ein zentrales Bedürfnis für den Erwerber von IP ist in der Regel die Gewissheit darüber, dass die von ihm erworbenen Rechte frei von Rechten Dritter sind, also nicht Rechte Dritte verletzen. Üblicherweise verlangt der Erwerber deshalb die Übernahme der vollen Haftung für die etwaige Verletzung von Rechten Dritter im Hinblick auf die übertragenen Rechte durch den Veräußerer, z. B. im Rahmen einer Garantie. So verständlich dieses Bedürfnis auch ist, so stellt es nichtsdestotrotz eine Überforderung des Veräußerers dar. So müsste sich der Veräußerer bei der Übertragung von technischen Schutzrechten zur weltweiten

---

[27] Anders im Urheberrecht: § 97 a UrhG.

Nutzung vergewissern, dass weltweit keine entgegenstehenden Schutzrechte Dritter bestehen. Der dafür notwendige Rechercheaufwand wird im Regelfall weder finanziell noch zeitlich zu bewältigen sein. Sinnvoll ist es stattdessen, die Haftung des Veräußerers auf eine Garantie des Inhalts zu beschränken, dass ihm bis zum Zeitpunkt der Veräußerung keine entgegenstehenden Rechte Dritter bekannt geworden sind. Hat zuvor eine due diligence durch den Erwerber stattgefunden, gibt das dem Veräußerer ein starkes Argument gegen das Verlangen nach einer Haftungsübernahme durch ihn in die Hand. Denn dann kann der Veräußerer darauf verweisen, dass der Erwerber ja selbst die Gelegenheit hatte, sich vom Nichtbestehen der Rechte Dritter zu überzeugen (Praxisbeispiele bei Fontaine und De Ly 2006, S. 196 f.).

3.4.3 Einräumung von Nutzungsrechten

Anders als bei der Veräußerung von IP-Rechten verbleiben die Verwertungsrechte bei einer Nutzungsrechtseinräumung (Lizenz) bei dem Inhaber der betreffenden Schutzrechte.

3.4.3.1 Lizenzumfang

Der Inhaber gestattet dem Lizenzinhaber lediglich die Nutzung dieser Schutzrechte für einen bestimmten Zweck und/oder Zeitraum und/oder ein bestimmtes Gebiet. *Was* Gegenstand der Lizenz ist, bedarf der Präzisierung in zwei Richtungen. Zum einen muss unmissverständlich klar sein, *woran* ein Nutzungsrecht begründet wird. Zum anderen muss klar festgelegt werden, *welche* Nutzungsrechte der Lizenzinhaber innehat.

Im Patent- und Markenrecht mag man sich kurzfassen können. Im Urheberrecht hingegen ist eine präzise Aufzählung der erfassten Nutzungsrechte im Hinblick auf die Zweckübertragungsregel unbedingt geboten.

3.4.3.2 Exklusivität

Um eine Bestimmung des Lizenzumfanges handelt es sich auch bei der Frage der Exklusivität. Wer eine Exklusivlizenz erwirbt, hat das Recht, den Lizenzgegenstand entweder in einem bestimmten, geographisch abgegrenzten Bereich und/oder einem bestimmten Marktsegment allein für sich nutzbar zu machen.

Die Exklusivlizenz ist für den Rechteinhaber, wenn sie nicht hinreichend beschränkt wird riskant, bindet er sich doch an das wirtschaftliche Geschick seines Lizenznehmers. Eins aber entschädigt ihn dafür: Nur die Exklusivlizenz bietet Gewähr dafür, dass der Lizenznehmer nach erfolgtem Vertragsabschluss das betreffende Schutzrecht nicht für nichtig erklären lässt, sofern es sich um ein registergebundenes Schutzrecht handelt (Rechtspr. BPatG). In allen anderen Fällen ist eine Nichtangriffsabrede (s. o., IV 1 a) unverzichtbar (zur kartellrechtlichen Problematik s. unten, 3.5.3.2).

3.4.3.3 Lizenzgebühr

Die Gegenleistung für die Einräumung von Nutzungsrechten lässt sich in vielerlei Weise ausgestalten: Die Parteien können eine auf den Nettoverkaufspreis bezogene Stücklizenz entweder in absoluten oder prozentualen Beträgen festlegen oder sie vereinbaren einen zu Beginn des Lizenzverhältnisses zahlbaren Pauschalbetrag (Eintrittsgeld). Häufig finden sich Kombinationen beider Varianten.

3.4.3.4 Buchführungspflichten und Einsichtsrechte

Rechteinhaber, die sich für eine Stücklizenz entscheiden, binden sich nicht nur an das wirtschaftliche Geschick des Lizenzinhabers, sondern bauen auch auf seine Ehrlichkeit. Denn wie viel lizenzrelevante Produkte er verkauft, weiß allein der Lizenznehmer. Positiv zur Ehrlichkeit motivieren lässt sich ein Lizenznehmer durch eine Kombination von Buchführungspflichten und weitreichenden Einsichtsrechten des Lizenzgebers. Im Klartext: Der Lizenznehmer muss sich verpflichten, über die Anzahl und den Preis der von ihm verkauften lizenzrelevanten Produkte so genau als nur möglich Buch zu führen und diese Aufzeichnungen dem Lizenzgeber oder einem von ihm beauftragten Fachmann uneingeschränkt zur Prüfung zur Verfügung zu stellen. Erweisen sich dabei die Aufzeichnungen als falsch, hat der Lizenznehmer die mit der Einsichtnahme des Lizenzgebers verbundenen Kosten zu tragen. – Die entgangenen Lizenzgebühren hat er selbstverständlich obendrein zu zahlen.

3.4.3.5 Benutzungspflicht

Ein für Lizenz- wie auch Veräußerungsverträge gleichermaßen wichtiges Element stellt die Auferlegung einer Benutzungspflicht zu Lasten des Rechteerwerbers bzw. des Lizenznehmers dar. Räumt etwa der Lizenzgeber dem Lizenznehmer eine ausschließliche Lizenz an einer Marke ein und nutzt der Lizenznehmer die Marke dann nicht, so können nach fünf Jahren – bei fehlender Nichtangriffsabrede – der Lizenznehmer selbst oder ein anderer Wettbewerber die Löschung der Marke wegen Nichtbenutzung verlangen[28]. Dies ist umso misslicher als der Lizenzgeber der Marke diesem Ergebnis nicht etwa durch eigene Benutzung entgegenwirken kann, da er ja dann gegen den Exklusivvertrag mit dem Lizenznehmer verstoßen würde.

Der Abschluss einer Exklusivlizenz ohne Benutzungszwang kann deshalb für gewiefte Wettbewerber ein eleganter Weg sein, unliebsame Wettbewerber um ihre Schutzrechte zu bringen.

Dies zu verhindern, ist das Ziel der Vereinbarung von Benutzungspflichten. Benutzungspflichten sehen im Regelfall vor, dass sich der Lizenznehmer zur ununterbrochenen Nutzung des Lizenzgegenstandes während der Vertragslaufzeit verpflichtet. Für den Fall, dass sich der Lizenznehmer daran nicht hält, ist vorzusehen, dass der Lizenzgegenstand – bei Marken rechtzeitig vor Ablauf der vorerwähnten Fünfjahresfrist – an den Lizenzgeber zurückfällt.

3.4.3.6 Rückabwicklung

Um dem Lizenznehmer die Durchsetzung der ihm eingeräumten Rechte zu erleichtern, bietet es sich an, dem Lizenznehmer die Registrierung etwaiger registergebundener

---

[28] Vgl. BGH, Urteil vom 17. 3. 2011, Az. I ZR 93/09–KD, zitiert nach juris.

Schutzrechte im eigenen Namen zu gestatten. Ein anderer Weg, wenn etwa schon registergebundene Schutzrechte zugunsten des Lizenzgebers bestehen, besteht darin, den Lizenznehmer zur Ahndung etwaiger Rechtsverletzung Dritter im eigenen Namen zu ermächtigen.

Die erstgenannte Variante erfordert im Prozess gegen Rechtsverletzer unter Umständen weniger Darlegungen als eine Ermächtigung. Sie hat dafür einen anderen Nachteil, der aber ebenfalls durch entsprechende Regelungen zumindest abgemildert werden kann.

Besteht nämlich einmal eine Registereintragung zugunsten des Lizenznehmers, kann es im Fall der Beendigung des Lizenzvertrages praktisch äußerst schwierig werden, diese Registrierung von dem ehemaligen Lizenznehmer zurückzubekommen. Aus diesem Grund muss eine Gestattung von Registrierungen etwaiger IP-Rechte immer einhergehen mit einer Verpflichtung zur Übertragung dieser Registrierungen auf den Lizenzgeber im Falle der Vertragsbeendigung. Weiterhin ist der Lizenznehmer zu verpflichten, sämtliche zur (Rück-) Übertragung auf den Lizenzgeber erforderlichen Erklärungen und Mitwirkungshandlungen vorzunehmen (S. o., 3.4.2).

3.5 Zwingender Vertragsrahmen

Bisher war lediglich die Rede von Vertragselementen, die der unmittelbaren Gestaltungsfreiheit der Parteien unterliegen. Mindestens ebenso bedeutsam sind jedoch die Regelungen, die unabhängig vom Parteiwillen Geltung beanspruchen und deshalb von den Parteien bei der Vertragsgestaltung mit berücksichtigt werden müssen. Zu den zwei bedeutendsten Bereichen gehören das Schutzstatut (3.5.1), das Arbeitnehmererfinderrecht (3.5.2) und das Kartellrecht (3.5.3).

3.5.1 Schutzstatut

Grundsätzlich steht es den Parteien eines Vertrages frei, ihre Rechtsbeziehungen im Rahmen der zwingenden Vorschriften des anwendbaren Rechts eigenmächtig zu regeln. Diese, auch Privatautonomie genannte, Freiheit endet dort, wo Drittinteressen betroffen werden. Derartige Regelungsbereiche sind der Gestaltungsfreiheit der Parteien entzogen. Hierzu gehören im IP-Bereich Entstehung, Inhalt, Übertragbarkeit und Erlöschen der den Vertragsgegenstand bildenden IP-Rechte. Die Parteien können also weder ihr eigenes Patenrecht schaffen, noch dessen gesetzliche Entstehungsvoraussetzungen ändern oder Nutzungsformen vorsehen, die das auf das Schutzrecht anwendbare Recht nicht kennt. Ebenso wenig können sie Rechtsbehelfe gegen schutzrechtsverletzende Dritte schaffen, die das anwendbare Recht nicht kennt.

Das auf das Schutzrecht anwendbare Recht bestimmt sich auf internationaler Ebene für alle relevanten IP-Bereiche (Patent-, Gebrauchsmuster-, Marken-, und Geschmacksmusterrecht) nach dem sog. Schutzlandsprinzip: Inhalt, Reichweite und Übertragbarkeit des jeweiligen Schutzrechts richten sich nach dem Recht des Landes, für den der Schutz in Anspruch genommen wird. Dieser Rechtsgrundsatz entstammt der notwendigen Territorialitätsbezogenheit geistigen Eigentums: Ein Staat kann für geistiges Eigentum nur innerhalb seiner territorialen Grenzen Schutz gewähren[29]. Lediglich für das Urheberrecht wird vertreten, dass das Universalitätsprinzip gelte, wonach weltweit ein einheitlicher Schutz bestehe (Schack 2013, Rn. 919, 912). Noch überwiegt jedoch auch im deutschen Urheberrecht die Auffassung, dass auch hinsichtlich der Urheberrechte das anzuwendende Recht nach Maßgabe des Schutzlandprinzips bestimmt wird (Schack 2013, Rn. 911).

Nach deutschem Verständnis ist das Schutzlandprinzip entscheidend für die Frage

- der Entstehung,
- der Inhaberschaft,
- des Inhalts bzw. der Reichweite,
- der Übertragbarkeit,
- der etwaigen Verletzung,
- der Rechtsfolgen einer Rechtsverletzung[30].

Auch wenn diese Fragen selbst keiner vertraglichen Gestaltung mit Wirkung gegenüber Dritten unterliegen, so sind sie dennoch bei der Vertragsgestaltung mit einzubeziehen.

Sollen Rechte insgesamt, also auch mit weltweiter Wirkung übertragen werden oder Nutzungsrechte daran eingeräumt werden, muss immer mitbedacht werden, dass andere Rechtsordnungen möglicherweise die Einhaltung anderer, weitreichenderer Formen und Formalitäten verlangen, um die beabsichtigte Transaktion mit dem angestrebten Erfolg zu honorieren.

Da im Rahmen eines einzigen Vertragsschlusses kaum alle denkbaren Formalitäten unterschiedlicher Rechtsordnungen bedacht und befolgt werden können, kommt der bereits oben (3.4.2) erwähnten Mitwirkungsklausel noch einmal größere Bedeutung zu: Der Erwerber und/oder Lizenznehmer muss sich darauf verlassen können, dass sein Gegenüber auch nach Unterzeichnung des Vertrages verpflichtet ist, sämtliche zur Erreichung des angestrebten Erfolges in einer Rechtsordnung notwendigen bzw. notwendig werdenden Mitwirkungshandlungen vorzunehmen sowie die dazu notwendigen Erklärungen abzugeben.

Will man die spätere Inanspruchnahme des Veräußerers oder Lizenzgebers vermeiden, muss man sich schon im Rahmen einer rechtlichen due diligence Gewissheit darüber verschaffen, ob und zu welchen Bedingungen die angestrebte Rechtsposition in den Zielländern, d. h. in den Ländern, in denen die fraglichen Rechte genutzt werden sollen, auch tatsächlich anerkannt und genutzt werden können.

---

[29] MünchKomm-Drexl, BGB, 5. Aufl. 2010, IntImmGR, Rn. 7.
[30] MünchKomm-Drexl, BGB, 5. Aufl. 2010, IntImmGR, Rn. 179–211.

3.5.2 Arbeitnehmererfinderrecht

Zu besonders unangenehmen Überraschungen kann im patentrechtlichen Bereich die Zusammenarbeit mit Erfindern führen, die zugleich anderweitig als Arbeitnehmer angestellt sind. Arbeitnehmer unterliegen besonderen gesetzlichen Verpflichtungen, kraft derer der jeweilige Arbeitgeber auf die von dem Arbeitnehmer getätigten Erfindungen zugreifen kann. Nach dem deutschen Arbeitnehmererfinderrecht kann der Arbeitgeber gemäß § 6 ArbnErfG sog. Diensterfindungen mit der Folge in Anspruch nehmen, dass sämtliche Rechte an der Erfindung auf ihn übergehen (§ 7 ArbnErfG). „Diensterfindungen" gemäß § 4 Abs. 2 S. 2 ArbnErfG sind solche, die „maßgeblich auf Erfahrungen oder Arbeiten des Betriebes (...) beruhen".

Der Erwerber einer Technologie, die von einem anderweitig als Arbeitnehmer tätigen Erfinder zumindest mit miterfunden wurde, muss daher sicherstellen, dass nicht später von dem Arbeitgeber des Erfinders Schadensersatzforderungen aufgrund einer ihm gesetzlich zustehenden, aber vereitelten Inanspruchnahme der Erfindung geltend gemacht werden[31].

Dies kann geschehen, indem der betreffende Mitbeteiligte verpflichtet wird, dem Erwerber sämtliche anderweitigen Tätigkeiten offenzulegen und zugleich dafür Sorge zu tragen, dass die jeweilige Erfindung keiner Inanspruchnahme durch anderweitige Arbeitgeber unterliegt bzw. der Erwerber zumindest insofern von dem Erfinder freigestellt wird.

3.5.3 Kartellrecht

Wie bereits angedeutet, kann auch das Kartellrecht für die Vertragsparteien zu einem Stolperstein werden. Dabei mag der Gedanke, das Kartellrecht auch auf vertragliche Regelungen des geistigen Eigentums anzuwenden, zunächst Befremden auslösen. Gerechtfertigt ist dieses Befremden indes nicht. Hinter dem Kartellrecht steht die insbesondere von Adam Smith formulierte Erkenntnis, dass Monopole, gleich welcher Art, den freien Wettbewerb in gravierender Weise verhindern und das Marktgleichgewicht dauerhaft stören (Smith 2001, S. 368–386). Schon die Gewährung von Schutzrechten auf bestimmte Technologien, Gestaltungen oder Marken, bei der es sich letztlich um nichts anderes als die Gewährung zeitlich beschränkter Monopole handelt, steht daher aus diesem Blickwinkel in einem grundsätzlichen Zielkonflikt zu der Idee des freien Wettbewerbes und rechtfertigt die Anwendung der Normen, die das Entstehen bzw. die Auswirkungen von „Monopolen" zu verhindern suchen, also des Kartellrechts.

3.5.3.1 Grundlagen
Kartellrechtlicher Dreh- und Angelpunkt für die Beurteilung schutzrechtsrelevanter Verträge ist heute Art. 101 des Vertrages über die Arbeitsweise der Europäischen Union

---
[31] So geschehen in dem Urteil des schweizerischen Bundespatentgerichts vom 28. März 2012, Az. O2012_010, zu dem zugrundeliegenden Rechtsstreit einer Universität gegen einen Hersteller von Medizintechnik.

(AEUV). Dieser Regelung zufolge sind alle Vereinbarungen zwischen Unternehmen, Beschlüsse von Unternehmensvereinigungen und aufeinander abgestimmte Verhaltensweisen, welche den Handel zwischen Mitgliedstaaten zu beeinträchtigen geeignet sind und eine Verhinderung, Einschränkung oder Verfälschung des Wettbewerbs innerhalb des Binnenmarkts bezwecken oder bewirken, verboten.

Zentrale Tatbestandsmerkmale sind demnach diejenigen der „Wettbewerbsbeschränkung" und der „Handelsbeeinträchtigung". Allerdings ist nicht jede Form der genannten Einschränkungen gleichermaßen relevant. Bagatellfälle werden über das Erfordernis der Spürbarkeit der entsprechenden Beschränkungen ausgeschieden.

Gleichwohl bleibt die Norm unzugänglich: Der weiten Formulierung des Tatbestandes lassen sich schwerlich konkrete Handlungsgebote für den Einzelfall entnehmen. Die einzelnen Tatbestandsmerkmale bedürfen also der Ausfüllung durch Praxis und Rechtsprechung. Dies ist umso misslicher, als es in erster Linie die Unternehmen selbst sind, an die sich die Kartellrechtsnormen richten. Diese sind dazu verpflichtet, ihr eigenes Handeln fortlaufend auf seine Vereinbarkeit mit dem Kartellrecht hin zu überprüfen, was die zunehmende Bedeutung der „Competition Compliance"-Abteilungen erklärt.

Das deutsche Kartellrecht spielt neben dem europäischen Kartellrecht hingegen keine nennenswert eigenständige Rolle mehr, da es nunmehr weitgehend den europäischen Vorgaben folgt. Es soll daher im Weiteren außer Betracht bleiben.

Das Kartellrecht wirkt in zwei Richtungen gleichermaßen: Zum einen zielt es auf horizontaler Ebene auf Absprachen von Unternehmern, die miteinander im Wettbewerb stehen. Zum anderen zielt es aber auch vertikal auf die zwischen Lieferanten und Herstellern verschiedener Lieferungs- bzw. Produktionsstufen bestehenden Vereinbarungen.

Vereinbarungen über Schutzrechte können beide Arten von Absprachen betreffen. Wer Patente auf Technologien, etwa für Medienplattformen zur Nutzung über mobile Endgeräte, hält, die sich am Markt als Standard durchgesetzt haben, kann über die Lizenzvergabe effektiv darüber entscheiden, welcher Anbieter einen nennenswerten Marktzugang erhält. Zugleich kann ein solcher Anbieter gegenüber nachgeordneten gewerblichen Nutzern dieser Plattformen, die diese zum Vertrieb ihrer Produkte nutzen wollen und auf diesen Zugang u. U. sogar angewiesen sind, die Preise bestimmen.

3.5.3.2 Beurteilung kartellrechtlicher Zulässigkeit von Regelungen in IP-Verträgen

Grundsätzlich steht die europäische Rechtsprechung mit Blick auf den eingangs geschilderten Konflikt zwischen der mit der Gewährung von Schutzrechten verbundenen zeitweiligen Monopolstellung einerseits und dem Ziel des Kartellrechts andererseits, einen funktionierenden Wettbewerb zu ermöglichen, auf dem Standpunkt, dass lediglich solche kartellrechtsbeschränkenden Vereinbarungen über Schutzrechte zulässig sind, die dem „spezifischen Gegenstand" des jeweiligen Schutzrechts innewohnen[32]. Man spricht insoweit auch von der sog. „Immanenzlehre" des EuGH (Fezer 2012, II 1, Rn. 197).

---

[32] EuGH Slg. 1971, S. 69 Sirena S.r.l./Eda S.r.l.; EuGH Slg. 1994, I-S. 2789 – IHT Internationale Heiztechnik GmbH/Ideal-Standard GmbH.

3 Grundlagenwissen Vertragsgestaltung im Gewerblichen ...

Was einzelnen Schutzrechten als immanent wettbewerbsbeschränkender Inhalt zuzubilligen ist, bestimmt sich notwendigerweise nach der Eigenart des jeweiligen Schutzrechts.

Für das Patenrecht liegt die Spezifität des Patents dem EuGH zufolge darin, „dass der Inhaber zum Ausgleich für seine schöpferische Erfindertätigkeit das ausschließliche Recht erlangt, gewerbliche Erzeugnisse herzustellen und in den Verkehr zu bringen, mithin die Erfindung entweder selber oder im Wege der Lizenzvergabe an Dritte zu verwerten, und dass er ferner das Recht erlangt, sich gegen jegliche Zuwiderhandlung zur Wehr zu setzen"[33].

Bei Markenrechten soll sich der spezifische Inhalt darauf beschränken, dass sie es dem Inhaber gestatten, seine Waren mit dem geschützten Kennzeichen nach Maßgabe seiner Vorgaben („unter seiner Kontrolle", Fezer 2012, Rn. 199) in den Verkehr zu bringen.

Den genannten Zielrichtungen entsprechende Vertragsregelungen in Lizenzverträgen sind kartellrechtlich grundsätzlich nicht zu beanstanden (Fezer 2012, II 1, Rn. 200). Hierzu gehören etwa Qualitätssicherungsklauseln, mit denen die gleichbleibende Qualität von Produkten sichergestellt werden soll, die unter demselben Markenzeichen vertrieben werden. Dazu sind auch der Qualitätssicherung dienende Bezugsbindungen zu zählen[34]. Auch gehört es zu den Rechten des Lizenzgebers, die Vergabe von Unterlizenzen auszuschließen[35]. Ferner darf der Lizenzgeber:

- den Lizenznehmer zur Geheimhaltung des Herstellungsverfahrens verpflichten[36];
- den Lizenznehmer zur Erzielung bestimmter Absatzziele verpflichten[37];
- den Lizenznehmer zur Ausübung der Lizenz verpflichten[38] und
- den Lizenznehmer zur Zahlung einer der Aufrechterhaltung des Schutzrechts dienenden Mindestlizenz verpflichten[39].

Kritisch sind hingegen, insbesondere in Patentlizenzverträgen, Nichtangriffsabreden, d. h. Regelungen, die darauf abzielen, dass der Lizenznehmer das von ihm genutzte Schutzrecht z. B. nicht durch die Erhebung einer Nichtigkeitsklage vernichten darf[40].

---

[33] EuGH Slg. 1974, 1147 Centrafarm B, V,/Sterling Drug Inc (S. 1163, Rn. 9).

[34] Vgl. hierzu auch OLG Düsseldorf, Urteil vom 24. April 2013 – VI-U (Kart) 4/12, zitiert nach juris, Rn. 105 f.

[35] Zum Urheber- und Markenrecht: OLG Frankfurt, Urteil vom 17. April 2007 – 11 U (Kart) 5/06, zitiert nach juris.

[36] BGH, Urteil vom 12. Februar 1980 – KZR 7/79 – Pankreaplex II, zitiert nach juris.

[37] Umkehrschluss aus Art. 5 b) ii) der Verordnung (EU) Nr. 1217/2010 der Kommission vom 14. Dezember 2010 über die Anwendung von Artikel 101 Absatz 3 des Vertrags über die Arbeitsweise der Europäischen Union auf bestimmte Gruppen von Vereinbarungen über Forschung und Entwicklung, EU-Abl. Nr. L 335 vom 18.12.2010, S. 36–42.

[38] BGH, Urteil vom 20. Juli 1999 – X ZR 121/96 – Knopflochnähmaschinen, zitiert nach juris.

[39] Vgl. LG Düsseldorf, Urteil vom 13. Februar 2007 – 4a O 124/05, zitiert nach juris, Rn. 69–75.

[40] Offen gelassen vom BPatG München, Urteil vom 20. Januar 2005 – 2 Ni 25/03 –, BPatGE 49, Rn. 34–39, zitiert nach juris.

Ganz und gar kartellrechtswidrig sind Vereinbarungen, die auf die Herbeiführung eines absoluten Gebietsschutzes abzielen, wie beispielsweise Import- und/oder Exportverbote[41].

Gleiches gilt für das Verbot aktiver Verkaufshandlungen, also Handlungen, die das aktive Bemühen um Kunden außerhalb des zugewiesenen Gebietes, etwa durch entsprechende Werbemaßnahmen und/oder die Errichtung von Auslieferungslagern, zum Gegenstand haben.

Kartellrechtswidrig sind im übrigen auch Vereinbarungen, die darauf abzielen, Wettbewerber nach dem Ablauf eines Patentschutzes vom Angebot kostengünstiger Alternativprodukte abzuhalten.

3.5.3.3 Spürbarkeit

Für das Verdikt der Kartellrechtswidrigkeit ist allerdings weiter erforderlich, dass die genannten Klauseln eine spürbare Beschränkung sowohl des Wettbewerbs als auch des Handels zwischen den Mitgliedstaaten zur Folge haben[42]. *Fezer* nennt als Orientierungspunkt für die Vertragspraxis einen Marktanteil von über 5 %, ab dem der Rechtsprechung zufolge eine Spürbarkeit im vorgenannten Sinne anzunehmen sei (Fezer 2012, Rn. 203). Die „Bekanntmachung der Kommission über Vereinbarungen von geringer Bedeutung, die den Wettbewerb gemäß Art. 81 Absatz 1 des Vertrages über die Gründung der Europäischen Gemeinschaft nicht spürbar beschränken" nimmt eine Spürbarkeit bei horizontalen Vereinbarungen zwischen (potenziellen) Wettbewerbern ab einem Marktanteil von 10 %; bei vertikalen Vereinbarungen ab 15 % Marktanteil der betroffenen Unternehmen an.

3.5.3.4 Freistellungsverordnungen

Eine größere Freiheit im Hinblick auf einzelne kartellrechtsrelevante Regelungen gestatten die Freistellungsverordnungen. Bei den Freistellungsverordnungen handelt es sich um Instrumente, mit denen die EU dem Umstand Rechnung trägt, dass einzelne kartellrechtsrelevante Vertragsklauseln für die Funktionsfähigkeit einzelner Branchen bis zu einem gewissen Grad unabdingbar sind.

Freistellungsverordnungen sehen im Prinzip vor, dass bestimmte, im einzelnen benannte Klauseln nicht als kartellrechtswidrig geahndet werden, solange die beteiligten Unternehmen eine bestimmte Marktanteilsschwellen nicht überschreiten, die über die in der de-minimis Verordnung benannten Grenzen hinausgehen. Des Weiteren werden die Klauseln benannt, die unter keinen Umständen von der Freistellung erfasst werden.

Im Bereich des geistigen Eigentums sind vor allem folgende Freistellungsverordnungen relevant:

- Verordnung (EU) Nr. 1217/2010 der Kommission vom 14. Dezember 2010 über die Anwendung von Artikel 101 Absatz 3 des Vertrags über die Arbeitsweise der Euro-

---

[41] LG Frankfurt, Urteil vom 06. Januar 2006 – 3-11 O 42/05, 3/11 O 42/05, zitiert nach juris.
[42] EuGH Slg. 1966, S. 281, S. 306– Société technique minière (ltm.)/Maschinenbau Ulm GmbH (MBU).

päischen Union auf bestimmte Gruppen von Vereinbarungen über Forschung und Entwicklung[43];
- Verordnung (EG) Nr. 772/2004 der Kommission vom 27. April 2004 über die Anwendung von Artikel 81 Absatz 3 EG-Vertrag auf Gruppen von Technologietransfer-Vereinbarungen[44] und die
- Verordnung (EU) Nr. 330/2010 der Kommission vom 20. April 2010 über die Anwendung von Artikel 101 Absatz 3 des Vertrags über die Arbeitsweise der Europäischen Union auf Gruppen von vertikalen Vereinbarungen und abgestimmten Verhaltensweisen[45].

Sog. Kernbeschränkungen sind allen genannten Freistellungsverordnungen zufolge ohne weiteres unzulässig. Hierzu gehören u. a. Beschränkungen der Festlegung von Preisen für die Abgabe gegenüber Dritten, aber auch das Verbot sog. Passivverkäufe. Dieses Verbot zielt auf Abreden, in denen die Parteien Gebiete festlegen, innerhalb derer eine Partei bestimmte Produkte verkaufen darf. Solche Gebietszuweisungen, oft unter dem Begriff „Gebietsschutz" geregelt, enthalten in der Praxis gleichzeitig ein Verbot von Verkäufen an Personen außerhalb des zugewiesenen Gebietes. Letzteres wird im Kartellrecht als „Passivverkauf" bezeichnet, da der Verkäufer außerhalb des ihm zugewiesenen Gebietes ja nicht aktiv wird bzw. werden darf. Diese Passivverkäufe dürfen nicht untersagt werden.

Als lediglich nicht freigestellt und damit als potentiell kartellrechtswidrig gelten im europäischen Kartellrecht u. a. Nichtangriffsabreden. Das bedeutet, dass diese Regelungen, anders als Kernbeschränkungen nicht per se nichtig sind, sondern nur dann unzulässig werden, wenn durch diese Regelung der innergemeinschaftliche Handel im Sinne von Art. 101 AEUV spürbar beeinträchtigt wird, also die o.g. 10 %-Grenze überschritten wird. Diese Aussage gilt mittlerweile auch für das dem europäischen Kartellrecht angeglichene deutsche Kartellrecht (Halfmeier 2006, S. 64 f).

Da derartige Klauseln praktisch üblich und häufig auch berechtigt sind, zeigt dieses Beispiel eindrücklich, wie wichtig eine genaue kartellrechtliche Prüfung im Einzelfall ist.

Abschließend sei noch, anknüpfend an den zu Beginn dieses Abschnitts geschilderten Beispielsfall darauf hingewiesen, dass nach der Rechtsprechung des EuGH ein kartellrechtlicher Anspruch auf Erteilung einer Lizenz bestehen kann[46]. Hierfür müssen vier Bedingungen erfüllt sein:

---

[43] EU-Abl. Nr. L 335 vom 18.12.2010, S. 36–42.
[44] EU-Abl. Nr. L 123 vom 27.04.2004, S. 11–17.
[45] EU-Abl. Nr. L 102 vom 23.04.2010, S. 1–7.
[46] EuGH, Urteil v. 29.4.2004, Rs. C-418/01, IMS Health vs. NDC Health, Slg. 2004, I-4c-S. 5039; s. a. EuGH, Urteil vom 5.10.1988, Rs. 238/87, Volvo vs. Wenig, Slg. 1988, Band Vi, S. 6211 sowie EuGH, Urteil vom 6.4.1995, Rs. C-241 P und 242/91 P, RTE und ITP vs. Kommission der Europäischen Gemeinschaft („Magill"), Slg. 1995 I-S. 743.

- Die Gewährung einer Lizenz muss unerlässlich sein, d. h. es dürfen keine zumutbaren alternativen technischen Lösungen bestehen bzw. es müssen unüberwindbare technische, rechtliche oder wirtschaftliche Barrieren bestehen, die solche Alternativlösungen vereiteln oder unzumutbar erscheinen lassen[47];
- ferner muss durch die Verweigerung einer Lizenz das Angebot eines neuen Produktes vereitelt werden[48];
- die Weigerung muss ungerechtfertigt sein[49]; und
- die Rechteinhaberschaft des potentiellen Lizenzgebers muss diesen in die Lage versetzen können, den nachgelagerten Markt kontrollieren zu können, etwa weil die betreffende Technik, auf die sich die ggf. zu lizenzierenden Rechte beziehen, zum Industriestandard gehören[50].

Die Einzelheiten können und sollen an dieser Stelle nicht vertieft werden, verdeutlichen aber, wie sorgfältig die Erfordernisse eines funktionierenden Wettbewerbes mit der den Inhabern von Schutzrechten gesetzlich zugestandenen Monopolstellung im Einzelfall abzuwägen sind.

3.5.4 Exkurs: Distributionsverträge, Urheberrecht und Allgemeine Geschäftsbedingungen

Zum Abschluss dieses Beitrages soll die Verknüpfung von anwendbarem Recht, vertraglichen Regelungen und dem Korrektiv zwingend anwendbarer Bestimmungen anhand der Behandlung urheberrechtlicher Fragestellungen in Vertriebsverträgen aufgezeigt werden. Vertriebsverträge sind Verträge, deren Gegenstand die Regelung von Fragen im Zusammenhang mit dem Absatz von Waren und Dienstleistungen bildet. Ein klassisches Beispiel hierfür ist der Handelsvertretervertrag. Vertriebsverträge im weitesten Sinne sind aber auch solche Verträge, die von Anbietern von Waren und Dienstleistungen mit Anbietern von Internetplattformen (z. B. Ebay, Amazon, Hood u. ä.) über deren Nutzung zu Vertriebszwecken geschlossen werden. Bestandteil nahezu aller Nutzungsbedingungen derartiger Vertriebsportale sind umfassende Rechteeinräumungen zugunsten des Portalbetreibers hinsichtlich etwaigen Fotomaterials, mit dem der die Plattform nutzende Anbieter für seine Waren und Dienstleistungen werben will. Derartige Nutzungsrechtseinräumungen sind zumeist vergütungsfrei, zeitlich und örtlich unbeschränkt und umfassen alle werblich relevanten Nutzungsrechte, einschließlich des Rechtes des Portalbetreibers, selbst mit dem Material werben zu dürfen. Problematisch werden solche Klauseln insbesondere dann,

---

[47] EuGH, Urteil v. 29.4.2004, Rs. C-418/01, IMS Health vs. NDC Health, Slg. 2004, I-4c-S. 5039, Rn. 28.
[48] EuGH, a. a. O. (Fn. 41), Rn. 41.
[49] EuGH, a. a. O. (Fn. 41), Rn. 51.
[50] EuGH, a. a. O. (Fn. 41), Rn. 43–48.

wenn der seine Produkte auf dem Internetportal anbietende Verkäufer die Produkte z. B. mit Fotomaterial bewirbt, das er nicht selbst, sondern von einem Fotografen hat erstellen lassen. Dann sind zwei Vertragsebenen zu unterscheiden: Zum einen die lizenzvertragliche Abrede zwischen dem Verkäufer und dem Fotografen betreffend das anzufertigende Fotomaterial; zum anderen die Nutzungsabrede zwischen dem Verkäufer und dem Betreiber der Internetplattform. Räumt nun der Fotograf dem Verkäufer weniger Nutzungsrechte an dem Fotomaterial ein, als sich der Verkäufer gegenüber dem Betreiber des Vertriebsportals an demselben einzuräumen verpflichtet, kann das zu erheblichen Problemen führen.

3.5.4.1 Anwendbares Recht: Universalitäts- vs. Schutzlandprinzip

Wiederum ist die Frage nach dem anwendbaren Recht zu beantworten. Dabei ist einmal zwischen den beiden Verträgen selbst, sodann zwischen dem jeweiligen Vertrag und dem auf das in dem Vertrag geregelte Schutzrecht anwendbare Recht zu unterscheiden. Mit anderen Worten: Der Umstand, dass Regelungsgegenstand eines Vertrages ein urheberrechtliches Nutzungsrecht (oder ein anderes Schutzrecht) bildet, führt nicht dazu, dass Vertrag und Vertragsgegenstand demselben Recht unterliegen. Vielmehr ist zwischen dem Vertrag und seinem Gegenstand zu unterscheiden. Für beides ist das anwendbare Recht separat zu bestimmen. Spricht man im Zusammenhang mit dem Schutzrecht von Fragen, die seine Entstehung und Reichweite betreffen, so richtet sich das anwendbare Recht nach dem Schutzlandprinzip und nicht nach dem für den Vertrag gewählten Recht. Man spricht dann insoweit von einer selbständig anzuknüpfenden Vorfrage.

Nach welchen Grundsätzen urheberechtliche Nutzungsrechte anzuknüpfen sind, also das anwendbare Recht zu bestimmen ist, ist umstritten. Während im Falle sonstiger Immaterialgüterrechte an das Schutzlandprinzip angeknüpft wird, also immer das Recht des Landes zur Anwendung kommt, für das im konkreten Fall Schutz begehrt wird, wird für das Urheberrecht vertreten, dass die ihm zuzuordnenden Rechte dem Universalitätsprinzip unterworfen sein sollen. Ein Urheber soll also nicht hinsichtlich eines Werkes über ein durch die territoriale Verbreitung des Werkes definiertes Bündel verschiedener Urheberrechte unterschiedlicher Staaten verfügen, sondern es soll umgekehrt ein einheitliches Recht für alle mit dem Urheberrecht zusammenhängenden Fragen gelten, unabhängig von dem jeweiligen Verbreitungsort. Angeknüpft werden soll demnach an die Staatsangehörigkeit des Urhebers (Schack 2013, Rn. 919, 922). Noch ist aber in der Praxis die Anknüpfung nach dem Territorialitätsprinzip vorherrschend (Schack 2013, Rn. 911).

Dessen ungeachtet bleibt es dabei, dass sich Frage, ob an einem bestimmten Werk, etwa einer Fotografie, überhaupt ein Urheberrecht besteht, wer erster Inhaber ist bzw. war und ob dieses Recht übertragbar ist nach einem anderen Recht richten kann, als demjenigen, das für den Vertrag zwischen Verkäufer und Portalanbieter maßgeblich ist. Letzteres können die Parteien wählen; ersteres ist (noch) an das Land gebunden, für das Schutz beansprucht wird.

3.5.4.2 Zweckübertragungslehre

Der vertraglichen Ebene zugehörig ist die Frage, inwieweit ein grundsätzlich übertragbares Recht tatsächlich übertragen worden ist. Im deutschen Recht hilft bei unklaren Regelungen der Parteien die in § 31 Abs. 5 UrhG verankerte Zweckübertragungslehre (Schack 2013, Rn. 615). Sie besagt im Wesentlichen, dass Nutzungsrechte im Zweifel nur insoweit als übertragen gelten, als dies für die Erfüllung der zwischen dem Urheber als Übertragendem und dem Erwerber des Nutzungsrechts geschlossen Vereinbarung erforderlich ist Schack 2013, Rn. 615). Dies soll den Urheber vor einer unbedachten Entäußerung seiner Rechte schützen (Schack 2013, Rn. 615).

Für den eingangs angesprochenen Beispielsfall bedeutet das folgendes: Im Verhältnis zwischen dem Verkäufer eines Produktes und dem Fotografen, der es fotografiert hat, lässt sich bei unklarer oder fehlender Vertragsregelung eine Einräumung von Nutzungsrechten nur insoweit annehmen, als dies der Zweck der Vereinbarung rechtfertigt. Die Rechte betreffend zum Zeitpunkt des Vertragsschlusses unberücksichtigt gebliebener Nutzungsarten verbleiben beim Urheber. Wird also ein Foto für die Printausgabe einer hausinternen Mitarbeiterbroschüre in einem Unternehmen gemacht, schließt die entsprechende Vereinbarung mit dem Fotografen regelmäßig nicht auch die Verwendung des Fotos für den Onlineauftritt des Unternehmens zu Werbezwecken mit ein.

Der Haken bei der Sache ist: Die Zweckübertragungslehre gilt nur im Verhältnis zwischen dem Urheber und seinem Vertragspartner, in dem Beispielsfall dem Anbieter von Waren und Dienstleistungen. Sie gilt jedoch nicht im Verhältnis zwischen dem Anbieter und dem Portalbetreiber, sofern der Anbieter nicht zugleich selbst Urheber des Fotomaterials ist. Daraus folgt, dass die durch die Nutzungsbedingungen des Portalbetreibers definierten Nutzungsrechte keinerlei Einschränkungen durch die Zweckübertragungslehre unterliegen.

Die daraus zu ziehende Konsequenz für die Vertragsgestaltung aus Sicht des Anbieters lautet demnach, dass die Nutzungsrechtseinräumung in der Vereinbarung mit dem Urheber so umfassend und so konkret wie möglich zu formulieren ist. Insbesondere ist, zumal bei etwaiger Nutzung von Internetportalen, die Nutzung zu Werbezwecken im Internet, einschließlich der Nutzung in Online-Medien und der Einspeisung in Datenbanken, ausdrücklich in die Regelung zur Einräumung von Nutzungsrechten aufzunehmen.

Umgekehrt ist dem Urheber anzuraten, entweder die einzuräumenden Rechte möglichst begrenzt zu halten und so konkret wie nur möglich zu bezeichnen, oder aber in die verlangte Vergütung sonstige, noch nicht konkret erfasste Nutzungsarten von vornherein mit einzukalkulieren. Der Anspruch des Urhebers auf eine angemessene Vergütung ist gesetzlich abgesichert, § 11 S. 2 UrhG.

3.5.4.3 AGB-Kontrolle

Bei Geltung des deutschen Rechts könnte die Frage der Reichweite eingeräumter Nutzungsrechte unter dem Blickwinkel der Zweckübertragungslehre wie auch der angemessenen Vergütung des Urhebers in Fällen der eingangs geschilderten Art noch in einem anderen Zusammenhang relevant werden: der Inhaltskontrolle von Allgemeinen Geschäftsbedingungen. Allgemeine Geschäftsbedingungen sind nach der Vorstellung des Gesetzgebers solche Vertragsklauseln, die der Verwender für eine Vielzahl von Verträgen vorformuliert hat und der anderen Vertragspartei „bei Abschluss eines Vertrages stellt"[51]. Die vorstehende Definition offenbart zugleich die Notwendigkeit der gesetzlichen Kontrolle der solcherart in den Vertrag eingebrachten Klauseln: Derjenige, der die Klauseln für eine Vielzahl von gleichartigen Verträgen vorformuliert hat, hat nicht zuletzt aufgrund des damit verbundenen Zeit- und Wissensvorsprungs eine ganz andere Gestaltungsmacht hinsichtlich des Vertrages – und damit auch eine viel bessere Gelegenheit, seine Vertragsziele durchzusetzen, als der nur einen derartigen Vertrag abschließende Vertragspartner.

Zum Schutz des Vertragspartners hat der Gesetzgeber deshalb detaillierte Regelungen geschaffen, deren Kernelemente sich in den §§ 307, 308 und 309 BGB finden. In den §§ 308 und 309 BGB finden sich ausführliche Auflistungen bestimmter, häufig in AGB verwandter Klauselinhalte, wobei die in § 309 BGB genannten Klauseln *per se*, d. h. ohne weitere Wertung des Gerichts in Verträgen unwirksam sind. Demgegenüber steht dem Gericht hinsichtlich der § 308 BGB aufgelisteten Klauseln ein Wertungsspielraum zu. Grundsätzlich sind diese Klauseln unwirksam, doch kann das Gericht im Einzelfall auch zu einer anderen Wertung kommen. § 307 BGB schließlich enthält eine Generalklausel, wonach solche Allgemeinen Geschäftsbedingungen unwirksam sind, die „den Vertragspartner des Verwenders entgegen den Geboten von Treu und Glauben unangemessen benachteiligen". Eine solche Benachteiligung, so ergibt sich aus § 307 Abs. 2 BGB, ist insbesondere dann anzunehmen, wenn entweder die betreffende Regelung mit dem Kern der gesetzlichen Regelung, von der abgewichen wird, unvereinbar ist oder aber im Ergebnis die Kernelemente des Betreffenden so beschnitten werden, „dass die Erreichung des Vertragszwecks gefährdet ist". § 307 BGB enthält in Absatz 1, S. 2 ferner das Transparenzgebot, wonach eine Bestimmung auch dann eine unangemessene Benachteiligung darstellen kann, wenn sie nur der Klarheit und Verständlichkeit entbehrt. Als Unterfall des Transparenzgebotes nimmt die Rechtsprechung sogar ein Bestimmtheitsgebot an, wonach Tatbestand und Rechtsfolgen Allgemeiner Geschäftsbedingungen so klar gefasst sein müssen, dass dem Verwender bei der Anwendung „keine ungerechtfertigten Beurteilungsspielräume entstehen"[52].

Fällt also eine Klausel weder unter § 309 BGB noch § 308 BGB, so ist sie immer noch anhand von § 307 BGB zu überprüfen. Hiervon machen die Gerichte rege Gebrauch. Die dabei anzustellende Prüfung ist im übrigen nicht auf Verbraucherverträge beschränkt. Zwar heißt es in § 310 Abs. 1 S. 1 BGB, dass die §§ 308 und 309 BGB keine Anwendung auf Allgemeine Geschäftsbedingungen, die gegenüber Unternehmen, juristischen Personen des öffentlichen Rechts oder öffentlich-rechtlichen Sondervermögen verwandt werden. Wie der nachfolgende Satz klarstellt, findet dafür aber § 307 BGB auch auf Verträge zwischen Unternehmen und den anderen genannten Entitäten Anwendung, wobei in

---

[51] § 305 Abs. 1 S. 1 BGB.
[52] BGH, Urteil vom 31. Mai 2012, Az. I ZR 73/10, Rn. 34 m.w.N., zitiert nach juris.

dessen Rahmen dann die in den §§ 308 und 309 BGB als unwirksam genannten Klauseln auch im unternehmerischen Verkehr zu beachten sind.

Das eröffnet die Möglichkeit, sowohl die Zweckübertragungslehre als auch den Grundsatz der angemessenen Urhebervergütung über § 307 BGB zum Maßstab der Inhaltskontrolle weit formulierter Übertragungsregelungen und unklarer Vergütungsregelungen in den Allgemeinen Geschäftsbedingungen großer Internetportale aber auch anderer großer Verwerter, etwa von Verlagen, zu machen.

Der BGH hat allerdings kürzlich klargestellt, dass es ganz so einfach dann doch nicht geht[53]. Die Zweckübertragungslehre erfülle als Auslegungsregel andere Funktionen, aufgrund derer sie nicht als Grundgedanke dispositiven Gesetzesrechts im Sinne von § 307 BGB herangezogen werden könne[54]. Ferner führte er aus, dass sich § 307 BGB auch nicht als Maßstab einer unmittelbaren Preiskontrolle eigne[55].

Dennoch lässt der BGH die Urheber nicht im Regen stehen: Das Transparenz- und Bestimmtheitsgebot des § 307 BGB hält er sehr wohl für anwendbar und ließ daran dann im zu entscheidenden Fall bestimmte Nutzungsrechtseinräumungen[56] und Preisbestimmungen[57] scheitern.

Dies verdeutlicht nicht nur, welche Bedeutung einer eindeutigen, präzisen Regelung hinsichtlich der zu übertragenden Rechte und der entsprechenden Vergütung zukommt, sondern auch, dass eine klare Formulierung im wohlverstandenen Interesse beider Parteien, als des Nutzers ebenso wie des Urhebers liegt.

Letzten Endes handelt es sich dabei um nichts anderes als die Folgerung aus der zu Beginn dieses Beitrages geforderten klaren Bestimmung der eigenen Interessen und ihrer juristisch korrekten Formulierung als Grundbedingungen eines wirtschaftlich tragfähigen Vertragsschlusses.

Literatur

Beisel D, Andreas FE (Hrsg) (2010) Due Diligence, 2. Aufl. München
Fezer K-H (Hrsg) (2012) Handbuch der Markenpraxis, 2. Aufl. München
Flume W (1992) Allgemeiner Teil des Bürgerlichen Rechts, Bd 2, 4. Aufl. Wien
Fontaine M, De Ly F (2006) Drafting international contracts: an analysis of contract clauses. Ardsley
Halfmeier A (2006) Popularklagen im Privatrecht: Zugleich ein Beitrag zur Theorie der Verbandsklage. Tübingen
Heussen B (Hrsg) (2002) Anwalts checkbuch letter of intent. Köln

---

[53] BGH, Urteil vom 31. Mai 2012, I ZR 73/10.
[54] BGH, a. a. O., Rn. 16 ff.
[55] BGH, a. a. O., Rn. 25 ff.
[56] BGH, a. a. O., Rn. 44 ff.
[57] BGH, a. a. O., Rn. 35 ff.

Rauscher-Staudinger, Europäisches Zivilprozess- und Kollisionsrecht, Brüssel I-VO, München 2011, Einl Brüssel I-VO

Krüger W, Rauscher T (Hrsg) (2013) Münchener Kommentar zur Zivilprozessordnung mit Gerichtsverfassungsgesetz und Nebengesetzen, Bd 3: §§ 1025–1109, EGZPO, GVG, EGGVG, UKlaG, Internationales und Europäisches Zivilprozessrecht, 4. Aufl. (zitiert als: MünchKomm-Bearbeiter, ZPO)

Rixecker R, Säcker FJ (Hrsg) (2010) Münchener Kommentar zum Bürgerlichen Gesetzbuch, Bd 11: Internationales Privatrecht, Internationales Wirtschaftsrecht, Einführungsgesetz zum Bürgerlichen Gesetzbuche (Art. 25–248), 5. Aufl. München (zitiert als: MünchKomm-Bearbeiter, BGB)

Schack H (2013) Urheber- und Urhebervertragsrecht, 6. Aufl. Tübingen

Schilf S (2009) Verpasste Abkehr vom Vollmachtserfordernis – Anmerkung zum Schiedsspruch des Internationalen Schiedsgerichts der Wirtschaftskammer Österreich vom 1. März 2007 – SCH 4982, Internationales Handelsrecht, IHR 4/2009, S 154–160

Schilf S (2013) Römische IPR-Verordnungen – kein Korsett für internationale Schiedsgerichte, Recht der Internationalen Wirtschaft (RIW, erscheint demnächst)

Smith A (2001) Der Wohlstand der Nationen, 9. Aufl. der deutschen Übersetzung (auf Grundlage der 5. Aufl. London 1789). München

Zöller R (Begr.) (2012) Zivilprozessordnung mit FamFG (§§ 1–185, 200–270, 433–484) und Gerichtsverfassungsgesetz, den Einführungsgesetzen, mit Internationalem Zivilprozessrecht, EU-Verordnungen, Kostenanmerkungen – Kommentar, 29. Aufl. Köln

Wertorientiertes Innovations- und Wissensmanagement

4

Ulrich Moser

Inhaltsverzeichnis

4.1	Einführung	143
4.2	Grundlagen der Bewertung immaterieller Vermögenswerte	144
	4.2.1 Überblick	144
	4.2.2 Anwendungsfälle der Bewertung immaterieller Vermögenswerte	144
	4.2.3 Immaterielle Vermögenswerte als Bewertungsobjekte	145
	4.2.4 Grundlegende Bewertungsansätze	152
	4.2.5 Vorgehen bei der Bewertung immaterieller Vermögenswerte	158
4.3	Fallbeispiel	220
	4.3.1 Einleitung	220
	4.3.2 Ausgangsdaten der Untersuchung	220
	4.3.3 Ableitung des Entity Value der Beispiel GmbH	222
	4.3.4 Bestimmung der beizulegenden Zeitwerte der Vermögenswerte der Beispiel GmbH	224
	4.3.5 Zusammensetzung von Entity Value und Goodwill der Beispiel GmbH	252
Literatur		260

4.1 Einführung

Wertorientiertes Innovations- und Wissensmanagement zielt auf die Steigerung des Wertes eines Unternehmens durch Nutzung der diesem gegenwärtig verfügbaren wissensbasierten Ressourcen sowie Schaffung zukünftig erforderlicher wissensbasierter Ressourcen, d. h. durch Steuerung des gegenwärtig und zukünftig im Unternehmen verfügbaren Wissens. Aus diesem Grund baut wertorientiertes Innovations- und Wissensmanagements auf

U. Moser (✉)
Fakultät Wirtschaft-Logistik-Verkehr,
Fachhochschule Erfurt, Steinplatz 2, 99085 Erfurt, Deutschland
E-Mail: ulrich.moser@fh-erfurt.de

der Erfassung der Wertbeiträge dieser gegenwärtigen und zukünftigen Ressourcen zum Unternehmenswert auf. Im Folgenden werden zunächst die Grundlagen der Bewertung immaterieller Werte dargelegt (Abschn. 4.2). Sodann wird die Bewertung der immateriellen Werte eines Unternehmens für Zwecke des Innovations- und Wissensmanagements anhand eines aus der Praxis stammenden Fallbeispiels erläutert (Abschn. 4.3).

4.2 Grundlagen der Bewertung immaterieller Vermögenswerte

4.2.1 Überblick

Voraussetzung einer jeden Bewertung ist die Kenntnis des Bewertungsanlasses, die eindeutige Abgrenzung des Bewertungsobjekts sowie ein grundlegendes Verständnis der anzuwendenden Bewertungsmethodik. Im Folgenden wird, obwohl im Zentrum der Betrachtungen die Bewertung für Zwecke des Innovations- und Wissensmanagements steht, zunächst ein kurzer Überblick über mögliche Anwendungsfälle der Bewertung immaterieller Vermögens gegeben (Abschn. 4.2.2). Hieran anschließend werden immaterielle Vermögenswerte als Bewertungsobjekte betrachtet (Abschn. 4.2.3) und die grundlegenden Bewertungskonzepte vorgestellt (Abschn. 4.2.4). Auf dieser Grundlage wird sodann das Vorgehen bei der Bewertung immaterieller Vermögenswerte dargelegt (Abschn. 4.2.5).

4.2.2 Anwendungsfälle der Bewertung immaterieller Vermögenswerte

Immaterielle Vermögenswerte werden regelmäßig aus unterschiedlichen Gründen bewertet, wobei insbesondere zwischen transaktionsbezogenen und nicht transaktionsbezogenen Anwendungsfällen unterschieden werden kann. Der ersten Gruppe, den transaktionsbezogenen Bewertungsanlässen, ist die Ermittlung von Preisober- bzw. Preisuntergrenze von Käufer bzw. Verkäufer (Grenzpreise) zur Vorbereitung von Kaufpreisverhandlungen zuzuordnen. Grenzpreise sind jedoch nicht nur bei Kauf bzw. Verkauf des Bewertungsobjekts, sondern beispielsweise auch beim Eingehen von strategischen Partnerschaften oder der Ein- bzw. Auslizenzierung von Intellectual Property zu bestimmen.

In diese Gruppe von Bewertungsanlässen fallen auch Bewertungen immaterieller Vermögenswerte für Rechnungslegungszwecke, wobei der Abbildung von Unternehmenszusammenschlüssen nach IFRS 3, ASC 805 und § 301 HGB sowie DRS 12 – neben der Erfassung von Wertminderungen, z. B. nach IAS 36 – wohl die größte Bedeutung zukommt. Die Bedeutung dieses Bewertungsanlasses spiegelt sich auch in den Prüfungsschwerpunkten der Deutschen Prüfstelle für Rechnungslegung DPR e. V., Berlin, wider, die seit 2007 jedes Jahr Kaufpreisallokation und/oder Überprüfung der Werthaltigkeit beinhalten (siehe hierzu http://www.frep.info/pruefverfahren/pruefungsschwerpunkte.php).[1]

---

[1] Vgl. DPR (2011), DPR (2010), DPR (2009), DPR (2008) sowie DPR (2007).

Den transaktionsbezogen Anwendungsfällen sind außerdem Bewertungen immaterieller Vermögenswerte im Rahmen gesellschaftsrechtlicher Gestaltungen sowie steuerrechtlicher Umstrukturierungen zuzurechnen. Bei diesen Anlässen kann u. a. eine Bewertung zur Beurteilung der Werthaltigkeit einer Sacheinlage durch gesellschaftrechtliche Vorschriften (z. B. §§ 33, 183 AktG) vorgeschrieben oder der Nachweis von at arm's length-Bedingungen geboten sein. Ein weiterer transaktionsbezogener Bewertungsanlass betrifft schließlich Finanzierungstransaktionen, bei denen etwa ein Beleihungswert zu bestimmen sein kann.

Bei den nicht transaktionsbezogenen Anwendungsfällen kommt Bewertungen immaterieller Vermögenswerte – etwa von Technologien oder Marken – vor allem im Rahmen des Portfolio-Managements eines Unternehmens eine besondere Bedeutung zu: Die strategische Planung[2] eines Unternehmens bestimmt die Zusammensetzung von dessen Geschäftsfeld-Portfolio, die Entwicklung der einzelnen strategischen Geschäftsfelder sowie die Entwicklung und Nutzung der Potenziale zur Umsetzung der Strategien. Auf diese Weise leitet sich beispielsweise die Technologie-Strategie eines Unternehmens aus der Unternehmensstrategie ab.[3] Strategische Planung in diesem Sinne stellt sich somit als komplexes Portfolio-Management dar, das das Geschäftsfeld-Portfolio, aber auch die Portfolios der Vermögenswerte des Unternehmens, also z. B. das Patent- oder Marken-Portfolio, umfasst. Folgt das Unternehmen dem Leitbild der Unternehmenswertsteigerung,[4] sollte auch das Portfolio Management auf Wertüberlegungen und damit auf der Bewertung immaterieller Vermögenswerte aufbauen. In diesen Zusammenhang ist die Bewertung immaterieller Vermögenswerte im Rahmen des Innovationsmanagements einzuordnen.

Den nicht transaktionsbezogenen Bewertungsanlässen sind schließlich auch die Fälle zuzuordnen, in denen Bewertungen immaterieller Vermögenswerte zu Kommunikationszwecken durchgeführt werden. Zum einen geht es um die Darstellung der Wertgenerierung innerhalb des Unternehmens, etwa des Forschungs- und Entwicklungsbereichs an die Geschäftsleitung oder der Geschäftsleitung an ein Aufsichtsorgan. Zum anderen ist die Kommunikation der Wertschaffung an Adressaten außerhalb des Unternehmens, vor allem an den Kapitalmarkt angesprochen.[5]

4.2.3 Immaterielle Vermögenswerte als Bewertungsobjekte

4.2.3.1 Ausgangsüberlegungen

Ein Unternehmen verfügt typischerweise über ein individuelles „Portfolio"[6] von materiellen und immateriellen Vermögenswerten. Dieses ist vor allem durch die Geschäftstätigkeit,

---

[2] Siehe zum Folgenden auch Bea und Haas (2005), S. 166 ff.

[3] Zum Zusammenhang zwischen Unternehmens-, Forschungs- und Entwicklungs- sowie Patentstrategie siehe Wijk (2001), S. 25 ff. Grundsätzliche Überlegungen hierzu finden sich bei Germeraad et al. (2003), S. 120 ff.

[4] Den Zusammenhang zwischen wertorientierter Steuerung und IFRS-Rechnungslegung sprechen auch an Castedello und Beyer (2009), S. 152 ff.

[5] In diesem Zusammenhang ist auf das Value Reporting zu verweisen. Siehe hierzu z. B. bei Wolf (2004), S. 420 ff.

[6] Auf den Ausdruck „Portfolio" wird unter Abschn. 4.2.5.2.2 eingegangen.

insbesondere die Branche, in der das Unternehmen tätig ist, und durch dessen Geschäftsmodell geprägt. Beispielsweise kommt bei Unternehmen, die im Bereich Food & Beverage tätig sind, oftmals Marken eine große Bedeutung zu. Dies gilt jedoch dann nicht, wenn das Unternehmen ausschließlich für Handelsmarken (Private Label) produziert; in diesem Fall sind regelmäßig die Kundenbeziehungen bedeutsam. Das Portfolio immaterieller Vermögenswerte von Unternehmen, die etwa in einer Technologiebranche tätig sind, sieht demgegenüber völlig anders aus.

Im Vorfeld einer Bewertung immaterieller Vermögenswerte kommt der Identifikation dieser Vermögenswerte regelmäßig eine besondere Bedeutung zu. Ausgehend von dem dargelegten Verständnis eines Unternehmens als individuelles Portfolio der diesem zugeordneten Vermögenswerte erfordert diese ein umfassendes Verständnis der Geschäftstätigkeit und des Geschäftsmodells des betrachteten Unternehmens. Im Schrifttum wird dementsprechend darauf hingewiesen, dass zur Identifikation immaterieller Vermögenswerte ein Verständnis des Geschäftsmodells[7] zu erlangen ist und Werttreiberanalysen, denen mehr oder weniger umfangreiche Unternehmens- und Umweltanalysen zugrunde zu legen sind, durchzuführen sind.[8] Abgesehen davon, dass ganz überwiegend[9] nicht erläutert wird, was in diesem Zusammenhang unter einem Werttreiber zu verstehen ist, bietet sich für die Identifikation immaterieller Vermögenswerte ein anderer Ansatzpunkt an: Immaterielle Vermögenswerte sind dadurch gekennzeichnet, dass deren Nutzung einem Unternehmen grundsätzlich Wettbewerbsvorteile verschaffen soll.

Im Folgenden wird zunächst ein Überblick über typische immaterielle Vermögenswerte gegeben (Abschn. 4.2.3.2). Sodann wird der Zusammenhang zwischen immateriellen Vermögenswerten und der Erzielung von Wettbewerbsvorteilen betrachtet (Abschn. 4.2.3.3) und daran anknüpfend das Vorgehen bei der Identifikation im konkreten Anwendungsfall erläutert (Abschn. 4.2.3.4).

4.2.3.2 Überblick über typische immaterielle Vermögenswerte

Im Schrifttum werden verschiedene Kategorisierungen immaterieller Vermögenswerte[10] vorgeschlagen. Besonders hervorzuheben ist eine Einteilung, von der der Arbeitskreis „Immaterielle Werte im Rechnungswesen" der Schmalenbach-Gesellschaft für Betriebswirtschaft e.V.[11] ausgeht (Abb. 4.1). Diese zeichnet sich vor allem dadurch aus, dass sie verdeutlicht, dass sich immaterielle Werte ganz überwiegend auf alle Bereiche eines Unternehmens erstrecken. Für die Identifikation immaterieller Vermögenswerte bedeutet dies, dass alle Unternehmensbereiche in die Analyse einzubeziehen sind.

---

[7] Vgl. z. B. IDW RS HFA 16 Tz. 44.

[8] So etwa Beyer (2008), S. 159; Zelger (2008), S. 124.

[9] Anders wohl Mackenstedt et al. (2006), S. 1038.

[10] Zu immateriellen Vermögenswerten in der Betriebswirtschaftslehre siehe z. B. auch Möller und Gamerschlag (2009), S. 3 ff.

[11] Schmalenbach-Gesellschaft (2001), S. 990 f.; siehe hierzu auch Haller (2009), S. 23 ff.

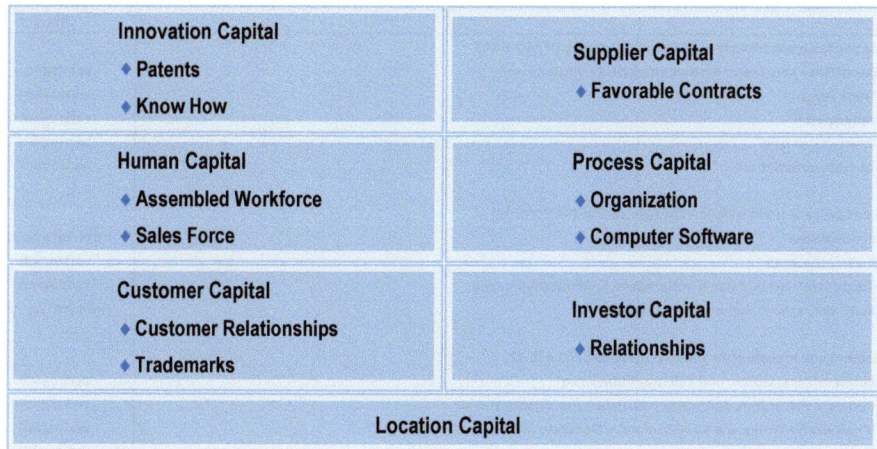

Abb. 4.1 Einteilung immaterieller Werte nach Arbeitskreis „Immaterielle Werte im Rechnungswesen" der Schmalenbach-Gesellschaft

Eine andere Einteilung immaterieller Vermögenswerte, deren Heranziehung sich für Zwecke der bilanziellen Abbildung von Unternehmenszusammenschlüssen anbietet und die den weiteren Ausführungen zugrunde gelegt wird, ergibt sich aus den Illustrative Examples zu IFRS 3[12] (Abb. 4.2). Eine ähnliche, jedoch weiterführende Kategorisierung, die u. a. goodwill-bezogene immaterielle Vermögenswerte einbezieht, nennen Reilly/Schweihs.[13] Darüber hinaus werden in einigen Beiträgen im Schrifttum[14] mehr oder weniger ausführliche Kataloge immaterieller Vermögenswerte aufgeführt.[15]

In der Praxis werden oftmals nach Branchen spezifizierte Zusammenstellungen immaterieller Vermögenswerte als Ausgangspunkt der Identifikation gewählt. Derartige Zusammenstellungen können etwa vorliegenden Auswertungen veröffentlichter Kaufpreisallokationen[16] entnommen werden. Diese Vorgehensweise zur Identifikation immaterieller Vermögenswerte wird auch als „indirekte Vorgehensweise" bezeichnet.[17]

In diesem Zusammenhang sind vor allem auch die Untersuchungen von *RoyaltySource®* zu beachten, die unter www.royaltysource.com als *PPA BenchMarks*™ bezogen werden

---

[12] IFRS 3.IE18–IE44.
[13] Vgl. Reilly und Schweihs (1999), S. 19 f.
[14] Z. B. Anson und Suchy (2005), S. 11 ff.
[15] Zu den verschiedenen Arten geistigen Eigentums siehe Goddar (1995), S. 357–360.
[16] Siehe hierzu z. B. BVR (2012); Houlihan und Lokey (2012); Ernst & Young (2009); KPMG (2009). In diesem Zusammenhang ist insbesondere auch die Untersuchung von Günther und Ott (2008), S. 917 ff., zu beachten.
[17] So etwa Schmalenbach-Gesellschaft (2009) S. 9 f., die zutreffend darauf hinweist, dass diese Vorgehensweise lediglich „als erster Einstieg und zur Vervollständigung und Kontrolle" herangezogen werden sollte.

	Basis
A. Marketingbezogene Immaterielle Vermögenswerte (IFRS 3 IE18)	
Handelsmarken, Dienstleistungsmarken, Zertifizierungen	vertraglich
Trade dress	vertraglich
Zeitungstitel	vertraglich
Internet Domains	vertraglich
Wettbewerbsverbote	vertraglich
B. Kundenbezogene Immaterielle Vermögenswerte (IFRS 3 IE 23)	
Kundenlisten	nicht vertraglich
Auftragsbestand	vertraglich
Kundenverträge und damit verbundene Kundenbeziehungen	vertraglich
Nicht vertragliche Kundenbeziehungen	nicht vertraglich
C. Kunstbezogene Immaterielle Vermögenswerte (IFRS 3 IE 32)	
Bühnenstücke, Opern und Ballettaufführungen	vertraglich
Bücher, Zeitschriften, Zeitungen und andere literarische Werke	vertraglich
Musikalische Werke wie Kompositionen, Liedtexte und Werbemelodien	vertraglich
Bilder und Fotografien	vertraglich
Videos und audiovisuelles Material, einschließlich Filme, Musikvideos und Fernsehprogramme	vertraglich
D. Vertragliche Immaterielle Vermögenswerte (IFRS 3 IE 34)	
Lizenzverträge, Stillhalteabkommen	vertraglich
Werbe-, Bau-, Management-, Service- oder Lieferverträge	vertraglich
Miet-, Pachtverträge	vertraglich
Baugenehmigungen	vertraglich
Franchise-Verträge	vertraglich
Betreiber- und Senderechte	vertraglich
Service-Verträge	vertraglich
Arbeitsverträge	vertraglich
Nutzungsrechte wie Bohrrechte, Wasser-, Luft- und Straßennutzungsrechte	vertraglich
E. Technologiebezogene Immaterielle Vermögensverluste (IFRS 3 IE 39)	
Patentierte Technologien	vertraglich
Computer-Software	vertraglich
Nicht patentierte Technologien	nicht vertraglich
Datenbanken	nicht vertraglich
Betriebs- und Geschäftsgeheimnisse wie geheime Formeln, Prozesse oder Rezepte	vertraglich

Abb. 4.2 Einteilung immaterieller Vermögenswerte nach IFRS 3

können. Abbildung 4.3 führt ein Beispiel für einen *PPA BenchMarks*™ *Summary Report* und eine *PPA BenchMarks*™ *Summary Report Ratio Analysis* nebst den dazugehörigen Erläuterungen an. Der *PPA BenchMarks*™ *Summary Report* geht von den aggregierten USD-Beträge der einbezogenen Akquisitionen aus und gewichtet damit die Unternehmenszusammenschlüsse unter Zugrundelegung von deren Größenordnung, wohingegen dieser Effekt bei der *PPA BenchMarks*™ *Summary Report Ratio Analysis* bereinigt ist.

4.2.3.3 Wettbewerbsvorteile durch Nutzung immaterieller Vermögenswerte

Wettbewerbsvorteile lassen sich nach Porter[18] in zwei Grundtypen einteilen: niedrige Kosten und Differenzierung, wobei beide Vorteile relativ, also im Vergleich zu den Wett-

---

[18] Vgl. Porter (1992), insbesondere S. 31 f.

RoyaltySource®
PPA BenchMarks™ Summary Report Ratio Analysis

SIC Description	Agricultural Chemicals			
SIC Code	287			
Reported Number of Acquisitions	3			

Purchase Price Allocation

		% Average	% Median	% High	% Low
Tangible Assets					
	Current Assets	21.95	21.59	30.79	13.46
	Tangible Assets	39.62	27.63	76.80	14.43
	Other Assets	17.35	4.73	47.33	0.00
	Total Tangible Assets	**78.92**			
Intangible Assets					
	Technology Intangibles	6.48	0.00	19.44	0.00
	Customer Intangibles	3.70	3.45	7.66	0.00
	Non-Compete	3.25	0.00	9.74	0.00
	In-Process R&D	3.15	0.00	9.46	0.00
	Trademarks	1.43	0.00	4.30	0.00
	Total Intangible Assets	**18.02**			
Goodwill					
	Goodwill	3.06	0.00	9.18	0.00
	Total Goodwill	**3.06**			
Total Assets Acquired		**100.00**			

This information was gathered is from the U.S. Securities and Exchange Commission EDGAR Filings and other public records. While we believe the sources to be reliable, this does not guarantee the accuracy or completeness of the information provided. Further, the information is supplied as general guidance and is not intended to represent or be a substitute for a detailed analysis or professional judgment. This information is for private use only and may not be resold or reproduced without permission.

Abb. 4.3a PPA BenchMarks™ Summary Report Ratio Analysis

bewerbern eines betrachteten Unternehmens zu sehen sind. Niedrige Kosten können beispielsweise aus der Anwendung eines speziellen, nicht patentgeschützten Produktionsverfahrens oder einer effizienten Steuerung der Produktion resultieren, aber auch in einer niedrigen Ausschussquote zum Ausdruck kommen. Klassische Differenzierungsvorteile weisen etwa Konsumgüterprodukte auf, die unter einer bekannten Marke verkauft werden, oder Produkte, deren besondere Eigenschaften durch Patente geschützt sind. Differenzierungsvorteile können jedoch auch durch den charakteristischen Geschmack von Lebensmitteln, eine hochwertige Produktqualität oder kurze Lieferzeiten aufgrund niedriger Auftragsdurchlaufzeiten erzielt werden.

Die Beispiele zeigen, dass Wettbewerbsvorteilen zwar nicht zwingend, jedoch oftmals immaterielle Vermögenswerte zugrunde liegen. Bei Marken, Patenten, nicht patentgeschützten Technologien (Betriebsgeheimnissen), wie z. B. Produktionsverfahren, sowie Rezepturen, die den Geschmack von Lebensmitteln bestimmen, ist dies offensichtlich. In

RoyaltySource®
PPA BenchMarks™ Summary Report

SIC Description	Agricultural Chemicals			
SIC Code	287			
Reported Number of Acquisitions	3			
Purchase Price Allocation		$ Fair Value	% Total Assets	Useful Life
Tangible Assets				
	Current Assets	749,233,000	29.13	0-0
	Tangible Assets	434,976,000	16.91	0-0
	Other Assets	313,300,000	12.18	0-0
	Total Tangible Assets	1,497,509,000	58.22	
Intangible Assets				
	Technology Intangibles	411,000,000	15.98	4-30
	Customer Intangibles	177,550,000	6.9	7-15
	Non-Compete	691,000	0.03	0-0
	In-Process R&D	200,000,000	7.78	0-0
	Trademarks	91,000,000	3.54	4-30
	Total Intangible Assets	880,241,000	34.23	
Goodwill	Goodwill	194,000,000	7.54	0-0
	Total Goodwill	194,000,000	7.54	
Total Assets Acquired		2,571,750,000	100.00	

This information was gathered is from the U.S. Securities and Exchange Commission EDGAR Filings and other public records. While we believe the sources to be reliable, this does not guarantee the accuracy or completeness of the information provided. Further, the inform ation is supplied as general guidance and is not intended to represent or be a substitute for a detailed analysis or professional judgment. This information is for private use only and may not be resold or reproduced without permission.

Abb. 4.3b PPA BenchMarks™ Summary Report

den anderen genannten Fällen – niedrige Ausschussquoten, hochwertige Produktqualität und kurze Lieferzeiten – können die Wettbewerbsvorteile auf Prozessen basieren, die möglicherweise Know-how verkörpern. Im Falle der effizienten Steuerung der Produktion kann der zugrunde liegende Prozess zudem mittels einer Software umgesetzt sein.

Damit ist ersichtlich, dass der Analyse der Wettbewerbsvorteile eines Unternehmens bei der Identifikation von dessen immateriellen Vermögenswerten eine besondere Bedeutung zuzumessen ist.

4.2.3.4 Vorgehen bei der Identifikation immaterieller Vermögenswerte

Wettbewerbsvorteile finden typischerweise ihren Niederschlag in der Gewinnspanne eines Unternehmens.[19] Dementsprechend stellt sich regelmäßig ein erstes, überschlägiges Bild der immateriellen Vermögenswerte, die ein Unternehmen prägen, zumeist schon bei der

---

[19] Ausführlich hierzu Porter (1992), S. 63 ff., insbes. S. 64.

RoyaltySource®
PPA BenchMarks™ Summary Report

SIC Description	Agricultural Chemicals
SIC Code	287
Reported Number of Acquisitions	3

Notes:

Fair Value

The benchmark report sums the values gathered from all the reported acquisitions within the three digit SIC Code. For some allocations, the reported intangible asset value is a combination of assets, such as customer base and trademark. When this was observed, we included that reported value as "Other Intangibles" in our benchmark reports.

Useful Life

When available, we report the useful lives assigned to the assets acquired. In some cases, the useful lives are reported in months. We have chosen to represent the monthly data in the following manner:

1 month = 0.1
2 months = 0.2
3 months = 0.3 .... 11 months = .11

For example, if the useful life is estimated at 27 months we would report two years and three months as 2.3.

The useful life is gathered by asset category from all the reported acquisitions within the three digit SIC Code and the low/high range is included in the summary.

Abb. 4.3c Erläuterungen zum PPA BenchMarks™ Summary Report

Analyse von dessen Ergebnisrechnung bzw. der Ableitung des Free Cashflow[20] ein. Die dabei anzuwendende Vorgehensweise entspricht im Grundsatz den Überlegungen, die bei der Untersuchung des Einkommensbeitrags eines immateriellen Vermögenswerts zum Gesamteinkommen des betrachteten Unternehmens anzuwenden sind.[21]

Ein auf diese Weise erlangtes erstes und vorläufiges Verständnis der immateriellen Vermögenswerte des betrachteten Unternehmens ist sodann durch eine systematische Analyse von dessen Wettbewerbsvorteilen weiter zu konkretisieren. Hierzu kommen verschiedene Instrumente in Betracht, insbesondere Potenzialanalysen,[22] etwa die Wertkettenanalyse von Porter[23] bzw. die Analyse branchenspezifischer Wertketten. Mittels derartiger Analysen können auch immaterielle Vermögenswerte identifiziert werden, mit denen keine Wettbewerbsvorteile verbunden sind, deren Nutzung jedoch Voraussetzung für die Ausübung der Geschäftstätigkeit ist; dies ist oftmals bei Software zu beobachten. Darüber hinaus bietet es sich – angesichts der Einbindung der Wertkette in die Branchenstruktur – an, eine Branchenstrukturanalyse[24] durchzuführen. Die zuletzt genannte Untersuchung führt regelmäßig zu Erkenntnissen, auf die insbesondere bei der Analyse und Bewertung von Kundenbeziehung zurückzugreifen ist.

---

[20] Der Ansatz an der Free Cashflow-Ermittlung anstelle der Ergebnisrechnung folgt den Untersuchungen von Rappaport (1995), S. 83 ff.

[21] Siehe hierzu unter Abschn. 4.2.5.3.2.

[22] Siehe hierzu z. B. Bea und Haas (2005), S. 111 ff.

[23] Siehe im Einzelnen Porter (1992), S. 59 ff.

[24] Siehe hierzu Porter (2008), S. 35 ff.

Neben den dargestellten Untersuchungen sind selbstverständlich alle verfügbaren Informationen in die Identifikation einzubeziehen. Beispielsweise können sich im Einzelfall Hinweise auf mögliche immaterielle Vermögenswerte auch aus Akquisitionsmotiven ergeben, die – im konkreten Fall – etwa in dem gezielten Erwerb eines bestimmten immateriellen Vermögenswerts, z. B. einer Technologie, einer Marke oder einer Kundenbeziehung, liegen können.[25]

4.2.4 Grundlegende Bewertungsansätze

4.2.4.1 Ausgangsüberlegungen

Der Wert eines Objektes,[26] z. B. einer patentgeschützten Technologie oder aber auch eines ganzen Unternehmens, leitet sich aus dem Nutzen ab, den dieses für dessen Eigentümer stiftet.[27] Zur Messung dieses Nutzens kann grundsätzlich auf drei Kategorien zurückgegriffen werden:

- Einkommenszahlungen, die das zu bewertende Objekt in Zukunft voraussichtlich generieren wird
- verfügbare Marktpreise für das betreffende oder vergleichbare Objekte
- Kosten zur Erlangung eines Objekts mit identischen oder vergleichbaren Verwendungs- oder Nutzungsmöglichkeiten.[28]

Dementsprechend wird zwischen drei grundlegenden Bewertungsansätzen unterschieden (Abb. 4.4):[29]

- Income Approach (auch „kapitalwertorientierte oder erfolgsorientierte Verfahren" genannt)
- Market Approach (auch als „marktpreisorientierte oder marktorientierte Verfahren" bezeichnet)
- Cost Approach (auch „kostenorientierte Verfahren" genannt).

---

[25] So auch Schmalenbach-Gesellschaft (2009), S. 9; Beyer (2008), S. 159.
[26] Zu Einzelheiten der Bewertung immaterieller Vermögenswerte siehe insbesondere auch Moser und Goddar (2007), S. 594 ff., 655 ff. m. w. N.; dieselben (2007a), S. 121 ff.; Moser (2011), S. 15 ff.
[27] Siehe statt vieler z. B. Born (2003), S. 21; Smith und Parr (2000), S. 141 ff.; IDW (2002), S. 1 f.
[28] Siehe z. B. Smith und Parr (2005), S. 148 ff.
[29] Siehe z. B. IVSC IVS 2011 IVS Framework 56 ff.; IVSC IVS 2011 210.C16 ff.; Born (2003), S. 22 ff.; Mandl und Rabel (1997), S. 10 f.; Smith und Parr (2005), S.148 f.; Seppelfricke (2003), S. 15–17, der allerdings unzutreffend den Liquidationswert den kostenorientierten und nicht den erfolgsorientierten Verfahren zuordnet; IDW RS HFA 16, Tz. 18 ff.; IDW S 5 (2010) Tz. 18 ff.; zu IDW S 5 siehe statt aller Dörschell et al. (2010), S. 978 ff.; Beyer und Menninger (2009), S. 113 ff. Im Zusammenhang mit der Patentbewertung vgl. auch Goddar (1995), S. 357–366; Khoury und Lukeman (2002), S. 50, sowie Drews (2007), S. 365 ff.

4 Wertorientiertes Innovations- und Wissensmanagement

Konzepte zur Messung des Nutzens eines Bewertungsobjekts

Erwartetes zukünftiges Einkommen	Einschätzung der Marktteilnehmer	Investitionsbetrag
Income Approach	**Market Approach**	**Cost Approach**
• Incremental Income Analysis • Excess Earnings Approach • Relief-from-Royalty-Method	• Marktpreise • Analogiemethode • Multiplikatormethode	• Reproduktionskosten • Wiederbeschaffungskosten

Real Options Approach

Abb. 4.4 Grundlegende Bewertungskonzepte

Als weiterer grundlegender Bewertungsansatz ist der Real Option Approach[30] zu nennen, bei dessen Anwendung in der Praxis allerdings regelmäßig besondere Schwierigkeiten auftreten. Da diesem Ansatz bei der Bewertung immaterieller Vermögenswerte derzeit keine Bedeutung zukommt, wird dieser in die folgenden Betrachtungen nicht einbezogen. In diesem Zusammenhang ist zu beachten, dass sich im Schrifttum verschiedene Beiträge finden, die den Anspruch erheben, neben den drei grundlegenden Konzepten weitere Bewertungsverfahren entwickelt zu haben.[31] Die Analyse dieser Ansätze zeigt jedoch, dass diese nur Ausgestaltungen der Grundkonzepte, insbesondere des Income Approach, sind und dementsprechend keine eigenständige Bedeutung haben.[32]

Im Folgenden werden die drei grundlegenden Bewertungsansätze kurz erläutert (Abschn. 4.2.4.2–4.2.4.4). Die Ausführungen beschränken sich auf die Darstellung der Grundlagen und verzichten deswegen grundsätzlich auf die Einbeziehung der Besonderheiten, die beispielsweise bei der Ermittlung beizulegender Zeitwerte[33] zu beachten sind.

---

[30] Vgl. zu diesem Ansatz z. B. Copeland und Antikarov (2001); Mun (2002). Zur Anwendung des Ansatzes bei der Bewertung von Patenten bzw. von Technologien siehe insbesondere Khoury (2001), S. 87–90; Kidder und Mody (2003), S. 190–192; Kossovsky und Arrow (2000), S. 139–142; Pries et al. (2003), S. 184–186; Razgaitis (1999), S. 223 ff.

[31] So etwa Anson und Martin (2004), S. 7–10; Poredda und Wildschütz (2004), S. 77–85.

[32] So auch Smith und Parr (2005), S. 148 f.; Khoury et al. (2001), S. 79.

[33] Zum beizulegenden Zeitwert und den Grundlagen von dessen Ermittlung siehe IFRS 13 sowie statt vieler King (2010), S. 1 ff.; zu IFRS 13 siehe beispielsweise Hitz und Zachow (2011), S. 964 ff.; Große (2011), S. 286 ff.; zur Bewertung immaterieller Vermögenswerte im Rahmen von Kaufpreisallokationen siehe statt vieler Moser (2011), S. 137 ff.; IVSC ED 2007; IVSC ED GN 16; TAF 2010a; IDW RS HFA 16; Zülch et al. (2008), S. 385–406; Purtscher (2008), S. 107 ff.; Beine und Lopatta (2007), S.

Die Anwendung der Bewertungskonzepte und deren Ausprägungen werden unter Abschn. 4.2.5.3 und 4.2.5.4 sowie unter Abschn. 4.3 im Einzelnen dargelegt.

4.2.4.2 Income Approach
4.2.4.2.1 Konzeption des Income Approach

Der Income Approach setzt, wie bereits ausgeführt, an den Einkommenszahlungen[34] an, die in Zukunft voraussichtlich aus dem Bewertungsobjekt zu erwarten sind. Beispielsweise resultieren diese bei einem auslizenzierten Patent oder einer auslizenzierten Marke aus den zukünftigen Lizenzzahlungen an dessen Eigentümer, bei einem Unternehmen aus den zukünftigen Ausschüttungen an die Anteilseigner bzw. den Zahlungen an alle Kapitalgeber. Ansatzpunkt des Bewertungsansatzes ist also die Fähigkeit des Bewertungsobjektes, künftig Einkommen zu erwirtschaften.[35]

Zur Ableitung des Wertes wird beim Income Approach das aus dem Bewertungsobjekt zu erwartende zukünftige Einkommen mit dem Einkommen verglichen, das aus einer alternativen Anlagemöglichkeit zukünftig voraussichtlich erzielbar ist.[36] Der Wert des Bewertungsobjekts entspricht dann dem Betrag, der zur Erlangung der Alternativanlage zu investieren ist. Im Einzelnen gilt: Ein Objekt i (mit i = 1 bis n) weist eine Nutzungsdauer von einem Jahr auf und erzielt in t = 1 ein Einkommen von $CF_{i,1}$. Eine zu dieser Investition alternative Anlage verzinst sich in der Periode t = 1 mit einem Zinssatz von $r_{i,1}$. Der Wert dieses Objekts im Zeitpunkt t = 0 ergibt sich somit aus der Beziehung

$$V_{i,0} = \frac{CF_{i,1}}{1 + r_{i,1}}$$

Weist das Objekt i im Zeitpunkt t = 0 eine Nutzungsdauer von zwei Jahren auf und erzielt in t = 2 ein Einkommen von $CF_{i,2}$, ergibt sich auf dieser Grundlage in t = 1 ein Wert von

$$V_{i,1} = \frac{CF_{i,2}}{1 + r_{i,2}}$$

und in t = 0 von

$$V_{i,0} = \frac{V_{i,1} + CF_{i,1}}{1 + r_{i,1}}$$

Durch Weiterführung dieser Überlegung kann aufgezeigt werden, dass der Wert eines Bewertungsobjekts i (mit i = 1 bis n) im Zeitpunkt t (mit t = 0 bis ∞) durch die Beziehung

$$V_{i,t} = \frac{V_{i,t+1} + CF_{i,t+1}}{1 + r_{i,t+1}}$$

---

451 ff.; Mard et al. (2007); Beyer (2008), S. 151 ff.; Leibfried und Fassnacht (2007), S. 48–57; Siegrist und Stucker (2007), S. 239–245; Mackenstedt et al. (2006), S. 1037 ff.; Castedello et al. (2006), S. 1028 ff.; Jäger und Himmel (2003), S. 417 ff.

[34] Im Folgenden wird z. T. kurz der Ausdruck „Einkommen" verwendet. Dieser ist im Sinne von „Einkommenszahlungen" zu verstehen.

[35] Vgl. Smith und Parr (2005), S. 150 ff.; IDW RS HFA 16, Tz. 24–34.

[36] Vgl. z. B. Gebhardt und Daske (2005), S. 650.

bestimmt ist. Bei einer Nutzungsdauer des Bewertungsobjekts i von T Perioden (mit $0 < T \leq \infty$) und einer im Zeitablauf konstanten Verzinsung der Alternativanlage ($r_{i,t+1} = r_i$ für alle t = 0 bis ∞) kann diese Beziehung durch rekursives Vorgehen und Einsetzen der Beziehung für $V_{i,t+1}$ in die Beziehung für $V_{i,t}$ für alle t = 0 bis T in die Barwertformel bezogen auf den Bewertungsstichtag t = 0 überführt werden. Es gilt

$$V_{i,0} = \sum_{t=1}^{T} CF_{i,t} \cdot (1 + r_i)^{-t}$$

Der auf dieser Grundlage ermittelte Wert stellt entweder die Preisobergrenze des Käufers oder die Preisuntergrenze des Verkäufers dar und wird deswegen auch als Grenzpreis bezeichnet. Aus Sicht des Erwerbers ist der Grenzpreis der Betrag, den dieser für den Erwerb eines Objektes höchstens bezahlen darf, ohne eine Verschlechterung seiner Vermögensposition im Vergleich zur Unterlassung des Erwerbs zu erfahren. Für den Veräußerer gilt in entsprechender Weise, dass er beim Verkauf eines Objekts mindestens den Grenzpreis erzielen muss, wenn er eine Verschlechterung seiner Vermögensposition im Vergleich zur Unterlassung des Verkaufs vermeiden möchte.

Dem Income Approach sind als Bewertungsmethoden die Discounted Cashflow-Verfahren sowie die Ertragswertmethode zuzuordnen.[37]

4.2.4.2.2 Komponenten der Einkommenszahlungen

Dem Income Approach liegt ein Verständnis der in das Barwertkalkül eingehenden Einkommenszahlungen zugrunde, dem für die weiteren Untersuchungen eine grundlegende Bedeutung zukommt. Die Auflösung der Beziehung

$$V_{i,t} = \frac{V_{i,t+1} + CF_{i,t+1}}{1 + r_{i,t+1}}$$

nach $CF_{i,t+1}$ führt zu

$$CF_{i,t+1} = V_{i,t} - V_{i,t+1} + V_{i,t} \cdot r_{i,t+1}$$

Danach setzt sich das Einkommen des Bewertungsobjekts i (mit i = 1 bis n) einer beliebigen Periode t + 1 (mit t = 0 bis ∞) aus folgenden Komponenten zusammen: dem

- Rückfluss des in das Bewertungsobjekt investierten Kapitals ($V_{i,t} - V_{i,t+1}$), der – zur Vereinfachung der Betrachtungen – im Zeitpunkt t + 1 zufließt, sowie der
- Verzinsung des in das Bewertungsobjekt am Ende der Periode t investierten Kapitals ($V_{i,t} \cdot r_{i,t+1}$).

Die erste Komponente wird auch als „return of invested capital", die zweite als „return on invested capital" bezeichnet.

---

[37] Zu diesen Ansätzen siehe statt vieler Drukarczyk und Schüler (2009), S. 137 ff.; Kniest (2010), S. 65 ff.

4.2.4.3 Market Approach

Der Market Approach[38] geht davon aus, dass zur Bewertung eines Objekts auf die Nutzeneinschätzung der Marktteilnehmer abzustellen ist. Dem Ansatz liegt der Gedanke zugrunde, dass sich auf kompetitiven Märkten – bei Vorliegen weiterer Voraussetzungen – grundsätzlich für die dort gehandelten Objekte Marktpreise einstellen.[39]

Wird das Bewertungsobjekt selbst auf einem aktiven Markt gehandelt, ist auf dessen Marktpreis abzustellen. Ist dies nicht der Fall, sind vergleichbare Objekte heranzuziehen, deren Marktpreise auf das Bewertungsobjekt zu übertragen sind (Analogiemethode).[40] Ein aktiver Markt ist nach IFRS 13 definiert als „a market in which transactions for the asset or liability take place with sufficient frequency and volume to provide pricing information on an ongoing basis."

Bei Anwendung der Analogiemethode ist zunächst ein Multiplikator als Relation zwischen dem Marktpreis des Vergleichsobjektes und einer Bezugsgröße abzuleiten. Zur Ermittlung des Wertes des Bewertungsobjektes ist dieser Multiplikator sodann auf die betreffende Bezugsgröße beim Bewertungsobjekt anzuwenden. Beispielsweise kann im Falle der Bewertung eines Patentes der bekannte Marktpreis eines vergleichbaren Patentes auf den aktuellen Jahresumsatz (Bezugsgröße) des durch das Vergleichspatent geschützten Produktes bezogen werden. Die Anwendung des so ermittelten Multiplikators auf den aktuellen Jahresumsatz des durch das zu bewertende Patent geschützten Produktes führt zum gesuchten Patentwert.

Die Anwendung des Market Approaches in dem Falle, dass das Bewertungsobjekt nicht auf einem aktiven Markt gehandelt wird, setzt voraus, dass ein mit dem Bewertungsobjekt vergleichbares Objekt, dessen Marktpreis bekannt ist, verfügbar ist. Wird ein Vergleichsobjekt nicht auf einem aktiven Markt gehandelt, sind zur Ableitung von Marktpreisen Vergleichstransaktionen heranzuziehen. Lassen sich entsprechende Transaktionen identifizieren, bedarf es einer genauen Analyse insbesondere von deren detaillierten Konditionen sowie den Bedingungen von deren Zustandekommen (z. B. zwischenzeitliche Veränderungen der Marktgegebenheiten, Einflüsse käuferspezifischer Motive).[41]

Angesichts dieser Anwendungsvoraussetzungen ist unmittelbar erkennbar, dass der Anwendungsbereich des Market Approach zur Bewertung von immateriellen Vermögenswerten, beispielsweise von Patenten oder Marken, sehr begrenzt ist.[42]

---

[38] Zum Market Approach siehe statt vieler Moser und Auge-Dickhut (2003a), S. 10 ff.; dieselben (2003b), S. 213 ff.; Krolle et al. (2005); Hanlin und Claywell (2010), S. 37 ff.
[39] Vgl. hierzu z. B. Smith und Parr (2005), S. 148–150; Reilly und Schweihs (1999), S. 101 f.
[40] Vgl. auch IDW RS HFA 16, Tz. 22.
[41] Vgl. IAS 38.8.; siehe z. B. auch Smith und Parr (2005), S. 148–150.
[42] So schon Khoury (2001), S. 88; Khoury et al. (2001), S. 77–86; Woodward (2002), S. 49 f.; ebenso Mackenstedt et al. (2006), S. 1038.

Die Einkommenszahlungen, die mit einem nach dem Market Approach bewerteten Bewertungsobjekt verbunden sind, setzen sich wiederum aus den Komponenten Return on Invested Capital und Return of Invested Capital zusammen.[43]

4.2.4.4 Cost Approach

Der Wert des Bewertungsobjekts bestimmt sich beim Cost Approach[44] durch den Betrag, der erforderlich ist, um ein Objekt zu erlangen, das dem Eigentümer die Verwendungs- oder Nutzungsmöglichkeiten eröffnet, die ihm das zu bewertende Objekt vermittelt. Es handelt sich somit um den Betrag, den der Eigentümer aufwenden muss, um das zu bewertende Objekt durch ein entsprechendes zu substituieren. Das dem Ansatz zugrunde liegende Prinzip ist dasjenige der Substitution.[45]

Aus dem Prinzip der Substitution folgt, dass der Cost Approach eine Wertobergrenze determiniert: Ein rational handelnder Investor bezahlt für ein Objekt – auch wenn dessen z. B. mittels Income Approach ermittelter Wert höher ist – maximal den Betrag, den er zur Erlangung eines anderen Objektes, das ihm den entsprechenden Nutzen vermittelt, aufwenden muss.

Der Cost Approach kommt in verschiedenen Ausgestaltungen zur Anwendung:

Die eine grundlegende Form geht von der identischen Reproduktion des zu bewertenden Objekts – einem „exakten Duplikat"[46] – aus; dies ist der Reproduktionskostenwert (Reproduction Cost). Die andere zentrale Variante stellt auf die Beschaffung bzw. Herstellung eines Objekts mit äquivalenten Nutzungsmöglichkeiten ab; dies ist der Wiederbeschaffungskostenwert (Replacement Cost).[47]

Beim Wiederbeschaffungskostenwert finden im Gegensatz zum Reproduktionskostenwert Bestandteile, die das zu bewertende Objekt zwar aufweist, zum Bewertungszeitpunkt jedoch keinen Nutzen stiften, keine Berücksichtigung. Entsprechendes gilt für technologische Weiterentwicklungen, die nur im Wiederbeschaffungskostenwert einen Niederschlag finden. Dementsprechend kann sich das der Ableitung des Wiederbeschaffungskostenwertes zugrunde liegende Objekt auch deutlich vom zu bewertenden Objekt unterscheiden.

Bei der Ableitung des Wertes nach dem Cost Approach sind erforderlichenfalls zudem physische Abnutzung sowie technische und wirtschaftliche Veralterung zu berücksichtigen.

---

[43] Vgl. Abschn. 4.2.4.2.2.
[44] Ausführlich zum Cost Approach siehe Smith und Parr (2005), insbes. S. 156 ff.; Reilly und Schweihs (1999), insbes. S. 118 ff.; Chen und Barreca (2010), S. 19 ff.
[45] Vgl. hierzu und zum Folgenden z. B. Reilly und Schweihs (1999), S. 96 f.; Smith und Parr (2005), S. 148 f.
[46] IDW RS HFA 16, Tz 39.
[47] Den historischen Kosten, die bei Anschaffung bzw. Herstellung des zu bewertenden Objektes angefallen sind, kommt beim Cost Approach keine eigenständige Bedeutung zu.

Der Anwendungsbereich des Cost Approach ist allerdings eingeschränkt, da

- die Anwendung dieses Ansatzes die Substituierbarkeit des Bewertungsobjekts voraussetzt sowie
- aus dem Anfall von Kosten für die Herstellung eines Objekts nicht zwingend darauf geschlossen werden kann, dass eine Substitution des Vermögenswerts in Betracht kommt.

Dies zeigen folgende Beispiele:

- Technologien, mit denen geringe Entwicklungskosten verbunden sind, können deren Anwendern immense Wettbewerbsvorteile verschaffen; derartige Technologien sind oftmals nicht substituierbar.
- Mit Technologien, in deren Entwicklung immense Beträge geflossen sind, ist nicht zwingend eine Anwendung verbunden; diese Technologien werden vielfach nicht substituiert werden.

Zur Anwendung kommt der Cost Approach vor allem dann, wenn er – wie bereits ausgeführt – die Wertobergrenze bildet.

In Deutschland sind dem Cost Approach die Substanzwertverfahren zugeordnet.[48] Die Einkommenszahlungen, die mit einem nach dem Cost Approach bewerteten Bewertungsobjekt verbunden sind, setzen sich wiederum aus den Komponenten Return on Invested Capital und Return of Invested Capital zusammen.[49]

4.2.5 Vorgehen bei der Bewertung immaterieller Vermögenswerte

4.2.5.1 Überblick

Ausgangspunkt der folgenden Betrachtungen sind die Besonderheiten, die bei Anwendung der grundlegenden Bewertungsmethoden bei der Bewertung immaterieller Vermögenswerte auftreten (Abschn. 4.2.5.2). Hierauf aufbauend wird auf die in der Praxis verwendeten Ausgestaltungen des Income Approach eingegangen (Abschn. 4.2.5.3) und das Vorgehen bei der Analyse der Bewertungsergebnisse dargelegt (Abschn. 4.2.5.4).

4.2.5.2 Anwendung der grundlegenden Bewertungskonzepte bei der Bewertung immaterieller Vermögenswerte

4.2.5.2.1 Überblick

Im Folgenden werden zunächst die Grenzen der Anwendung der grundlegenden Bewertungskonzepte bei der Bewertung immaterieller Vermögenswerte dargelegt (Abschn.

---

[48] Vgl. z. B. Born (2003), S. 139 ff.; Seppelfricke (2003), S. 167 ff.
[49] Vgl. Abschn. 4.2.4.2.2.

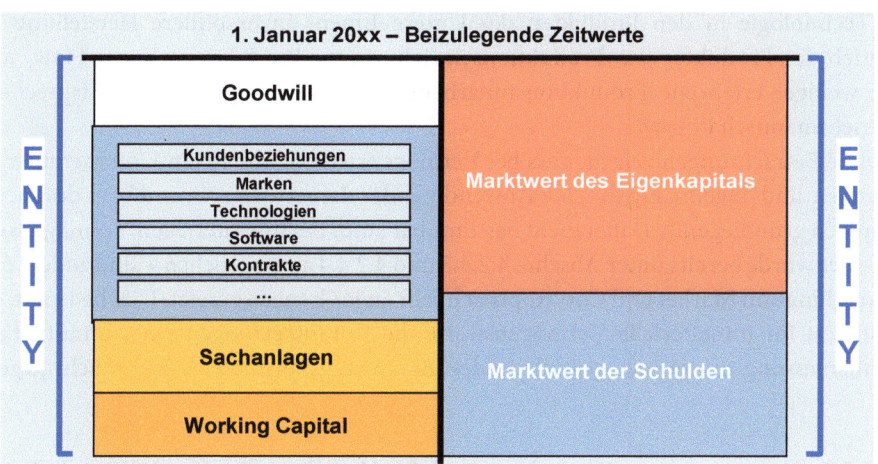

Abb. 4.5 Unternehmen als Portfolio von Vermögenswerten

4.2.5.2.2). Sodann wird auf die Voraussetzungen eingegangen, unter denen diese Konzepte der Bewertung immaterieller Vermögenswerte zugrunde gelegt werden können (Abschn. 4.2.5.2.3). Abschließend werden die Anforderungen, die an die Bewertung von immateriellen Vermögenswerten zu stellen sind, zusammen gefasst (Abschn. 4.2.5.2.4).

4.2.5.2.2 Einbindung immaterieller Vermögenswerte in Unternehmen

Vermögenswerte sind oftmals dadurch gekennzeichnet, dass sie einer übergeordneten Einheit, insbesondere einem Unternehmen, zugeordnet sind. Diese Vermögenswerte generieren durch deren Zusammenwirken den dieser Einheit zuzurechnenden Einkommensstrom und den – beispielsweise auf der Grundlage des Income Approach zu messenden – Wert der Einheit. In diesem Sinne bietet es sich an, ein Unternehmen als ein Portfolio der diesem zugehörigen Vermögenswerte zu verstehen (Abb. 4.5).[50]

Eine unmittelbare Zurechnung von Einkommen zu den einzelnen Vermögenswerten dieses Portfolios ist ganz überwiegend nicht – möglicherweise überhaupt nicht – gegeben. Dies ist darin begründet, dass der Einkommensstrom des Unternehmens das Ergebnis des Zusammenwirkens dieser Vermögenswerte darstellt und sich grundsätzlich nicht als Summe von exogen vorgegebenen Einkommenszahlungen der einbezogenen Vermögenswerte ergibt.

In diesem Zusammenhang ist auch bedeutsam, dass Vermögenswerte sich oftmals dadurch auszeichnen, dass sie ohne ein Zusammenwirken mit anderen Vermögenswerten nicht in der Lage sind, Einkommen zu erzielen. Dies wird beispielsweise anhand einer patentgeschützten Technologie deutlich, die wesentlichen Komponenten eines Produktes zugrunde liegt: Die Einkommenserzielung erfordert neben der Anwendung

---

[50] Grundlegend zu diesem Verständnis Smith und Parr (2005), S. 194–204, 359–364; demgegenüber findet bei IVSC ED GN 16, 4.13; sowie IVSC ED 2007, 4.37 ff., der Ausdruck „Portfolio" insbesondere unter Beschränkung auf die Betrachtung ähnlicher bzw. identischer Vermögenswerte Verwendung.

der Technologie in den Produkten des Unternehmens insbesondere Herstellung und Vertrieb der Produkte, also Produktionseinrichtungen, Produktions-Know How, mehr oder weniger erfahrene Produktionsmitarbeiter, Working Capital, eine entsprechende Vertriebsmannschaft usw.

Diese Betrachtungen zeigen, dass bei Vermögenswerten, die in ein Unternehmen eingebunden sind, regelmäßig für eine Anwendung der dargestellten Grundform des Income Approach grundlegende Daten nicht bestimmbar sind. Bei immateriellen Vermögenswerten – dies wurde bereits unter Abschn. 4.2.4.3 und 4.2.4.4 angesprochen – sind zudem einer Anwendung von Market und Cost Approach sehr enge Grenzen gesetzt. Dies bedeutet, dass zumindest für immaterielle Vermögenswerte die Voraussetzungen einer unmittelbaren Wertbemessung mittels der grundlegenden Bewertungskonzepte zumeist nicht gegeben sind.

4.2.5.2.3 Abgrenzung der Werte immaterieller Vermögenswerte als Wertallokation

Bei Vermögenswerten, bei denen die Voraussetzungen zur Anwendung des Market Approach und des Cost Approach nicht vorliegen, die jedoch zur Generierung des Einkommens des Unternehmens, dem sie zugeordnet sind, beitragen, setzt die Anwendung des Income Approach voraus, dass der Beitrag des jeweiligen Bewertungsobjekts zum Einkommen des Unternehmens bestimmt werden kann. Da – dies wurde unter Abschn. 4.2.5.2.2 aufgezeigt – davon auszugehen ist, dass diese Voraussetzung – zumindest ganz überwiegend – nicht erfüllt ist, erfordert die Anwendung dieses Bewertungsansatzes die Einführung von Annahmen, die dem Bewertungsobjekt einen Anteil am Einkommen des Unternehmens zuweisen. Die Anwendung des Income Approach setzt weiter voraus, dass entsprechende Überlegungen zum Zinssatz, der der Diskontierung des so abgegrenzten Einkommens des Bewertungsobjekts zugrunde zu legen ist, angestellt werden. Auf diese Weise wird erreicht, dass jedem einbezogenen Bewertungsobjekt ein Anteil am Wert des betrachteten Unternehmens zugewiesen wird und so dessen Beitrag zum Unternehmenswert abgegrenzt wird. Damit ist ersichtlich, dass sich die Bewertung immaterieller Vermögenswerte als Wertallokation darstellt.

Die Betrachtung kann dadurch erweitert werden, dass diese auf alle einem Unternehmen zugeordneten Vermögenswerte, insbesondere auch die Vermögenswerte, die unabhängig von deren Einbindung in ein Unternehmen mittels des Market Approach oder Cost Approach bewertet werden können, ausgedehnt wird. Bei den zuletzt genannten Vermögenswerten wird oftmals die Annahme zugrunde gelegt werden können, dass die so bestimmten Werte deren Beiträge zum Unternehmenswert zum Ausdruck bringen. Diese Erweiterung der Analyse führt dazu, dass jedem Vermögenswert des Unternehmens ein Anteil am Wert des betrachteten Unternehmens zugeordnet wird.

Bei der so bestimmten Allokation von Anteilen am Unternehmenswerts auf die Vermögenswerte des Unternehmens ist zu beachten, dass nicht gewährleistet ist, dass die Summe der mittels Annahmen abgegrenzten Wertbeiträge der Vermögenswerte wieder zur Ausgangsgröße der Betrachtungen – also dem Unternehmenswert – führt. Eine Abweichung zwischen beiden kann dann auftreten, wenn die den Bewertungen der Vermögenswerte zugrunde gelegten Annahmen nicht konsistent sind, d. h. diese Annahmen untereinander und mit den Annahmen, von denen die Ermittlung des Unternehmenswertes ausgeht, nicht abgestimmt sind. Darüber hinaus treten entsprechende Abweichungen auch dann auf, wenn das Zusammenwirken dieser Vermögenswerte zu Synergien führt, die sich in den Werten der Vermögenswerte, nicht jedoch im Unternehmenswert niederschlagen.

Diese Überlegungen machen deutlich, dass in den Fällen der Wertallokation auf alle Vermögenswerte des Unternehmens eine Abstimmung der Ergebnisse dieser Bewertungen und der diesen zugrunde liegenden Parameter untereinander sowie mit dem Wert des Unternehmens und den dessen Ableitung zugrunde liegenden Annahmen geboten ist. Eine entsprechende Abstimmung ist darüber hinaus grundsätzlich auch für die Fälle zu verlangen, in denen nicht alle Vermögenswerte des Unternehmens in die Wertallokation einbezogen werden. Dies ist darin begründet, dass sich auch in diesen Fällen die Bewertung immaterieller Vermögenswerte als Herauslösung des Werts der Bewertungsobjekte mittels Annahmen aus dem Wert des Unternehmens darstellt und deswegen auch in diesen Fällen die Konsistenz der Bewertungsergebnisse nicht gewährleistet ist.

Das dargelegte Vorgehen verdeutlicht die konzeptionellen Grundlagen der Bewertung immaterieller Vermögenswerte: Durch die Einführung von Annahmen erfolgt die Analyse der Werte der einem Unternehmen zugeordneten Vermögenswerte durch Partialkalküle, die – in Abhängigkeit von der Betrachtung im konkreten Fall – zu einer teilweisen oder vollständigen Disaggregierung des Unternehmenswertes führen. Da – wie dargelegt – die Konsistenz der Partialanalysen nicht zwingend gegeben ist, sind diese Partialbetrachtungen grundsätzlich um eine Totalbetrachtung zu erweitern.

4.2.5.2.4 Anforderungen an die Bewertung immaterieller Vermögenswerte

Die unter Abschn. 4.2.5.2.3 geforderte Abstimmung der Ergebnisse der Bewertungen von Vermögenswerten und der diesen zugrunde liegenden Parameter untereinander sowie mit dem Wert des Unternehmens und mit den dessen Ermittlung zugrunde liegenden Annahmen kommt in folgenden Bedingungen zum Ausdruck:

- Der Wert eines betrachteten Unternehmens V_t im Zeitpunkt t (mit t = 0 bis ∞) entspricht der Summe der Wertbeiträge der diesem zugeordneten Vermögenswerte $V_{i,t}$ (mit i = 1 bis n) im Betrachtungszeitpunkt. Es gilt

$$V_t = \sum_{i=1}^{n} V_{i,t} + \varepsilon_t^V$$

  wobei ε_t^V mögliche Wertkomponenten erfasst, die den Vermögenswerten nicht zugeordnet werden können. Beispielsweise ist an mit dem Zusammenwirken der Vermögenswerte verbundene Synergien (Portfolio-Effekte) zu denken, die sich nicht in den Werten der Vermögenswerte i (für alle i = 1 bis n) niedergeschlagen haben.
- Der Einkommensstrom dieses Unternehmens CF_{t+1}, der zur Vereinfachung der Betrachtungen im Zeitpunkt t + 1 (mit t = 0 bis ∞) zufließt, setzt sich aus den Einkommensbeiträgen der diesem zugehörigen Vermögenswerte $CF_{i,t}$ (mit i = 1 bis n)

zusammen. Für eine beliebige Periode t + 1 gilt

$$CF_{t+1} = \sum_{i=1}^{n} CF_{i,t+1} + \varepsilon_{t+1}^{CF}$$

wobei ε_{t+1}^{CF} mögliche Einkommenskomponenten abbildet, die den Vermögenswerten nicht zugeordnet werden können. Beispielsweise ist an aus dem Zusammenwirken der Vermögenswerte resultierende Synergien (Portfolio-Effekt) zu denken, die in die Einkommensbeiträge der Vermögenswerte i (für alle i = 1 bis n) nicht eingegangen sind.
- Der Zinssatz r_{t+1}, mit dem sich das in dieses Unternehmen investierte Kapital V_t verzinst, ist gleich der Summe der mit dem anteiligen investierten Kapital $\frac{V_{i,t}}{V_t}$ gewichteten Zinssätze $r_{i,t+1}$ der Vermögenswerte i (mit i = 1 bis n), mit denen sich das in diese Vermögenswerte investierte Kapitals $V_{i,t}$ verzinst. Für eine beliebige Periode t + 1 (mit t = 0 bis ∞) gilt

$$r_{t+1} = \frac{1}{V_t} \sum_{i=1}^{n} V_{i,t} \cdot r_{i,t+1} + \varepsilon_{t+1}^{r} \cdot \frac{1}{V_t}$$

wobei ε_{t+1}^{r} mögliche Verzinsungskomponenten erfasst, die den Vermögenswerten nicht zugeordnet werden können. Beispielsweise ist an aus dem Zusammenwirken der Vermögenswerte resultierende Synergien (Portfolio-Effekt) zu denken, die in den Verzinsungen des in die Vermögenswerte i (für alle i = 1 bis n) investierten Kapitals nicht erfasst sind.

4.2.5.3 Anwendung des Income Approach bei der Bewertung immaterieller Vermögenswerte
4.2.5.3.1 Überblick

Unter Abschn. 4.2.5.2 wurde dargelegt, dass bei der Bewertung immaterieller Vermögenswerte, die einem Unternehmen zugeordnet sind, dem Income Approach eine zentrale Bedeutung zukommt. Weiter wurde aufgezeigt, dass die Abgrenzung des Einkommensbeitrags des Bewertungsobjekts zum Einkommen des Unternehmens durch die Einführung von Annahmen in die Analyse erfolgt. Diese Annahmen kennzeichnen die in der Praxis bei der Bewertung immaterieller Vermögenswerte verwendeten Ausgestaltungen des Income Approach.

Im Folgenden wird zunächst der Beitrag eines zu bewertenden Vermögenswertes zum zukünftigen Gesamteinkommen aller beteiligten Vermögenswerte am Beispiel einer patentgeschützten Technologie betrachtet (Abschn. 4.2.5.3.2). Auf dieser Grundlage wird sodann ein Überblick über die verschiedenen Bewertungsansätze gegeben, wobei deren zentrale Annahmen herausgearbeitet werden (Abschn. 4.2.5.3.3). Zur Ermittlung des Werts des Bewertungsobjekts ist der so bestimmte zukünftige Einkommensstrom des Bewertungsobjekts mit einer alternativen Anlagemöglichkeit zu vergleichen, die ihren

Ausdruck im Diskontierungszinssatz findet. Die Grundlagen zu dessen Bestimmung werden anschließend aufgezeigt (Abschn. 4.2.5.3.4). Die Ableitung des Werts wird auch durch die Besteuerung beeinflusst, worauf abschließend eingegangen wird (Abschn. 4.2.5.3.5).

4.2.5.3.2 Analyse des Einkommensbeitrags immaterieller Vermögenswerte am Beispiel einer patentgeschützten Technologie

Zur Identifikation des Beitrags eines immateriellen Vermögenswerts, hier also einer patentgeschützten Technologie, zum Einkommen des Unternehmens, dem dieser zuzurechnen ist, bietet es sich an, das Einkommen des Unternehmens bei Nutzung des immateriellen Vermögenswerts mit dem hypothetischen Einkommen zu vergleichen, das gegeben wäre, wenn das Unternehmen den betreffenden Vermögenswert nicht nutzen würde.[51] Alternativ kann so vorgegangen werden, dass zunächst nach dem Nutzen gefragt wird, der sich aus der Verwendung des betreffenden Vermögenswerts ziehen lässt, und sodann der Niederschlag dieses Nutzens im Einkommen des Unternehmens untersucht wird. Das Einkommen des Unternehmens wird dabei durch den Free Cashflow[52] gemessen.

Im Folgenden wird dem zweiten Ansatz gefolgt, wobei die angeführten Überlegungen allerdings keine abschließende Analyse darstellen; sie betrachten lediglich exemplarisch typischerweise zu beobachtende Zusammenhänge.

Patentgeschützte Technologien[53] zeichnen sich – dies wurde bereits bei der Identifikation immaterieller Vermögenswerte unter Abschn. 4.2.3.3 dargelegt – insbesondere dadurch aus, dass sie deren Nutzer in die Lage versetzen können, Wettbewerbsvorteile in Form von Differenzierungsvorteilen oder Kostenvorteilen zu erzielen. Dementsprechend ist zur Bestimmung des Einkommensbeitrags einer patentgeschützten Technologie zu untersuchen, welchen Einfluss die mit dieser verbundenen Differenzierungs- bzw. Kostenvorteile auf die Komponenten des Free Cashflow ausüben können.

Eine patentgeschützte Technologie kann eine Erhöhung der Umsatzerlöse des betrachteten Unternehmensbereichs bewirken, wenn sie c. p. die Durchsetzung höherer Absatzpreise erlaubt und/oder höhere Absatzmengen nach sich zieht:

- Höhere Absatzpreise können die Folge von Differenzierungsvorteilen sein. Beispielsweise lassen sich Preisprämien im Pharmabereich bei einem Vergleich der Preise von patentgeschützten Medikamenten mit jenen von Generika identifizieren. Gleiches gilt oftmals auch bei Produkten, die – von den Verwendern geschätzte – Funktionen aufweisen, die die Produkte der Wettbewerber nicht haben; dies ist z. B. bei Kameras zu beobachten.

---

[51] So auch Smith und Parr (2005), S. 185 ff.
[52] Zu dessen Definition siehe statt vieler Rappaport (1995), S. 53 ff.; Copeland et al. (2002), S. 210 ff. Smith und Parr (2005), S. 196 f., sprechen vom "debt free operating net income".
[53] Zur Analyse patentgeschützter Technologien als Bewertungsobjekte siehe Moser und Goddar (2007), S. 599 ff. m. w. N.; dieselben (2007a), S. 121 ff.; eine Definition des Ausdrucks „Technologie" gibt z. B. Boer (1999), S. 4 ff.: „Technology is the application of knowledge to useful objectives. It is usually built on previous technology by adding new technology input or new scientific knowledge".

- Eine Steigerung der Absatzmenge kann etwa dadurch zu realisieren sein, dass ein Produkt, das Differenzierungsvorteile aufweist, zum Preis der Wettbewerberprodukte angeboten wird. Auch technologieinduzierte Vorteile bei den Cost of Sales können Mengensteigerungen zur Folge haben, beispielsweise wenn diese durch Preissenkungen an die Abnehmer weitergegeben werden. Bei unveränderter Stückmarge führt dies zu einer proportionalen Erhöhung des Gross Profit. Derartige Kostenvorteile sind oftmals mit Verfahrenstechnologien, die zu Material- und/oder Personaleinsparungen führen, verbunden.

Erhöhungen des Free Cashflow aufgrund patentgeschützter Technologien können außerdem aus Verminderungen der Selling General & Administrative Expenses (SG&A), des erforderlichen Working Capital sowie der zu tätigenden Investitionen (CapEx) resultieren. Reduktionen der Selling General & Administrative Expenses sowie des Working Capital werden häufig durch verbesserte Geschäftsprozesse realisiert, die über Business Process-Patente geschützt sein können. Wertsteigernde Effekte bei den Investitionen beschränken sich nicht auf eine Reduktion von deren Umfang, sie können auch aus deren Verlagerung in spätere Geschäftsjahre resultieren.

Diese Einflüsse patentgeschützter Technologien auf den Free Cashflow des betrachteten Unternehmensbereichs können jedoch mit weiteren Wirkungen auf die Komponenten des Free Cashflow verbunden sein:

Beispielsweise führen zusätzliche Funktionen eines Produkts regelmäßig zu einer Erhöhung der Cost of Sales, die sich zudem über die Erhöhung der Herstellungskosten auch im Working Capital [54] niederschlagen können. Möglicherweise erfordert die Herstellung des Produkts mit dieser zusätzlichen Funktion weitere Investitionen. Weiterhin können differenzierungsbedingte Preisprämien etwa auch die Marketing-Ausgaben und damit die Selling Gerneral & Administrative Expenses berühren, wobei sowohl deren Erhöhung als auch deren Verminderung vorstellbar ist.

Erhöhungen der Absatzmenge – um ein weiteres Beispiel zu nennen – sind selbstverständlich mit den durch die Herstellung der zusätzlichen Menge verursachten Cost of Sales verbunden. Regelmäßig werden Mehrmengen auch zu zusätzlichen Lager- und Debitorenbeständen mit der Folge einer Erhöhung des Working Capital führen. In Bezug auf die vorhandenen Kapazitäten ist sowohl an die Realisierung von Economies of Scale, als auch an die Notwendigkeit der Tätigung weiterer Investitionen zu denken.

Entsprechende Betrachtungen können für andere immaterielle Vermögenswerte, z. B. Marken, in entsprechender Weise angestellt werden.

---

[54] Eine Erhöhung des Working Capital kann außerdem Folge von höheren Debitorenbeständen sein, die mit differenzierungsbedingt höheren Preisen verbunden sein können.

4.2.5.3.3 Bewertungsansätze für immaterielle Vermögenswerte auf der Grundlage des Income Approach

4.2.5.3.3.1 Incremental Income Analysis

Die Incremental Income Analysis[55] setzt an der unter Abschn. 4.2.5.3.2 dargestellten Analyse des Einflusses des Bewertungsobjekts, hier also eines immateriellen Vermögenswerts, auf den zukünftigen Free Cashflow[56] des betreffenden Unternehmens an. Der Wert des Bewertungsobjekts ergibt sich – unter Berücksichtigung von Steuern – als Barwert der auf diese Weise isolierten Erhöhungen (Veränderungen) der zukünftigen Free Cashflows. Da der Ansatzpunkt dieser Vorgehensweise die unter Zugrundelegung der dargestellten Analyse dem Bewertungsobjekt zurechenbaren Free Cashflow-Veränderungen sind, wird der Ansatz auch als "direct technique" bezeichnet.[57]

Ein typischer Anwendungsfall dieses Bewertungsansatzes sind Technologien, die identifizierbare Kosteneinsparungen nach sich ziehen (Cost Savings Approach[58]). Dabei ist – wie soeben ausgeführt (Abschn. 4.2.5.3.2) – insbesondere an Verfahrenstechnologien zu denken, die zur Reduktion der Material- und/oder Personalkosten führen. Ein anderer bedeutsamer Anwendungsfall dieses Ansatzes sind vorteilhafte Verträge.

Fallbeispiel

Die Beispiel GmbH verfügt über eine Verfahrenstechnologie, die zu Kosteneinsparungen bei der Herstellung ihrer Produkte führt. Die Gesellschaft geht davon aus, dass sie diese Kostenvorteile über die nächsten 8 Jahre wird realisieren können. Die Bewertung dieser Technologie auf den Bewertungsstichtag 1. Januar 2008 ergibt sich aus Tab. 4.1.

In der Tabelle sind die von der Gesellschaft für jedes Jahr der verbleibenden Nutzungsdauer der Verfahrenstechnologie ermittelten Kosteneinsparungen, die Umsatzerlöse der Gesellschaft, die Umsatzerlöse, bei deren Erzielung diese Kostenvorteile realisiert werden, sowie die Kosteneinsparungen in Prozent dieser Umsatzerlöse zusammen gestellt. Auf dieser Grundlage bestimmt sich der Wert der Verfahrenstechnologie zu Beginn eines betrachteten Jahres – bei Anwendung des unter Abschn. 4.2.4.2.1 eingeführten Roll Back-Verfahrens[59] – als Barwert der Summe aus dem Wert der Verfahrenstechnologie am Ende diesen Jahres und den dieser Periode zuzurechnenden Kosteneinsparung nach Steuern; zur Vereinfachung der Analyse wird davon ausgegangen, dass diese Kosteneinsparungen am Ende der betrachteten Periode erzielt werden.

---

[55] So z. B. Reilly und Schweihs (1999), S. 159 ff.; siehe auch IVSC IVS 2011 210.C28 ff. Die Terminologie ist im Schrifttum nicht einheitlich. Z. T. wird auch von Incremental Cashflow Method (Mehrgewinnmethode) oder Incremental Revenue Analysis gesprochen, vgl. z. B. IDW RS HFA 16, Tz. 59–62; IDW S 5 (2010) Tz. 33–36.
[56] Entscheidend ist, dass das Einkommen i. S. d. Free Cashflow verstanden wird.
[57] So insbesondere Smith und Parr (2005), S. 185 ff.
[58] Vgl. z. B. Woodward (2002), S. 49; Smith und Parr (2005), S. 187.
[59] Siehe hierzu Henselmann und Kniest (2010), S. 87 ff.; neuerdings Enzinger und Kofler (2011), S. 2–10.

Tab. 4.1 Bewertung der Verfahrenstechnologie

Mio. EUR	Ref.		2007	2008	2009	2010	2011	2012	2013	2014	2015
Sales											
Generated by entity	Tab. 4.7			360,0	388,8	404,4	412,4	420,7	429,1	437,7	437,7
Related to process technology[a]				360,0	388,8	404,4	412,4	420,7	429,1	437,7	364,7
Cost savings as percentage of sales											
Related to entity value[b]				0,98 %	0,99 %	1,02 %	1,02 %	1,02 %	1,02 %	1,02 %	0,85 %
Related to process technology[c]				0,98 %	0,99 %	1,02 %	1,02 %	1,02 %	1,02 %	1,02 %	1,02 %
Cost savings[d]				3,5	3,8	4,1	4,2	4,3	4,4	4,5	3,7
Tax[e]		30,00 %		−1,1	−1,2	−1,2	−1,3	−1,3	−1,3	−1,3	−1,1
Cost savings after tax				2,5	2,7	2,9	2,9	3,0	3,1	3,1	2,6
Invested capital[f] including TAB	Tab. 4.6	8,34 % 1,27	16,0 20,4	14,9	13,5	11,7	9,7	7,5	5,1	2,4	
Return on invested capital[g]		8,34 %		1,3	1,2	1,1	1,0	0,8	0,6	0,4	0,2
Return of invested capital[h]				1,1	1,5	1,8	2,0	2,2	2,4	2,7	2,4
Return on and of invested capital				2,5	2,7	2,9	2,9	3,0	3,1	3,1	2,6
Amortization[i]		8,0		2,5	2,5	2,5	2,5	2,5	2,5	2,5	2,5
Tax benefit of amortization[j]		30,00 %		0,8	0,8	0,8	0,8	0,8	0,8	0,8	0,8

Tab. 4.1 (Fortsetzung)

Mio. EUR	Ref.	2007	2008	2009	2010	2011	2012	2013	2014	2015
Cashflow incl. tax benefit			3,2	3,5	3,7	3,7	3,8	3,8	3,9	3,4
Invested capital incl. TAB[k]		20,4	18,8	17,0	14,7	12,2	9,5	6,5	3,1	
Tax amortization benefit (TAB)										
Percentage of amortization per year[l]	8		12,5%	12,5%	12,5%	12,5%	12,5%	12,5%	12,5%	12,5%
Present value[m]	8,34%	70,9%	64,3%	57,2%	49,5%	41,1%	32,0%	22,2%	11,5%	
Tax benefit[n]	30,00%	21,3%								
Step up factor[o]		1,27								

[a] Projection based on management best estimate
[b] Cost savings/sales related to entity
[c] Cost savings/sales related to process technology
[d] Based on management analysis
[e] Cost savings * tax rate
[f] (Invested capital $t+1$ + cost savings $t+1$)/(1 + asset specific rate of return)
[g] Invested capital $t-1$ * asset specific rate of return
[h] Invested capital $t-1$ less invested capital t
[i] Invested capital 2007 incl. TAB/useful life
[j] Amortization * tax rate
[k] (Invested capital incl. TAB $t+1$ + cashflow incl. tax benefit $t+1$)/(1 + Asset specific rate of return)
[l] 1/useful life
[m] See f and k
[n] Present value of amortization * tax rate
[o] 1/(1 − tax benefit)

Der Barwertermittlung liegt ein vorläufig festgelegter vermögenswertspezifischer Zinssatz in Höhe von 8,34 % zugrunde, der erforderlichenfalls bei der Beurteilung der Plausibilität der Bewertungsergebnisse unter Abschn. 4.2.5.4.3.3 bzw. Abschn. 4.2.5.4.4.3 anzupassen ist. Der Abzug der Ertragsteuern von den Kosteneinsparungen und die Ableitung des bei der Wertermittlung berücksichtigten abschreibungsbedingten Steuervorteils (Tax Amortization Benefit) werden unter Abschn. 4.2.5.3.5 erläutert.

Im mittleren Teil der Tabelle werden Verzinsung (Return on Invested Capital) und Rückfluss (Return of Invested Capital) des in die Verfahrenstechnologie investierten Kapitals abgeleitet. Die Verzinsung ergibt sich durch Anwendung des vermögenswertspezifischen Zinssatzes auf das investierte Kapital der jeweiligen Vorperiode, der Rückfluss als Veränderung des investierten Kapitals am Ende des jeweiligen Jahrs gegenüber dem Ende der Vorperiode. Die Summe aus beiden Komponenten ist in jedem Jahr des Betrachtungszeitraums gleich den Kosteneinsparungen nach Steuern.

Aufgrund des Erfordernisses der Isolierung des dem Bewertungsobjekt zurechenbaren Incremental Income ist der Anwendungsbereich dieses Ansatzes grundsätzlich begrenzt. In einigen Fällen, etwa bei Produkten, die aufgrund einer besonderen, patentgeschützten Funktion zu einem höheren Preis als die Produkte der Wettbewerber verkauft werden können, ist die Preisprämie möglicherweise auch durch andere Vermögenswerte des betreffenden Unternehmensbereichs beeinflusst, z. B. durch eine Marke. Darüber hinausgehend ist es in vielen Fällen überhaupt nicht möglich, mit einer auch nur annehmbaren Genauigkeit Aussagen über die Beeinflussung von Absatzpreisen und/oder -mengen durch den zu bewertenden immateriellen Vermögenswert zu machen.[60]

Der Grund für den eingeschränkten Anwendungsbereich liegt in der zentralen Anwendungsvoraussetzung des Ansatzes: Das „incremental income" lässt sich nur dadurch isolieren, dass die Free Cashflow-Komponenten und deren Bestimmungsgrößen, so wie sie sich unter Berücksichtigung des zu bewertenden immateriellen Vermögenswerts ergeben, mit denjenigen verglichen werden, die sich ohne Nutzung des betreffenden Vermögenswerts ergeben würden. D.h. es bedarf eines Vergleichsobjekts, das die Situation widerspiegelt, die gegeben wäre, wenn das betrachtete Unternehmen c. p. nicht über den zu bewertenden Vermögenswert verfügen würde.[61] Es ist offensichtlich, dass dieses Vergleichsobjekt nur in Ausnahmefällen, z. B. bei den bereits genannten vorteilhaften Verträgen, verfügbar ist.

Als Folge des begrenzten Anwendungsbereichs des Incremental Income Approach ist zur Bewertung immaterieller Vermögenswerte zumeist auf Bewertungsansätze zurückzugreifen, die den so genannten „indirect techniques" zuzurechnen sind.[62] Ein Überblick über

---

[60] Zur Anwendung der Conjoint siehe z. B. Ensthaler und Strübbe (2006), S. 185 ff.; Neuburger (2005), insbes. S. 101 ff.

[61] Im Schrifttum wird regelmäßig auf Vergleichsunternehmen verwiesen, die über den betreffenden Vermögenswert nicht verfügen. So z. B. IDW S 5 (2010), Tz. 34; Beyer und Mackenstedt (2008), S. 344.

[62] Hierzu Smith und Parr (2005), S. 192 ff.

4 Wertorientiertes Innovations- und Wissensmanagement

derartige Ansätze wird in den folgenden beiden Abschnitten gegeben (Abschn. 4.2.5.3.3.2 und 4.2.5.3.3.3).

4.2.5.3.3.2 Royalty Analysis
Relief-from-Royalty-Methode

Dem Relief-from-royalty-Ansatz[63] liegt der Gedanke zugrunde, dass ein Unternehmen, das Eigentümer des zu bewertenden Vermögenswerts, z. B. einer patentgeschützten Technologie oder Marke, ist, diesen nicht von einem Dritten einlizenzieren muss. Im Falle der Einlizenzierung hätte es Lizenzzahlungen an den Dritten zu leisten, die jedoch – aufgrund der Eigentümerposition – nicht anfallen (von denen das Unternehmen somit "befreit" ist). Die in diesem Sinne ersparten Zahlungen werden dem Bewertungsobjekt als Einkommen zugerechnet; dessen Wert wird dementsprechend als deren Barwert – unter Berücksichtigung von Steuern – abgeleitet.[64]

Die Ermittlung der im dargestellten Sinne ersparten Lizenzzahlungen setzt die Bestimmung von Lizenzsätzen voraus.[65] Hierfür wird auf Lizenzverträge für mit dem Bewertungsobjekt vergleichbare Vermögenswerte zurückgegriffen. Die Ableitung der Bemessungsgrundlagen erfolgt zumeist auf der Grundlage der Planungsrechnung des betreffenden Unternehmens, wobei die Konditionen der Vergleichstransaktionen zu berücksichtigen sind.

Fallbeispiel

Grundlage der Produkte der Beispiel GmbH ist eine patentgeschützte Technologie, die nach Einschätzung der Gesellschaft voraussichtlich noch rund 8 Jahre genutzt werden kann. Mit dieser – als Basistechnologie bezeichneten – Technologie vergleichbare Technologien sind regelmäßig Gegenstand von – zumeist auf bestimmte geografische Regionen begrenzten – exklusiven Lizenzverträgen. Eine Analyse entsprechender Verträge hat gezeigt, dass für die Basistechnologie ein Lizenzsatz von 8 % der Umsatzerlöse angemessen ist; weitere Zahlungskomponenten werden regelmäßig nicht vereinbart. Die Bewertung dieser Technologie auf den Bewertungsstichtag 1. Januar 2008 ist in Tab. 4.2 zusammen gefasst.

Die Ermittlung des Werts der Basistechnologie mittels der Relief-from-Royalty-Methode geht von den bis zum Ende der Nutzungsdauer der Technologie geplanten Umsatzerlösen aus, die die Gesellschaft mit den Produkten erzielen möchte, deren Grundlage die Basistechnologie ist. Auf diese wird – zur Bestimmung der ersparten

---

[63] Vgl. Smith und Parr (2005), S. 185; IVSC IVS 2011, 210.C24 ff.; TAF (2010), 3.5.03, interpretiert diesen Ansatz als besondere Ausprägung der Profit Split-Analyse.
[64] Siehe z. B. Anson und Suchy (2005), S. 35 f.
[65] Zur Bestimmung von Lizenzsätzen siehe insbesondere auch Nestler (2008), S. 2002 ff.; Kasperzak und Nestler (2010), S. 139 ff.; Lu (2010), S. 160 ff.

Tab. 4.2 Bewertung der Basistechnologie

Mio. EUR	Ref.		2007	2008	2009	2010	2011	2012	2013	2014	2015
Sales related to core technology[a]				360,0	388,8	404,4	412,4	420,7	429,1	437,7	364,7
Royalty savings[b]		8,00 %		28,8	31,1	32,3	33,0	33,7	34,3	35,0	29,2
Tax[c]		30,00 %		−8,6	−9,3	−9,7	−9,9	−10,1	−10,3	−10,5	−8,8
Royalty savings after tax				20,2	21,8	22,6	23,1	23,6	24,0	24,5	20,4
Invested capital[d]	Tab. 4.6	8,34 %	127,1	117,6	105,6	91,8	76,3	59,1	40,0	18,9	
incl. TAB		1,27	161,5								
Return on invested capital[e]				10,6	9,8	8,8	7,7	6,4	4,9	3,3	1,6
Return of invested capital[f]				9,6	12,0	13,8	15,4	17,2	19,1	21,2	18,9
Return on and of invested capital				20,2	21,8	22,6	23,1	23,6	24,0	24,5	20,4
Amortization[g]				20,2	20,2	20,2	20,2	20,2	20,2	20,2	20,2
Tax benefit of amortization[h]				6,1	6,1	6,1	6,1	6,1	6,1	6,1	6,1
Cashflow incl. tax benefit				26,2	27,8	28,7	29,2	29,6	30,1	30,6	26,5
Invested Capital incl. TAB[i]			161,5	148,7	133,3	115,7	96,2	74,6	50,8	24,4	

Tab. 4.2 (Forsetzung)

Mio. EUR	Ref.	2007	2008	2009	2010	2011	2012	2013	2014	2015
Tax Amortization Benefit (TAB)										
Percentage of amortization per year[j]		8,0								
Present value[k]		8,34 %	70,9 %	64,3 %	57,2 %	49,5 %	41,1 %	32,0 %	22,2 %	11,5 %	12,5 %
Tax benefit[l]		30,00 %	21,3 %	12,5 %	12,5 %	12,5 %	12,5 %	12,5 %	12,5 %	12,5 %	12,5 %
Step up factor[m]			1,27								

[a] Projection based on management best estimate
[b] Sales * royalty rate
[c] Royalty savings * tax rate
[d] (Invested capital $t + 1$ + Royalty savings $t + 1$)/(1 + asset specific rate of return)
[e] Invested capital $t - 1$ * asset specific rate of return
[f] Invested capital $t - 1$ less invested capital t
[g] Invested capital 2007 incl. TAB/useful life
[h] Amortization * tax rate
[i] (Invested capital incl. TAB $t + 1$ + cashflow incl. tax benefit $t + 1$)/(1 + asset specific rate of return)
[j] 1/useful life
[k] See d and i
[l] Present value of amortization * tax rate
[m] $1/(1 - \text{tax benefit})$

Lizenzzahlungen –der Lizenzsatz von 8 % angewendet. Auf dieser Grundlage ergibt sich der Wert der zu bewertenden Technologie zu Beginn eines betrachteten Jahres – bei Anwendung des Roll Back-Verfahren – als Barwert der Summe aus dem Wert der Technologie am Ende dieser Periode und den dieser Periode zuzurechnenden ersparten Lizenzzahlungen nach Steuern; zur Vereinfachung der Analyse wird davon ausgegangen, dass die ersparten Lizenzzahlungen am Ende der betrachteten Periode erzielt werden.

Der Barwertermittlung liegt ein vorläufig festgelegter vermögenswertspezifischer Zinssatz in Höhe von 8,34 % zugrunde, der erforderlichenfalls bei der Beurteilung der Plausibilität der Bewertungsergebnisse unter Abschn. 4.2.5.4.3.3 bzw. Abschn. 4.2.5.4.4.3 anzupassen ist. Der Abzug der Ertragsteuern von den ersparten Lizenzzahlungen und die Ableitung des bei der Wertermittlung berücksichtigten abschreibungsbedingten Steuervorteils werden unter Abschn. 4.2.5.3.5 erläutert.

Im mittleren Teil der Tabelle werden Verzinsung (Return on Invested Capital) und Rückfluss (Return of Invested Capital) des in die Basistechnologie investierten Kapitals abgeleitet. Da die Vorgehensweise bei deren Ermittlung mit der Bestimmung dieser Komponenten für die Verfahrenstechnologie identisch ist, wird insoweit auf die Ausführungen unter Abschn. 4.2.5.3.3.1 verwiesen.

Der Ansatz geht von der Grundannahme und dem damit verbundenen Vergleichsobjekt aus, dass das Unternehmen c.p. die zu bewertende Technologie nutzt, jedoch nicht deren Eigentümer ist. Aus diesem Grund muss die Technologie anderweitig – im Wege einer Einlizenzierung – beschafft werden.

Damit sind auch die zentralen Anwendungsvoraussetzungen dieses Ansatzes ersichtlich:

- Grundvoraussetzung einer Ableitung von Lizenzsätzen aus Markttransaktionen ist das Erfordernis, dass mit dem Bewertungsobjekt vergleichbare Vermögenswerte überhaupt Gegenstand von Lizenzverträgen sind.
- Zur Beurteilung der Vergleichbarkeit möglicher Markttransaktionen, zur Bestimmung der Lizenzsätze sowie zur Festlegung der Bemessungsgrundlagen bedarf es zusätzlich der Kenntnis der detaillierten Vertragsinhalte, insbesondere der Konditionen, der Transaktionen.

Ist die als erste genannte Voraussetzung gegeben, ist der Anwendungsbereich der Relief-from-Royalty-Methode zumeist relativ breit. Für die Identifikation von Vergleichstransaktionen sowie zur Bestimmung der Vertragsinhalte kommt – neben Rechtsprechung und Literatur[66] – Datenbankanbietern, insbesondere *RoyaltySource®*[67] eine immer größere Bedeutung zu.

---

[66] Siehe hierzu z. B. Hellebrand und Himmelmann (2011); Parr (2007); IPRA (Technology); IPRA (Pharmaceuticals); Groß (1998), S. 1321–1323; Groß (1995), S. 885–891; Stasik (2010), S. 114 ff.; Varner (2010), S. 120 ff.
[67] www.royaltysource.com.

Beim Relief-from-Royalty-Ansatz handelt es sich konzeptionell um einen Income Approach. Aufgrund des Bezugs zu Markttransaktionen ist er jedoch auch vom Market Approach geprägt. Dementsprechend wird der Relief-from-Royalty-Ansatz auch als hybrider Ansatz bezeichnet,[68] z. T. sogar dem Market Approach zugerechnet.[69]

In diesem Zusammenhang ist auch der Fall der Auslizenzierung aus Sicht des Lizenzgebers zu betrachten. Der Lizenzgeber erzielt ein dem Vermögenswert zuzuordnendes Lizenzeinkommen (Royalty Income). Weicht dieses von dem ab, das sich unter Heranziehung von Marktkonditionen für vergleichbare Transaktionen ergeben würde, ist zu untersuchen, ob neben diesem Vermögenswert ein vorteilhafter oder nachteiliger Vertrag gegeben ist.[70]

Profit Split-Analyse

In einer Reihe von Branchen finden „Praktikerregeln"[71] Anwendung, die auf die Aufteilung des Einkommens eines betrachteten Unternehmensbereichs zwischen Lizenznehmer und Lizenzgeber abzielen (Profit Split). Insbesondere ist die „25 %-Regel"[72] zu nennen, die besagt, dass 25 % des Einkommens dem Eigentümer der Intellectual Property, also dem Lizenzgeber, und 75 % dem Produzenten, also dem Lizenznehmer, zukommen sollen. Zur Begründung wird auf die Risikoverteilung zwischen beiden Parteien verwiesen, wonach dem produzierenden Unternehmen aufgrund des Investitionsrisikos der größere Einkommensanteil zukommen soll.

Die 25 %-Regel findet beispielsweise in Bereichen des Maschinenbaus Anwendung. Bemerkenswert ist, dass in Branchen, in denen die 25 %-Regel grundsätzlich Beachtung findet, regelmäßig festzustellen ist, dass auch in Lizenzverträgen vereinbarte Lizenzsätze, insbesondere auch Umsatzlizenzen, durch diese Regel geprägt sind.[73]

Demgemäß bietet sich die Profit Split-Analyse zur unmittelbaren Ableitung von Lizenzzahlungen, die in die Relief-from-Royalty-Analyse einfließen, an. Bedeutsamer ist jedoch deren Heranziehung zur Beurteilung der Plausibilität von Bewertungsparametern und -ergebnissen, beispielsweise von Lizenzsätzen, die entsprechend der zuvor dargestellten Vorgehensweise bestimmt werden.[74]

---

[68] So z. B. Khoury et al. (2001), S. 81; Anson und Suchy (2005), S. 35.

[69] Vgl. z. B. Reilly und Schweihs (1999), S. 441 f.

[70] So auch Smith und Parr (2005), S. 499; sowie schon Smith und Parr (2000), S. 399; a. A. Beyer und Mackenstedt (2008), S. 344; Castedello und Schmusch (2008), S. 352; sowie Rzepka und Scholze (2010), S. 299; die hierin einen Anwendungsfall der Methode der unmittelbaren Cashflow-Prognose sehen.

[71] Kritisch zu „Praktikerregeln" Smith und Parr (2005), S. 374–375, 410–426; Smith und Parr (2005), S. 366, führten aus: „Rules of thumb cannot dismissed summarily, but their use must be viewed with caution…"

[72] Ausführlich zu dieser Regel Goldscheider et al. (2002), S. 123 ff.; kritisch Smith und Parr (2005), S. 374–375, 410–426.

[73] Smith und Parr (2000), S. 366, sprachen in diesem Zusammenhang von „self-fulfilling prophecies". Zur empirischen Überprüfung der 25 %-Regel siehe Smith und Parr (2005), S. 421–426.

[74] In dem zuletzt genannten Aspekt sahen Smith und Parr (2000), S. 368, deren wesentlichen Anwendungsbereich.

4.2.5.3.3.3 Excess Earnings Approach (Multi-Period Excess Earnings Method)

Konzeption von Excess Earnings- und Residual Value-Ansatz

Der Excess Earnings-Ansatz,[75] der auch als Multi-Period Excess Earnings Method[76] (insbesondere abgekürzt als MPEEM[77]) bezeichnet wird, knüpft an der unter Abschn. 4.2.5.2.4 dargelegten Betrachtung der Analyse der Werte immaterieller Vermögenswerte an. Die mit dieser Betrachtung verbundene Bestimmungsgleichung für das Einkommen eines Unternehmens kann so umgeformt werden, dass das Einkommen eines diesem zugehörigen Vermögenswerts indirekt bestimmt wird. Für den Vermögenswert $i = n$ ergibt sich – unter Außerachtlassung möglicher Einkommenskomponenten ε_{t+1}^{CF} – ein Einkommen in der Periode $t + 1$ in Höhe von

$$CF_{n,t+1} = CF_{t+1} - \sum_{i=1}^{n-1} CF_{i,t+1}$$

mit $t = 1$ bis T, wobei T die Nutzungsdauer des Bewertungsobjekts zum Ausdruck bringt.

Damit ist der Grundgedanke des Excess Earnings-Ansatzes ersichtlich: Das dem zu bewertenden Vermögenswert zuzurechnende Einkommen wird als Residualeinkommen verstanden, das dadurch bestimmt wird, dass vom Einkommensstrom des betrachteten Unternehmens die Einkommensbeiträge aller Vermögenswerte mit Ausnahme des Bewertungsobjekts – diese Einkommensbeiträge werden auch als Contributory Asset Charges (kurz CAC) bezeichnet – abgezogen werden. Der Wert des Vermögenswerts ergibt sich – unter Berücksichtigung von Steuern – als Barwert der so bestimmten „Excess Earnings". Diese Vorgehensweise setzt voraus, dass das Einkommen des Unternehmens und die Einkommensbeiträge aller Vermögenswerte mit Ausnahme des Bewertungsobjekts bekannt bzw. bestimmbar sind.

Der Wert eines Vermögenswerts, der einem als Portfolio verstandenen Unternehmen zugehörig ist, kann allerdings auch unmittelbar aus der Bestimmungsgleichung für den Wert des Unternehmens abgeleitet werden. Danach beträgt der Wert des Vermögenswerts $i = n$ im Zeitpunkt t (mit $t = 1$ bis T) bei Nichtberücksichtigung möglicher Wertkomponenten ε_{t+1}^{V}

$$V_{n,t} = V_t - \sum_{i=1}^{n-1} V_{i,t}$$

Diese, als Residual Value Approach bezeichnete Vorgehensweise ermittelt somit den Wert des zu bewertenden Vermögenswertes dadurch, dass vom Gesamtwert des betreffenden Unternehmens die Werte aller übrigen, ihm zuzurechnenden Vermögenswerte – diese

---

[75] Siehe auch IVSC IVS 2011, 210.C31 ff.
[76] So z. B. AICPA (2011), 1.17; sowie bereits AICPA (2001), 2.1.10 und 16.
[77] Diese Abkürzung verwendet insbesondere TAF (2010), 1.2; teilweise wird auch von MEEM (so beispielsweise Beyer und Mackenstedt (2008), S. 345; Rzepka und Scholze (2010), S. 299) oder MEEA (so Lüdenbach und Prusaczyk (2004b), S. 418) gesprochen.

4 Wertorientiertes Innovations- und Wissensmanagement

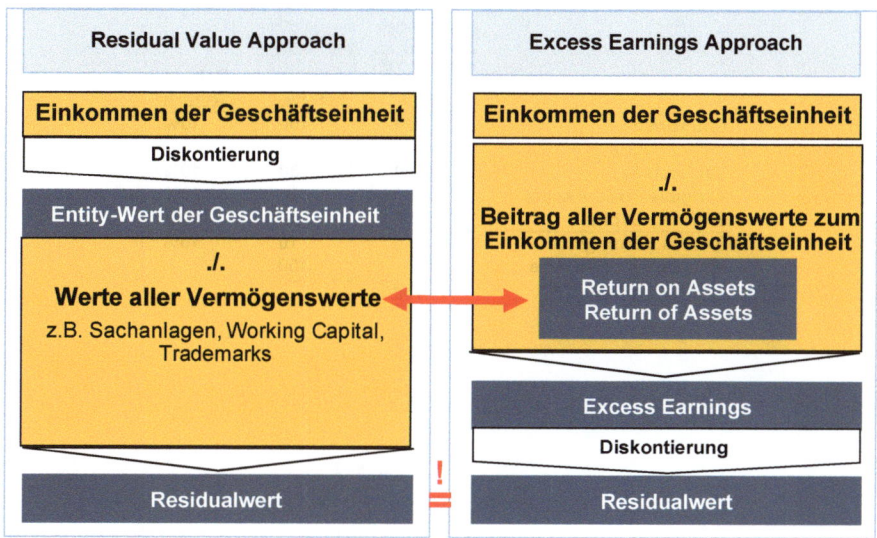

Abb. 4.6 Ansätze zur Bestimmung des Residualwertes

Vermögenswerte werden auch als unterstützende Vermögenswerte (supporting assets) oder Contributory Assets bezeichnet – abgezogen werden. Die Anwendung dieses Ansatzes erfordert demnach sowohl die Ermittlung des Gesamtwerts des Unternehmensbereichs als auch die Bewertung der übrigen, ihm zugehörigen Vermögenswerte.

Abbildung 4.6 stellt der Vorgehensweise des Excess Earnings-Ansatzes das Vorgehen nach der Residual Value-Methode gegenüber. Diese Betrachtung macht deutlich, dass sich beide Ansätze nicht konzeptionell, sondern lediglich in der technischen Umsetzung der Wertbestimmung unterscheiden. Dabei ist zu beachten, dass die Einkommensbeiträge der Vermögenswerte, die mittels des Market Approach bzw. des Cost Approach bewertet werden, als Verzinsung und Rückfluss des in diese investierten Kapitals – entsprechend den Ausführungen unter Abschn. 4.2.4 – aus deren Werten abzuleiten sind.

Der Zusammenhang zwischen beiden Bewertungsansätzen zeigt sich auch darin, dass – unter Zugrundelegung der unter Abschn. 4.2.5.2.4 eingeführten Bedingung $r_{t+1} = \frac{1}{V_t} \sum_{i=1}^{n} V_{i,t} \cdot r_{i,t+1} + \varepsilon_{t+1}^r \cdot \frac{1}{V_t}$ unter Außerachtlassung der Verzinsungskomponente ε_{t+1}^r – die Residual Value-Methode dem Bewertungsobjekt die Excess Earnings als Einkommen zuordnet: Das dem Bewertungsobjekt $i = n$ zugeordnete Einkommen setzt sich aus Verzinsung und Rückfluss des in dieses investierten Kapitals zusammen und ergibt sich aus der Beziehung

$$CF_{n,t+1} = V_{n,t} \cdot r_{n,t+1} + V_{n,t} - V_{n,t+1}$$

Die Verzinsung des in das Bewertungsobjekt investierten Kapitals kann durch Umformung der Beziehung $r_{t+1} = \frac{1}{V_t} \sum_{i=1}^{n} V_{i,t} \cdot r_{i,t+1}$ residual abgeleitet werden als

	Residual Value	Excess Earnings	
	NPV	Income	Rate of Return
Enterprise	1.000	100	10%
Technology	-300	30	10%
Tangible Fixed Assets	-200	20	10%
Working Capital	-400	40	10%
Excess Earnings		10	10%
NPV Excess Earnings		100	
Residual Value	100		

Abb. 4.7 Residual Value und Excess Earnings Approach – Beispiel

$$V_{n,t} \cdot r_{n,t+1} = V_t \cdot r_{t+1} - \sum_{i=1}^{n-1} V_{i,t} \cdot r_{i,t+1}$$

Unter Einbeziehung dieser Beziehung und den mittels der Residual Value-Methode bestimmten Werten für $V_{n,t}$ und $V_{n,t+1}$ kann die Bestimmungsgleichung für das Einkommen des Bewertungsobjekts überführt werden in die Beziehung

$$CF_{n,t+1} = V_t \cdot r_{t+1} + V_t - V_{t+1} - \left(\sum_{i=1}^{n-1} V_{i,t} \cdot r_{i,t+1} + \sum_{i=1}^{n-1} V_{i,t} - \sum_{i=1}^{n-1} V_{i,t+1} \right)$$

sowie mit

$$CF_{t+1} = V_t \cdot r_{t+1} + V_t - V_{t+1}$$

und

$$\sum_{i=1}^{n-1} CF_{i,t+1} = \sum_{i=1}^{n-1} V_{i,t} \cdot r_{i,t+1} + \sum_{i=1}^{n-1} V_{i,t} - \sum_{i=1}^{n-1} V_{i,t+1}$$

in die Bestimmungsgleichung der Excess Earnings

$$CF_{n,t+1} = CF_{t+1} - \sum_{i=1}^{n-1} CF_{i,t+1}$$

In Abb. 4.7 wird der Zusammenhang zwischen Excess Earnings-Methode und Residual Value-Ansatz anhand eines sehr vereinfachten Zahlenbeispiels aufgezeigt: Ein Unternehmen verfügt über folgende Vermögenswerte, deren Nutzungsdauern unbestimmt sind: eine Technologie, Sachanlagen, Working Capital sowie Kundenbeziehungen. Der jährliche Free Cashflow des Unternehmens beträgt EUR 100, der jährliche Einkommensbeitrag der Technologie EUR 30. Die Werte der Sachanlagen und des Working Capital wurden mittels des Cost Approach in Höhe von EUR 200 bzw. 400 bestimmt. Weiterhin soll gelten, dass die Investitionen gleich den Abschreibungen sind und die Umsatzerlöse in allen Jahren auf gleichem Niveau sind. Der Diskontierungszinssatz beträgt einheitlich für Unternehmen und zu bewertende Vermögenswerte 10 %; Steuern fallen nicht an.

Auf dieser Grundlage ergibt sich für das Unternehmen – nach dem Income Approach als Barwert einer ewigen Rente – ein Entity Value in Höhe von EUR 1.000; der Wert der Technologie beträgt – wiederum nach dem Income Approach als Barwert einer ewigen Rente – EUR 300. Unter Berücksichtigung der Werte von Sachanlagen und Working Capital kann der Wert der Kundenbeziehungen mittels des Residual Value-Ansatzes in Höhe von EUR 100 abgeleitet werden.

Zur Bestimmung der den Kundenbeziehungen zuzurechnenden Excess Earnings sind vom Free Cashflow des Unternehmens (EUR 100) die Einkommensbeiträge der Technologie (EUR 30) sowie der Sachanlagen und des Working Capital abzuziehen. Die Einkommensbeiträge der beiden zuletzt genannten Vermögenswerte können angesichts der unbestimmten Nutzungsdauern und den weiteren zugrunde gelegten Annahmen als Verzinsung des in diese investierten Kapitals ermittelt werden. Damit ergeben sich jährlich gleichbleibende Excess Earnings in Höhe von EUR 10. Der Wert der Kundenbeziehungen, der dem Barwert der Excess Earnings entspricht, beträgt wiederum EUR 100. Damit ist dargelegt, dass beide Bewertungsansätze unter Zugrundelegung identischer Annahmen zum gleichen Ergebnis führen.

Die Bezeichnung „Residual Value Approach" wird teilweise als Oberbegriff für Residual Value- und Excess Earnings-Ansatz verwendet. Im Folgenden werden die Ausdrücke „Residual Value-Methode" bzw. „Residual Value-Ansatz" oder „Residual Value Approach" grundsätzlich für die Grundform dieses Bewertungsansatzes verwendet. Der Excess Earnings-Ansatz wird insbesondere als Multi-Period Excess Earnings-Methode oder kurz als MPEEM bezeichnet.

Fallbeispiel

Die Kunden der Beispiel GmbH weisen – unter der Voraussetzung, dass sie mit Qualität und Preis der Produkte zufrieden sind – eine sehr hohe Loyalität zum Unternehmen auf. Die Erfahrungen der letzten Jahre haben gezeigt, dass die Kundenbindung in engem Zusammenhang mit dem Produktlebenszyklus, der wiederum dem der Basistechnologie zugrunde liegenden Lebenszyklus folgt, steht. Aufgrund der gegebenen Marktstruktur geht die Gesellschaft insbesondere auch davon aus, dass während der verbleibenden Nutzungsdauer der Basistechnologie weder mit einem wesentlichen Verlust bestehender Kunden zu rechnen, noch eine bedeutsame Gewinnung neuer Kunden zu erwarten ist. Die Bewertung der Kundenbeziehungen[78] der Beispiel GmbH ist in Tab. 4.3 zusammen gefasst.

---

[78] Zur Bewertung von Kundenbeziehungen siehe z. B. TAF (2012); IDW S 5 (2010); Dörschell et al. (2010), S. 978 ff.; Lüdenbach und Prusaczyk (2004a), S. 204 ff.; zu Berechnungsbeispielen Moser (2011), S. 44 ff., 157 ff., 198 ff. m. w. N.

Tab. 4.3 Bewertung der Kundenbeziehungen

Mio. EUR	Ref.		2007	2008	2009	2010	2011	2012	2013	2014	2015
Sales related to customer relationship[a]			300	360,0	388,8	404,4	412,4	420,7	429,1	437,7	364,7
EBITA[b]	Tab. 4.7			57,6	63,2	65,6	66,9	68,2	69,6	71,0	59,1
Adjustment customer acquisition expenses[c]		5,00 %		2,9	3,2	3,3	3,3	3,4	3,5	3,5	3,0
Adjustment R&D expenses[d]		4,20 %		15,1	16,3	17,0	17,3	17,7	18,0	18,4	15,3
EBITA adjusted				75,6	82,7	85,8	87,5	89,3	91,1	92,9	77,4
Tax		30,00 %		−22,7	−24,8	−25,7	−26,3	−26,8	−27,3	−27,9	−23,2
Tax-effecting EBITA adjusted				52,9	57,9	60,1	61,3	62,5	63,7	65,0	54,2
Return on invested capital after tax											
Tangible fixed assets[e]	Tab. 4.4			−6,0	−5,3	−5,2	−7,3	−6,3	−4,2	−5,9	−5,7
Working capital[f]	Tab. 4.5			−2,3	−2,7	−2,9	−2,9	−3,0	−3,0	−3,1	−3,2
Income contribution after tax											
Core technology[g]	Tab. 4.2	8,00 %		−20,2	−21,8	−22,6	−23,1	−23,6	−24,0	−24,5	−20,4
Process technology[h]	Tab. 4.1			−2,5	−2,7	−2,9	−2,9	−3,0	−3,1	−3,1	−2,6
Excess earnings after tax				22,1	25,4	26,5	25,0	26,6	29,4	28,4	22,3
invested capital	Tab. 4.6	9,34 %	139,6	130,6	117,4	101,8	86,3	67,7	44,6	20,4	
incl. TAB		1,26	175,6								

Tab. 4.3 (Fortsetzung)

Mio. EUR	Ref.	2007	2008	2009	2010	2011	2012	2013	2014	2015
Return on invested capital	9,34 %		13,0	12,2	11,0	9,5	8,1	6,3	4,2	1,9
Return of invested capital			9,0	13,2	15,6	15,5	18,6	23,1	24,2	20,4
Return on and of invested capital			22,1	25,4	26,5	25,0	26,6	29,4	28,4	22,3
Amortization			22,0	22,0	22,0	22,0	22,0	22,0	22,0	22,0
Tax savings			6,6	6,6	6,6	6,6	6,6	6,6	6,6	6,6
Cash flow incl. tax savings			28,6	32,0	33,1	31,6	33,2	36,0	35,0	28,9
Investel capital incl. TAB		175,6	163,4	146,6	127,2	107,5	84,3	56,1	26,4	
Tax amortization benefit (TAB)										
Percentage of amortization per year	8,0		12,5 %	12,5 %	12,5 %	12,5 %	12,5 %	12,5 %	12,5 %	12,5 %
Present value	9,34 %	68,3 %	62,2 %	55,5 %	48,2 %	40,2 %	31,5 %	21,9 %	11,4 %	
Tax benefit	30,00 %	20,5 %								
Step up factor		1,26								

[a] Projection based on management best estimate
[b] EBITA-margin * sales
[c] Customer acquisition expenses as % of sales * sales
[d] R&D expenses as % of sales * sales
[e] Invested capital as % of sales $t-1$ * sales $t-1$ * asset specific rate of return (tangible fixed assets)
[f] Invested capital as % of sales $t-1$ * Sales $t-1$ * asset specific rate of return (working capital)
[g] Royalty rate * sales * (1 − tax rate)
[h] Cost savings as % of sales * sales * (1 − tax rate)

Die einem Vermögenswert zuzuordnenden Excess Earnings ergeben sich, wie dargelegt, durch Abzug der Einkommensbeiträge der unterstützenden Vermögenswerte vom als Free Cashflow verstandenen Einkommen des Unternehmens. Da Komponenten der Einkommensbeiträge verschiedener unterstützender Vermögenswerte in die Free Cashflow-Ermittlung eingehen, können durch die Wahl der Ausgangsgröße der Excess Earnings-Ermittlung Vereinfachungen erzielt werden.[79] Aus diesem Grund geht die Bestimmung der den Kundenbeziehungen der Beispiel GmbH zuzuordnenden Excess Earnings vom EBITA nach Steuern aus.

Zur Ableitung der Excess Earnings sind die von der Gesellschaft geplanten, in Tab. 4.3 zusammengestellten EBITA zunächst um die in Höhe von 5 % des Umsatzes enthaltenen Kundenakquisitionskosten zu bereinigen. Diese Anpassung ist darin begründet, dass die zu bewertenden Kundenbeziehungen am Bewertungsstichtag bereits vorhanden sind und dementsprechend keiner Akquisition bedürfen. Außerdem sind die in Höhe von 4,2 % des Umsatzes vorgesehenen Forschungs- und Entwicklungsaufwendungen, die der Entwicklung der nächsten Generation der Basistechnologie dienen, zu eliminieren; diese Bereinigung resultiert daraus, dass die zu bewertenden Kundenbeziehungen auf Produkten aufbauen, denen die existierende Technologie zugrunde liegt. Von dem so bereinigten EBITA sind – nach Abzug der Steuern – die Einkommensbeiträge der unterstützenden Vermögenswerte Sachanlagen, Working Capitals, Basis- und Verfahrenstechnologie abzuziehen. Zur Vereinfachung der Darstellungen wird davon ausgegangen, dass zur Ausübung der Geschäftstätigkeit der Beispiel GmbH keine weiteren Vermögenswerte – beispielsweise ein Mitarbeiterstamm – erforderlich sind.

Die Einkommensbeiträge der

- Sachanlagen und des Working Capital sind als Verzinsung des in diese Vermögenswerte investierten Kapitals zu bestimmen; aufgrund der Wahl des EBITA nach Steuern als Ausgangsgröße der Excess Earnings erübrigt sich die Berücksichtigung der Rückflusskomponente.

- Das in diese Vermögenswerte investierte Kapital wurde von der Beispiel GmbH für jeden Zeitpunkt des Betrachtungszeitraums – unter Einbeziehung des Rückflusses des in die Sachanlagen investierten Kapitals sowie von Investitionen in dieses bzw. unter Berücksichtigung der Veränderung des Working Capital – weiterentwickelt und in Tab. 4.4 bzw. Tab. 4.5 zusammengestellt; aus diesen Tabellen ergeben sich auch die vorläufig festgelegten vermögenswertspezifischen Zinssätze dieser Vermögenswerte. Die Einkommensbeiträge der

- Basistechnologie und der Verfahrenstechnologie ergeben sich als ersparte Lizenzzahlungen bzw. als Kosteneinsparungen nach Steuern, da diese Einkommensbeiträge sich – dies ergibt sich aus Tab. 4.1 bzw. Tab. 4.2 – aus Verzinsung und Rückfluss des in diese Vermögenswerte investierten Kapitals zusammen setzen.

---

[79] Zu Einzelheiten der Ableitung der Excess Earnings siehe Moser (2011), S. 53 ff., 216 ff.

4 Wertorientiertes Innovations- und Wissensmanagement

Tab. 4.4 Planung der Sachanlagen

Mio. EUR	Ref.	2007	2008	2009	2010	2011	2012	2013	2014	2015	perpet.
Return on invested capital[a]	Tab. 4.6	5,99 %	6,0	5,3	5,2	7,3	6,3	4,2	5,9	5,7	7,1
Return of invested capital[b]			37,0	42,0	36,0	36,0	36,0	36,0	36,0	36,0	36,0
Capital expenditure[c]			−25,0	−40,0	−72,0	−20,0	0,0	−65,0	−32,0	−60,0	−36,0
Return of invested capital less CapEx			12,0	2,0	−36,0	16,0	36,0	−29,0	4,0	−24,0	0,0
Net cashflow			18,0	7,3	−30,8	23,3	42,3	−24,8	9,9	−18,3	7,1
Invested capital		100,0	88,0	86,0	122,0	106,0	70,0	99,0	95,0	119,0	
as percentage of sales		33,33 %	24,44 %	22,12 %	30,17 %	25,70 %	16,64 %	23,07 %	21,71 %	27,19 %	

[a] Invested capital $t − 1$ * asset specific rate of return
[b] Return of invested capital = depreciation
[c] Based on projection of tangible fixed assets

Tab. 4.5 Planung des Working Capital

Mio. EUR	Ref.	2007	2008	2009	2010	2011	2012	2013	2014	perpet.
Return on invested capital[a]	Tab. 4.6 3,00%		2,3	2,7	2,9	2,9	3,0	3,0	3,1	3,2
Incremental working capital[b]			−15,0	−5,3	−1,8	−1,9	−2,0	−2,0	−2,1	0,0
Net cashflow			−12,7	−2,6	1,1	1,0	1,0	1,0	1,0	3,2
Invested capital		75,0	90,0	95,3	97,0	99,0	101,0	103,0	105,0	105,0
as percentage of sales		25,0%	25,0%	24,5%	24,0%	24,0%	24,0%	24,0%	24,0%	24,0%

[a] Invested capital $t-1$ * asset specific rate of return
[b] Invested capital $t-1$ less invested capital t

Auf dieser Grundlage bestimmt sich der Wert der Kundenbeziehungen zu Beginn einer betrachteten Periode – bei Anwendung des Roll Back-Verfahrens – als Barwert der Summe aus dem Wert der Kundenbeziehungen am Ende dieser Periode und den dieser Periode zugerechneten Excess Earnings; zur Vereinfachung der Analyse wird davon ausgegangen, dass die Excess Earnings am Ende der betrachteten Periode erzielt werden.

Der Barwertermittlung liegt ein vorläufig festgelegter vermögenswertspezifischer Zinssatz in Höhe von 9,34 % zugrunde, der erforderlichenfalls bei der Beurteilung der Plausibilität der Bewertungsergebnisse unter Abschn. 4.2.5.4.3.3 bzw. Abschn. 4.2.5.4.4.3 anzupassen ist. Der Abzug der Ertragsteuern bei der Ermittlung der Excess Earnings sowie die Ableitung des bei der Wertermittlung berücksichtigten abschreibungsbedingten Steuervorteils werden unter Abschn. 4.2.5.3.5 erläutert.

Anwendungsvoraussetzungen von Excess Earnings - und Residual Value-Ansatz

Für die Anwendung der beiden hier betrachteten Ansätze ist von zentraler Bedeutung, dass

- begründbar ist, dass dem Bewertungsobjekt die „Excess Earnings" bzw. der „Residual Value" zuzurechnen sind, sowie dass
- alle anderen Vermögenswerte des Unternehmens identifizierbar und bewertbar sind; dementsprechend muss insbesondere deren Beitrag zum Gesamteinkommen des Unternehmens bestimmbar sein.

In der Praxis der Kaufpreisallokation in Deutschland[80] wird die Residual Value-Methode – ganz überwiegend in Gestalt der MPEEM – regelmäßig der Bewertung des bedeutsamsten immateriellen Vermögenswerts des Unternehmensbereichs zugrunde gelegt. Dieser Vermögenswert sollte dadurch gekennzeichnet sein, dass er „einen erheblichen Einfluss auf die Cashflows"[81] ausübt, d. h. der zentrale Werttreiber[82] des Unternehmens ist. Deswegen wird dieser Vermögenswert oftmals als „leading asset" bezeichnet. Zu denken ist etwa an die dominierende Marke bzw. die grundlegende Technologie oder die Kundenbeziehungen des Unternehmens.

Die zweite Anwendungsvoraussetzung macht deutlich, dass mit der MPEEM bzw. dem Residual Value-Ansatz die Gefahr der Überbewertung des Bewertungsobjekts verbunden sein kann:[83]

- Zum einen zeigt sich dies in der Vernachlässigung möglicher, mit dem Zusammenwirken der Vermögenswerte verbundenen Synergien, die sich nicht in den Werten

---

[80] Auf die internationale Praxis wird bei Moser (2011), S. 148 ff., eingegangen.
[81] IDW S 5 (2010), Tz. 40. IDW RS HFA 16, Tz. 58 verwendet die Formulierung „mit dem größten Einfluss auf die Cashflows"; ebenso IDW S 5 (2007), Tz. 40.
[82] So Mackenstedt et al. (2006), S. 1042.
[83] A.A. wohl Castedello et al. (2006), S. 1033.

bzw. Einkommensbeiträgen der unterstützenden Vermögenswerte niederschlagen (Wertkomponente ε_t^V bzw. Einkommenskomponente ε_{t+1}^{CF}); die hier betrachteten Bewertungsansätze ordnen derartige Effekte dem danach bewerteten Vermögenswert zu. Dem Wert des Bewertungsobjekts wird folglich eine den unterstützenden Vermögenswerten bzw. dem Goodwill zuzurechnende Komponente zugewiesen.[84] Dabei ist allerdings zu beachten, dass die gesonderte Erfassung dieser Synergien deren Abgrenzbarkeit voraussetzt.

- Zum anderen ist denkbar, dass es Fälle gibt, in denen nicht alle Vermögenswerte des Unternehmensbereichs identifiziert und bewertet werden. Deren Wert schlägt sich dann ebenfalls – ganz oder teilweise – in dem des Bewertungsobjekts nieder.[85]

Anwendungsprobleme der Multi Period Excess Earnings -Methode

Bei der Anwendung der MPEEM treten regelmäßig eine Vielzahl von Fragestellungen auf, die in der Praxis oftmals kontrovers behandelt werden. Dies belegt beispielsweise die Veröffentlichung einer umfangreichen Best Practice-Studie durch The Appraisal Foundation[86] im Mai 2010,[87] die die in der Praxis zu dem besonders bedeutsamen Fragenkomplex der Bestimmung der Contributory Asset Charges entwickelten unterschiedlichen Lösungen zusammen stellt. Ähnliche Hinweise ergeben sich auch aus dem deutschsprachigen Schrifttum, wo etwa Mackenstedt et al.[88] betonen, dass „die Residualwertmethode (verstanden als MPEEM; Anm. d. Verf.) eine Bündelung der Bewertungsprobleme aller anderer Verfahren dar(stellt)".

Auf die Darlegung von Einzelheiten der Anwendung dieses Bewertungsansatzes wird im Rahmen dieses Beitrags verzichtet. Hierzu ist auf das Schrifttum zu verweisen.[89]

4.2.5.3.4 Diskontierungszinssatz

4.2.5.3.4.1 Vorgehen bei der Festlegung des Diskontierungszinssatzes

Zur Ermittlung des Werts des Bewertungsobjekts ist – dies wurde unter Abschn. 4.2.4.2.1 dargelegt – der diesem zugeordnete zukünftige Einkommensstrom mit einer alternativen Anlagemöglichkeit zu vergleichen. Technisch erfolgt dieser Vergleich im Wege der Diskontierung. Dementsprechend ist eine mit dem Bewertungsobjekt vergleichbare Alternativanlage festzulegen. Dabei ist insbesondere darauf abzustellen, dass sich Laufzeit und Risiko von Bewertungsobjekt und Alternativanlage entsprechen, d. h. die Alternativanlage

---

[84] Zur Zurechnung dieses Portfolio-Effekts zum Goodwill siehe z. B. bei Reilly und Schweihs (1999), S. 381 f.; Smith und Parr (2005), S. 20–21.

[85] Zur Ableitung dieses Zusammenhangs siehe Moser (2011), S. 261 ff.; so inzwischen auch Beyer und Mackenstedt (2008), S. 345.

[86] TAF (2010).

[87] Dieser gingen zwei Diskussionspapiere im Juni 2008 und Februar 2009 voraus; vgl. TAF (2008) und TAF (2009).

[88] Mackenstedt et al. (2006), S. 1042.

[89] Siehe Moser (2011), insbesondere S. 43 ff. m. w. N.

laufzeit- und risikoäquivalent zum Bewertungsobjekt ist.[90] Der Diskontierungszinssatz, der diese Voraussetzung erfüllt, wird im Folgenden als vermögenswertspezifischer Zinssatz bezeichnet. Teilweise wird auch von vermögenswertspezifischen Kapitalkosten gesprochen.[91]

Als Ausgangspunkt der Ableitung des vermögenswertspezifischen Zinssatzes bieten sich die Kapitalkosten des Unternehmens an. Zur Abbildung der Laufzeitäquivalenz ist die Laufzeit der Kapitalkosten unter Zugrundelegung der Nutzungsdauer des Bewertungsobjekts festzulegen (Abschn. 4.2.5.3.4.2); zur Berücksichtigung der Risikoäquivalenz sind die laufzeitäquivalenten Kapitalkosten an das spezifische Risiko des Bewertungsobjekts anzupassen (Abschn. 4.2.5.3.4.3).[92]

4.2.5.3.4.2 Ermittlung der laufzeitäquivalenten Kapitalkosten

Die gewichteten Kapitalkosten eines Unternehmens (Weighted Average Cost of Capital oder kurz WACC)[93] setzen sich aus den Kosten der Eigenkapitalgeber (r_E) und denen der Fremdkapitalgeber (r_D) zusammen, die entsprechend ihrem Anteil am Gesamtunternehmenswert gewichtet werden (Abb. 4.8). Der Gesamtunternehmenswert ergibt sich dabei als Summe aus dem Marktwert des Eigenkapitals (E) und dem Marktwert des Fremdkapitals (Db). Bei den Fremdkapitalkosten ist zudem deren steuerliche Abzugsfähigkeit als Betriebsausgabe mittels des Tax Shields $(1 - s)$ zu berücksichtigen.[94]

Zur Bestimmung der Eigenkapitalkosten wird zumeist auf das Capital Asset Pricing Model (CAPM) zurückgegriffen.[95] Danach setzten sich die Eigenkapitalkosten aus dem risikofreien Zinssatz (r_f) und einer Risikoprämie zusammen. Dabei ist der risikofreie Zinssatz laufzeitäquivalent, d. h. entsprechend der Nutzungsdauer des Bewertungsob-

---

[90] Grundlegend zu den Äquivalenzprinzipien siehe Moxter (1991), S. 155 ff.; Ballwieser (2004), S. 82 ff.

[91] So z. B. Schmalenbach-Gesellschaft (2009), S. 42 f.; IDW RS HFA 16, Tz. 35; Tettenborn et al. (2012), S. 483 ff.

[92] Zur Bestimmung des Diskontierungssatzes bei der Bewertung immaterieller Vermögenswerte siehe auch Stegink et al. (2007); IDW RS HFA 16, Tz. 30 ff., 35 ff.; IDW S 5 (2010) Tz. 41–44.

[93] Zu deren Ermittlung statt vieler Aschauer und Purtscher (2011), S. 161 ff.; Dörschell et al. (2009); Dörschell et al. (2010); Ballwieser und Wiese (2010), S. 129 ff. Eine Zusammenstellung derzeit bestehender Probleme bei der Ermittlung der Kapitalkosten bei Unternehmensbewertungen aus deutscher Sicht findet sich z. B. bei Dörschell et al. (2006), S. 2–7.

[94] Auf die Abbildung steuerlicher Besonderheiten, beispielsweise der Zinsschranke, wird bei der Einbeziehung der Besteuerung ins Bewertungskalkül eingegangen.

[95] Zu diesem Modell sowie dessen Anwendungsmöglichkeiten und -problemen im Rahmen der Unternehmensbewertung siehe z. B. Franke und Hax (2009), S. 354–361; Henselmann und Kniest (2010), S. 219 ff.; Timmreck 2004, S. 61–67; ein knapper Überblick findet sich auch bei Peemöller (2005a), S. 157–160; Peemöller (2005b), S. 222–224. Ein anderer Ansatz zur Bestimmung der Eigenkapitalkosten ist beispielsweise das Build Up-Modell; siehe hierzu etwa Essler und Dodel (2008), S. 2 ff.

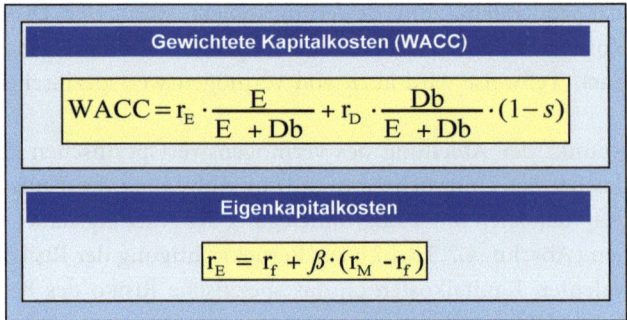

Abb. 4.8 Bestimmung der Kapitalkosten eines Unternehmens

jekts, aus der aktuellen Zinsstrukturkurve abzuleiten.[96] Die Risikoprämie ergibt sich aus der Multiplikation der Marktrisikoprämie ($r_M - r_f$) mit dem ß-Faktor (Abb. 4.8).[97] Bei der Ermittlung der Fremdkapitalkosten ist in entsprechender Weise die Laufzeit- und Risikoäquivalenz zu berücksichtigen.[98]

Die dargestellten Parameter der Kapitalkosten können aus Sicht des Unternehmens, bei dem das Bewertungsobjekt zusammen mit anderen Vermögenswerten zur Erzielung von dessen Gesamteinkommen beiträgt, ermittelt werden. Sie können jedoch auch von diesem losgelöst unter Heranziehung von Vergleichsunternehmen (Peer Group) bestimmt werden. Letzteres bedeutet beispielsweise, dass für die Gewichtung der Eigenkapital- und Fremdkapitalkosten nicht der Anteil des Marktwerts des Eigenkapitals bzw. des Fremdkapitals am Gesamtunternehmenswert des betreffenden Unternehmens herangezogen, sondern auf die Kapitalstruktur der Peer Group abgestellt wird.

> **Fallbeispiel**
>
> Die gewichteten Kapitalkosten der Beispiel GmbH betragen 7,87 %. Diese setzen sich aus Eigenkapitalkosten in Höhe von 9,45 % und Fremdkapitalkosten von 6,00 % bei einer Eigenkapitalquote (Fremdkapitalquote) von 70 % (30 %) und einem Steuersatz von 30 % zusammen. Den Eigenkapitalkosten liegen ein risikoloser Zinssatz von 4,0 %, eine Marktrisikoprämie von 4,5 % sowie ein Beta von 1,21 zugrunde.

---

[96] Hierzu Gebhardt und Daske (2005), S. 649–655; Kniest (2005), S. 9–12; Obermaier (2009), S. 550 ff.

[97] Der ß-Faktor eines Wertpapiers i ist definiert als die Kovarianz zwischen der Renditeerwartung dieses Wertpapiers und der des Marktportfolios dividiert durch die Varianz der Rendite des Marktportfolios. Siehe hierzu und zu dessen Ermittlung bereits die in Fn. 95 aufgeführten Fundstellen sowie Kern und Mölls (2010), S. 440 ff.

[98] Zur Bestimmung der Fremdkapitalkosten siehe z. B. Breitenbücher und Ernst (2004), S. 77–97; Behr und Güttler (2004), S. 7–12.

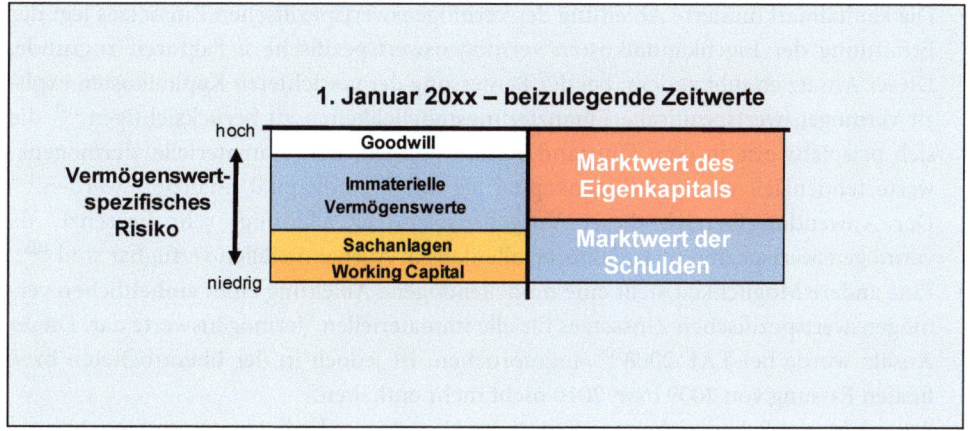

Abb. 4.9 Vermögenswertspezifisches Risiko

4.2.5.3.4.3 Berücksichtigung des vermögenswertspezifischen Risikos

Ein Bewertungsobjekt weist zumeist ein spezifisches Risiko auf, das – unabhängig davon, ob es sich um ein Unternehmen oder um einen einzelnen Vermögenswert handelt – in der Volatilität des diesem zuzurechnenden Einkommensstroms zum Ausdruck kommt.[99] Dies zeigt sich besonders deutlich bei der Betrachtung eines Unternehmens, das – dies wurde unter Abschn. 4.2.5.2 dargelegt – als Portfolio von Vermögenswerten verstanden werden kann (Abb. 4.9): Typischerweise ist mit immateriellen Vermögenswerten ein höheres Risiko verbunden als mit materiellen Vermögenswerten,[100] wobei regelmäßig dem Goodwill das höchste Risiko zugeschrieben wird, dann kommen die anderen immateriellen Vermögenswerte, die Sachanlagen und schließlich das Working Capital, mit dem das niedrigste Risiko verbunden ist.[101] Beispielsweise kann die Entwicklung einer neuen Technologie eine bestehende gänzlich obsolet machen, wohingegen der bisherige Maschinenpark weiter genutzt werden kann, etwa für die Fertigung der auf der neuen Technologie beruhenden Produkte. In diesem Fall weist der der Technologie zugeordnete Beitrag zum Gesamteinkommensstrom c. p. eine höhere Volatilität und damit ein höheres vermögenswertspezifisches Risiko als der Maschinenpark auf. In Einzelfällen, etwa bei Spezialanlagen oder bei einzelnen Komponenten des Goodwill[102], kann etwas anderes gelten.

Zur Anpassung der laufzeitäquivalent abgeleiteten gewichteten Kapitalkosten an das so charakterisierte vermögenswertspezifische Risiko des zu bewertenden Vermögenswerts werden mehrere Vorgehensweisen vorgeschlagen:

---

[99] Siehe hierzu bereits Moser und Schieszl (2001), S. 530–541 m. w. N.
[100] So auch die Untersuchung von Stegink et al. (2007).
[101] So z. B. auch TAF (2010) 4.2.07.
[102] Vgl. TAF (2010) 4.2.09 f.

- Die kapitalmarktbasierte Ableitung des vermögenswertspezifischen Zinssatzes legt der Ermittlung der Eigenkapitalkosten vermögenswertspezifische ß-Faktoren zugrunde. Dieser Ansatz erlaubt zudem, bei der Bemessung der gewichteten Kapitalkosten explizit vermögenswertspezifische Finanzierungsmöglichkeiten zu berücksichtigen,[103] die sich beispielsweise in dem Umstand äußern können, dass immaterielle Vermögenswerte tendenziell eher mit Eigenkapital als mit Fremdkapital finanziert werden.[104] Der Anwendungsbereich dieser Vorgehensweise ist allerdings sehr begrenzt, da vermögenswertspezifische ß-Faktoren allenfalls in Ausnahmefällen verfügbar sind.[105]
- Eine andere Möglichkeit stellt eine modellendogene Ableitung eines einheitlichen vermögenswertspezifischen Zinssatzes für alle immateriellen Vermögenswerte dar. Dieser Ansatz wurde bei TAF 2008[106] angesprochen, ist jedoch in der überarbeiteten bzw. finalen Fassung von 2009 bzw. 2010 nicht mehr enthalten.
- Angesichts der Schwierigkeiten, die mit der Umsetzung der beiden genannten Ansätze verbunden sind, erfolgt die Adjustierung der laufzeitäquivalent abgeleiteten gewichteten Kapitalkosten – gegebenenfalls nach Anpassung an die vermögenswertspezifischen Finanzierungsmöglichkeiten – an das vermögenswertspezifische Risiko des zu bewertenden Vermögenswerts in der praktischen Anwendung ganz überwiegend in Form pauschaler Zu- oder Abschläge.[107] Dieser Vorgehensweise wird vor allem entgegen gehalten, dass eine intersubjektive Nachprüfbarkeit der so ermittelten vermögenswertspezifischen Zinssätze aufgrund der Subjektivität der Zu- und Abschläge nicht gegeben ist.[108]

Die genannten Ansätze können auch in Kombination zur Anwendung kommen. Hieran ist etwa in den Ausnahmefällen zu denken, in denen für einzelne immaterielle Vermögenswerte vermögenswertspezifische ß-Faktoren verfügbar sind; für die anderen Vermögenswerte wird auf pauschale Zu- bzw. Abschläge zurückgegriffen und/oder ein modellendogener Zinssatz abgeleitet.

Schließlich ist darauf hinzuweisen, dass unabhängig von der gewählten Vorgehensweise zur Anpassung der laufzeitäquivalenten gewichteten Kapitalkosten an das vermögenswertspezifische Risiko des zu bewertenden Vermögenswerts darauf zu achten ist, dass der abgeleitete vermögenswertspezifische Zinssatz die Risikoeinschätzung des Bewertungs-

---

[103] Hierfür spricht sich insbesondere TAF (2010) 4.2 aus; ähnliche Überlegungen finden sich auch bei IVSC ED 2007, 6.77 f.
[104] Vgl. TAF (2010) 4.2.07.
[105] So auch IVSC GN 4, 5.43; IVSC ED 2007, 6.80.
[106] Vgl. TAF (2008), 4.3.09.
[107] Ebenso Beyer und Mackenstedt (2008), S. 346; Mackenstedt et al. (2006), S. 1045 f.; für den Fall der Kaufpreisaufteilung nach IFRS 3 sprechen sich Mackenstedt et al. (2006), S. 1046, dafür aus, dass „vereinfachend auch der Laufzeitäquivalenz mit einem pauschalen Zu- bzw. Abschlag auf den WACC... Rechnung getragen werden (kann)".
[108] So etwa Schmalenbach-Gesellschaft (2009) S. 42 f.

objekts auch in Relation zu den Risikoeinschätzungen der übrigen Vermögenswerte des betrachteten Unternehmens widerspiegelt.

> **Fallbeispiel**
>
> Tabelle 4.6 fasst die Ableitungen der vermögenswertspezifischen Zinssätze, die den Bewertungen der Vermögenswerte der Beispiel GmbH in Tab. 4.1 bis Tab. 4.5 vorläufig zugrunde gelegt wurden, zusammen. Die Risikozu- bzw. Risikoabschläge wurden dabei unter Berücksichtigung der Risikoeinschätzung dieser Vermögenswerte pauschal bemessen.

Tab. 4.6 Vermögenswertspezifische Zinssätze der Vermögenswerte der Beispiel GmbH

Asset	Ref.	WACC adjusted	Risk adjusted	Rate of return
Core technology new	Tab. 4.8	6,84 %	2,20 %	9,04 %
Customer relationship	Tab. 4.3	6,84 %	2,50 %	9,34 %
Core technology	Tab. 4.2	6,84 %	1,50 %	8,34 %
Process technology	Tab. 4.1	6,84 %	1,50 %	8,34 %
Tangible fixed assets	Tab. 4.4	6,49 %	− 0,50 %	5,99 %
Working capital	Tab. 4.5	5,82 %	− 2,82 %	3,00 %

4.2.5.3.5 Berücksichtigung der Besteuerung bei der Bewertung immaterieller Vermögenswerte

4.2.5.3.5.1 Steuerrelevante Fragestellungen

Bei der Bewertung immaterieller Vermögenswerte nach dem Income Approach können folgende steuerliche Fragestellungen von Bedeutung sein:

- Einbeziehung der Besteuerung in das Bewertungskalkül
- Berücksichtigung des abschreibungsbedingten Steuervorteils (Tax Amortization Benefit)

4.2.5.3.5.2 Einbeziehung der Besteuerung in das Bewertungskalkül

Bei Anwendung des Income Approach zur Bewertung von Vermögenswerten sind – in gleicher Weise wie bei der Unternehmensbewertung[109] – Ertragsteuern zu berücksichtigen. Dementsprechend sind die dem Bewertungsobjekt zugeordneten Einkommensströme um Ertragsteuern zu kürzen. Beim Incremental Income- und beim Excess Earnings-Ansatz ist dies unmittelbar ersichtlich. Beim Relief-from-Royalty-Ansatz resultiert die Steuerberücksichtigung daraus, dass die Lizenzzahlungen steuerlich abzugsfähige Betriebsausgaben, die die Ertragsteuerzahlungen des Lizenznehmers reduzieren, darstellen. Deswegen entlastet der Wegfall von Lizenzzahlungen nur in Höhe ihres Betrags nach Abzug der Ertragsteuern. Das Erfordernis der Berücksichtigung von Ertragsteuern beim Diskontierungszinssatz hängt davon ab, ob es sich bei diesem um eine Vor- oder Nachsteuergröße handelt.

---

[109] Vgl. z. B. Moser (1999), S. 117 ff.

In die Ermittlung der Ertragsteuern brauchen lediglich die Unternehmenssteuern einbezogen zu werden.[110] Eine Berücksichtigung der persönlichen Ertragsteuern der Anteilseigner[111] erübrigt sich dann, wenn dem oben bereits dargelegten Gedanken (Abschn. 4.2.5.2.3), die Bewertungen einzelner Vermögenswerte als Partialkalküle zu betrachten, gefolgt wird. In diesem Fall können die persönlichen Ertragsteuern der Anteilseigner erforderlichenfalls auf Unternehmensebene bei Ableitung des Unternehmenswerts ihren Niederschlag finden. Auf Unternehmensebene können auch steuerliche Besonderheiten wie etwa eine Zinsschranke (§§ 4h EStG, 8a KStG) abgebildet werden, weswegen deren Erfassung im Tax Shield (Abschn. 4.2.5.3.4.2) unterbleiben kann.

4.2.5.3.5.3 Abschreibungsbedingter Steuervorteil (Tax Amortization Benefit)

Beim gesonderten Erwerb eines immateriellen Vermögenswertes, etwa eines Patentes oder einer Marke, ist der Erwerber nach den Steuergesetzen der meisten Länder berechtigt, die Anschaffungskosten im Wege der Abschreibung mit steuerlicher Wirkung auf dessen Nutzungsdauer zu verteilen (z. B. §§ 5 Abs. 2, 6 Abs. 1 Nr. 1 EStG). Hieraus resultiert eine Verminderung der jährlichen Steuerbelastung, die sich durch Anwendung des Steuersatzes des Erwerbers auf den jährlichen Abschreibungsbetrag ergibt.[112] Der abschreibungsbedingte Steuervorteil (Tax Amortization Benefit oder kurz TAB) ergibt sich – durch Bezug auf den Bewertungsstichtag – als Summe der Barwerte dieser jährlichen Steuervorteile.

Der Income Approach führt – wie unter Abschn. 4.2.4.2.1 ausgeführt – zur Ableitung des Grenzpreises, der aus Sicht des Erwerbers den Betrag darstellt, den dieser beim Erwerb eines Vermögenswertes höchstens bezahlen darf, ohne eine Verschlechterung seiner Vermögensposition im Vergleich zur Unterlassung des Erwerbs zu erfahren (Preisobergrenze). Der abschreibungsbedingte Steuervorteil erhöht den Grenzpreis des Erwerbers und ist dementsprechend in dessen Ermittlung einzubeziehen. Somit ist in den Fällen, in denen die Voraussetzungen für die Realisierung des abschreibungsbedingten Steuervorteils erfüllt sind, der abschreibungsbedingte Steuervorteil bei Anwendung des Income Approach bzw. generell bei Ermittlung von Grenzpreisen[113] zu berücksichtigen.[114]

Bei der Berechnung des abschreibungsbedingten Steuervorteils tritt ein Zirkularitätsproblem auf: Einerseits schließt der Grenzpreis (V^G) den abschreibungsbedingten Steuervorteil (TAB) ein, andererseits bildet der Grenzpreis die Bemessungsgrundlage für die Berechnung des abschreibungsbedingten Steuervorteils. Dies zeigen folgende Überlegungen: Im Falle der Anwendung des Income Approach ergibt sich der Grenzpreis

---

[110] So auch IDW RS HFA 16, Tz. 29, Tz. 36; IDW S 5 (2010), Tz. 45 f.

[111] Siehe hierzu z. B. bei Moser (1999) S. 117 ff.

[112] Dabei wird vereinfachend unterstellt, dass der Erwerber in jedem Jahr vor Berücksichtigung dieser Abschreibung mindestens einen steuerlichen Gewinn in Höhe dieses Betrags erzielt und über keine steuerlich relevanten Verlustvorträge verfügt. Bei Anwendung des bereits angeführten Gedankens des Partialkalküls (Abschn. 4.2.5.2.3) erübrigt sich diese Annahme.

[113] Unzutreffend Beyer und Mackenstedt (2008), S. 347 f.

[114] Zur Berücksichtigung des abschreibungsbedingten Steuervorteils siehe auch IVSC IVS 2011, 210.C35.

als
$$V^G = PV(CF) + TAB$$

mit PV(CF) als Barwert der dem Bewertungsobjekt zugeordneten Einkommenszahlungen. Der abschreibungsbedingte Steuervorteil ergibt sich, wie bereits ausgeführt, als Barwert (PV) der jährlichen Steuerersparnisse aufgrund der steuerlichen Abschreibung (A) des Bewertungsobjekts. Bei einem Steuersatz s ergibt sich der abschreibungsbedingte Steuervorteil als

$$TAB = PV(s \cdot A)$$

bzw. bei Zugrundelegung einer linearen Abschreibung $A = \frac{V^G}{T}$ mit T als Nutzungsdauer des Bewertungsobjekts als

$$TAB = PV\left(s \cdot \frac{V^G}{T}\right)$$

Damit wird die Zirkelbeziehung ersichtlich

$$V^G = PV(CF) + PV\left(s \cdot \frac{V^G}{T}\right)$$

Dieses Zirkularitätsproblem kann durch Ermittlung eines Zuschlagsfaktors für den abschreibungsbedingten Steuervorteil aufgelöst werden. Unter Berücksichtigung von

$$PV\left(s \cdot \frac{V^G}{T}\right) = \sum_{t=1}^{T} s \cdot \frac{V^G}{T} \cdot q^{-t} = s \cdot \frac{V^G}{T} \cdot \sum_{t=1}^{T} q^{-t}$$

mit q = 1 + r gilt

$$V^G = PV(CF) + s \cdot \frac{V^G}{T} \cdot \sum_{t=1}^{T} q^{-t}$$

Diese Beziehung kann umgeformt werden zu

$$V^G = PV(CF) \cdot \left(1 - \frac{s}{T} \cdot \sum_{t=1}^{T} q^{-t}\right)^{-1}$$

Damit ergibt sich ein Zuschlagsfaktor (tab) bezogen auf den Wert des Bewertungsobjekts vor Berücksichtigung des abschreibungsbedingten Steuervorteils von

$$tab = \left(1 - \frac{s}{T} \cdot \sum_{t=1}^{T} q^{-t}\right)^{-1}$$

bzw. mit

$$\sum_{t=1}^{T} q^{-t} = \frac{q^T - 1}{q^T \cdot (q-1)}$$

$$tab = \left(1 - \frac{s}{T} \cdot \frac{q^T - 1}{q^T \cdot (q-1)}\right)^{-1}$$

Abschließend ist darauf hinzuweisen, dass mit der Anwendung des abschreibungsbedingten Steuervorteils, insbesondere dessen Berücksichtigung bei der Ableitung des beizulegenden Zeitwerts, im Einzelnen verschiedene Fragestellungen[115] verbunden. Auf diese wird im Rahmen der weiteren Untersuchungen nur zum Teil einzugehen sein.

Fallbeispiel

Die Ableitung des abschreibungsbedingten Steuervorteils für die Verfahrens- und die Basistechnologie sowie für die Kundenbeziehungen ergibt sich aus Tab. 4.1 bis Tab. 4.3.

4.2.5.4 Analyse der Bewertungsergebnisse bei Einbindung der Bewertungsobjekte in ein Unternehmen

4.2.5.4.1 Überblick

Unter Abschn. 4.2.5.2.3 wurde die Betrachtung der Bewertungen immaterieller Vermögenswerte, die einem Unternehmen zugeordnet sind, als Partialkalküle eingeführt. Mit dieser Betrachtung ist verbunden, dass die abgeleiteten Werte der Vermögenswerte untereinander sowie mit dem Wert des Unternehmens im Rahmen einer Totalbetrachtung abzustimmen sind. Als Grundlage dieser Abstimmung wird im Folgenden der Zusammenhang zwischen dem Wert des Unternehmens – verstanden als Entity Value – und den Werten der diesem zugeordneten Vermögenswerte untersucht.

Die Erklärung des Entity Value durch die Werte der Vermögenswerte des Unternehmens wird zunächst unter Zugrundelegung der Annahme, dass der Wert eines ausgewählten Vermögenswerts des Unternehmens als Residualwert zu bestimmen ist (Abschn. 4.2.5.4.3), betrachtet. Sodann wird diese Annahme aufgegeben und dieser Vermögenswert mittels der MPEEM bewertet (Abschn. 4.2.5.4.4). Die Untersuchungen beziehen jeweils auch die Abstimmung der Einkommensbeiträge der Vermögenswerte des Unternehmens mit dessen Einkommen sowie die Abstimmung der vermögenswertspezifischen Zinssätze der Vermögenswerte mit den gewichteten Kapitalkosten des Unternehmens ein. Abschließend wird betrachtet, inwieweit die Ergebnisse der Untersuchungen zur Erklärung des originären Goodwill des betrachteten Unternehmens führen (Abschn. 4.2.5.4.5). Zuvor werden die Grundlagen der Untersuchung dargelegt (Abschn. 4.2.5.4.2).

---

[115] Siehe hierzu z. B. bei Kasperzak und Nestler (2007), S. 473–478; Hommel und Dehmel (2010), S. 281 ff.

4.2.5.4.2 Grundlagen der Untersuchung

4.2.5.4.2.1 Ableitung des Entity Value

Der als Entity Value verstandene Wert eines Unternehmens (V_t) im Zeitpunkt t (für t = 0 bis ∞) ergibt sich – auf der Grundlage des Income Approach – aus der Beziehung

$$V_t = \frac{V_{t+1} + CF_{t+1}}{1 + r_{t+1}}$$

wobei r_{t+1} die gewichteten Kapitalkosten des Unternehmens in der Periode t + 1 zum Ausdruck bringt; CF_{t+1} bezeichnet das als Free Cashflow verstandene Einkommen des betrachteten Unternehmens im Jahr t + 1.

> **Fallbeispiel**
>
> Die Ableitung des Entity Value der Beispiel GmbH ergibt sich – für jedes Jahr des Betrachtungszeitraums – aus Tab. 4.7. Grundlage der Bestimmung dieser Werte sind die Free Cashflows der Gesellschaft, die mit deren gewichteten Kapitalkosten – diese wurden unter Abschn. 4.2.5.3.4.2 in Höhe von 7,87 % abgeleitet – zu diskontieren sind. Die Diskontierung folgt dem – bereits bei der Bewertung der Basis- und Verfahrenstechnologie sowie der Kundenbeziehungen angewendeten – Roll Back-Verfahren. Zur Vereinfachung der Betrachtungen wird von Wachstum des Unternehmens nach dem Planungshorizont abgesehen.
>
> Ausgangspunkt der Ableitung der Free Cashflows sind die von der Gesellschaft bis ins Jahr 2015 geplanten EBITA. Nach dem Planungszeitraum ist ein nachhaltig zu erzielendes EBITA anzusetzen, da das Management davon ausgeht, dass das Unternehmen die Geschäftätigkeit auch nach 2015 fortführen wird. Als nachhaltiges EBITA wird das für 2015 geplanten EBITA angesetzt; dieses EBITA ist – nach begründeter Darlegung des Managements – für die Jahre nach dem Planungszeitraum als repräsentativ zu betrachten.
>
> Die vom Management vorgelegte EBITA-Planung berücksichtigt nicht, dass die mit der Verfahrenstechnologie verbundenen Kosteneinsparungen nur bis ins Jahr 2015 erzielt werden können. Insoweit diese Kostenvorteile ab 2015 nicht mehr realisiert werden können, sind das EBITA des Jahres 2015 sowie das als nachhaltig anzusetzende EBITA zu bereinigen. Von dieser Größe sind die Abschreibungen der immateriellen Vermögenswerte Kundenbeziehungen, Basis- und Verfahrenstechnologie abzusetzen, da diese Vermögenswerte mit steuerlicher Wirkung abgeschrieben werden können. Nach Berücksichtigung der Ertragsteuern auf das so bestimmte, bereinigte EBIT sind zur Bestimmung der Free Cashflows die Veränderungen des Working Capital sowie die Investitionen abzüglich Abschreibungen, die sich aus Tab. 4.4 bzw. Tab. 4.5 ergeben, abzuziehen.

Bei der Ermittlung des Entity Value wird zumeist – wie bei der Beispiel GmbH – von der Fortführung des Unternehmens ausgegangen. Dementsprechend wird bei der Planung der zukünftigen Free Cashflows und bei der Ableitung des nach dem Planungszeitraum

Tab. 4.7 Ermittlung des Entity Value

Mio. EUR	Ref.	2007	2008	2009	2010	2011	2012	2013	2014	2015	perpet.
Sales generated by entity[a]			360,0	388,8	404,4	412,4	420,7	429,1	437,7	437,7	437,7
EBITA			57,6	63,2	65,6	66,9	68,2	69,6	71,0	71,0	71,0
Adjustment cost savings[b]	Tab. 4.1		0,0	0,0	0,0	0,0	0,0	0,0	0,0	−0,7	−4,5
Amortization											
Customer relationship	Tab. 4.3	8,0	−22,0	−22,0	−22,0	−22,0	−22,0	−22,0	−22,0	−22,0	
Core technology	Tab. 4.2	8,0	−20,2	−20,2	−20,2	−20,2	−20,2	−20,2	−20,2	−20,2	
Process technology	Tab. 4.1	8,0	−2,5	−2,5	−2,5	−2,5	−2,5	−2,5	−2,5	−2,5	
EBIT adjusted			12,9	18,5	20,9	22,2	23,5	24,9	26,3	25,5	66,5
Tax		30,00 %	−3,9	−5,6	−6,3	−6,7	−7,1	−7,5	−7,9	−7,7	−19,9
Tax-effecting EBIT adjusted			9,0	13,0	14,6	15,5	16,5	17,4	18,4	17,9	46,5
Amortization			44,7	44,7	44,7	44,7	44,7	44,7	44,7	44,7	
Incremental working capital	Tab. 4.5		−15,0	−5,3	−1,8	−1,9	−2,0	−2,0	−2,1	0,0	0,0
CapEx less depriciation	Tab. 4.4		12,0	2,0	−36,0	16,0	36,0	−29,0	4,0	−24,0	0,0
Free cash flow			50,7	54,4	21,5	74,3	95,2	31,1	65,0	38,6	46,5
Invested capital		7,87 %	631,5	626,8	654,7	631,9	586,5	601,6	583,9	591,3	

		2007
Sales generated by entity[a]		
EBITA		
Adjustment cost savings[b]	Tab. 4.1	
Customer relationship	Tab. 4.3	175,6
Core technology	Tab. 4.2	161,5
Process technology	Tab. 4.1	20,4
Invested capital		632,5

[a] Projection based on management best estimate
[b] Cost savings included in EBITA less realized cost savings

nachhaltig zu erzielenden Einkommens – explizit oder implizit – angenommen, dass Vermögenswerte, die im Zeitpunkt t verfügbar sind – beispielsweise Technologien oder Kundenbeziehungen –, am Ende von deren Nutzungsdauer regelmäßig durch Nachfolger zu ersetzen sind. Darüber hinaus kann auch angenommen werden, dass Vermögenswerte in Zukunft zu entwickeln oder aufzubauen sind, die keine im Zeitpunkt t verfügbare Vermögenswerte ersetzen werden.

Diese Betrachtungen legen dar, dass sich im Entity Value – neben den im genannten Zeitpunkt verfügbaren Vermögenswerten – auch zukünftig zu entwickelnde Vermögenswerte niederschlagen können. Sie zeigen weiter, dass die Abgrenzung dieser Vermögenswerte vor allem durch die der Free Cashflow-Planung des Unternehmens sowie der Ableitung des nachhaltigen Free Cashflow[116] zugrunde gelegten Annahmen bestimmt ist.

Unter Berücksichtigung der zukünftig zu entwickelnden Vermögenswerte kann die unter Abschn. 4.2.5.2.4 eingeführte Bedingung, dass der Entity Value eines Unternehmens im Zeitpunkt t (für t = 0 bis ∞) gleich der Summe der Werte der diesem zugeordneten Vermögenswerte ist, umgeformt werden zu

$$V_t = \sum_{i=1}^{k} V_{i,t} + \sum_{i=k+1}^{k+l} V_{i,t} + \sum_{i=k+l+1}^{k+l+m} V_{i,t} + \varepsilon_{t+1}^{V}$$

Diese Beziehung geht davon aus, dass das betrachtete Unternehmen im Zeitpunkt t (mit t = 0 bis ∞) verfügt über

- k materielle und immaterielle Vermögenswerte, die bilanzierungsfähig sind,[117] über
- l Vermögenswerte, die nicht bilanzierungsfähig sind;
- m Vermögenswerte werden die verfügbaren Vermögenswerte in der betrachteten oder einer späteren Periode ersetzen.

Dem Unternehmen sind somit n = k + l + m gegenwärtig genutzte und zukünftig geplante Vermögenswerte im Zeitpunkt t zuzurechnen.

Die Bewertung der am Bewertungsstichtag verfügbaren Vermögenswerte wurde unter Abschn. 4.2.5.3 betrachtet. Deswegen verbleibt – als Voraussetzung der Analysen unter Abschn. 4.2.5.4.3–4.2.5.4.5 –, die Bewertung der zukünftig geplanten Vermögenswerte (Abschn. 4.2.5.4.2.2) sowie deren Wertbeitrag zum Entity Value (Abschn. 4.2.5.4.2.3) zu untersuchen.

4.2.5.4.2.2 Ableitung der Werte zukünftig geplanter Vermögenswerte

Die Bewertung der Vermögenswerte, die die am Bewertungsstichtag verfügbaren Vermögenswerte in Zukunft ersetzen werden, folgt grundsätzlich dem Vorgehen, das der Ableitung der Werte der zu ersetzenden Vermögenswerte zugrunde gelegt wurde. Dabei sind die zum Aufbau bzw. zur Entwicklung dieser Vermögenswerte erforderlichen Investitionen – insbesondere Forschungs- und Entwicklungsaufwendungen zur Entwicklung

---

[116] Siehe hierzu Moser (2002), S. 17 ff.
[117] Zum Ansatz immaterieller Vermögenswerte nach IFRS siehe Moser (2011), S. 12 ff., 130 ff.

von neuen Technologien, Marketing-Aufwendungen zum Aufbau neuer Marken sowie Kundenakquisitionsaufwendungen zum Aufbau neuer Kundenbeziehungen – zu berücksichtigen. Wird beispielsweise ein am Bewertungsstichtag vorhandener Vermögenswert mittels der Relief-from-Royalty-Methode bewertet, werden – von im Einzelfall möglichen Ausnahmen abgesehen – die Werte der diesen Vermögenswert und dessen Nachfolger in Zukunft ersetzenden Vermögenswerte ebenfalls mittels der Relief-from-Royalty-Methode – unter Einbeziehung der zum Aufbau bzw. für die Entwicklung dieser Vermögenswerte anfallenden Aufwendungen – abgeleitet.

Zur Vereinfachung der Betrachtungen kann bei der Bewertung von zukünftig geplanten Vermögenswerten, die am Ende von deren Nutzungsdauer durch Nachfolgeobjekte zu ersetzen sind, davon ausgegangen werden, dass diese eine unbestimmte Nutzungsdauer aufweisen. Es kann aufgezeigt werden, dass mit dieser Annahme unter den der Analyse zugrunde liegenden Annahmen bei konsistenter Abbildung keine Wertauswirkungen verbunden sind.[118]

> **Fallbeispiel**
>
> Die Bewertung der Nachfolgegenerationen der Basistechnologie ergibt sich – für jedes Jahr des Betrachtungszeitraums – aus Tab. 4.8. Diese Bewertung geht von einer unbestimmten Nutzungsdauer aus und bezieht die zur Entwicklung der zukünftigen Basistechnologien erforderlichen Entwicklungsaufwendungen ein. Diese Aufwendungen sind – dies wurde unter Abschn. 4.2.5.3.3.3 dargelegt – in der Planungsrechnung der Gesellschaft in Höhe von 4,2 % der Umsatzerlöse berücksichtigt. Aufgrund des im Vergleich zur verfügbaren Basistechnologie höher einzuschätzenden Risikos der Nachfolgegenerationen dieser Technologie wurde der vorläufig festgelegte vermögenswertspezifische Zinssatz adjustiert und in Höhe von 9,04 % angesetzt.
>
> Auf die Bewertung zukünftiger Generationen der Verfahrenstechnologie kann verzichtet werden, da nach derzeitigem technischen Stand davon auszugehen ist, dass eine Entwicklung dieser Nachfolgetechnologien nicht möglich sein wird.
>
> Der Wert der zukünftig geplanten Kundenbeziehungen der Beispiel GmbH wird sowohl mittels der Residual Value-Methode als auch mittels der MPEEM bestimmt. Bei Anwendung der Residual Value-Methode ergibt sich der Wert dieser Kundenbeziehungen für jedes Jahr des Betrachtungszeitraums durch Abzug des Werts der Nachfolgegenerationen der Basistechnologie (Tab. 4.8), des Werts der bestehenden Kundenbeziehungen (Tab. 4.3), der Werte der verfügbaren Basistechnologie (Tab. 4.2) und Verfahrenstechnologie (Tab. 4.1) sowie der Werte der Sachanlagen (Tab. 4.4) und des Working Capital (Tab. 4.5) vom Entity Value (Tab. 4.7). Tabelle 4.9 stellt die Ableitungen der auf dieser Grundlage ermittelten Werte der zukünftigen Kundenbeziehungen für den Betrachtungszeitraum zusammen.

---

[118] Zur Bestimmung der Nutzungsdauer immaterieller Vermögenswerte Moser (2011), insbes. S. 153 ff.; Kasperzak und Kalantary (2010), S. 1114 ff., 1171 ff.; Tettenborn et al. (2013), S. 185 ff.

Tab. 4.8 Bewertung der Nachfolgegenerationen der Basistechnologie

Mio. EUR	Ref.		2007	2008	2009	2010	2011	2012	2013	2014	2015	perpet.
Sales[a]	Tab. 4.2			0,0	0,0	0,0	0,0	0,0	0,0	0,0	72,9	437,7
Royalty savings[b]		8,00 %		0,0	0,0	0,0	0,0	0,0	0,0	0,0	5,8	35,0
R&D expenses[c]		4,20 %		−15,1	−16,3	−17,0	−17,3	−17,7	−18,0	−18,4	−18,4	−18,4
Income contribution before tax				−15,1	−16,3	−17,0	−17,3	−17,7	−18,0	−18,4	−12,5	16,6
Tax[d]		30,00 %		−4,5	−4,9	−5,1	−5,2	−5,3	−5,4	−5,5	−3,8	5,0
Income contribution after tax				−10,6	−11,4	−11,9	−12,1	−12,4	−12,6	−12,9	−8,8	11,6
Invested capital[e]	Tab. 4.6	9,04 %	0,5	11,1	23,5	37,5	53,0	70,2	89,2	110,1	128,8	

[a]Sales generated by entity less sales related to core technology
[b]Sales * royalty rate
[c]R&D expenses as % of sales * sales generated by entity
[d]Income contribution * tax rate
[e](Invested capital $t + 1$ + Royalty savings $t + 1$)/(1 + asset specific rate of return)

Tab. 4.9 Ableitung des Werts der zukünftigen Kundenbeziehungen mittels der Residual Value-Methode

Mio. EUR	Ref.	2007	2008	2009	2010	2011	2012	2013	2014	2015
Entity value	Tab. 4.7	632,5	631,5	626,8	654,7	631,9	586,5	601,6	583,9	591,3
Assets										
Core technology new	Tab. 4.8	0,5	11,1	23,5	37,5	53,0	70,2	89,2	110,1	128,8
Customer relationship	Tab. 4.3	175,6	163,4	146,6	127,2	107,5	84,3	56,1	26,4	0,0
Core technology	Tab. 4.2	161,5	148,7	133,3	115,7	96,2	74,6	50,8	24,4	0,0
Process technology	Tab. 4.1	20,4	18,8	17,0	14,7	12,2	9,5	6,5	3,1	0,0
Tangible fixed assets	Tab. 4.4	100,0	88,0	86,0	122,0	106,0	70,0	99,0	95,0	119,0
Working capital	Tab. 4.5	75,0	90,0	95,3	97,0	99,0	101,0	103,0	105,0	105,0
Total		533,0	520,1	501,7	514,2	474,0	409,6	404,5	364,1	352,9
Customer relationship new		99,5	111,5	125,2	140,5	158,0	176,9	197,1	219,8	238,5

Die Anwendung der MPEEM zur Bewertung der zukünftigen Kundenbeziehungen erfordert die Bestimmung der diesen Kundenbeziehungen zuzurechnenden Excess Earnings. In Tab. 4.10 werden zunächst die allen – also den bestehenden und den zukünftig geplanten – Kundenbeziehungen zuzurechnenden Excess Earnings unter Zugrundelegung einer unbestimmten Nutzungsdauer ermittelt, von denen sodann die in Tab. 4.3 abgeleiteten, den bestehenden Kundenbeziehungen zuzurechnenden Excess Earnings abgezogen werden. Die Ermittlung der allen Kundenbeziehungen zuzurechnenden Excess Earnings folgt im Grundsatz der Ableitung der Excess Earnings der bestehenden Kundenbeziehungen. Allerdings unterbleibt dabei die Bereinigung der Kundenakquisitionskosten, da diese Kundenbeziehungen auch die zukünftig zu akquirierenden Kundenbeziehungen einschließen. Aufgrund des im Vergleich zu den bestehenden Kundenbeziehungen höher einzuschätzenden Risikos der zukünftig aufzubauenden Kundenbeziehungen wurde der vorläufig festgelegte vermögenswertspezifische Zinssatz adjustiert und in Höhe von 10,34 % angesetzt.

4.2.5.4.2.3 Bestimmung des Wertbeitrags zukünftiger Vermögenswerte zum Entity Value

Der Wert des Vermögenswerts i (mit i = 1 bis n) zum Zeitpunkt t (für t = 0 bis ∞) kann – in Erweiterung der Ausführungen unter Abschn. 4.2.4.2 – unter Berücksichtigung der zur Entwicklung bzw. zum Aufbau des betrachteten Vermögenswerts erforderlichen Investitionen dargestellt werden. Zur Vereinfachung der Ausführungen wird im Folgenden lediglich von Entwicklungsinvestitionen gesprochen. Mit $CF_{i,t+1} = CF_{i,t+1}^{preDev} - Dev_{i,t+1}$ und $V_{i,t+1} = V_{i,t+1}^{preDev} - V_{i,t+1}^{Dev}$ sowie bei Anwendung periodenunabhängiger vermögenswertspezifischer Zinssätze $r_{i,t+1} = r_i$ für alle i = 1 bis n sowie für t = 0 bis ∞ gilt

$$V_{i,t} = \frac{V_{i,t+1} + CF_{i,t+1}}{1 + r_i} = \frac{V_{i,t+1}^{preDev} + CF_{i,t+1}^{preDev}}{1 + r_i} - \frac{V_{i,t+1}^{Dev} + Dev_{i,t+1}}{1 + r_i}$$

mit $V_{i,t+1}^{preDev}$ bzw. $CF_{i,t+1}^{preDev}$ als Wert bzw. Einkommenszahlung des Vermögenswerts i im Zeitpunkt t + 1 vor Berücksichtigung der Entwicklungsinvestitionen, $Dev_{i,t+1}$ der im Zeitpunkt t + 1 für den Vermögenswert i zu tätigenden Entwicklungsinvestition und $V_{i,t+1}^{Dev}$ als auf den Zeitpunkt t + 1 bezogener Barwert der zukünftigen Entwicklungsinvestitionen in diesen Vermögenswert. Im Falle eines gegenwärtig verfügbaren, d. h. eines bereits entwickelten Vermögenswerts i (mit i = 1 bis l) gilt $Dev_{i,t+1} = 0$ sowie $CF_{i,t+1}^{preDev} = CF_{i,t+1}$.

Die weitere Umformung der Beziehung zu

$$V_{i,t} = \sum_{j=t+1}^{\infty} CF_{i,j}^{preDev} \cdot (1 + r_i)^{-j} - \sum_{j=t+1}^{\infty} Dev_{i,j} \cdot (1 + r_i)^{-j}$$

$$= \sum_{j=t+1}^{\infty} (CF_{i,j}^{preDev} - Dev_{i,j}) \cdot (1 + r_i)^{-j}$$

zeigt, dass der Wert des zukünftig geplanten Vermögenswerts i (für i = k+l+1 bis n) dann positiv (negativ) ist, wenn sich die Entwicklungsinvestitionen in diesen Vermögenswert

Tab. 4.10 Ableitung des Werts der zukünftigen Kundenbeziehungen mittels MPEEM

Mio. EUR	Ref.		2007	2008	2009	2010	2011	2012	2013	2014	2015	perpet.
Sales generated by entity[a]	Tab. 4.7		300,0	360,0	388,8	404,4	412,4	420,7	429,1	437,7	437,7	437,7
EBITA related to entity	Tab. 4.7			57,6	63,2	65,6	66,9	68,2	69,6	71,0	71,0	71,0
Adjustment cost savings[b]	Tab. 4.7			0,0	0,0	0,0	0,0	0,0	0,0	0,0	−0,7	−4,5
Adjustment customer acquisition expenses[c]		0,00 %		0,0	0,0	0,0	0,0	0,0	0,0	0,0	0,0	0,0
Adjustment R&D expenses[d]		4,20 %		15,1	16,3	17,0	17,3	17,7	18,0	18,4	18,4	18,4
EBITA adjusted				72,7	79,5	82,5	84,2	85,9	87,6	89,3	88,6	84,9
Tax		30,00 %		−21,8	−23,9	−24,8	−25,3	−25,8	−26,3	−26,8	−26,6	−25,5
Tax-effecting EBITA adjusted				50,9	55,7	57,8	58,9	60,1	61,3	62,5	62,0	59,4
Return on invested capital after tax												
Tangible fixed assets[e]	Tab. 4.4			−6,0	−5,3	−5,2	−7,3	−6,3	−4,2	−5,9	−5,7	−7,1
Working capital[f]	Tab. 4.5			−2,3	−2,7	−2,9	−2,9	−3,0	−3,0	−3,1	−3,2	−3,2
Income contribution after tax												
Core technology[g]	Tab. 4.2	8,00 %		−20,2	−21,8	−22,6	−23,1	−23,6	−24,0	−24,5	−24,5	−24,5
Process technology[h]	Tab. 4.1			−2,5	−2,7	−2,9	−2,9	−3,0	−3,1	−3,1	−2,6	0,0
Excess earnings after tax												
Customer relationship indefinite				20,0	23,2	24,2	22,7	24,2	27,0	25,9	26,1	24,6
Customer relationship acquired	Tab. 4.3			−22,1	−25,4	−26,5	−25,0	−26,6	−29,4	−28,4	−22,3	0,0
Customer relationship new				−2,0	−2,2	−2,3	−2,3	−2,4	−2,4	−2,5	3,7	24,6
Invested capital		10,34 %	99,2	111,4	125,2	140,4	157,2	175,9	196,5	219,3	238,2	

[a]Projection based on management best estimate
[b]Cost savings included in EBITA less realized cost savings
[c]Adjustment not required (acquisition of customer relationship new)
[d]R&D expenses as % of sales * sales
[e]Invested capital as % of sales $t-1$ * sales $t-1$ * asset specific rate of return (tangible fixed assets)
[f]Invested capital as % of sales $t-1$ * sales $t-1$ * asset specific rate of return (working capital)
[g]Royalty rate * sales * (1 − tax rate)
[h]Cost savings as % of sales * sales * (1 − tax rate)

($V_{i,t}^{Dev}$) mit einem Zinssatz verzinsen, der dessen vermögenswertspezifischen Zinssatz (r_i) übersteigt (unterschreitet). Für $V_{i,t} > 0$ ($V_{i,t} < 0$) übersteigt (unterschreitet) der aus der Beziehung für $V_{i,t}$ abzuleitende interne Zinsfuß (r_i^{irr}) den vermögenswertspezifischen Zinssatz. Es gilt $r_i^{irr} > r_i (r_i^{irr} < r_i)$. Bei Gleichheit dieser Zinssätze kommt dem zukünftigen Vermögenswert kein Wert zu; für $V_{i,t} = 0$ gilt $r_i^{irr} = r_i$. Dies bedeutet, dass in dem Fall, in dem ein zukünftig geplanter Vermögenswert einen positiven (negativen) Beitrag zum Entity Value leistet, die in der Planungsrechnung des Unternehmens bzw. bei der Ableitung des nachhaltigen Free Cashflow berücksichtigten Entwicklungsinvestitionen in diesen Vermögenswert sich mit einem Zinssatz (interner Zinsfuß) verzinsen, der dessen vermögenswertspezifischen Zinssatz übersteigt (unterschreitet).

Als mögliche Begründung der (höheren oder niedrigeren) Verzinsung der Entwicklungsinvestitionen in einen Vermögenswert kommt – bei gegebener Plausibilität der der Planungsrechnung und der der Ableitung des nachhaltigen Free Cashflow zugrunde liegenden Annahmen – das Zusammenwirken der Vermögenswerte im Unternehmen in Betracht.[119] Damit wird ersichtlich, dass die Werte dieser Vermögenswerte als Ausfluss des Zusammenwirkens der Vermögenswerte im Unternehmen zu betrachten sein können.

Fallbeispiel

Die Nachfolgegenerationen der Basistechnologie weisen einen (leicht) positiven Wert auf, da sich die Investitionen in deren Entwicklung mit 9,09 % bei einem vermögenswertspezifischen Zinssatz von 9,04 % verzinsen. Demgegenüber ist der Wert der zukünftig geplanten Kundenbeziehungen deutlich höher, was darin begründet ist, dass sich die Investitionen in deren Aufbau mit 37,94 % bei einer der Anwendung der MPEEM zugrunde gelegten vermögenswertspezifischen Zinssatz von 10,34 % verzinsen

Auf die Darstellung der Ableitung der internen Zinssätze wird im hier gegebenen Rahmen verzichtet.

4.2.5.4.3 Abstimmung der Bewertungsergebnisse bei Anwendung der Residual Value-Methode

4.2.5.4.3.1 Abstimmung der Werte der Vermögenswerte mit dem Entity Value

Die Anwendung der Residual Value-Methode zur Bewertung des Vermögenswerts $i = n$ führt zu einem Wert des Bewertungsobjekts ($V_{n,t}^{RV}$) im Zeitpunkt t (für alle t = 0 bis ∞) von

$$V_{n,t}^{RV} = V_t - \sum_{i=1}^{n-1} V_{i,t}$$

Durch Auflösung der Beziehung für $V_{n,t}^{RV}$ nach V_t wird ersichtlich, dass der Entity Value bei Anwendung der Residual Value-Methode vollständig durch die bilanzierungsfähigen Vermögenswerte $\left(\sum_{i=1}^{k} V_{i,t}\right)$, die nicht bilanzierungsfähigen Vermögenswerte $\left(\sum_{i=k+1}^{k+l} V_{i,t}\right)$

---
[119] Diese Erklärung legen auch die Ergebnisse der Untersuchung von Casta et al. (2011) nahe.

sowie durch die zukünftig geplanten Vermögenswerte $\left(\sum_{i=k+l+1}^{n} V_{i,t}\right)$ erklärt werden kann. Es gilt

$$V_t = \sum_{i=1}^{n} V_{i,t}$$

mit $V_{n,t} = V_{n,t}^{RV}$.

Der Vergleich dieser Beziehung mit den unter Abschn. 4.2.5.2.4 bzw. Abschn. 4.2.5.4.2.1 eingeführten Ausdrücken für den Entity Value zeigt, dass die Residual Value-Methode die Komponente ε_t^V, die mögliche Wertbeiträge erfasst, die den Vermögenswerten nicht zugeordnet werden können, dem Wert des mittels dieser Methode bewerteten Vermögenswerts zuweist.

4.2.5.4.3.2 Abstimmung der Einkommensbeiträge der Vermögenswerte

Unter Abschn. 4.2.5.3.3.3 wurde dargelegt, dass die Residual Value-Methode – unter den der Analyse zugrunde gelegten Annahmen – dem danach bewerteten Vermögenswert die Excess Earnings als Einkommen zuweist. Dies bedeutet, dass bei Anwendung dieses Bewertungsansatzes das Einkommen des Unternehmens durch die Einkommensbeiträge der Vermögenswerte des Unternehmens vollständig erklärt wird. Die unter Abschn. 4.2.5.2.4 eingeführte Komponente ε_{t+1}^{CF}, die mögliche Einkommensbeiträge erfasst, die den Vermögenswerten nicht zugeordnet werden können, wird dem Einkommen des mittels der Residual Value-Methode bewerteten Vermögenswerts zugewiesen.

Fallbeispiel

Tabelle 4.11 zeigt, dass – unter den der Untersuchung zugrunde liegenden Annahmen – das als Free Cashflow verstandene Einkommen der Beispiel GmbH exakt auf die Einkommensbeiträge der gegenwärtig verfügbaren und der zukünftig geplanten Vermögenswerte aufgeteilt werden kann.

4.2.5.4.3.3 Abstimmung der vermögenswertspezifischen Zinssätze

Die Ableitung des Werts eines Vermögenswerts mittels der Residual Value-Methode erfolgt durch Abzug der Werte aller anderen Vermögenswerte vom Entity Value. Deswegen setzt dieser Ansatz nicht voraus, dass dem Bewertungsobjekt ein vermögenswertspezifischer Zinssatz zugewiesen wird. Unter Zugrundelegung der unter Abschn. 4.2.5.3.3.3 spezifizierten Annahme, dass die Verzinsung des in das Bewertungsobjekt investierten Kapitals residual zu bestimmen ist, kann der Zinssatz, mit dem sich das in diesen Vermögenswert investierte Kapital verzinst, modellendogen abgeleitet werden.

Die residuale Ermittlung der Verzinsung des in das Bewertungsobjekt investierten Kapitals ergibt sich aus der Beziehung

$$V_{n,t}^{RV} \cdot r_{n,t+1}^{RV} = V_t \cdot r_{t+1} - \sum_{i=1}^{n-1} V_{i,t} \cdot r_{i,t+1}$$

Tab. 4.11 Abstimmung der Einkommensbeiträge der Vermögenswerte der Beispiel GmbH

Mio. EUR	Ref.	2008	2009	2010	2011	2012	2013	2014	2015	2016
Customer relationship new										
Return on invested capital	Tab. 4.12	9,9	11,5	13,0	15,2	16,6	17,7	20,3	22,4	24,6
Return of invested capital[a]	Tab. 4.9	−12,0	−13,7	−15,3	−17,5	−18,9	−20,2	−22,7	−18,7	0,0
Income contribution total	Tab. 4.10	−2,0	−2,2	−2,3	−2,3	−2,4	−2,4	−2,5	3,7	24,6
Core technology new	Tab. 4.8	−10,6	−11,4	−11,9	−12,1	−12,4	−12,6	−12,9	−8,8	11,6
Customer relationship	Tab. 4.3	22,1	25,4	26,5	25,0	26,6	29,4	28,4	22,3	0,0
Tax benefit of amortization	Tab. 4.3	6,6	6,6	6,6	6,6	6,6	6,6	6,6	6,6	0,0
Core technology	Tab. 4.2	26,2	27,8	28,7	29,2	29,6	30,1	30,6	26,5	0,0
Process technology	Tab. 4.1	3,2	3,5	3,7	3,7	3,8	3,8	3,9	3,4	0,0
Tangible fixed assets	Tab. 4.4	18,0	7,3	−30,8	23,3	42,3	−24,8	9,9	−18,3	7,1
Working capital	Tab. 4.5	−12,7	−2,6	1,1	1,0	1,0	1,0	1,0	3,2	3,2
Total		50,7	54,4	21,5	74,3	95,2	31,1	65,0	38,6	46,5

[a] Invested capital $t-1$ − invested capital t

Durch Umformung kann diese in die Bestimmungsgleichung für den modellendogenen Zinssatz des Bewertungsobjekts bei Anwendung der Residual Value-Methode überführt werden:

$$r_{n,t+1}^{RV} = \frac{V_t \cdot r_{t+1} - \sum_{i=1}^{n-1} V_{i,t} \cdot r_{i,t+1}}{V_{n,t}^{RV}} = \frac{V_t \cdot r_{t+1} - \sum_{i=1}^{n-1} V_{i,t} \cdot r_{i,t+1}}{V_t - \sum_{i=1}^{n-1} V_{i,t}}$$

Die weitere Umformung der Beziehung mit $V_{n,t} = V_{n,t}^{RV}$ und $r_{n,t+1} = r_{n,t+1}^{RV}$ zu

$$V_t \cdot r_{t+1} = \sum_{i=1}^{n} V_{i,t} \cdot r_{i,t+1}$$

bzw. zu

$$r_{t+1} = \frac{1}{V_t} \cdot \sum_{i=1}^{n} V_{i,t} \cdot r_{i,t+1}$$

zeigt, dass bei Anwendung der Residual Value-Methode unter Zugrundelegung der genannten Annahme die Abstimmung der vermögenswertspezifischen Zinssätze mit den gewichteten Kapitalkosten des Unternehmens modellimmanent gegeben ist. Dies bedeutet, dass – unter den der Analyse zugrunde liegenden Voraussetzungen – die vermögenswertspezifischen Zinssätze lediglich untereinander abzustimmen sind; dabei ist zu beurteilen ist, ob die den Vermögenswerten zugeordneten vermögenswertspezifischen Zinssätze in Relation zueinander die vermögenswertspezifischen Risiken der Vermögenswerte des Unternehmens widerspiegeln.

Eine Vereinfachung der abgeleiteten Beziehung für den modellendogen abgeleiteten vermögenswertspezifischen Zinssatzes des Bewertungsobjekts kann dadurch erreicht werden, dass von periodenunabhängigen Kapitalkosten des Unternehmens sowie periodenunabhängigen vermögenswertspezifischen Zinssätzen der Vermögenswerte i = 1 bis n − 1, also von

$$r_{t+1} = r$$

und

$$r_{i,t+1} = r_i$$

für alle t = 0 bis ∞, ausgegangen wird. In diesem Fall gilt

$$r_{n,t+1}^{RVS} = \frac{V_t \cdot r - \sum_{i=1}^{n-1} V_{i,t}^{S} \cdot r_i}{V_{n,t}^{RVS}} = \frac{V_t \cdot r - \sum_{i=1}^{n-1} V_{i,t}^{S} \cdot r_i}{V_t - \sum_{i=1}^{n-1} V_{i,t}^{S}}$$

wobei $r_{n,t+1}^{RVS}$, $V_{i,t}^{S}$ und $V_{n,t}^{RVS} = V_t - \sum_{i=1}^{n-1} V_{i,t}^{S}$ zum Ausdruck bringen, dass die vermögenswertspezifischen Zinssätze der Vermögenswerte i für alle i = 1 bis n − 1 periodenunabhängig sind.[120]

---

[120] Unter der Voraussetzung, dass $r_{t+1} = r$ bereits unter Abschn. 4.2.5.4.2 erfüllt war, kann auf eine Anpassung der Bezeichnung verzichtet werden. Hiervon wird im Folgenden ausgegangen.

Aus dieser Beziehung kann abgeleitet werden, dass der vermögenswertspezifische Zinssatz des als Residualwert bewerteten Vermögenswerts $i = n$ nur dann periodenunabhängig, d. h. im Zeitablauf konstant ist, wenn die Relation des Werts des mittels der Residual Value-Methode bewerteten Vermögenswerts zum Entity Value im Zeitablauf konstant bleibt; dies ist genau dann gegeben, wenn der Entity Value und der Wert des mittels der Residual Value-Methode bewerteten Vermögenswerts mit einer im Zeitablauf konstanten Rate $g = \frac{V_{t+1}}{V_t} - 1$ für $t = 0$ bis ∞ mit $g < r$ wachsen.[121] Dementsprechend ist in den Fällen, in denen diese Voraussetzung nicht erfüllt ist, dieser Zinssatz nicht periodenunabhängig. Damit ist ersichtlich, dass – insoweit das in die einzelnen Vermögenswerte investierte Kapital im Zeitablauf Veränderungen unterliegt – das Erfordernis besteht, der Untersuchung einen mehrperiodisch ausgerichteten Ansatz zugrunde zu legen.

> **Fallbeispiel**
>
> Der modellendogen abgeleitete vermögenswertspezifische Zinssatz der zukünftig zu akquirierenden Kundenbeziehungen der Beispiel GmbH wird in Tab. 4.12 für jedes Jahr des Untersuchungszeitraums 2008 bis 2016 abgeleitet. Die Abstimmung dieser Zinssätze mit den vermögenswertspezifischen Zinssätzen aller anderen Vermögenswerte des Unternehmens indiziert – unter Einbeziehung der Risikoeinschätzung der zukünftig zu akquirierenden Kundenbeziehungen – für jedes Jahr dieses Zeitraums, dass die abgeleiteten Bewertungsergebnisse als plausibel zu betrachten sind und dementsprechend eine Anpassung der vorläufig festgelegten vermögenswertspezifischen Zinssätze nicht erforderlich ist. Die Betrachtung kann sich auf den Zeitraum 2008 bis 2016 beschränken, da ab 2015 das in die Vermögenswerte investierte Kapital unveränderlich ist und somit in allen folgenden Jahren der modellendogen abgeleitete vermögenswertspezifische Zinssatz der zukünftig zu akquirierenden Kundenbeziehungen 10,33 % beträgt.

4.2.5.4.4 Abstimmung der Bewertungsergebnisse bei Anwendung der MPEEM

4.2.5.4.4.1 Abstimmung der Werte der Vermögenswerte mit dem Entity Value

Der Anwendung der MPEEM kann der unter Abschn. 4.2.5.4.3.3 modellendogen abgeleitete vermögenswertspezifische Zinssatz oder ein modellexogen vorgegebener, zumeist periodenunabhängiger Zinssatz zugrunde gelegt werden.[122] Im ersten Fall ergibt sich für den Vermögenswert $i = n$ ein Wert in Höhe des mittels der Residual Value-Methode

---

[121] Auf die Darstellung der Ableitung dieser Zusammenhänge wird im Rahmen dieses Beitrags verzichtet.

[122] Der zur Anwendung kommende vermögenswertspezifische Zinssatz kann auch als interner Zinsfuß aus Residualwert und Barwert der Excess Earnings ermittelt werden. Auf die Betrachtung dieser Vorgehensweise wird im Folgenden jedoch verzichtet, da diese zu keinen zusätzlichen Erkenntnissen führt.

Tab. 4.12 Abstimmung der vermögenswertspezifischen Zinssätze bei Anwendung der MPEEM

Mio. EUR	Ref.		2008	2009	2010	2011	2012	2013	2014	2015	2016
Return on entity value[a]	Tab. 4.7	7,87 %	49,8	49,7	49,3	51,5	49,7	46,2	47,4	46,0	46,5
Return on assets[b]											
Core technology new	Tab. 4.8/4.6	9,04 %	0,0	1,0	2,1	3,4	4,8	6,3	8,1	9,9	11,6
Customer relationship	Tab. 4.3/4.6	9,34 %	16,4	15,3	13,7	11,9	10,0	7,9	5,2	2,5	0,0
Core technology	Tab. 4.2/4.6	8,34 %	13,5	12,4	11,1	9,6	8,0	6,2	4,2	2,0	0,0
Process technology	Tab. 4.1/4.6	8,34 %	1,7	1,6	1,4	1,2	1,0	0,8	0,5	0,3	0,0
Tangible fixed assets	Tab. 4.4/4.6	5,99 %	6,0	5,3	5,2	7,3	6,3	4,2	5,9	5,7	7,1
Working capital	Tab. 4.5/4.6	3,00 %	2,3	2,7	2,9	2,9	3,0	3,0	3,1	3,2	3,2
Total			39,8	38,2	36,4	36,4	33,2	28,5	27,1	23,6	21,9
Return on customer relationship new			9,9	11,5	13,0	15,2	16,6	17,7	20,3	22,4	24,6
Rate of return[c]			9,99 %	10,33 %	10,38 %	10,80 %	10,48 %	10,01 %	10,28 %	10,19 %	10,33 %

[a] Entity value $(t-1)$ * WACC
[b] Invested capital $(t-1)$ * asset specific rate of return
[c] Return on customer relationship new/customer relationship new $(t-1)$

abgeleiteten Werts, der durch die Beziehung

$$V_{n,t}^{RVS} = \frac{V_{n,t+1}^{RVS} + CF_{n,t+1}}{1 + r_{n,t+1}^{RVS}} = \sum_{j=t+1}^{\infty} CF_{n,j} \cdot \prod_{j^*=t+1}^{j} (1 + r_{n,j^*}^{RVS})^{-1}$$

dargestellt werden kann. Dieses Ergebnis ist in der Annahme, dass die Verzinsung des in das Bewertungsobjekt investierten Kapitals residual zu bestimmen ist, begründet. Diese Annahme ist Grundlage sowohl der unter Abschn. 4.2.5.3.3.3 dargelegten Zuordnung der Excess Earnings als Einkommensbeitrag zum mittels der Residual Value-Methode bewerteten Vermögenswert als auch der Ableitung des modellendogenen Zinssatzes unter Abschn. 4.2.5.4.3.3. Auf die Darstellung der Überleitung des mittels der MPEEM unter Zugrundelegung des modellendogenen Zinssatzes ermittelten Werts in den mittels der Residual Value-Methode abgeleiteten Wert wird im Rahmen dieses Beitrags verzichtet.

Bei Anwendung eines modellexogen vorgegebenen, periodenunabhängigen vermögenswertspezifischen Zinssatzes r_n^{MPEEM} (mit $r_{n,t}^{MPEEM} = r_n^{MPEEM}$ für t = 0 bis ∞) beträgt der Wert dieses Vermögenswerts

$$V_{n,t}^{MPEEM} = \frac{V_{n,t+1}^{MPEEM} + CF_{n,t+1}}{1 + r_n^{MPEEM}} = \sum_{j=t+1}^{\infty} CF_{n,j} \cdot (1 + r_n^{MPEEM})^{-(j-t)}$$

Auf dieser Grundlage kann der Entity Value dann nicht mehr auf die dem Unternehmen zugeordneten Vermögenswerte vollständig aufgeteilt werden, wenn die

- Bedingungen für die Periodenunabhängigkeit[123] von $r_{n,t+1}^{RVS}$ nicht erfüllt sind und zudem
- $r_n^{MPEEM} = r_n^{RVS}$ nicht gilt.

Es verbleibt ein Betrag in Höhe der Differenz aus dem mittels der Residual Value-Methode bestimmten Wert der zukünftigen Kundenbeziehungen und dem mittels der MPEEM abgeleiteten Wert dieses Vermögenswerts. Mit

$$V_t = V_{n,t}^{RVS} + \sum_{i=1}^{n-1} V_{i,t}^{S}$$

ergibt sich die Differenz aus Entity Value und der Summe der Werte der Vermögenswerte des Unternehmens bei Bewertung der zukünftigen Kundenbeziehungen mittels der MPEEM ($\varepsilon_{n,t}^{MPEEM}$) als

$$\varepsilon_{n,t}^{MPEEM} = V_t - \left(V_{n,t}^{MPEEM} + \sum_{i=1}^{n-1} V_{i,t}^{S}\right) = V_{n,t}^{RVS} - V_{n,t}^{MPEEM}$$

Der Differenzbetrag $\varepsilon_{n,t}^{MPEEM}$ zwischen dem mittels der MPEEM bestimmten Wert der zukünftigen Kundenbeziehungen und dem mittels der Residual Value-Methode abgeleiteten Wert im Zeitpunkt t kann durch Einbeziehung der Beziehungen für $V_{n,t}^{RVS}$ und

---

[123] Vgl. hierzu Abschn. 4.2.5.4.3.3.

$V_{n,t}^{MPEEM}$ erklärt werden. Mit

$$V_{n,t}^{RVS} = \frac{V_{n,t+1}^{RVS} + CF_{n,t+1}}{1 + r_{n,t+1}^{RVS}} = \sum_{j=t+1}^{\infty} CF_{n,j} \cdot \prod_{j^*=t+1}^{j} (1 + r_{n,j^*}^{RVS})^{-1}$$

und

$$V_{n,t}^{MPEEM} = \frac{V_{n,t+1}^{MPEEM} + CF_{n,t+1}}{1 + r_n^{MPEEM}} = \sum_{j=t+1}^{\infty} CF_{n,j} \cdot (1 + r_n^{MPEEM})^{-(j-t)}$$

gilt:

$$\varepsilon_{n,t}^{MPEEM} = V_{n,t}^{RVS} - V_{n,t}^{MPEEM} = \sum_{j=t+1}^{\infty} CF_{n,j} \cdot \prod_{j^*=t+1}^{j} (1 + r_{n,j^*}^{RVS})^{-1}$$
$$- \sum_{j=t+1}^{\infty} CF_{n,j} \cdot (1 + r_n^{MPEEM})^{-(j-t)}$$

bzw.

$$\varepsilon_{n,t}^{MPEEM} = \sum_{j=t+1}^{\infty} CF_{n,j} \cdot \left[\prod_{j^*=t+1}^{j} (1 + r_{n,j^*}^{RVS})^{-1} - (1 + r_n^{MPEEM})^{-(j-t)} \right]$$

Diese Beziehung zeigt, dass der Differenzbetrag $\varepsilon_{n,t}^{MPEEM}$ (für t = 0 bis ∞) daraus resultiert, dass die den zukünftigen Kundenbeziehungen zugeordneten Excess Earnings $CF_{n,t+1}$ mit unterschiedlichen Zinssätzen – dem modellendogen Zinssatz $r_{n,t+1}^{RVS}$ einerseits und dem modellexogen vorgegebenen Zinssatzes r_n^{MPEEM} andererseits – diskontiert werden. Dies bedeutet, dass mit dem Differenzbetrag kein Einkommensbeitrag verbunden ist. Der Differenzbetrag $\varepsilon_{n,t}^{MPEEM}$ bringt somit eine Bewertungsdifferenz zum Ausdruck.

Fallbeispiel

Tabelle 4.13 zeigt, dass bei Bewertung der zukünftigen Kundenbeziehungen mittels der MPEEM unter Zugrundelegung eines modellexogen vorgegebenen vermögenswertspezifischen Zinssatzes von 10,34 % der Entity Value durch die Werte der Vermögenswerte grundsätzlich nicht mehr erklärt werden kann. Tabelle 4.14 legt dar, dass die aufgetretenen Differenzbeträge daraus resultieren, dass die Excess Earnings bei Anwendung der MPEEM unter Zugrundelegung des modellexogen vorgegebenen vermögenswertspezifischen Zinssatzes mit einem Zinssatz diskontiert werden, der von den modellendogen in Tab. 4.12 abgeleiteten Zinssätzen abweicht. Die Anwendung der MPEEM unter Zugrundelegung der zuletzt genannten Zinssätze führt zu den mittels der Residual Value-Methode bestimmten Werten der zukünftigen Kundenbeziehungen. Damit ist ersichtlich, dass die Differenzbeträge Bewertungsdifferenzen darstellen.

Tab. 4.13 Abstimmung der Werte der Vermögenswerte mit dem Entity Value bei Anwendung der MPEEM

Mio. EUR	Ref.	Rate of Return	2007	2008	2009	2010	2011	2012	2013	2014	2015	2016
Assets												
Customer relationship new MPEEM	Tab. 4.10	10,34 %	99,2	111,4	125,2	140,4	157,2	175,9	196,5	219,3	238,2	238,2
Core technology new	Tab. 4.8	9,04 %	0,5	11,1	23,5	37,5	53,0	70,2	89,2	110,1	128,8	128,8
Customer relationship	Tab. 4.3	9,34 %	175,6	163,4	146,6	127,2	107,5	84,3	56,1	26,4	0,0	0,0
Core technology	Tab. 4.2	8,34 %	161,5	148,7	133,3	115,7	96,2	74,6	50,8	24,4	0,0	0,0
Process technology	Tab. 4.1	8,34 %	20,4	18,8	17,0	14,7	12,2	9,5	6,5	3,1	0,0	0,0
Tangible fixed assets	Tab. 4.4	5,99 %	100,0	88,0	86,0	122,0	106,0	70,0	99,0	95,0	119,0	119,0
Working capital	Tab. 4.5	3,00 %	75,0	90,0	95,3	97,0	99,0	101,0	103,0	105,0	105,0	105,0
Total			632,1	631,5	626,8	654,6	631,2	585,5	601,0	583,4	591,1	591,1
Entity value	Tab. 4.7		632,5	631,5	626,8	654,7	631,9	586,5	601,6	583,9	591,3	591,3
Less value of total assets			−632,1	−631,5	−626,8	−654,6	−631,2	−585,5	−601,0	−583,4	−591,1	−591,1
Difference			0,3	0,0	0,0	0,1	0,7	1,0	0,6	0,5	0,3	0,3

Tab. 4.14 Analyse des Differenzbetrags zwischen dem Wert der zukünftigen Kundenbeziehungen bei Anwendung der Residual Value-Methode und bei Anwendung der MPEEM

Mio. EUR	Ref.	2007	2008	2009	2010	2011	2012	2013	2014	2015	2016
Customer relationship new											
Return on invested capital	Tab. 4.12		9,9	11,5	13,0	15,2	16,6	17,7	20,3	22,4	24,6
Return of invested capital[a]	Tab. 4.9		−12,0	−13,7	−15,3	−17,5	−18,9	−20,2	−22,7	−18,7	0,0
Excess earnings	Tab. 4.10		−2,0	−2,2	−2,3	−2,3	−2,4	−2,4	−2,5	3,7	24,6
Implied rate of return application residual value method	Tab. 4.12		9,99 %	10,33 %	10,38 %	10,80 %	10,48 %	10,01 %	10,28 %	10,19 %	10,33 %
Present value	Tab. 4.9	99,5	111,5	125,2	140,5	158,0	176,9	197,1	219,8	238,5	
Asset specific rate of return	Tab. 4.10		10,34 %	10,34 %	10,34 %	10,34 %	10,34 %	10,34 %	10,34 %	10,34 %	10,34 %
Present value	Tab. 4.10	99,2	111,4	125,2	140,4	157,2	175,9	196,5	219,3	238,2	
Difference		0,3	0,0	0,0	0,1	0,7	1,0	0,6	0,5	0,3	

[a] Invested capital t less invested capital $t+1$

4 Wertorientiertes Innovations- und Wissensmanagement

4.2.5.4.4.2 Abstimmung der Einkommensbeiträge der Vermögenswerte

Die MPEEM ist – unabhängig davon, ob modellendogen abgeleitete oder modellexogen vorgegebene vermögenswertspezifische Zinssätze zur Anwendung kommen – dadurch gekennzeichnet, dass die Einkommensbeiträge des Bewertungsobjekts als Excess Earnings zu bestimmen sind. Dementsprechend kann bei Anwendung dieses Bewertungsansatzes und konsistenter Modellierung das Einkommen des Unternehmens stets durch die Einkommensbeiträge der Vermögenswerte des Unternehmens vollständig erklärt werden. Die unter Abschn. 4.2.5.2.4 eingeführte Komponente ε_{t+1}^{CF}, die mögliche Einkommensbeiträge erfasst, die den Vermögenswerten nicht zugeordnet werden können, wird dem Einkommen des mittels der MPEEM bewerteten Vermögenswerts zugewiesen.

Fallbeispiel

Die Abstimmung der Einkommensbeiträge der Vermögenswerte mit dem Einkommen des Unternehmens bei Anwendung der MPEEM führt zu dem Ergebnis, das sich für diese Abstimmung bereits bei Anwendung der Residual Value-Methode ergab; dementsprechend kann auf Tab. 4.11 verwiesen werden.

4.2.5.4.4.3 Abstimmung der vermögenswertspezifischen Zinssätze

Unter Abschn. 4.2.5.4.3.3 wurde ausgehend von der Beziehung

$$V_{n,t}^{RV} \cdot r_{n,t+1}^{RV} = V_t \cdot r_{t+1} - \sum_{i=1}^{n-1} V_{i,t} \cdot r_{i,t+1}$$

aufgezeigt, dass der modellendogen abgeleitete vermögenswertspezifische Zinssatz des Bewertungsobjekts dadurch gekennzeichnet ist, dass die Abstimmung der vermögenswertspezifischen Zinssätze der Vermögenswerte des Unternehmens mit dessen gewichteten Kapitalkosten modellimmanent gegeben ist. Bei Anwendung der MPEEM unter Zugrundelegung eines modellexogen vorgegebenen vermögenswertspezifischen Zinssatzes kann die Komponente $V_{n,t}^{RVS} \cdot r_{n,t+1}^{RVS}$ mit

$$\varepsilon_{n,t}^{MPEEM} = V_{n,t}^{RVS} - V_{n,t}^{MPEEM}$$

umgeformt werden zu

$$V_{n,t}^{RVS} \cdot r_{n,t+1}^{RVS} = (V_{n,t}^{MPEEM} + \varepsilon_{n,t}^{MPEEM}) \cdot r_{n,t+1}^{RVS}$$

bzw. zu

$$V_{n,t}^{RVS} \cdot r_{n,t+1}^{RVS} = V_{n,t}^{MPEEM} \cdot r_n^{MPEEM} + \varepsilon_{n,t}^{MPEEM} \cdot r_{n,t+1}^{\varepsilon}$$

mit

$$r_{n,t+1}^{\varepsilon} = \frac{V_{n,t}^{RVS} \cdot r_{n,t+1}^{RVS} - V_{n,t}^{MPEEM} \cdot r_n^{MPEEM}}{\varepsilon_{n,t}^{MPEEM}}$$

bzw. mit

$$r^\varepsilon_{n,t+1} = \frac{V_t \cdot r_{t+1} - \sum_{i=1}^{n-1} V^S_{i,t} \cdot r_{i,t+1} - V^{MPEEM}_{n,t} \cdot r^{MPEEM}_n}{\varepsilon^{MPEEM}_{n,t}}$$

wobei $\varepsilon^r_{t+1} = \varepsilon^{MPEEM}_{n,t} \cdot r^\varepsilon_{n,t+1}$ gilt.

Diese Beziehungen zeigen, dass dann, wenn der MPEEM ein modellexogen vorgegebener vermögenswertspezifischer Zinssatz, der vom modellendogen abgeleiteten Zinssatz abweicht, zugrunde gelegt wird, die Abstimmung der vermögenswertspezifischen Zinssätze mit den gewichteten Kapitalkosten voraussetzt, dass der unter Abschn. 4.2.5.4.4.1 aufgetretene Differenzbetrag $\varepsilon^{MPEEM}_{n,t}$, in dessen Höhe der Entity Value nicht erklärt werden kann, als Residualgröße in die Untersuchung einbezogen wird und der modellendogen zu bestimmende Zinssatz diesem Betrag zugeordnet wird.

Dieser Überlegung steht jedoch entgegen, dass der Differenzbetrag $\varepsilon^{MPEEM}_{n,t}$ – dies wurde unter Abschn. 4.2.5.4.4.1 aufgezeigt – eine Bewertungsdifferenz darstellt, mit der kein Einkommensbeitrag verbunden ist. Hieraus resultiert, dass der für diesen Differenzbetrag modellendogen abgeleitete Zinssatz einer Interpretation grundsätzlich nicht zugänglich ist.

Im praktischen Anwendungsfall führt diese Einschränkung allerdings dann zu keinen Ergebnissen, die von denen abweichen, die unter Zugrundelegung der Residual Value-Methode abzuleiten sind, wenn der aufgetretene Differenzbetrag so gering ist, dass er zu vernachlässigen ist. Unter dieser Voraussetzung ist – wie bei Anwendung der Residual Value-Methode – lediglich zu beurteilen, ob die den Vermögenswerten zugeordneten vermögenswertspezifischen Zinssätze in Relation zueinander die vermögenswertspezifischen Risiken der Vermögenswerte widerspiegeln.

Fallbeispiel

In Tab. 4.15 wird zunächst die Residualverzinsung ermittelt, die – bei Anwendung der MPEEM unter Zugrundelegung eines vermögenswertspezifischen Zinssatzes von 10,34 % – dem nicht durch Werte von Vermögenswerten erklärten Betrag des Entity Value zuzuordnen ist. Sodann wird der dieser Verzinsung entsprechende modellendogene Zinssatz abgeleitet. Die Tabelle macht deutlich, dass diese Zinssätze in keinem Jahr des Betrachtungszeitraums einer Interpretation zugänglich sind.

Tabelle 4.13 zeigt, dass der Betrag, in dessen Höhe der Entity Value nicht erklärt werden kann, vernachlässigbar ist. Die Abstimmung des den zukünftig geplanten Kundenbeziehungen zugeordneten Zinssatzes mit den vermögenswertspezifischen Zinssätzen aller anderen Vermögenswerten des Unternehmens indiziert – unter Einbeziehung der Risikoeinschätzung der zukünftig zu akquirierenden Kundenbeziehungen –, dass die abgeleiteten Bewertungsergebnisse als plausibel zu betrachten sind und dementsprechend eine Anpassung der vorläufig festgelegten vermögenswertspezifischen Zinssätze nicht erforderlich ist.

4 Wertorientiertes Innovations- und Wissensmanagement

Tab. 4.15 Ableitung der Residualverzinsung bei Anwendung der MPEEM

Mio. EUR	Ref.		2008	2009	2010	2011	2012	2013	2014	2015	2016
Return on entity value[a]											
Return on assets[b]	Tab. 4.7	7,87 %	49,8	49,7	49,3	51,5	49,7	46,2	47,4	46,0	46,5
Customer relationship new (MPEEM)	Tab. 4.10	10,34 %	10,3	11,5	12,9	14,5	16,3	18,2	20,3	22,7	24,6
Core technology new	Tab. 4.8/4.6	9,04 %	0,0	1,0	2,1	3,4	4,8	6,3	8,1	9,9	11,6
Customer relationship	Tab. 4.3/4.6	9,34 %	16,4	15,3	13,7	11,9	10,0	7,9	5,2	2,5	0,0
Core technology	Tab. 4.2/4.6	8,34 %	13,5	12,4	11,1	9,6	8,0	6,2	4,2	2,0	0,0
Process technology	Tab. 4.1/4.6	8,34 %	1,7	1,6	1,4	1,2	1,0	0,8	0,5	0,3	0,0
Tangible fixed assets	Tab. 4.4/4.6	5,99 %	6,0	5,3	5,2	7,3	6,3	4,2	5,9	5,7	7,1
Working capital	Tab. 4.5/4.6	3,00 %	2,3	2,7	2,9	2,9	3,0	3,0	3,1	3,2	3,2
Total			50,1	49,7	49,3	50,9	49,4	46,6	47,4	46,2	46,5
Return on residual value			−0,3	0,0	0,1	0,7	0,3	−0,5	−0,1	−0,3	0,0
Rate of return[c]			−89,6 %	−27,7 %	193,5 %	857,2 %	40,5 %	−45,2 %	−9,0 %	−51,0 %	0,0 %

[a] Entity value $(t-1)$ * WACC
[b] Invested capital $(t-1)$ * asset specific rate of return
[c] Return on residual value/difference $(t-1)$

4.2.5.4.5 Abstimmung mit dem Goodwill
4.2.5.4.5.1 Ableitung und Erklärung des Goodwill

Der originäre Goodwill (Internally Generated Goodwill) – im Folgenden wird der Ausdruck „Goodwill" im Sinne des originären Goodwill verwendet – eines betrachteten Unternehmens zum Zeitpunkt t (GW_t) ist – bezogen auf diesen Zeitpunkt – als Entity Value abzüglich der Werte der bilanzierungsfähigen Vermögenswerte definiert.[124] Bei Ansatz der in die Goodwill-Analyse einzubeziehenden Vermögenswerte i (mit i = 1 bis k) mit den neubewerteten Werten $V_{i,t}$ ergibt sich der Goodwill aus der Beziehung

$$GW_t = V_t - \sum_{i=1}^{k} V_{i,t}$$

Durch Auflösung der Beziehung für den Wert des mittels der Residual Value-Methode bewerteten Vermögenswerts i = n nach V_t und Einsetzen in die Bestimmungsgleichung für den Goodwill kann diese Gleichung überführt werden in die Beziehung

$$GW_t = \sum_{i=1}^{n} V_{i,t} - \sum_{i=1}^{k} V_{i,t} = \sum_{i=k+1}^{n} V_{i,t} = \sum_{i=k+1}^{k+l} V_{i,t} + \sum_{i=k+l+1}^{n} V_{i,t}$$

mit $V_{n,t} = V_{n,t}^{RV}$

Diese Beziehung legt dar, dass der Goodwill im Zeitpunkt t vollständig durch die nicht bilanzierungsfähigen Vermögenswerte $\left(\sum_{i=k+1}^{k+l} V_{i,t}\right)$ sowie durch die zukünftig geplanten Vermögenswerte $\left(\sum_{i=k+l+1}^{n} V_{i,t}\right)$ erklärt werden kann. Er unterscheidet sich – dessen Definitionsgleichung folgend – vom Entity Value lediglich durch die Summe der Werte der bilanzierungsfähigen Vermögenswerte $\left(\sum_{i=1}^{k} V_{i,t}\right)$.

Fallbeispiel

Der originäre Goodwill der Beispiel GmbH wird in Tab. 4.16 für jedes Jahr des Untersuchungszeitraums abgeleitet. Er ergibt sich für ein betrachtetes Jahr durch Abzug der Werte der anzusetzenden materiellen und immateriellen Vermögenswerte Sachanlagen (Tab. 4.4), Working Capital (Tab. 4.5), Basis- und Verfahrenstechnologie (Tab. 4.1 und Tab. 4.2) sowie bestehende Kundenbeziehungen (Tab. 4.3) vom Entity Value, der Tab. 4.7 zu entnehmen ist. Tabelle 4.17 legt dar, dass der originäre Goodwill der Beispiel GmbH in jedem Jahr des Betrachtungszeitraums vollständig durch den Wert der zukünftig zu akquirierenden Kundenbeziehungen und den Wert der Nachfolgegenerationen der Basistechnologie zu erklären ist.

---

[124] Vgl. Moser (2011), S. 245 ff. m. w. N.

Tab. 4.16 Ableitung des originären Goodwill

Mio. EUR	Ref.	2007	2008	2009	2010	2011	2012	2013	2014	2015	2016
Entity value	Tab. 4.7	632,5	631,5	626,8	654,7	631,9	586,5	601,6	583,9	591,3	591,3
Assets											
Customer relationship	Tab. 4.3	175,6	163,4	146,6	127,2	107,5	84,3	56,1	26,4	0,0	0,0
Core technology	Tab. 4.2	161,5	148,7	133,3	115,7	96,2	74,6	50,8	24,4	0,0	0,0
Process technology	Tab. 4.1	20,4	18,8	17,0	14,7	12,2	9,5	6,5	3,1	0,0	0,0
Tangible fixed assets	Tab. 4.4	100,0	88,0	86,0	122,0	106,0	70,0	99,0	95,0	119,0	119,0
Working capital	Tab. 4.5	75,0	90,0	95,3	97,0	99,0	101,0	103,0	105,0	105,0	105,0
Total		532,5	509,0	478,2	476,7	420,9	339,4	315,4	254,0	224,0	224,0
Internal generated goodwill		100,0	122,5	148,7	178,0	211,0	247,1	286,2	329,9	367,3	367,3

Tab. 4.17 Erklärung des originären Goodwill

Mio. EUR	Ref.	2007	2008	2009	2010	2011	2012	2013	2014	2015	2016
Assets											
Customer relationship new (residual value)	Tab. 4.9	99,5	111,5	125,2	140,5	158,0	176,9	197,1	219,8	238,5	238,5
Core technology new	Tab. 4.8	0,5	11,1	23,5	37,5	53,0	70,2	89,2	110,1	128,8	128,8
Internal generated goodwill		100,0	122,5	148,7	178,0	211,0	247,1	286,2	329,9	367,3	367,3
Customer relationship	Tab. 4.3	175,6	163,4	146,6	127,2	107,5	84,3	56,1	26,4	0,0	0,0
Core technology	Tab. 4.2	161,5	148,7	133,3	115,7	96,2	74,6	50,8	24,4	0,0	0,0
Process technology	Tab. 4.1	20,4	18,8	17,0	14,7	12,2	9,5	6,5	3,1	0,0	0,0
Tangible fixed assets	Tab. 4.4	100,0	88,0	86,0	122,0	106,0	70,0	99,0	95,0	119,0	119,0
Working capital	Tab. 4.5	75,0	90,0	95,3	97,0	99,0	101,0	103,0	105,0	105,0	105,0
Total	Tab. 4.7	632,5	631,5	626,8	654,7	631,9	586,5	601,6	583,9	591,3	591,3

4 Wertorientiertes Innovations- und Wissensmanagement

Unter Abschn. 4.2.5.4.4.1 wurde herausgearbeitet, dass der Entity Value bei Anwendung der MPEEM in Höhe der Bewertungsdifferenz $\varepsilon_{n,t}^{rMPEEM} = V_{n,t}^{RVS} - V_{n,t}^{MPEEM}$ durch die Werte der Vermögenswerte des Unternehmens nicht erklärt werden kann. Der Entity Value kann dementsprechend bestimmt werden über die Beziehung

$$V_t = \varepsilon_{n,t}^{rMPEEM} + V_{n,t}^{MPEEM} + \sum_{i=1}^{n-1} V_{i,t}^S$$

Durch Einsetzen dieser Beziehung in die Bestimmungsgleichung für den Goodwill zeigt sich, dass bei Anwendung der MPEEM auch der Goodwill in Höhe des Differenzbetrags $\varepsilon_{n,t}^{rMPEEM}$ nicht erklärt werden kann. Es gilt

$$GW_t = \varepsilon_{n,t}^{rMPEEM} + V_{n,t}^{MPEEM} + \sum_{i=k+1}^{n-1} V_{i,t}^S$$

4.2.5.4.5.2 Beurteilung der Plausibilität der Bewertungsergebnisse in der Praxis der Kaufpreisallokation

In der Praxis der Kaufpreisallokation beschränkt sich die Beurteilung der Plausibilität der abgeleiteten Bewertungsergebnisse zumeist auf die Abstimmung der vermögenswertspezifischen Zinssätze untereinander sowie mit den gewichteten Kapitalkosten des Unternehmens. Auf die Erklärung des Entity Value wird verzichtet und anstelle der zukünftig geplanten Vermögenswerte und der am Bewertungsstichtag verfügbaren, nicht bilanzierungsfähigen Vermögenswerte der Goodwill der Abstimmung zugrunde gelegt; die zuletzt genannten Vermögenswerte werden teilweise auch gesondert einbezogen. Die Analyse wird zudem ganz überwiegend nur einperiodisch – bezogen auf den Bewertungsstichtag – durchgeführt.

Diese Betrachtung wird in der Praxis zumeist als WACC-2-WARA- oder einfach WARA-Analyse[125] sowie als WACC-Reconciliation[126] bezeichnet (Abb. 4.10). Die Bezeichnungen resultieren daraus, dass mit $WARA_{t+1}$ als Ausdruck für die Summe der mit den anteiligen Werten gewichteten vermögenswertspezifischen Zinssätze (Weighted Average Rate of Return on Assets)[127] und $WACC_{t+1}$ als Ausdruck für die gewichteten Kapitalkosten des Unternehmens die unter Abschn. 4.2.5.3.3.3 sowie Abschn. 4.2.5.4.3.3 eingeführte Beziehung

$$r_{t+1} = \frac{1}{V_t} \cdot \sum_{i=1}^{n} V_{i,t} \cdot r_{i,t+1}$$

---

[125] So z. B. TAF, (2010), 4.3.06
[126] Vgl. Beyer und Mackenstedt (2008), S. 348 f.; Schmalenbach-Gesellschaft (2009), S. 43.
[127] Siehe statt vieler IVSC GN 4, 5.38.

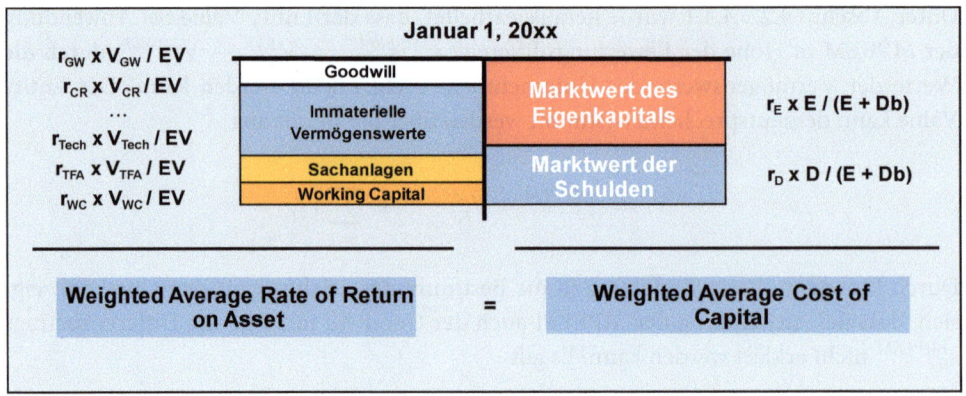

Abb. 4.10 WACC-2-WARA-Analyse

überführt werden kann in die WACC-2-WARA-Bedingung. Für $WARA_{t+1} = \frac{1}{V_t} \cdot \sum_{i=1}^{n} V_{i,t} \cdot r_{i,t+1}$ und $WACC_{t+1} = r_{t+1}$ gilt
$WACC_{t+1} = WARA_{t+1}$ für t = 0 bis ∞.

Fallbeispiel

Tabelle 4.18 fasst die WACC-2-WARA-Analysen, die zur Beurteilung der Plausibilität der in Tab. 4.6 vorläufig festgelegten vermögenswertspezifischen Zinssätze durchgeführt werden, für den Betrachtungszeitraum zusammen. Die Analysen zeigen, dass in jedem Jahre des Betrachtungszeitraums – bei einem dem Goodwill zugeordneten Zinssatz zwischen 9,74 % und 10,43 % – die gewichtete durchschnittliche Verzinsung aller Vermögenswerte (WARA) gleich den gewichteten Kapitalkosten des Unternehmens ist, d. h. die Bedingung $WACC_{t+1} = WARA_{t+1}$ ist für alle t = 0 bis 8 erfüllt. Der Vergleich der vermögenswertspezifischen Zinssätze der Vermögenswerte des Unternehmens sowie des dem Goodwill zugeordneten Zinssatzes legt für jedes Jahr des Untersuchungszeitraums dar, dass diese Zinssätze die erwartete Risikoeinschätzung der Vermögenswerte und des Goodwill in Relation zueinander unter der Voraussetzung widerspiegeln, dass der Goodwill ein höheres Risiko als die angesetzten Vermögenswerte aufweist. Damit indiziert diese Analyse, dass die Plausibilität der Bewertungsergebnisse unter der genannten Voraussetzung gegeben ist; insoweit erscheint eine Korrektur der vorläufig festgelegten vermögenswertspezifischen Zinssätze nicht geboten.

Die Fallstudie zeigt, dass die Beurteilung der Plausibilität der Bewertungsergebnisse unter Zugrundelegung des in der Praxis zumeist anzutreffenden Vorgehens voraussetzt, dass eine Annahme über das dem Goodwill – im Vergleich zu den angesetzten Vermögenswerten – zuzuordnende Risiko getroffen wird. Demgegenüber macht die unter Abschn. 4.2.5.4.3 und 4.2.5.4.4 eingeführte Konzeption den Goodwill transparent und verlangt die explizite Einschätzung der Risiken der zukünftig geplanten Vermögenswerte, die den Goodwill konstituieren.

Tab. 4.18 WACC-2-WARA-Analyse

Mio. EUR	Ref.		2008	2009	2010	2011	2012	2013	2014	2015	2016
Return on entity value[a]	Tab. 4.7	7,87 %	49,8	49,7	49,3	51,5	49,7	46,2	47,4	46,0	46,5
Return on assets[b]											
Customer relationship	Tab. 4.3/4.6	9,34 %	16,4	15,3	13,7	11,9	10,0	7,9	5,2	2,5	0,0
Core technology	Tab. 4.2/4.6	8,34 %	13,5	12,4	11,1	9,6	8,0	6,2	4,2	2,0	0,0
Process technology	Tab. 4.1/4.6	8,34 %	1,7	1,6	1,4	1,2	1,0	0,8	0,5	0,3	0,0
Tangible fixed assets	Tab. 4.4/4.6	5,99 %	6,0	5,3	5,2	7,3	6,3	4,2	5,9	5,7	7,1
Working capital	Tab. 4.5/4.6	3,00 %	2,3	2,7	2,9	2,9	3,0	3,0	3,1	3,2	3,2
Total			39,8	37,2	34,2	33,0	28,4	22,1	19,0	13,6	10,3
Return on goodwill			10,0	12,5	15,1	18,6	21,3	24,1	28,3	32,4	36,3
Rate of return[c]			9,99 %	10,21 %	10,16 %	10,43 %	10,12 %	9,74 %	9,89 %	9,81 %	9,87 %

[a] Entity value $(t-1)$ * WACC
[b] Invested capital $(t-1)$ * asset specific rate of return
[c] Return on goodwill/goodwill $(t-1)$

4.3 Fallbeispiel

4.3.1 Einleitung

Im Folgenden werden die unter Abschn. 4.2 dargestellten Grundlagen der Bewertung immaterieller Vermögenswerte anhand eines aus der Praxis des Innovations- und Wissensmanagements stammenden Fallbeispiels erläutert. Nach Einführung in die Ausgangsdaten des Fallbeispiels (Abschn. 4.3.2) wird der Entity Value des betrachteten Unternehmens abgeleitet (Abschn. 4.3.3) und die Bestimmung der beizulegenden Zeitwerte der dem Unternehmen zugeordneten Vermögenswerte erläutert (Abschn. 4.3.4). Abschließend werden auf dieser Grundlage Entity Value und Goodwill des den Betrachtungen zugrunde liegenden Unternehmens analysiert (Abschn. 4.3.5). Da die Untersuchungen mehrperiodisch durchgeführt werden, folgen alle Wertermittlungen dem – bereits unter Abschn. 4.2.4.2.1 eingeführten – Roll Back-Verfahren. Die Anwendung dieses Verfahrens führt dazu, dass die Werte der Bewertungsobjekte für jeden Zeitpunkt des Betrachtungszeitraums unmittelbar zur Verfügung stehen.

4.3.2 Ausgangsdaten der Untersuchung

Die Beispiel GmbH ist im weitesten Sinne ein Technologieunternehmen. Das Management der Gesellschaft möchte – für Zwecke des wertorientierten Innovations- und Wissensmanagements – ein Verständnis der Werte der dem Unternehmen zugeordneten Vermögenswerte erlangen und führt aus diesem Grund eine Unternehmenswertanalyse zum 1. Januar 2011 durch. Als Grundlage der Untersuchung wird IFRS 3[128] gewählt, wobei – zur Vereinfachung der Betrachtungen – eine Übernahme der Beispiel GmbH im Rahmen eines Asset Deals angenommen wird.[129] Das Management geht weiter davon aus, dass die steuerliche Behandlung dieser angenommenen Transaktion den Ergebnissen der Unternehmenswertanalyse folgt.[130]

Die Ergebnisse der Identifikation der – fiktiv erworbenen – immateriellen Vermögenswerte[131] der Beispiel GmbH sind in Tab. 4.19 zusammengefasst. Die Tabelle gibt für jeden Vermögenswert – neben dessen vom Management begründet geschätzten Nutzungsdauer und verbleibenden Restnutzungsdauer – an, ob dieser identifizierbar ist und somit im Falle eines vollzogenen Unternehmenszusammenschlusses anzusetzen wäre[132] sowie nach welchem Bewertungsansatz dessen beizulegender Zeitwert zu bestimmen ist. Die Gesellschaft

---

[128] Zu IFRS 3 (rev. 2008) siehe statt vieler Hendler und Zülch (2008), S. 484 ff.; Küting et al. (2008), S. 139 ff.; Beyhs und Wagner (2008), S. 73 ff.; Pellens et al. (2008), S. 602 ff.
[129] Zur Abbildung eines Share Deals nach IFRS 3 vgl. Moser (2011), S. 249 f.
[130] Im Falle der Modifikation dieser Annahmen ist die Analyse erforderlichenfalls durch die Einbeziehung latenter Steuern zu erweitern; zu dieser Erweiterung vgl. Moser (2011), S. 258 ff.
[131] Zur Identifikation immaterieller Vermögenswerte siehe Abschn. 4.2.3.
[132] Zum Ansatz immaterieller Vermögenswerte nach IFRS 3 Moser (2011), S. 12 ff.

Tab. 4.19 Ergebnisse der Identifikation der immateriellen Vermögenswerte der Beispiel GmbH

Asset	Useful life	Remaining useful life	Identifiability	Valuation approach	Contributory asset related to	Valuation model	Valuation model successor
Customer relationship	10,0	5,0	Contractual-legal	MPEEM	–	Tab. 4.28	Tab. 4.30, Tab. 4.32
Order backlog	0,4	0,4	Contractual-legal	Not material	–	–	Tab. 4.29
Technology	20,0	8,0	Contractual-legal	Relief-from-royalty method	Customer relationship	Tab. 4.22	Tab. 4.23
Software	10,0	6,0	Separable	Replacement cost	Customer relationship	Tab. 4.24	–
Assembled workforce	7,0	7,0	–[a]	Replacement cost	Customer relationship	Tab. 4.25	–

[a] IFRS 3.B37

verfügt darüber hinaus über Sachanlagen und über Working Capital. Sie beabsichtigt, alle genannten Vermögenswerte in Zukunft – nach Ablauf von deren Nutzungsdauern – regelmäßig zu substituieren.

Das zukünftige Einkommen des Unternehmens kommt in dessen Free Cashflows, die Tab. 4.20 zu entnehmenden sind, zum Ausdruck. Diese wurden aus der Planungsrechnung der Gesellschaft abgeleitet;[133] diese umfasst die Ergebnisplanung, Investitions- und Abschreibungsplanung, Planung des Working Capital, Finanzierungsplanung, Bilanzplanung sowie Personalplanung. Der Planungshorizont beträgt 8 Jahre und ist durch die Nutzungsdauer des Vermögenswerts, der die längste Nutzungsdauer aufweist – dies ist die Technologie der Beispiel GmbH –, bestimmt.

Grundlage der Planungsrechnung der Beispiel GmbH sind – neben einer eingehenden Analyse der Entwicklungen in der Vergangenheit – umfangreiche Markt- und Wettbewerbsanalysen, die z. T. von der Gesellschaft selbst durchgeführt wurden, z. T. auf Studien renommierter Analysten beruhen. Darüber hinaus wurde seitens der Gesellschaft das politische, ökonomische, rechtliche und technologische Umfeld eingehend analysiert.[134] Die der Planungsrechnung zugrunde liegenden Annahmen bilden die Einschätzungen der Market Participants ab.[135] Da die Analyse von einem angenommenen und nicht von einem vollzogenen Unternehmenszusammenschluss ausgeht, bezieht die Planungsrechnung keine mit einer Transaktion verbundenen Synergien – auch nicht Synergien, die Market Participants erzielen können – ein. Der anzuwendende Ertragsteuersatz beträgt 30 %.

4.3.3 Ableitung des Entity Value der Beispiel GmbH

Der Entity Value der Beispiel GmbH ergibt sich aus Tab. 4.20. Dabei wurde der für das Jahr 2019 abgeleitete Free Cashflow als nachhaltig zu erzielender Free Cashflow angesetzt, da die Planungsrechnung der Gesellschaft davon ausgeht, dass sich die Gesellschaft ab 2019 in einem eingeschwungenen Zustand befinden wird. Dies ist mit einer Reihe von vereinfachenden Annahmen verbunden, die bei der Bewertung der Vermögenswerte des Unternehmens im Einzelnen dargelegt werden. Die gewichteten Kapitalkosten in Höhe von 7,87 % wurden nach dem Capital Asset Pricing Model[136] unter Einbeziehung der Parameter der Market Participants[137] festgelegt. Auf die Darstellung der Ermittlung der Kapitalkosten wird im hier gegebenen Rahmen verzichtet. Zur Vereinfachung der Untersuchungen wird von einem Wachstum des Unternehmens nach dem Planungshorizont abgesehen.

---

[133] Siehe hierzu Henselmann (2010), S. 183 ff.
[134] Ausführlich Erläuterungen finden sich bei Moser (2011), S. 138 ff. m. w. N.
[135] Zu den Annahmen der Market Participants siehe IFRS 13 sowie Moser (2011), S. 41 f., 145 ff. m. w. N.
[136] Vgl. Abschn. 4.2.5.3.4.2.
[137] Siehe Fn 135.

Tab. 4.20 Ableitung des Entity Value der Beispiel GmbH

Mio. EUR		2010	2011	2012	2013	2014	2015	2016	2017	2018	2019	2020	perpet.
Sales			320,0	352,0	380,2	387,8	395,5	403,4	411,5	411,5	411,5	411,5	411,5
EBITA			51,2	65,0	73,9	75,5	77,1	78,7	80,3	80,3	80,3	80,3	80,3
Amortization customer relationship			−21,6	−21,6	−21,6	−21,6	−21,6	0,0	0,0	0,0	0,0	0,0	0,0
Amortization other intangible assets			−11,7	−11,7	−11,7	−11,7	−11,7	−11,7	−10,5	−10,5	0,0	0,0	0,0
EBIT			17,9	31,7	40,7	42,2	43,8	67,0	69,8	69,8	80,3	80,3	80,3
Tax	30,00 %		−5,4	−9,5	−12,2	−12,7	−13,1	−20,1	−20,9	−20,9	−24,1	−24,1	−24,1
Tax-effecting EBIT			12,5	22,2	28,5	29,5	30,7	46,9	48,9	48,9	56,2	56,2	56,2
Amortization customer relationship			21,6	21,6	21,6	21,6	21,6	0,0	0,0	0,0	0,0	0,0	0,0
Amortization other intangible assets			11,7	11,7	11,7	11,7	11,7	11,7	10,5	10,5	0,0	0,0	0,0
Capital expenditure less depreciation			0,0	0,0	0,0	0,0	0,0	0,0	0,0	0,0	0,0	0,0	0,0
Incremental working capital			−1,5	−1,9	−1,5	−0,5	−0,6	−0,6	−0,6	0,0	0,0	0,0	0,0
Free cash flow (market participant)			44,3	53,6	60,2	62,3	63,4	58,0	58,8	59,4	56,2	56,2	56,2
Present value	7,87 %	717,8	730,0	733,9	731,4	726,7	720,6	719,3	717,1	714,2	714,2	714,2	

In die Ableitung des Entity Value wurden bereits die Abschreibungen der anzusetzenden immateriellen Vermögenswerte Kundenbeziehungen, Technologie und Software einbezogen, obwohl deren Bemessung die beizulegenden Zeitwerte dieser Vermögenswerte, die erst im Folgenden bestimmt werden, voraussetzt; gleichfalls wurden die Abschreibungen auf Sachanlagen ausgehend vom noch zu ermittelnden beizulegenden Zeitwert und nicht vom Buchwert angesetzt. Diese Vorgehensweise wurde aus Gründen einer geschlossenen Darstellung der Ermittlung des Entity Value gewählt.[138]

4.3.4 Bestimmung der beizulegenden Zeitwerte der Vermögenswerte der Beispiel GmbH

4.3.4.1 Überblick

Im Folgenden werden zunächst die beizulegenden Zeitwerte der gem. Tabelle 4.19 unterstützenden immateriellen Vermögenswerte,[139] die am Bewertungsstichtag verfügbar bzw. zukünftig geplant sind, abgeleitet (Abschn. 4.3.4.2) und sodann die Einkommensbeiträge der unterstützenden materiellen Vermögenswerte bestimmt (Abschn. 4.3.4.3). Anschließend werden die erworbenen und die zukünftig neu aufzubauenden Kundenbeziehungen bewertet (Abschn. 4.3.4.4), wobei die Bewertung der zuletzt genannten Kundenbeziehungen sowohl mittels der Residual Value-Methode als auch mittels der MPEEM erfolgt. Abschließend werden die Einkommensbeiträge der dem Unternehmen zugeordneten Vermögenswerte mit dem Einkommen des Unternehmens abgestimmt (Abschn. 4.3.4.5). Zur Vereinfachung der weiteren Untersuchungen wird den Bewertungen der zukünftig geplanten Vermögenswerte die Annahme zugrunde gelegt, dass diese Vermögenswerte eine unbestimmte Nutzungsdauer aufweisen. Diese Annahme ist darin begründet, dass das Management davon ausgeht, dass auch die zukünftig geplanten Vermögenswerte am Ende von deren Nutzungsdauern ersetzt werden. Aus der Zugrundelegung dieser Annahme resultieren – unter den den Betrachtungen zugrunde gelegten Annahmen – keine Auswirkungen auf die Ergebnisse der Bewertung.

Die vermögenswertspezifischen Zinssätze,[140] die den Bewertungen der Vermögenswerte bzw. den Ableitungen der den Vermögenswerten zuzuordnenden Einkommensbeiträge zugrunde zu legen sind, werden – soweit diese Zinssätze modellexogen vorgegeben werden – ausgehend von laufzeitäquivalent bestimmten gewichteten Kapitalkosten unter Einbeziehung pauschaler vermögenswertspezifischer Risikozuschläge bzw. Risikoabschläge zunächst vorläufig festgelegt.[141] Diese (vorläufigen) Festlegungen sind bei der Beurteilung der Plausibilität der Bewertungsergebnisse im Rahmen der Analyse von Entity Value und Goodwill zu überprüfen und erforderlichenfalls zu adjustieren. Die vorläufig bestimmten vermögenswertspezifischen Zinssätze sind in Tab. 4.21 zusammengestellt.

---

[138] Vgl. zu diesem Vorgehen Moser (2011), S. 146.
[139] Ausführlich zu den unterstützenden Vermögenswerten Moser (2011), S. 26 ff., 52 ff.
[140] Vgl. Abschn. 4.2.5.3.4.
[141] Dies bedeutet, dass die Untersuchung von einer kapitalmarktbasierten Bestimmung der vermögenswertspezifischen Zinssätzen, die nur ausnahmsweise in Betracht kommt, absieht.

Tab. 4.21 Festlegung der vermögenswertspezifischen Zinssätze

Asset	Calculation of asset specific rate of return		
	WACC[a]	Risk adjust.	Rate of return
Assembled workforce	6,72 %	0,00 %	6,72 %
Customer-related intangible assets			
Customer relationship acquired after acquisition date	6,99 %	1,30 %	8,29 %
Other customer acquired after acquisition date	5,85 %	2,00 %	7,85 %
Customer relationship acquired as part of acquisition	6,47 %	1,20 %	7,67 %
Technology			
Developed after acquisition date	7,42 %	0,85 %	8,27 %
Acquired as part of acquisition	6,82 %	0,80 %	7,62 %
Software	6,99 %	0,00 %	6,99 %
Tangible fixed assets	6,47 %	−1,00 %	5,47 %
Working capital	5,82 %	−2,50 %	3,32 %
Entity value			

[a] Related to lifetime of asset

4.3.4.2 Bewertung der unterstützenden immateriellen Vermögenswerte
4.3.4.2.1 Bewertung der gegenwärtig verfügbaren Technologie und der zukünftig geplanten Technologien
4.3.4.2.1.1 Bewertung der gegenwärtig verfügbaren Technologie

Der beizulegende Zeitwert der Technologie wird, wie unter Abschn. 4.3.2 ausgeführt, nach der Relief-from-Royalty-Methode ermittelt. Er ist somit – unter Berücksichtigung der steuerlichen Wirkungen – als Barwert der (fiktiven) Lizenzzahlungen, die das Unternehmen aufgrund der Eigentumsposition am Bewertungsobjekt einspart, zu bestimmen. Zur Ableitung des Werts der Technologie sind dementsprechend die ersparten zukünftigen Lizenzzahlungen für deren verbleibende Nutzungsdauer sowie der abschreibungsbedingte Steuervorteil zu bestimmen. Der vermögenswertspezifische Zinssatz wurde bereits vorläufig in Höhe von 7,62 % festgelegt (Tab. 4.21).

Die ersparten zukünftigen Lizenzzahlungen ergeben sich durch Anwendung des von der Gesellschaft mittels Datenbank-Recherchen bestimmten Lizenzsatzes von 4 % auf die bis zum Ende der Nutzungsdauer der Technologie prognostizierten lizenzpflichtigen Umsatzerlöse. Die lizenzpflichtigen Umsatzerlöse können unmittelbar der Planungsrechnung (Tab. 4.20) entnommen werden, da die gesamten Umsatzerlöse der Beispiel GmbH mit Produkten erzielt werden, denen die Technologie zugrunde liegt. Im letzten Jahr der Nutzung der Technologie wird berücksichtigt, dass diese durch eine noch aufzubauende Nachfolgetechnologie zu ersetzen ist. Die so bestimmten ersparten Lizenzzahlungen sind in Tab. 4.22 dargestellt.

Tab. 4.22 Bewertung der Technologie

Mio. EUR		2010	2011	2012	2013	2014	2015	2016	2017	2018
Sales			320,0	352,0	380,2	387,8	395,5	403,4	411,5	342,9
Royalty savings	4,00 %		12,8	14,1	15,2	15,5	15,8	16,1	16,5	13,7
Tax	30,00 %		−3,8	−4,2	−4,6	−4,7	−4,7	−4,8	−4,9	−4,1
Royalty savings after tax			9,0	9,9	10,6	10,9	11,1	11,3	11,5	9,6
Present value	7,62 %	60,6	56,3	50,7	44,0	36,4	28,1	19,0	8,9	0,0
Tax amortization benefit	1,28	17,0								
Fair value		77,6								
Invested capital ex tax amortization benefit		60,6	56,3	50,7	44,0	36,4	28,1	19,0	8,9	0,0
Return on invested capital			4,6	4,3	3,9	3,3	2,8	2,1	1,4	0,7
Return of invested capital			4,3	5,6	6,8	7,5	8,3	9,2	10,1	8,9
Return on and of invested capital			9,0	9,9	10,6	10,9	11,1	11,3	11,5	9,6
Amortization			9,7	9,7	9,7	9,7	9,7	9,7	9,7	9,7
Tax savings			2,9	2,9	2,9	2,9	2,9	2,9	2,9	2,9
Cashflow incl. tax savings			11,9	12,8	13,6	13,8	14,0	14,2	14,4	12,5
Invested capital incl. tax amortization benefit		77,6	71,7	64,3	55,7	46,2	35,7	24,2	11,6	0,0
Calculation of tax amortitation benefit										
Percentage of amortization per year	8,0	100,0 %	12,50 %	12,50 %	12,50 %	12,50 %	12,50 %	12,50 %	12,50 %	12,50 %
Tax savings	30,00 %		3,75 %	3,75 %	3,75 %	3,75 %	3,75 %	3,75 %	3,75 %	3,75 %
Present value	7,62 %	0,22	0,20	0,18	0,15	0,13	0,10	0,07	0,03	0,00
Step up factor[a]		1,28								

[a] 1/(1 − PV)

Auf dieser Grundlage ergibt sich aus für Tab. 4.22 die Technologie ein vorläufig bestimmter beizulegender Zeitwert in Höhe von EUR 77,6 Mio. Die Berechnung des Zuschlagssatzes für den abschreibungsbedingten Steuervorteil ist ebenfalls der Tabelle zu entnehmen: Bei einer Nutzungsdauer von 8 Jahren und linearer Abschreibung beträgt die jährliche Abschreibung in Prozent des beizulegenden Zeitwerts als Abschreibungsbemessungsgrundlage 12,5 % und – bei einem Steuersatz von 30 % – die damit verbundene jährliche Steuerersparnis 3,75 %. Der abschreibungsbedingte Steuervorteil bezogen auf den beizulegenden Zeitwert ergibt sich somit als Summe der Barwerte der jährlichen prozentualen Steuerersparnis. Da der beizulegende Zeitwert jedoch den abschreibungsbedingten Steuervorteil einschließt und als Barwert der ersparten Lizenzzahlungen nach Steuern zuzüglich abschreibungsbedingtem Steuervorteil zu bestimmen ist, bedarf es der Umrechnung der so ermittelten Summe der Barwerte der jährlichen prozentualen Steuerersparnis in einen Aufschlagsatz, der auf den Barwert der ersparten Lizenzzahlungen nach Steuern anzuwenden ist.

Im mittleren Bereich der Tabelle wird aufgezeigt, dass sich die ersparten Lizenzzahlungen nach Steuern aus den Komponenten „Verzinsung des investierten Kapitals" und „Rückfluss des investierten Kapitals" zusammensetzen. Der einer Periode zuzurechnende Rückfluss des in die Technologie investierten Kapitals ergibt sich als Differenz aus dem investierten Kapital am Ende der Vorperiode und dem investierten Kapital am Ende der betrachteten Periode, die Verzinsung durch Anwendung des vermögenswertspezifischen Zinssatzes der Technologie auf das am Ende der Vorperiode investierte Kapital.

4.3.4.2.1.2 Bewertung der zukünftig geplanten Technologien

Die Ableitung der Werte der zukünftigen Technologien, die die gegenwärtig verfügbare Technologie sowie deren Nachfolger ersetzen werden, wird, wie bereits ausgeführt, dadurch vereinfacht, dass von einer einheitlichen zukünftigen Technologie mit unbestimmter Nutzungsdauer ausgegangen wird. Die Bewertung dieser zukünftigen Technologie erfolgt – der Ableitung des beizulegenden Zeitwerts der verfügbaren Technologie folgend – mittels der Relief-from-Royalty-Methode.

Die lizenzpflichtigen Umsatzerlöse werden dadurch bestimmt, dass von den Umsatzerlösen, die der Ableitung der Free Cashflows als Ausgangsgröße der Ermittlung des Entity Value zugrunde liegen (Tab. 4.20), die der gegenwärtig verfügbaren Technologie zugeordneten Umsatzerlöse (Tab. 4.22) abgezogen werden. Auf diese Umsatzerlöse wird der bereits unter Abschn. 4.3.4.2.1.1 herangezogene Lizenzsatz von 4 % angewendet.

Bei der Ermittlung des Werts dieser zukünftig geplanten einheitlichen Technologie ist zu berücksichtigen, dass die zukünftig geplanten Technologien, die die einheitliche Technologie zum Ausdruck bringt, am Bewertungsstichtag nicht verfügbar sind, sondern von der Gesellschaft durch entsprechende Entwicklungsaktivitäten in Zukunft zu schaffen sind. Diese Entwicklungsaufwendungen werden – zur Vereinfachung der Betrachtungen – jährlich angesetzt; das Management geht davon aus, dass ein Betrag in Höhe von 2 % des Umsatzes angemessen ist.

Die so bestimmten ersparten zukünftigen Lizenzzahlungen nach Steuern werden – nach Abzug der Aufwendungen zur Generierung der zukünftigen Technologien – mit dem der Ermittlung des beizulegenden Zeitwerts der gegenwärtig verfügbaren Technologie zugrunde gelegten vermögenswertspezifischen Zinssatz – adjustiert an die erwartete Nutzungsdauer der zu entwickelnden zukünftigen Technologie von 20 Jahren sowie an das mit den zukünftigen Technologien verbundene höhere Risiko – diskontiert. Auf eine Adjustierung dieses Zinssatzes an die der einheitlichen zukünftigen Technologie zugeordnete unbestimmte Nutzungsdauer wird verzichtet, da die Behandlung als einheitliche Technologie lediglich eine Annahme zur Vereinfachung der Abbildung aller zukünftigen Technologien darstellt.

Auf dieser Grundlage ergibt sich für die zukünftigen Technologien ein vorläufig ermittelter Wert von EUR 7,8 Mio. Die Ableitung dieses Werts ist in Tab. 4.23 zusammengestellt. Die Tabelle verzichtet auf die Darstellung von Rückfluss und Verzinsung des in die zukünftige einheitliche Technologie investierten Kapitals. Deren Ableitung folgt der unter Abschn. 4.3.4.2.1.1 erläuterten Vorgehensweise.

4.3.4.2.2 Bewertung der Software

Die Software der Gesellschaft bzw. eine vergleichbare Software ist für die Durchführung der Geschäftstätigkeit der Gesellschaft zwingend erforderlich. Da mit dieser Software keine Wettbewerbsvorteile verbunden sind und diese substituierbar ist, wird deren Bewertung der Cost Approach zugrunde gelegt. Dabei wird auf die Replacement Cost abgestellt, die im vorliegenden Fall ausgehend von der Annahme ermittelt werden, dass die Software von der Gesellschaft selbst und nicht von einem dritten Software-Entwickler erstellt wird. Dieses Vorgehen führt zu einem vorläufig bestimmten beizulegenden Zeitwert der Software in Höhe von EUR 6,9 Mio. Auf die Darstellung des Bewertungsmodells wird im hier gegebenen Rahmen verzichtet.[142]

Für die Nachfolgegeneration der am Bewertungsstichtag verfügbaren Software ergibt sich ein Wert von EUR 0,0 Mio.: Den Replacement Cost, die für diesen zukünftig geplanten Vermögenswert zu bestimmen sind, stehen Entwicklungsaufwendungen in gleicher Höhe gegenüber. Da diese Überlegung in gleicher Weise für alle weiteren zukünftig zu entwickelnden Generationen der betrachteten Software gilt, zeigt sich, dass auch der Wert der zukünftig zu entwickelnden Software unter Zugrundelegung einer unbestimmten Nutzungsdauer EUR 0,0 Mio. Beträgt.[143]

Bei der Bestimmung der Einkommensbeiträge eines Bewertungsobjekts, das mittels des Cost Approach bewertet wird, ist zu beachten, dass – im Unterschied zum Income Approach – ein dem Bewertungsobjekt zuzuordnender Einkommensstrom, der auf Verzinsung und Rückfluss des investierten Kapitals aufzuteilen ist, nicht bereits durch den Bewertungsansatz bestimmt ist. Aus diesem Grund bedarf es der Vorgabe des zeitlichen

---

[142] Vgl. hierzu Moser (2011), S. 177 ff. m. w. N.
[143] Ausführlich hierzu Moser (2011), S. 181 f.

4 Wertorientiertes Innovations- und Wissensmanagement

Tab. 4.23 Ermittlung des Werts der zukünftigen Technologien

Mio. EUR		2010	2011	2012	2013	2014	2015	2016	2017	2018	2019	2020	perpet.
Sales related to technologies developed after acquisition date			0,0	0,0	0,0	0,0	0,0	0,0	0,0	68,6	411,5	411,5	411,5
Royalty savings	4,00 %		0,0	0,0	0,0	0,0	0,0	0,0	0,0	2,7	16,5	16,5	16,5
Development expenses	2,00 %		6,4	7,0	7,6	7,8	7,9	8,1	8,2	8,2	8,2	8,2	8,2
Net royalty savings			−6,4	−7,0	−7,6	−7,8	−7,9	−8,1	−8,2	−5,5	8,2	8,2	8,2
Tax	30,00 %		1,9	2,1	2,3	2,3	2,4	2,4	2,5	1,6	−2,5	−2,5	−2,5
Net royalty savings after tax			−4,5	−4,9	−5,3	−5,4	−5,5	−5,6	−5,8	−3,8	5,8	5,8	5,8
Present value	8,27 %	7,8	13,0	19,0	25,9	33,4	41,7	50,8	60,8	69,6	69,6	69,6	

Verlaufs des Rückflusses des in das Bewertungsobjekts investierten Kapitals, wobei regelmäßig von einer linearen Verteilung des investierten Kapitals über die Nutzungsdauer des Bewertungsobjekts ausgegangen wird. Durch Anwendung des dem zu bewertenden Vermögenswert zugeordneten vermögenswertspezifischen Zinssatzes auf das so fortgeschriebene investierte Kapital ergibt sich die Verzinsung des investierten Kapitals. Der mit diesem vermögenswertspezifischen Zinssatz ermittelte Barwert der abgeleiteten zukünftigen Einkommensbeiträge führt – unter Berücksichtigung der steuerlichen Wirkungen – wieder zum beizulegenden Zeitwert des betrachteten Vermögenswerts.[144]

Die Einkommensbeiträge der Vermögenswerte, die in Zukunft das Bewertungsobjekt bzw. einen von dessen Nachfolgern substituieren werden, können in gleicher Weise bestimmt werden. Für jeden dieser Vermögenswert ergibt sich – in Übereinstimmung mit dem auf Basis des Cost Approach abgeleiteten Wert – ein Nettobarwert von EUR 0,0 Mio. Dies ist darin begründet, dass der Rückfluss des in den betrachteten Vermögenswert investierten Kapitals ausgehend von den Entwicklungsaufwendungen, die zu dessen Schaffung zu tätigen sind (Investitionen in den Vermögenswert), zu bestimmen ist und der vermögenswertspezifische Zinssatz, mit dem die Verzinsung des investierten Kapitals ermittelt wird, der Diskontierung zugrunde liegt.

Eine Vereinfachung der Bestimmung der Einkommensbeiträge eines mittels des Cost Approach bewerteten Vermögenswerts kann sich in den Fällen ergeben, in denen das Bewertungsobjekt nicht am Ende von dessen Nutzungsdauer ersetzt wird, sondern während diesem Zeitraum laufend Investitionen in diesen Vermögenswert bzw. den diesen substituierenden Vermögenswert getätigt werden. Unter der Voraussetzung, dass diese Investitionen den Rückflüssen des investierten Kapitals in gleicher Höhe gegenüber stehen, verändert sich das in den Vermögenswert bzw. diesen und dessen Nachfolger investierte Kapital im Zeitablauf nicht. Rückflüsse und Investitionen verrechnen sich und brauchen nicht gesondert erfasst werden. Die zukünftigen Einkommensbeiträge des Vermögenswerts bestimmen sich als Verzinsung des am Bewertungsstichtag investierten Kapitals. Unter Zugrundelegung einer angenommenen – unter Einbeziehung der Nachfolger zu erzielenden – unbestimmten Nutzungsdauer dieses Vermögenswerts ergibt sich für die so bestimmten Einkommensbeiträge – bei Diskontierung mit dem vermögenswertspezifischen Zinssatz sowie unter Berücksichtigung der steuerlichen Wirkungen – ein Barwert in Höhe des beizulegenden Zeitwerts des betrachteten Vermögenswerts.[145]

Bei einem Auseinanderfallen von Investitionen und Rückflüssen, beispielsweise infolge von Wachstum des Unternehmens, gleichen sich diese beiden Komponenten nicht mehr aus. In derartigen Fällen ist zu untersuchen, ob eine pauschale Fortschreibung des in den Vermögenswert und dessen Nachfolger investierten Kapitals in Betracht kommt. Unter der Voraussetzung, dass dies möglich ist, können – unter Verzicht auf eine gesonderte Be-

---

[144] Vgl. Moser (2011), S. 54 (bezogen auf Sachanlagen), 179 ff. m. w. N.
[145] In der US-Praxis der Kaufpreisallokation kommt nach TAF (2010), 3.5.01, oftmals die Annahme zur Anwendung, dass die Rückflüsse des investierten Kapitals gleich den Investitionen sind; TAF (2010), 3.5.01 f., betrachtet diese Vorgehensweise als eine angemessene Vereinfachung, die allerdings durch die Untersuchung der Kostenstruktur auf Basis der Market Participant-Annahme gestützt werden sollte. Ausführlich hierzu Moser (2011), S. 190 f.

rücksichtigung von Investitionen und Rückflüssen – die Mehr- bzw. Minderinvestitionen gegenüber den Rückflüssen als Veränderungen des investierten Kapitals erfasst werden. Die Verzinsung des investierten Kapitals kann nicht mehr vereinfachend als Verzinsung des am Bewertungsstichtag investierten Kapitals angesetzt werden, sondern ist unter Zugrundelegung des fortgeschriebenen investierten Kapitals zu berechnen. Der Barwert dieses sich aus Verzinsung und Mehr- bzw. Minderinvestitionen zusammensetzenden Einkommens führt – bei angenommener unbestimmter Nutzungsdauer und unter Einbeziehung der steuerlichen Wirkungen – wieder zum beizulegenden Zeitwert des Vermögenswerts.[146]

Tabelle 4.24 fasst die Bestimmung der Einkommensbeiträge der Software, aus denen die bei der Bewertung der Kundenbeziehungen für diesen Vermögenswert anzusetzenden Contributory Asset Charges abzuleiten sind, unter Einbeziehung der diese und deren Nachfolger substituierenden zukünftigen Vermögenswerte zusammen. Das Management ging dabei davon aus, dass der Rückfluss des investierten Kapitals über die Nutzungsdauer des Vermögenswerts bzw. eines jeden Nachfolgers einem linearen Verlauf folgt. Zur weiteren Vereinfachung der Betrachtungen wird angenommen, dass die Aufwendungen zur Entwicklung der Nachfolgegenerationen der Software kontinuierlich anfallen und dass sich die Rückflüsse des investierten Kapitals mit diesen Aufwendungen decken. Die Tabelle bestätigt auch, dass der Barwert der so bestimmten Einkommensbeiträge der Software bei angenommener unbestimmter Nutzungsdauer und unter Berücksichtigung der steuerlichen Wirkungen zum beizulegenden Zeitwert führt. Der vermögenswertspezifische Zinssatz wurde – zur Vereinfachung der Betrachtungen – einheitlich unter Zugrundelegung der Nutzungsdauer und nicht der verbleibenden Restnutzungsdauer des Bewertungsobjekts vorläufig festgelegt.

4.3.4.2.3 Bewertung des Mitarbeiterstamms

Der Mitarbeiterstamm wird mittels des Cost Approach auf Basis von Replacement Cost bewertet. Auf die Darstellung der Bewertung dieses Vermögenswerts, die zu einem vorläufig bestimmten beizulegenden Zeitwert in Höhe von EUR 6,8 Mio. führt, wird wiederum verzichtet.[147]

Beim Mitarbeiterstamm ist zu beachten, dass dieser – insbesondere aufgrund von Mitarbeiterfluktuation und unternehmerischen Erfordernissen – laufenden Veränderungen unterliegt. Hiermit ist verbunden, dass dieser Vermögenswert typischerweise nicht am Ende von dessen Nutzungsdauer ersetzt wird, sondern bereits während dessen Nutzungsdauer laufende Investitionen in den Vermögenswert getätigt werden; den Rückflüssen des in den Mitarbeiterstamm investierten Kapitals stehen Investitionen in dessen Aufbau gegenüber. Für jede dieser einzelnen Investitionen ergibt sich – den Ausführungen unter Abschn. 4.3.4.2.2 folgend – ein Wert von EUR 0,0 Mio.

In Tab. 4.25 werden die Einkommensbeiträge des Mitarbeiterstamms, die die Grundlage der Bestimmung der bei der Bewertung der Kundenbeziehungen für diesen Vermö-

---

[146] Vgl. Moser (2011), S. 190 ff.; ebenso TAF (2010), 3.7.02–3.7.04; TAF (2010), 3.7.04, geht allerdings davon aus, dass die erforderlichen Anpassungen typischerweise unwesentlich sein werden.

[147] Zur Bewertung des Mitarbeiterstamms siehe insbesondere Moser (2011), S. 184 ff.

Tab. 4.24 Ermittlung von Verzinsung und Rückfluss des in die Software investierten Kapitals

Mio. EUR		2010	2011	2012	2013	2014	2015	2016	2017	2018	2019	2020	perpet.
Invested capital after tax		5,3	5,3	5,3	5,3	5,3	5,3	5,3	5,3	5,3	5,3	5,3	
Return of invested capital			1,0	1,0	1,0	1,0	1,0	1,0	1,0	1,0	1,0	1,0	1,0
Development cost after tax			−1,0	−1,0	−1,0	−1,0	−1,0	−1,0	−1,0	−1,0	−1,0	−1,0	−1,0
Return on invested capital	6,99 %		0,4	0,4	0,4	0,4	0,4	0,4	0,4	0,4	0,4	0,4	0,4
Cash flow			0,4	0,4	0,4	0,4	0,4	0,4	0,4	0,4	0,4	0,4	
Invested capital ex tax amortization benefit	6,99 %	5,3	5,3	5,3	5,3	5,3	5,3	5,3	5,3	5,3	5,3	5,3	
Invested capital tax amortization benefit		1,6	1,4	1,2	0,9	0,6	0,3						
Invested capital incl. tax amortization benefit		6,9	6,7	6,4	6,2	5,9	5,6	5,3	5,3	5,3	5,3	5,3	
Invested capital after tax as % of sales	1,75 %	1,64 %	1,49 %	1,38 %	1,35 %	1,33 %	1,30 %	1,28 %	1,28 %	1,28 %	1,28 %		
Return of invested capital as % of sales			0,31 %	0,28 %	0,26 %	0,26 %	0,25 %	0,25 %	0,24 %	0,24 %	0,24 %	0,24 %	

Tab. 4.25 Ermittlung von Verzinsung und Rückfluss des in den Mitarbeiterstamm investierten Kapitals

Mio. EUR		2010	2011	2012	2013	2014	2015	2016	2017	2018	2019	2020	perpet.
Number of employees		1760	1765	1768	1776	1780	1784	1787	1790	1790	1790	1790	1790
Invested capital after tax per employee ex tax amortization benefit		0,003											
Invested capital ex tax amortization benefit		5,3	5,3	5,3	5,4	5,4	5,4	5,4	5,4	5,4	5,4	5,4	
Incremental invested capital			0,0	0,0	0,0	0,0	0,0	0,0	0,0	0,0	0,0	0,0	
Return on invested capital ex tax amortization benefit	6,72 %		0,4	0,4	0,4	0,4	0,4	0,4	0,4	0,4	0,4	0,4	0,4
Amortization	8,0		0,8	0,8	0,8	0,8	0,8	0,8	0,8	0,8	0,0	0,0	
Tax benefit	30,00 %		0,2	0,2	0,2	0,2	0,2	0,2	0,2	0,2	0,0	0,0	
Present value tax amortization benefit	6,72 %	1,5	1,3	1,2	1,0	0,8	0,6	0,4	0,2	0,0	0,0	0,0	
Invested capital incl. tax amortization benefit		6,8	6,7	6,5	6,4	6,2	6,0	5,8	5,6	5,4	5,4	5,4	
Invested capital as % of sales		1,8 %	1,7 %	1,5 %	1,4 %	1,4 %	1,4 %	1,3 %	1,3 %	1,3 %	1,3 %	1,3 %	
Incremental invested capital as % of sales			−0,005 %	−0,003 %	−0,006 %	−0,003 %	−0,003 %	−0,003 %	−0,002 %	0,000 %	0,000 %	0,000 %	

genswert anzusetzenden Contributory Asset Charges bilden, abgeleitet. Hierzu wird zunächst das in den Mitarbeiterstamm investierte Kapital proportional zur geplanten Mitarbeiterentwicklung fortgeschrieben. Auf dieser Grundlage werden sodann die Unterschiedsbeträge aus den in den Aufbau des Mitarbeiterstamms zu investierenden Beträgen (Recruitment Cost, Training Cost sowie Ineffizienzkosten) und den Rückflüssen des investierten Kapitals als Veränderungen des in den Mitarbeiterstamm investierten Kapitals erfasst. Die Verzinsungskomponente ergibt sich durch Anwendung des vorläufig in Höhe von 6,72 % festgelegten vermögenswertspezifischen Zinssatzes auf das fortentwickelte investierte Kapital.

Die Tabelle bestätigt, dass der Barwert der so bestimmten Einkommensbeiträge des Mitarbeiterstamms bei angenommener unbestimmter Nutzungsdauer und unter Berücksichtigung der steuerlichen Wirkungen zum beizulegenden Zeitwert dieses Vermögenswerts führt. Zur Vereinfachung der Darstellungen wurde die steuerliche Nutzungsdauer, von der die Berechnung des abschreibungsbedingten Steuervorteils ausgeht, von 15 auf 8 Jahre verkürzt.

4.3.4.3 Ableitung der Einkommensbeiträge der unterstützenden materiellen Vermögenswerte

4.3.4.3.1 Working Capital

Das Working Capital ist ganz überwiegend durch Forderungen gegen die Kunden der Beispiel GmbH geprägt. Bei der Neubewertung zeigte sich, dass der beizulegende Zeitwert des Working Capital vom kostenbasierten Wert in Höhe von EUR 22,5 Mio. nur unwesentlich abweicht. Deswegen wird auf eine Differenzierung zwischen diesen beiden Werten verzichtet.[148]

In Tab. 4.26 ist die Planung des in das Working Capital investierten Kapitals, die in Abhängigkeit der Umsatzerlöse erfolgte, zusammengefasst. Hieraus wurden die Veränderungen des in diesen Vermögenswert investierten Kapitals im Zeitablauf sowie – unter Verwendung des dem Working Capital vorläufig zugeordneten vermögenswertspezifischen Zinssatzes von 3,32 % – dessen Verzinsung ermittelt. Durch diese beiden Komponenten sind die Einkommensbeiträge des Working Capital, die die Grundlage der Ableitung der bei der Bewertung der Kundenbeziehungen anzusetzenden Contributory Asset Charges für diesen Vermögenswert bilden, bestimmt. Die Tabelle zeigt, dass der Barwert dieser Einkommensbeiträge – unter Zugrundelegung einer unbestimmten Nutzungsdauer – gleich dem beizulegenden Zeitwert bzw. kostenbasierten Wert des Working Capital ist.

4.3.4.3.2 Sachanlagen

Die Sachanlagen sind für das Geschäftsmodell der Beispiel GmbH von untergeordneter Bedeutung. Sie wurden zum Bewertungsstichtag mit dem Cost Approach neu bewertet. Deren beizulegender Zeitwert am Bewertungsstichtag beträgt EUR 10,0 Mio.

---

[148] Zur Differenzierung zwischen dem beizulegenden Zeitwert und dem kostenbasierter Wert beim Working Capital siehe Moser (2011), S. 196; TAF (2010), 3.2.03.

Tab. 4.26 Ermittlung von Verzinsung und Rückfluss des in das Working Capital investierten Kapitals

Mio. EUR		2010	2011	2012	2013	2014	2015	2016	2017	2018	2019	2020	perpet.
Return on invested capital	3,32 %		0,7	0,8	0,9	0,9	0,9	0,9	1,0	1,0	1,0	1,0	1,0
Return of invested capital														
Incremental working capital			−1,5	−1,9	−1,5	−0,5	−0,6	−0,6	−0,6	0,0	0,0	0,0	
Net cashflow			−0,8	−1,1	−0,6	0,4	0,4	0,4	0,4	1,0	1,0	1,0	1,0
Invested capital	3,32 %	22,5	24,0	25,9	27,4	27,9	28,5	29,0	29,6	29,6	29,6	29,6	
Invested capital as % of sales		7,50 %	7,50 %	7,35 %	7,20 %	7,20 %	7,20 %	7,20 %	7,20 %	7,20 %	7,20 %	7,20 %	

Tabelle 4.27 zeigt die Entwicklung des in die Sachanlagen investierten Kapitals, die als Grundlage für die Ableitung der bei der Bewertung der Kundenbeziehungen angesetzten Contributory Asset Charges herangezogen wird. Bei der Planung der Investitionen ging die Gesellschaft davon aus, dass keine Erweiterungsinvestitionen erforderlich sind; die Erhaltungsinvestitionen wurden in Höhe der Abschreibungen angesetzt. Der Berechnung der Verzinsung des in die Sachanlagen investierten Kapitals wurde der den Sachanlagen vorläufig zugeordnete vermögenswertspezifische Zinssatz in Höhe von 5,47 % und das fortgeschriebene investierte Kapital zugrunde gelegt. Aus der Tabelle ergibt sich, dass der Barwert der so bestimmten Einkommensbeiträge bei angenommener unbestimmter Nutzungsdauer gleich dem beizulegenden Zeitwert der Sachanlagen ist.

4.3.4.4 Bewertung der Kundenbeziehungen
4.3.4.4.1 Bewertung der gegenwärtig verfügbaren Kundenbeziehungen
4.3.4.4.1.1 Analyse der Beziehungen der Gesellschaft zu Ihren Kunden
Die Beispiel GmbH gestaltet die Beziehungen zu ihren Kunden ausschließlich auf der Grundlage vertraglicher Vereinbarungen, die – von Ausnahmen abgesehen – Laufzeiten zwischen zwei und fünf Monaten aufweisen. Sie teilt ihre Kunden in zwei Segmente, die als Bestandskunden und Auftragskunden bezeichnet werden, ein.

Die Bestandskunden – auf die am Bewertungsstichtag in diesem Segment bereits bestehenden Kundenbeziehungen entfallen knapp 67 % der für 2011 geplanten Umsatzerlöse – sind dadurch gekennzeichnet, dass die Beziehungen zu diesen deutlich über bestehende Vertragsverhältnisse hinaus reichen. Nach im Einzelnen dargelegter Auffassung des Managements erstrecken sich diese Kundenbeziehungen auf rund fünf Jahre. Im Segment Auftragskunden – die Gesellschaft plant, dass mit diesen Kunden in 2011 rund 23 % des Jahresumsatzes erzielt werden – sind die Beziehungen zu den Kunden – nach im Einzelnen begründeten Darlegungen des Managements – ganz überwiegend auf das jeweils bestehende Auftragsverhältnis begrenzt.

Im Folgenden werden lediglich die Kundenbeziehungen im Segment Bestandskunden bewertet, da im Segment Auftragskunden am Bewertungsstichtag keine wesentlichen Kundenverträge bestanden.

4.3.4.4.1.2 Bewertung der erworbenen Kundenbeziehungen im Segment
Bestandskunden
Der Bewertung der Kundenbeziehungen der Beispiel GmbH, die in Tab. 4.28 dargestellt ist, wurde die MPEEM zugrunde gelegt. Dieser Ansatz leitet – dies wurde in Abschn. 4.2.5.3.3.3 dargelegt – den Wert eines Bewertungsobjekts durch Diskontierung der diesem zugeordneten Excess Earnings mit dessen vermögenswertspezifischem Zinssatz – unter Berücksichtigung der steuerlichen Wirkungen – ab. Die Excess Earnings sind dabei als Residualeinkommen zu verstehen, das sich dadurch ergibt, dass vom Einkommensstrom, den das Bewertungsobjekt im Zusammenwirken mit den anderen Vermögenswerten des Unternehmens generiert – den unterstützenden Vermögenswerten oder Contributory Assets –, die Einkommensbeiträge dieser anderen Vermögenswerte – die Contributory Asset Charges – abgezogen werden.

Tab. 4.27 Ermittlung von Verzinsung und Rückfluss des in die Sachanlagen investierten Kapitals

Mio. EUR	2010	2011	2012	2013	2014	2015	2016	2017	2018	2019	2020	perpet.
Return on invested capital	5,47 %	0,5	0,5	0,5	0,5	0,5	0,5	0,5	0,5	0,5	0,5	0,5
Return of invested capital		2,0	2,0	2,0	2,0	2,0	2,0	2,0	2,0	2,0	2,0	2,0
Capital expenditure		−2,0	−2,0	−2,0	−2,0	−2,0	−2,0	−2,0	−2,0	−2,0	−2,0	−2,0
Net cashflow		0,5	0,5	0,5	0,5	0,5	0,5	0,5	0,5	0,5	0,5	0,5
Invested capital	5,47 %	10,0	10,0	10,0	10,0	10,0	10,0	10,0	10,0	10,0	10,0	
Invested capital as % of sales		3,33 %	3,13 %	2,84 %	2,63 %	2,58 %	2,53 %	2,48 %	2,43 %	2,43 %	2,43 %	2,43 %
Return of invested capital as % of sales			0,63 %	0,57 %	0,53 %	0,52 %	0,51 %	0,50 %	0,49 %	0,49 %	0,49 %	0,49 %

Tab. 4.28 Bewertung der erworbenen Kundenbeziehungen mittels der MPEEM ausgehend vom Tax-effecting EBITA

Mio. EUR			2010	2011	2012	2013	2014	2015
Sales			200,0	220,0	200,0	150,0	100,0	25,0
EBITA before customer acquisition & technology development expenses				51,6	51,7	40,2	26,8	6,7
Adjustment incremental assembled workforce pre tax[a]				0,02	0,01	0,01	0,00	0,00
EBITA adjusted				51,6	51,7	40,2	26,8	6,7
Tax		30,00 %		−15,5	−15,5	−12,1	−8,1	−2,0
Tax-effecting EBITA adjusted				36,10	36,2	28,2	18,8	4,7
Contributing asset charges after tax								
Technology[b]	Royalty rate	4,00 %		−6,2	−5,6	−4,2	−2,8	−0,7
Software[c]	Rate of return	6,99 %		−0,9	−0,8	−0,6	−0,4	−0,2
Assembled workforce[d]	Rate of return	6,72 %		−0,2	−0,2	−0,2	−0,1	−0,2
Tangible fixed assets[e]	Rate of return	5,47 %		−0,4	−0,4	−0,3	−0,2	−0,1
Working capital[f]	Rate of return	3,32 %		−0,5	−0,5	−0,5	−0,4	−0,2
Excess earnings				27,9	28,6	22,4	14,9	3,4
Present value		7,67 %	81,9	60,3	36,3	16,7	3,1	0,0
Tax amortization benefit		1,32	26,1					
Fair value			108,0	81,9	53,1	28,3	9,1	0,0
Calculation of tax amortization benefit								
Percentage of amortization		5		20,00 %	20,00 %	20,00 %	20,00 %	20,00 %
Tax savings		30,00 %		6,00 %	6,00 %	6,00 %	6,00 %	6,00 %
Present value		7,67 %	0,2	0,2	0,2	0,1	0,1	0,0
Step up factor			1,32					

[a] Incremental invested capital as % of sales (Tab. 4.25) * sales/(1 − tax rate);
[b] Royalty rate * sales * (1 − tax rate)
[c] Invested capital as % of sales $t − 1$ (Tab. 4.24) * sales $t − 1$ * asset-specific rate of return + return of invested capital as % of sales (Tab. 4.24) * sales
[d] Invested capital as % of sales $t − 1$ (Tab. 4.25) * sales $t − 1$ * asset-specific rate of return
[e] Invested capital as % of sales $t − 1$ (Tab. 4.27) * sales $t − 1$ * asset-specific rate of return
[f] Invested capital as % of Sales $t − 1$ (Tab. 4.26) * sales $t − 1$ * asset-specific rate of return

In der Praxis der Kaufpreisallokation kommt dieser Bewertungsansatz in verschiedenen Ausprägungen[149] zur Anwendung, die sich unterscheiden durch die

- Ausgangsgröße der Ableitung der Excess Earnings, insbesondere ob vom EBITA oder EBITDA, vor oder nach Steuern ausgegangen wird,[150] sowie durch die
- Art der Verrechnung der Einkommensbeiträge der unterstützenden Vermögenswerte, insbesondere ob diese in fiktive Leasing-Zahlungen umgerechnet werden oder nicht.[151]

Bei der Bewertung der Kundenbeziehungen der Beispiel GmbH wurde die Ausprägung der MPEEM gewählt, die die geringste Komplexität aufweist und zu einem exakten Ergebnis[152] führt. Aus diesem Grund wurde als Ausgangsgröße der Ableitung der Excess Earnings das EBITA nach Steuern (Tax-effecting EBITA) gewählt und auf eine Umrechnung der Einkommensbeiträge der unterstützenden Vermögenswerte in fiktive Leasing-Zahlungen verzichtet.[153]

Die Ableitung der Excess Earnings, die den am Bewertungsstichtag bestehenden Kundenbeziehungen der Gesellschaft zuzurechnen sind, ist in Tab. 4.28 zusammengefasst. Die einzelnen Komponenten dieser Überschussgröße wurden unter Zugrundelegung folgender Überlegungen festgelegt:

- Die den Kundenbeziehungen zugeordneten Umsatzerlöse wurden aus den bestehenden Kundenverträgen unter Berücksichtigung von – nach Einschätzung des Managements – zu erwartenden Nachfolgeverträgen entwickelt. Auf diese Umsatzerlöse wurde die EBITA-Marge der Beispiel GmbH, die aus deren Planungsrechnung übernommen wurde, angewendet. Die Übernahme der Marge ist darin begründet, dass diese für alle Kunden im Wesentlichen gleich hoch ist.
- Die EBITA-Marge der Gesellschaft wurde vor deren Anwendung auf die den Kundenbeziehungen zugeordneten Umsatzerlöse um folgende Einflüsse bereinigt:

---

[149] Zu den verschiedenen Ausgestaltungen der MPEEM Moser (2011), S. 26 ff., 215 ff. m. w. N.
[150] Bei Moser (2011), S. 53 ff., 216 ff., wird dargelegt, dass alle Ausgangsgrößen bei konsistenter Abbildung zum gleichen Ergebnis führen.
[151] Moser (2011), S. 67 ff., legt die Bedingungen dar, die Voraussetzung dafür sind, dass die Verwendung von Leasing-Zahlungen zum exakten Ergebnis führt.
[152] Vgl. Moser (2011), S. 106 f.
[153] Bei der Verrechnung der Einkommensbeiträge der unterstützenden Vermögenswerte wird im Grundsatz der Average Annual Balance-Methode, die TAF (2010), 3.4.06 ff., darlegt, gefolgt. Abweichend von dieser Methode wird im Folgenden – zur Vereinfachung der Untersuchungen – nicht auf den Periodendurchschnitt des in die unterstützenden Vermögenswerte investierten Kapitals, sondern auf das zu Beginn der Periode (Ende der vorhergehenden Periode) investierte Kapital abgestellt. Auf die Anwendung der Level Rent-Methode (siehe zu dieser TAF (2010), 3.4.10 ff.) wurde verzichtet, da diese deutlich aufwendiger ist und – im Unterschied zur Average Annual Balance-Methode – nur unter Zugrundelegung einschränkender Annahmen zu exakten Ergebnissen führt.; vgl. Moser (2011), S. 79 ff.

- Die zu bewertenden Kundenbeziehungen bestehen am Bewertungsstichtag und brauchen nicht mehr akquiriert zu werden. Deswegen entfallen auf diese keine Aufwendungen für die Akquisition von Neukunden, die in Höhe von 5 % des Umsatzes in der Planungsrechnung der Beispiel GmbH berücksichtigt wurden.
- Im geplanten EBITA der Gesellschaft sind Aufwendungen zur Entwicklung einer zukünftigen Technologie, die die am Bewertungsstichtag verfügbare Technologie ab 2018 ersetzen soll, in Höhe von 2 % des Umsatzes enthalten; dieser zukünftig geplanten Technologie kommt für die bestehenden Kundenbeziehungen, die bis 2015 reichen, keine Bedeutung zu.
- Die bei der Ermittlung des EBITA angesetzten Aufwendungen zur Entwicklung der Nachfolgegenerationen der Software der Gesellschaft wurden bereinigt, da diese Aufwendungen gem. Tabelle 4.24 Bestandteil des Einkommensstrom der Software unter Einbeziehung der diese in Zukunft ersetzenden Software-Generationen sind und durch diese Anpassung des EBITA die Einbeziehung dieser Aufwendungen in die vom adjustierten EBITA nach Steuern abzuziehenden Einkommensbeiträge der Software entfällt.[154]

- Das so bestimmte EBITA wurde zur Vereinfachung der Verrechnung der zu berücksichtigenden Einkommensbeiträge des Mitarbeiterstamms um die Veränderungen des in den Mitarbeiterstamm investierten Kapitals bereinigt.[155] Eine Anpassung der Abschreibungen auf Sachanlagen war nicht erforderlich, da diese bereits unter Berücksichtigung der Neubewertung der Sachanlagen im geplanten EBITA erfasst sind.[156]
- Nach Abzug der Unternehmensteuern von dem unter Berücksichtigung dieser Bereinigungen ermittelten EBITA sind die Einkommensbeiträge der unterstützenden Vermögenswerte zu berücksichtigen. Bei deren Bemessung ergeben sich aufgrund der der Bewertung zugrunde liegenden Ausprägung der MPEEM – Tax-effecting EBITA als Ausgangsgröße der Bestimmung der Excess Earnings sowie Verzicht auf die Anwendung fiktiver Leasing-Zahlungen – sowie der dargelegten Bereinigungen des EBITA eine Reihe von Vereinfachungen:
  - Für Working Capital, Sachanlagen und Mitarbeiterstamm sind lediglich die – unter Heranziehung des jeweiligen vermögenswertspezifischen Zinssatzes zu berechnenden – Verzinsungen des investierten Kapitals abzuziehen.[157] Das in jeder dieser Vermögenswerte investierte Kapital zu Beginn einer betrachteten Periode ergibt sich durch Anwendung der in Tab. 4.25, 4.26 bzw. 4.27 für den betreffenden Ver-

---

[154] Vgl. Moser (2011), S. 216 ff.; grundlegend hierzu S. 121 ff.
[155] Vgl. Abschn. 4.3.4.2.3.
[156] Vgl. Abschn. 4.3.3.
[157] Die von der Schmalenbach-Gesellschaft (2009), S. 41 f., in Anlehnung an die in Deutschland verbreitete Praxis vorgeschlagene Vorgehensweise des Ansatzes „eine(r) fiktiv(n) Abschreibungskomponente auf den Mitarbeiterstamm" setzt eine – von der Schmalenbach-Gesellschaft nicht verlangte – Bereinigung der Ausgangsgröße der Ermittlung der Excess Earnings um die Aufwendungen zur Aufrechterhaltung und zum Ausbau des Mitarbeiterstamms voraus.

mögenswert zum Ende der Vorperiode bestimmten Relation investiertes Kapital zu Gesamtumsatz auf den für die Kundenbeziehungen geplanten Vorperiodenumsatz.
- Für die Software ist neben der Verzinsung auch der Rückfluss des investierten Kapitals anzusetzen; letzterer ist durch Anwendung der zum Ende der Betrachtungsperiode bestimmten Relation Rückfluss des investierten Kapitals zu Gesamtumsatz gem. Tabelle 4.24 auf den den Kundenbeziehungen zuzurechnenden Umsatz für diese Periode zu ermitteln.
- Verzinsung und Rückfluss des in die Technologie investierten Kapitals ergeben sich für eine betrachtete Periode durch Anwendung des um Steuern gekürzten Lizenzsatzes von 4 % auf den durch die Kundenbeziehungen bestimmten Periodenumsatz.

Auf dieser Grundlage ergibt sich aus Tab. 4.28 für die am Bewertungsstichtag bestehenden Kundenbeziehungen auf diesen Stichtag ein vorläufig bestimmter beizulegender Zeitwert in Höhe von EUR 108,0 Mio. Der Diskontierung wurde ein erforderlichenfalls noch anzupassender vermögenswertspezifischer Zinssatzes von 7,67 % zugrunde gelegt. Die Berechnung des Zuschlagssatzes für den abschreibungsbedingten Steuervorteil ist im unteren Teil der Tabelle dargestellt.

4.3.4.4.2 Bewertung der zukünftig zu akquirierenden Kundenbeziehungen
4.3.4.4.2.1 Überblick
Im Folgenden werden die zukünftig zu akquirierenden Kundenbeziehungen für beide Kundensegmente der Beispiel GmbH gesondert bewertet. Zur Vereinfachung der Untersuchung von Entity Value und Goodwill unter 4.3.5 werden die zukünftigen Kundenbeziehungen im Segment Auftragskunden ausschließlich mittels der MPEEM (Abschn. 4.3.4.4.2.2), die im Segment Bestandskunden sowohl mittels der Residual Value-Methode (Abschn. 4.3.4.4.2.3.1) als auch mittels der MPEEM (Abschn. 4.3.4.4.2.3.2) bewertet.

4.3.4.4.2.2 Bewertung der zukünftig zu akquirierenden Kundenbeziehungen im Segment Auftragskunden
Die Ableitung der den zukünftigen Kundenbeziehungen im Segment Auftragskunden zuzurechnenden Excess Earnings, die wiederum vom EBITA nach Steuern ausgeht und auf die Umrechnung der Einkommensbeiträge der unterstützenden Vermögenswerte in fiktive Leasing-Zahlungen verzichtet, ergibt sich aus Tab. 4.29. Diese geht im Wesentlichen von folgenden Annahmen aus:

- Die den zu bewertenden Kundenbeziehungen zugeordneten Umsatzerlöse wurden vom Management der Beispiel GmbH gesondert geplant und können unmittelbar aus der Planungsrechnung übernommen werden.
- Auf die so geplanten Umsätze wurden die unter Abschn. 4.3.4.4.1.2 abgeleiteten bereinigten EBITA-Margen angewendet. Da die Kunden, mit denen diese Umsatzerlöse

Tab. 4.29 Ermittlung des Werts der zukünftigen Kundenbeziehungen im Segment Auftragskunden mittels MPEEM

Mio. EUR			2010	2011	2012	2013	2014	2015	2016	2017	2018	2019	2020	perpet.
Sales			60,0	96,0	98,6	106,4	108,6	110,7	113,0	115,2	115,2	115,2	115,2	115,2
Share of other customer			20%	30%	28%	28%	28%	28%	28%	28%	28%	28%	28%	28%
EBITA before customer acquisition and technology development expenses				22,5	25,5	28,6	29,1	29,7	30,3	31,0	31,0	31,0	31,0	31,0
Adjustment customer acquisition expenses pre tax		5,00%		−4,8	−4,9	−5,3	−5,4	−5,5	−5,6	−5,8	−5,8	−5,8	−5,8	−5,8
Adjustment incremental assembled workforce pre tax[a]			0,01	0,01	0,00	0,01	0,01	0,00	0,00	0,00	0,00	0,00	0,00	0,00
EBITA adjusted				17,7	20,6	23,2	23,7	24,2	24,7	25,2	25,2	25,2	25,2	25,2
Tax		30,00%		−5,3	−6,2	−7,0	−7,1	−7,3	−7,4	−7,6	−7,6	−7,6	−7,6	−7,6
Tax-effecting EBITA adjusted				12,4	14,4	16,3	16,6	16,9	17,3	17,6	17,6	17,6	17,6	17,6
Contributory asset charges after tax														
Technology[b]	Royalty rate	4,00%		−2,7	−2,8	−3,0	−3,0	−3,1	−3,2	−3,2	−3,2	−3,2	−3,2	−3,2
Software[c]	Rate of return	6,99%		−0,4	−0,4	−0,4	−0,4	−0,4	−0,4	−0,4	−0,4	−0,4	−0,4	−0,4
Assembled workforce[d]	Rate of return	6,72%		−0,1	−0,1	−0,1	−0,1	−0,1	−0,1	−0,1	−0,1	−0,1	−0,1	−0,1
Working capital[e]	Rate of return	3,32%		−0,1	−0,2	−0,2	−0,3	−0,3	−0,3	−0,3	−0,3	−0,3	−0,3	−0,3
Tangible fixed assets[f]	Rate of return	5,47%		−0,1	−0,2	−0,2	−0,2	−0,2	−0,2	−0,2	−0,2	−0,2	−0,2	−0,2
Excess earnings				9,00	10,7	12,4	12,7	12,9	13,2	13,5	13,5	13,5	13,5	13,5
Present value		7,85%	163,4	167,2	169,6	170,5	171,2	171,7	172,0	172,0	172,0	172,0	172,0	

[a] Incremental invested capital as % of sales (Tab. 4.25) * sales/(1−tax rate);
[b] Royalty rate * sales * (1−tax rate)
[c] Invested capital as % of sales $t − 1$ (Tab. 4.24) * sales $t − 1$ * asset-specific rate of return + return of invested capital as % of sales (Tab. 4.24) * sales
[d] Invested capital as % of sales $t − 1$ (Tab. 4.25) * sales $t − 1$ * asset-specific rate of return
[e] Invested capital as % of sales $t − 1$ (Tab. 4.26) * sales $t − 1$ * asset-specific rate of return
[f] Invested capital as % of sales $t − 1$ (Tab. 4.27) * sales $t − 1$ * asset-specific rate of return

erzielt werden sollen, in Zukunft zu akquirieren sind, wurden Kundenakquisitionskosten in Höhe von 5 % des Umsatzes – dies folgt deren Berücksichtigung im Business Plan – angesetzt. Die Bereinigung der Aufwendungen zur Entwicklung der zukünftigen Technologien wurde beibehalten, da diese Aufwendungen gem. Tabelle 4.23 Bestandteil vom Einkommensstrom der zukünftigen Technologien sind und durch diese Anpassung des EBITA die Einbeziehung dieser Aufwendungen in die vom adjustierten EBITA nach Steuern abzuziehenden Einkommensbeiträge der zukünftigen Technologien entfällt.[158]

- Die Bemessung der vom so bestimmten angepassten EBITA nach Unternehmensteuern abzuziehenden Einkommensbeiträge der unterstützenden Vermögenswerte folgt dem Vorgehen, das bei der Ableitung der den bestehenden Kundenbeziehungen zugeordneten Excess Earnings unter Abschn. 4.3.4.4.1.2 dargelegt wurde. Die dort einbezogenen Vermögenswerte bzw. die diese in Zukunft ersetzenden Vermögenswerte stellen auch in Bezug auf die zukünftig geplanten Kundenbeziehungen im Segment Auftragskunden unterstützende Vermögenswerte dar.

Der Diskontierung der so bestimmten Excess Earnings wurde ein modellexogen vorgegebener vermögenswertspezifischer Zinssatz zugrunde gelegt, dessen Ermittlung den unter Abschn. 4.3.4.1 dargelegten Überlegungen zur Bestimmung vermögenswertspezifischer Zinssätze folgt. Die Ableitung dieses Zinssatzes geht von einer bestimmten Nutzungsdauer der zu bewertenden Kundenbeziehungen aus, da die Zuweisung einer unbestimmten Nutzungsdauer zu diesem Bewertungsobjekt lediglich zur Vereinfachung der durchzuführenden Untersuchungen erfolgte (Vgl. Abschn. 4.3.4.1).[159] Bei der Bemessung des vermögenswertspezifischen Risikozuschlags wurde berücksichtigt, dass mit den zukünftigen Kundenbeziehungen im betrachteten Segment im Vergleich zu einem bestehenden Auftragsbestand ein deutlich höheres Risiko verbunden ist.

Die auf dieser Grundlage für den Betrachtungszeitraum ermittelten Werte der zukünftigen Kundenbeziehungen ergeben sich aus Tab. 4.29. Der den zukünftigen Kundenbeziehungen zugeordnete vermögenswertspezifische Zinssatz wurde vorläufig in Höhe von 7,85 % festgelegt.

4.3.4.4.2.3 Bewertung der zukünftig zu akquirierenden Kundenbeziehungen im Segment Bestandskunden

4.3.4.4.2.3.1 Anwendung der Residual Value-Methode
Die Residual Value-Methode geht – dies wurde in Abschn. 4.2.5.3.3.3 dargelegt – von der Überlegung aus, dass der Wert eines Bewertungsobjekts dadurch zu bestimmen ist, dass von dem Gesamtwert, den das Bewertungsobjekt beim Zusammenwirken mit

---

[158] Aus diesem Grund wurden die Software-Entwicklungsaufwendungen bereits unter Abschn. 4.3.4.4.1.2 bereinigt. Siehe hierzu die bereits in Fn 154 genannten Fundstellen.
[159] Vgl. Abschn. 4.3.4.1.

anderen Vermögenswerten des Unternehmens oder Unternehmensbereichs generiert, die Werte dieser anderen Vermögenswerte abzuziehen sind. Die Anwendung dieses Ansatzes erfordert dementsprechend die Ermittlung sowohl des aus dem Zusammenwirken der Vermögenswerte resultierenden Gesamtwerts als auch der Werte der anderen Vermögenswerte.

In Tab. 4.30 ist die Ableitung der Werte der zukünftigen Kundenbeziehungen mittels der Residual Value-Methode für die Jahre 2010 bis 2020 zusammengestellt. Dabei ist zu beachten, dass in der Tabelle vom Entity Value ausgegangen wird, der – in den Jahren 2010 bis 2014 – die Werte der am Bewertungsstichtag bestehenden Kundenbeziehungen im Segment Bestandskunden und – in allen Jahren des Betrachtungszeitraums – die Werte der zukünftigen Kundenbeziehungen im Segment Auftragskunden sowie die Werte der beiden Kundenbeziehungen unterstützenden Vermögenswerte umfasst. Aus diesem Grund sind bei der Ermittlung der Residualwerte der zukünftigen Kundenbeziehungen im betrachteten Segment auch die Werte dieser Vermögenswerte in Abzug zu bringen. Die in die Tabelle eingegangenen Werte – Entity Value (Tab. 4.20), Werte der zukünftigen Kundenbeziehungen im Segment Auftragskunden (Tab. 4.29), der zukünftigen Technologien (Tab. 4.23), der bestehenden Kundenbeziehungen (Tab. 4.28), der gegenwärtig verfügbaren Technologie (Tab. 4.22), der Software (Tab. 4.24), des Mitarbeiterstamms (Tab. 4.25), des Working Capital (Tab. 4.26) sowie der Sachanlagen (Tab. 4.27) – wurden den zugehörigen Bewertungsmodellen, die, wie dargelegt, dem Roll Back-Verfahren folgen, entnommen.

Tabelle 4.31 stellt für jedes Jahr des Betrachtungszeitraums die Verzinsungen des investierten Kapitals für den Entity Value und für die bei der Bestimmung des Residualwerts angesetzten Vermögenswerte zusammen; diesen Berechnungen wurden die gewichteten Kapitalkosten des Unternehmens sowie die vermögenswertspezifischen Zinssätze der einbezogenen Vermögenswerte zugrunde gelegt. Auf dieser Grundlage werden in der Tabelle für jedes betrachtete Jahr die den zukünftigen Kundenbeziehungen – bei Anwendung der Residual Value-Methode – zuzurechnenden Verzinsungen des in diesen Vermögenswert investierten Kapitals bestimmt und – unter Einbeziehung des in die zukünftigen Kundenbeziehungen investierten Kapitals – die diesem Vermögenswert zugehörigen modellendogenen periodenspezifischen Zinssätze abgeleitet.

Im unteren Teil der Tabelle wird der Einkommensbeitrag, den die Residual Value-Methode – unter den der Analyse zugrunde liegenden Annahmen – dem Bewertungsobjekt zuweist, bestimmt. Er setzt sich aus der Verzinsung des investierten Kapitals sowie dessen Rückfluss zusammen. Die Rückflusskomponente ergibt sich als Veränderung des am Ende eines Jahres investierten Kapitals gegenüber dem am Ende der Vorperiode investierten Kapital.

4.3.4.4.2.3.2 Anwendung der MPEEM

Die Ableitung der den zukünftigen Kundenbeziehungen im Segment Bestandskunden zuzurechnenden Excess Earnings, die vom EBITA nach Steuern ausgeht und auf die Umrechnung der Einkommensbeiträge der unterstützenden Vermögenswerte in fiktive Leasing-Zahlungen verzichtet, ist in Tab. 4.32 zusammengefasst. Dieser liegen insbesondere folgende Annahmen zugrunde:

Tab. 4.30 Ermittlung des Werts der zukünftigen Kundenbeziehungen im Segment Bestandskunden mittels Residual Value-Methode

Mio. EUR	Ref.	Rate of return	2010	2011	2012	2013	2014	2015	2016	2017	2018	2019	2020
Asset													
Other customer acquired after acquisition date	Tab. 4.29	7,85 %	163,4	167,2	169,6	170,5	171,2	171,7	172,0	172,0	172,0	172,0	172,0
Technologies developed after acquisition date	Tab. 4.23	8,27 %	7,8	13,0	19,0	25,9	33,4	41,7	50,8	60,8	69,6	69,6	69,6
Customer relationship acquired as part of acquisition	Tab. 4.28	7,67 %	108,0	81,9	53,1	28,3	9,1	0,0	0,0	0,0	0,0	0,0	0,0
Technology acquired as part of acquisition	Tab. 4.22	7,62 %	77,6	71,7	64,3	55,7	46,2	35,7	24,2	11,6	0,0	0,0	0,0
Software	Tab. 4.24	6,99 %	6,9	6,7	6,4	6,2	5,9	5,6	5,3	5,3	5,3	5,3	5,3
Assembled workforce	Tab. 4.25	6,72 %	6,8	6,7	6,5	6,4	6,2	6,0	5,8	5,6	5,4	5,4	5,4
Tangible fixed assets	Tab. 4.27	5,47 %	10,0	10,0	10,0	10,0	10,0	10,0	10,0	10,0	10,0	10,0	10,0
Working capital	Tab. 4.26	3,32 %	22,5	24,0	25,9	27,4	27,9	28,5	29,0	29,6	29,6	29,6	29,6
Total assets			403,1	381,1	354,8	330,3	310,0	299,2	297,2	294,9	291,9	291,9	291,9
Calculation of residual value													
Entity value	Tab. 4.20	7,87 %	717,8	730,0	733,9	731,4	726,7	720,6	719,3	717,1	714,2	714,2	714,2
Less total assets			−403,1	−381,1	−354,8	−330,3	−310,0	−299,2	−297,2	−294,9	−291,9	−291,9	−291,9
Residual value			314,8	348,9	379,1	401,2	416,8	421,4	422,2	422,2	422,3	422,3	422,3

Tab. 4.31 Verzinsung des in die zukünftigen Kundenbeziehungen im Segment Bestandskunden investierten Kapitals bei Anwendung der Residual Value-Methode

Mio. EUR	Ref.	Rate of return	2011	2012	2013	2014	2015	2016	2017	2018	2019	2020
Return on invested capital												
Entity value	Tab. 4.20	7,87 %	56,5	57,5	57,8	57,6	57,2	56,7	56,6	56,4	56,2	56,2
Return on invested capital												
Other customer acquired after acquisition date	Tab. 4.29	7,85 %	12,8	13,1	13,3	13,4	13,4	13,5	13,5	13,5	13,5	13,5
Technologies developed after acquisition date	Tab. 4.23	8,27 %	0,6	1,1	1,6	2,1	2,8	3,5	4,2	5,0	5,8	5,8
Customer relationship acquired as part of acquisition	Tab. 4.28	7,67 %	8,3	6,3	4,1	2,2	0,7	0,0	0,0	0,0	0,0	0,0
Technology acquired as part of acquisition	Tab. 4.22	7,62 %	5,9	5,5	4,9	4,2	3,5	2,7	1,8	0,9	0,0	0,0
Software	Tab. 4.24	6,99 %	0,5	0,5	0,4	0,4	0,4	0,4	0,4	0,4	0,4	0,4
Assembled workforce	Tab. 4.25	6,72 %	0,5	0,4	0,4	0,4	0,4	0,4	0,4	0,4	0,4	0,4
Tangible fixed assets	Tab. 4.27	5,47 %	0,5	0,5	0,5	0,5	0,5	0,5	0,5	0,5	0,5	0,5
Working capital	Tab. 4.26	3,32 %	0,7	0,8	0,9	0,9	0,9	0,9	1,0	1,0	1,0	1,0
Total return on other assets			29,9	28,2	26,1	24,2	22,7	21,9	21,8	21,7	21,5	21,5
Difference												
Return on residual asset			26,6	29,3	31,6	33,3	34,5	34,8	34,8	34,8	34,7	34,7
Rate of return on residual asset			8,45 %	8,39 %	8,34 %	8,31 %	8,27 %	8,26 %	8,24 %	8,23 %	8,22 %	8,22 %
Income assigned to residual asset	Tab. 4.30											
Return on residual asset			26,6	29,3	31,6	33,3	34,5	34,8	34,8	34,8	34,7	34,7
Return of residual asset			−34,2	−30,1	−22,1	−15,6	−4,6	−0,8	−0,1	−0,1	0,0	0,0
Total			−7,6	−0,9	9,5	17,7	29,9	34,0	34,7	34,7	34,7	34,7

4 Wertorientiertes Innovations- und Wissensmanagement

Tab. 4.32 Ermittlung des Werts der zukünftigen Kundenbeziehungen im Segment Bestandskunden mittels der MPEEM

Mio. EUR			2010	2011	2012	2013	2014	2015	2016	2017	2018	2019	2020	perpet.
Sales				4,0	53,4	123,7	179,2	259,8	290,5	296,3	296,3	296,3	296,3	296,3
EBITA before customer acquisition and technology development expenses				0,9	13,8	33,2	48,1	69,7	78,0	79,6	79,6	79,6	79,6	79,6
Adjustment customer acquisition expenses pre tax															
Related to sales		5,00 %		−0,2	−2,7	−6,2	−9,0	−13,0	−14,5	−14,8	−14,8	−14,8	−14,8	−14,8
Related to customer relationship acquired as part of acquisition				−11,0	−10,0	−7,5	−5,0	−1,3	0,0	0,0	0,0	0,0	0,0	0,0
Adjustment incremental assembled workforce pre tax[a]				0,00	0,00	0,01	0,01	0,01	0,01	0,01	0,00	0,00	0,00	0,00
EBITA adjusted				−10,3	1,2	19,5	34,1	55,5	63,5	64,8	64,8	64,8	64,8	64,8
Tax		30,00 %		3,1	−0,3	−5,9	−10,2	−16,7	−19,0	−19,4	−19,4	−19,4	−19,4	−19,4
Tax-effecting EBITA adjusted				−7,2	0,8	13,7	23,9	38,9	44,4	45,4	45,3	45,3	45,3	45,3
Contributory asset charges after tax															
Technology[b]	Royalty rate	4,00 %		−0,1	−1,5	−3,5	−5,0	−7,3	−8,1	−8,3	−8,3	−8,3	−8,3	−8,3
Software[c]	Rate of return	6,99 %		−0,1	−0,2	−0,4	−0,6	−0,8	−1,0	−1,0	−1,0	−1,0	−1,0	−1,0
Assembled workforce[d]	Rate of return	6,72 %		0,0	0,0	−0,1	−0,1	−0,2	−0,2	−0,3	−0,3	−0,3	−0,3	−0,3
Working capital[e]	Rate of return	3,32 %		−0,1	0,0	−0,1	−0,3	−0,4	−0,6	−0,7	−0,7	−0,7	−0,7	−0,7
Tangible fixed assets[f]	Rate of return	5,47 %		−0,1	0,0	−0,1	−0,2	−0,3	−0,4	−0,4	−0,4	−0,4	−0,4	−0,4
Excess earnings				−7,6	−0,9	9,5	17,7	29,9	34,1	34,7	34,7	34,7	34,7	34,7
Adjustment									−0,1					
Excess earnings adjusted				−7,6	−0,9	9,5	17,7	29,9	34,0	34,7	34,7	34,7	34,7	34,7
Present value		8,29 %	313,4	347,0	376,6	398,3	413,6	418,0	418,6	418,6	418,6	418,6	418,6	

[a] Incremental invested capital as % of sales (Tab. 4.24) * sales * (1−tax rate),
[b] Royalty rate * sales * (1−tax rate)
[c] Invested capital as % of sales $t-1$ (Tab. 4.24) * sales $t-1$ * asset-specific rate of return + return of invested capital as % of sales (Tab. 4.24) * sales
[d] Invested capital as % of sales $t-1$ (Tab. 4.25) * sales $t-1$ * asset-specific rate of return
[e] Invested capital as % of Sales $t-1$ (Tab. 4.26) * Sales $t-1$ * asset-specific rate of return
[f] Invested capital as % of sales $t-1$ (Tab. 4.27) * Sales $t-1$ * asset-specific rate of return

- Den zukünftigen Kundenbeziehungen wurden alle Kundenumsätze zugeordnet, die nicht auf die bestehenden Kundenbeziehungen im Segment Bestandskunden sowie die zukünftigen Kundenbeziehungen im Segment Auftragskunden entfallen; diese Umsatzerlöse wurden als Differenz aus den der Unternehmensplanung gem. Tabelle 4.20 zu entnehmenden Umsatzerlöse und den Umsatzerlöse berechnet, die nach Tab. 4.28 und 4.29 in die Excess Earnings-Ermittlung der bestehenden Kundenbeziehungen im Segment Bestandskunden sowie der zukünftigen Kundenbeziehungen im Segment Auftragskunden eingegangenen sind.
- Auf die so geplanten Umsätze wurden die unter Abschn. 4.3.4.4.1.2 abgeleiteten bereinigten EBITA-Margen angewendet. Da die Kunden, die den zukünftigen Kundenbeziehungen zugrunde liegen, in Zukunft zu akquirieren sind, wurden Kundenakquisitionskosten in Höhe von 5 % des Umsatzes – dies folgt deren Berücksichtigung im Business Plan – angesetzt; außerdem wurden diesen die bei der Bewertung der erworbenen Kundenbeziehungen im betrachteten Segment bereinigten Kundenakquisitionskosten zugeordnet. Die Bereinigungen der Aufwendungen zur Entwicklung der zukünftigen Technologien sowie der Aufwendungen zur Entwicklung der Nachfolgegenerationen der Software wurden aus den unter Abschn. 4.3.4.4.1.2 und 4.3.4.4.2.2 dargelegten Gründen beibehalten.
- Die Bemessung der vom so bestimmten angepassten EBITA nach Unternehmenssteuern abzuziehenden Einkommensbeiträge der unterstützenden Vermögenswerte folgt dem Vorgehen, das bei der Ableitung der den bestehenden Kundenbeziehungen zugeordneten Excess Earnings unter Abschn. 4.3.4.4.1.2 dargelegt wurde. Die dort einbezogenen Vermögenswerte bzw. die diese in Zukunft ersetzenden Vermögenswerte stellen auch in Bezug auf die zukünftig geplanten Kundenbeziehungen unterstützende Vermögenswerte dar.

Die so bestimmten Excess Earnings sind gleich den Einkommensbeiträgen, die die Residual Value-Methode dem Bewertungsobjekt zuweist. Dies zeigt ein Vergleich mit den in Tab. 4.31 abgeleiteten Einkommensbeiträgen.

Zur Diskontierung der Excess Earnings kommen sowohl die modellendogen Zinssätze, die aus den mittels der Residual Value-Methode bestimmten Werten des Bewertungsobjekts abgeleitet wurden, als auch modellexogen vorgegebene vermögenswertspezifische Zinssätze in Betracht:

- Die Anwendung der modellendogen bestimmten Zinssätze führt genau zu den Werten des Bewertungsobjekts, die mittels der Residual Value-Methode ermittelt wurden. Dies zeigt Tab. 4.33. Dort werden die in Tab. 4.31 bzw. Tab. 4.32 bestimmten Excess Earnings mit den unter Abschn. 4.3.4.4.2.3.1 abgeleiteten modellendogenen periodenspezifischen Zinssätzen der zukünftig geplanten Kundenbeziehungen, die Tab. 4.31 zu entnehmen sind, diskontiert. Es ergeben sich für jedes Jahr des Betrachtungszeitraums genau die in Tab. 4.30 mittels der Residual Value-Methode ermittelten Werte dieser Kundenbeziehungen.

Tab. 4.33 Erklärung der Differenzbeträge bei Bewertung der zukünftigen Kundenbeziehungen im Segment Bestandskunden

Mio. EUR	Ref.	2010	2011	2012	2013	2014	2015	2016	2017	2018	2019	2020
Excess earnings	Tab. 4.31		−7,6	−0,9	9,5	17,7	29,9	34,0	34,7	34,7	34,7	34,7
Implied rate of return application residual value method	Tab. 4.31		8,45 %	8,39 %	8,34 %	8,31 %	8,27 %	8,26 %	8,24 %	8,23 %	8,22 %	8,22 %
Present value	Tab. 4.30	314,8	348,9	379,1	401,2	416,8	421,4	422,2	422,2	422,3	422,3	422,3
Asset specific rate of return	Tab. 4.21		8,29 %	8,29 %	8,29 %	8,29 %	8,29 %	8,29 %	8,29 %	8,29 %	8,29 %	8,29 %
Present value	Tab. 4.32	313,4	347,0	376,6	398,3	413,6	418,0	418,6	418,6	418,6	418,6	418,6
Difference		1,4	2,0	2,5	2,9	3,2	3,4	3,5	3,6	3,7	3,7	3,7

- Die modellexogene Festlegung des vermögenswertspezifischen Zinssatzes der zukünftigen Kundenbeziehungen folgt den unter Abschn. 4.3.4.1 dargelegten Überlegungen zur Bestimmung vermögenswertspezifischer Zinssätze. Dabei ist zu beachten, dass die zukünftigen Kundenbeziehungen grundsätzlich eine bestimmte Nutzungsdauer aufweisen; die Zuweisung einer unbestimmten Nutzungsdauer zu diesem Bewertungsobjekt erfolgte lediglich zur Vereinfachung der durchzuführenden Untersuchungen.[160] Dementsprechend wurde der Ableitung dieses Zinssatzes die Nutzungsdauer dieses Vermögenswerts, die nach Tab. 4.19 im Segment Bestandskunden 10 Jahre beträgt und von der verbleibenden Nutzungsdauer der erworbenen Kundenbeziehungen abweicht, zugrunde gelegt. Zudem wurde bei der Bemessung des vermögenswertspezifischen Risikozuschlags berücksichtigt, dass mit den zukünftigen Kundenbeziehungen im Vergleich zu den bestehenden Kundenbeziehungen ein höheres Risiko verbunden ist.

  Die auf dieser Grundlage für den Betrachtungszeitraum ermittelten Werte der zukünftig geplanten Kundenbeziehungen ergeben sich aus Tab. 4.32. Der den zukünftigen Kundenbeziehungen zugeordnete vermögenswertspezifische Zinssatz wurde vorläufig in Höhe von 8,29 % festgelegt.

Der Vergleich der so bestimmten Werte der zukünftigen Kundenbeziehungen mit den in Tab. 4.30 nach der Residual Value-Methode abgeleiteten Werten zeigt, dass zwischen beiden Werten Differenzen bestehen. Diese resultieren daraus – dies legt Tab. 4.33 dar –, dass die Excess Earnings mit unterschiedlichen Zinssätzen – den modellendogen abgeleiteten Zinssätzen einerseits und dem modellexogen vorgegebenen Zinssatz andererseits – diskontiert werden. Bei diesen Differenzbeträgen handelt es sich danach um Bewertungsdifferenzen.

4.3.4.5 Abstimmung des Einkommens des Unternehmens mit den Einkommensbeiträgen der diesem zugeordneten Vermögenswerte

Tabelle 4.34 stellt die Einkommensbeiträge aller gegenwärtig verfügbaren und zukünftig geplanten Vermögenswerte der Beispiel GmbH zusammen, wobei zwischen dem Fall der Bewertung der zukünftigen Kundenbeziehungen im Segment Bestandskunden mittels der Residual Value-Methode und dem Fall der Anwendung der MPEEM nicht zu differenzieren ist. Letzteres ist darin begründet, dass – wie dargelegt – auch die Residual Value-Methode dem Bewertungsobjekt die Excess Earnings als Einkommensbeitrag zuweist.

Die Tabelle zeigt, dass in jedem Jahr des Betrachtungszeitraums das durch den Free Cashflow gemessene Einkommen der Gesellschaft vollständig auf die Einkommensbeiträge dieser Vermögenswerte aufgeteilt werden kann. Dies ist darin begründet, dass die Einkommensbeiträge sowohl der am Bewertungsstichtag bestehenden Kundenbeziehungen im Segment Bestandskunden als auch der zukünftig geplanten Kundenbeziehungen in beiden Kundensegmenten als Excess Earnings ermittelt wurden.

---

[160] Vgl. Abschn. 4.3.4.1.

4 Wertorientiertes Innovations- und Wissensmanagement

Tab. 4.34 Absimmung der Einkommensbeiträge der Vermögenswerte mit dem Unternehmenseinkommen

Mio. EUR	Ref.	2011	2012	2013	2014	2015	2016	2017	2018	2019	2020
Income contribution of assets											
Customer relationship acquired after acquisition date	Tab. 4.32	−7,6	−0,9	9,5	17,7	29,9	34,0	34,7	34,7	34,7	34,7
Other customer acquired after acquisition date	Tab. 4.29	9,0	10,7	12,4	12,7	12,9	13,2	13,5	13,5	13,5	13,5
Technologies developed after acquisition date	Tab. 4.23	−4,5	−4,9	−5,3	−5,4	−5,5	−5,6	−5,8	−3,8	5,8	5,8
Customer relationship acquired as part of acquisition	Tab. 4.28	34,4	35,1	28,9	21,4	9,9	0,0	0,0	0,0	0,0	0,0
Technology acquired as part of acquisition	Tab. 4.22	11,9	12,8	13,6	13,8	14,0	14,2	14,4	12,5	0,0	0,0
Software	Tab. 4.24	0,7	0,7	0,7	0,7	0,7	0,7	0,4	0,4	0,4	0,4
Assembled workforce	Tab. 4.25	0,6	0,6	0,6	0,6	0,6	0,6	0,6	0,6	0,4	0,4
Tangible fixed assets	Tab. 4.27	0,5	0,5	0,5	0,5	0,5	0,5	0,5	0,5	0,5	0,5
Working capital	Tab. 4.26	−0,8	−1,1	−0,6	0,4	0,4	0,4	0,4	1,0	1,0	1,0
Income of business unit (free cashflow)		44,3	53,6	60,2	62,3	63,4	58,0	58,8	59,4	56,2	56,2

4.3.5 Zusammensetzung von Entity Value und Goodwill der Beispiel GmbH

4.3.5.1 Überblick

Im Folgenden ist zunächst der originäre Goodwill abzuleiten (Abschn. 4.3.5.2). Sodann werden dessen Komponenten sowie die Zusammensetzung des Entity Value bei Bewertung der zukünftig zu akquirierenden Kundenbeziehungen im Segment Bestandskunden mittels der Residual Value-Methode (Abschn. 4.3.5.3) bzw. mittels der MPEEM (Abschn. 4.3.5.4) betrachtet.

4.3.5.2 Ableitung des originären Goodwill

Der originäre Goodwill[161] eines betrachteten Unternehmens ergibt sich durch Abzug der Werte der anzusetzenden Vermögenswerte des Unternehmens von dessen Entity Value. Entity Value und Werte der Vermögenswerte sind dabei unter Außerachtlassung eines möglichen Unternehmenszusammenschlusses, d. h. auf Standalone-Basis, zu ermitteln. Damit gehen in den originären Goodwill weder transaktionsbezogene Synergien noch andere Einflussfaktoren ein, die sich in der für die Übernahme eines Unternehmens erbrachten Gegenleistung und im daraus abgeleiteten derivativen Goodwill niederschlagen können. Im Falle der Bewertung der anzusetzenden Vermögenswerte mit deren beizulegenden Zeitwerten ist der Entity Value unter Zugrundelegung der Annahmen der Market Participants zu bestimmen. Diese Vorgehensweise gewährleistet, dass die Annahmen, die den Entity Value bestimmen, konsistent zu den Annahmen sind, die der Bewertung der einbezogenen Vermögenswerte zugrunde gelegt werden.[162]

In Tab. 4.35 wird der originäre Goodwill der Beispiel GmbH für jedes Jahr des Betrachtungszeitraums bestimmt. Die in die Tabelle eingegangenen Werte – Entity Value (Tab. 4.20), Werte der bestehenden Kundenbeziehungen (Tab. 4.28), der gegenwärtig verfügbaren Technologie (Tab. 4.22), der Software (Tab. 4.24), des Working Capital (Tab. 4.26) sowie der Sachanlagen (Tab. 4.27) – wurden aus den zugehörigen Bewertungsmodellen übernommen.

Zur Beurteilung der Plausibilität der Bewertungsergebnisse wird in der Praxis der Kaufpreisallokation regelmäßig die in Abschn. 4.2.5.4.5.2 eingeführte WACC-2-WARA-Analyse durchgeführt. Danach sind die Ergebnisse einer Kaufpreisallokation dann als plausibel zu betrachten, wenn – unter Einbeziehung des Goodwill –

- die Summe der vermögenswertspezifischen Zinssätze aller Vermögenswerte des Unternehmens, jeweils gewichtet mit dem anteiligen Wert des betreffenden Vermögenswerts am investierten Kapital des Unternehmens (weighted average rate of return oder kurz WARA), gleich dessen gewichteten Kapitalkosten (WACC) ist und

---

[161] Vgl. Abschn. 4.2.5.4.5.1 m. w. N.
[162] Vgl. Moser (2012), S. 20 f.

Tab. 4.35 Ableitung des originären Goodwill für den Betrachtungszeitraum

Mio. EUR	Ref.	Rate of return	2010	2011	2012	2013	2014	2015	2016	2017	2018	2019	2020
Entity value	Tab. 4.20	7,87 %	717,8	730,0	733,9	731,4	726,7	720,6	719,3	717,1	714,2	714,2	714,2
Customer relationship acquired as part of acquisition	Tab. 4.28	7,67 %	−108,0	−81,9	−53,1	−28,3	−9,1	0,0	0,0	0,0	0,0	0,0	0,0
Technology acquired as part of acquisition	Tab. 4.22	7,62 %	−77,6	−71,7	−64,3	−55,7	−46,2	−35,7	−24,2	−11,6	0,0	0,0	0,0
Software	Tab. 4.24	6,99 %	−6,9	−6,7	−6,4	−6,2	−5,9	−5,6	−5,3	−5,3	−5,3	−5,3	−5,3
Tangible fixed assets	Tab. 4.27	5,47 %	−10,0	−10,0	−10,0	−10,0	−10,0	−10,0	−10,0	−10,0	−10,0	−10,0	−10,0
Working capital	Tab. 4.26	3,32 %	−22,5	−24,0	−25,9	−27,4	−27,9	−28,5	−29,0	−29,6	−29,6	−29,6	−29,6
Goodwill			492,8	535,8	574,2	603,9	627,6	640,8	650,8	660,6	669,3	669,3	669,3
Return on residual value			40,5	43,9	46,9	49,3	51,1	52,1	52,9	53,7	54,3	54,3	54,3
Rate of return on residual value			8,22 %	8,20 %	8,18 %	8,16 %	8,14 %	8,13 %	8,13 %	8,12 %	8,12 %	8,12 %	8,12 %

- der vermögenswertspezifische Zinssatz eines jeden Vermögenswerts des Unternehmens dessen erwartetes Risiko absolut sowie in Relation zu den Risikoeinschätzungen der übrigen Vermögenswerte des betrachteten Unternehmens widerspiegelt.

Das Vorgehen bei Durchführung dieser Analyse kann im konkreten Anwendungsfall dadurch vereinfacht werden, dass der vermögenswertspezifische Zinssatz des Goodwill nicht modellexogen vorgegeben, sondern aus der Bedingung „WACC = WARA" modellendogen abgeleitet wird. In diesem Fall bedarf es lediglich einer Beurteilung der zweiten Bedingung.

Die WACC-2-WARA-Analyse wird in der Praxis typischerweise auf der Grundlage der zum Bewertungsstichtag abgeleiteten Werte durchgeführt. Diese einperiodische Vorgehensweise setzt allerdings voraus, dass das in die Vermögenswerte investierte Kapital im Zeitablauf konstant ist bzw. mit einer konstanten Rate wächst.[163] Dementsprechend ist in den Fällen, in denen diese Voraussetzung nicht erfüllt ist, diese Betrachtung für jedes Jahr des Analysezeitraums vorzunehmen, d. h. eine mehrperiodische Analyse durchzuführen. Der Analysezeitraum ist dabei so festzulegen, dass dieser sich über alle Perioden erstreckt, in denen sich das in die Vermögenswerte investierte Kapital gegenüber der Vorperiode verändert.

Im unteren Teil von Tab. 4.35 wird für jedes Jahr des Betrachtungszeitraums der Zinssatz modellendogen ermittelt, mit dem sich das in den Goodwill investierte Kapital verzinst. Der Betrachtungszeitraum ist dabei dadurch bestimmt, dass das in die Vermögenswerte investierte Kapital nach 2018 konstant bleibt. Der abgeleitete Zinssatz liegt im betrachteten Zeitraum zwischen 8,12 % und 8,22 % und übersteigt damit die vermögenswertspezifischen Zinssätze aller einbezogenen Vermögenswerte, die bereits unter Berücksichtigung von deren Risikoeinschätzungen sowie in Relation zueinander festgelegt wurden. Unter der Annahme, dass der Goodwill ein höheres Risiko als die angesetzten Vermögenswerte aufweist, indiziert die WACC-2-WARA-Analyse, dass die Bewertungsergebnisse als plausibel zu betrachten sind.

4.3.5.3 Anwendung der Residual Value-Methode zur Bewertung der zukünftig geplanten Kundenbeziehungen des Segments Bestandskunden

Die Residual Value-Methode leitet – dies wurde unter Abschn. 4.3.4.4.2.3.1 dargelegt – den Wert eines Bewertungsobjekts dadurch ab, dass vom Gesamtwert, den das Bewertungsobjekt im Zusammenwirken mit anderen Vermögenswerten schafft, die Werte dieser anderen Vermögenswerte abgezogen werden. Aus diesem Grund kann der Entity Value – bei Anwendung dieses Bewertungsansatzes – genau auf die Werte dieser Vermögenswerte aufgeteilt werden. Dies legt Tab. 4.36 für den Entity Value der Beispiel GmbH für den gesamten Analysezeitraum dar.

Der originäre Goodwill wird – dies wurde unter Abschn. 4.3.5.2 ausgeführt – durch Abzug der Werte der anzusetzenden Vermögenswerte vom Entity Value bestimmt. Da sich –

---

[163] Vgl. Abschn. 4.2.5.4.3.3, sowie bereits Moser (2011), S. 236 ff., 242 ff.

Tab. 4.36 Analyse des Entity Value bei Bewertung der zukünftigen Kundenbeziehungen im Segment Bestandskunden mittels der Residual Value-Methode

Mio. EUR	Ref.	Rate of return	2010	2011	2012	2013	2014	2015	2016	2017	2018	2019	2020
Customer relationship acquired after acquisition date	Tab. 4.30		314,8	348,9	379,1	401,2	416,8	421,4	422,2	422,2	422,3	422,3	422,30
Other customer acquired after acquisition date	Tab. 4.29	7,85 %	163,4	167,2	169,6	170,5	171,2	171,7	172,0	172,0	172,0	172,0	171,98
Technologies developed after acquisition date	Tab. 4.23	8,27 %	7,8	13,0	19,0	25,9	33,4	41,7	50,8	60,8	69,6	69,6	69,65
Assembled workforce	Tab. 4.25	6,72 %	6,8	6,7	6,5	6,4	6,2	6,0	5,8	5,6	5,4	5,4	5,40
Goodwill	Tab. 4.35		492,8	535,8	574,2	603,9	627,6	640,8	650,8	660,6	669,3	669,3	669,33
Customer relationship acquired as part of acquisition	Tab. 4.28	7,67 %	108,0	81,9	53,1	28,3	9,1	0,0	0,0	0,0	0,0	0,0	0,00
Technology acquired as part of acquisition	Tab. 4.22	7,62 %	77,6	71,7	64,3	55,7	46,2	35,7	24,2	11,6	0,0	0,0	0,00
Software	Tab. 4.24	6,99 %	6,9	6,7	6,4	6,2	5,9	5,6	5,3	5,3	5,3	5,3	5,25
Tangible fixed assets	Tab. 4.27	5,47 %	10,0	10,0	10,0	10,0	10,0	10,0	10,0	10,0	10,0	10,0	10,00
Working capital	Tab. 4.26	3,32 %	22,5	24,0	25,9	27,4	27,9	28,5	29,0	29,6	29,6	29,6	29,63
Total	Tab. 4.20		717,8	730,0	733,9	731,4	726,7	720,6	719,3	717,1	714,2	714,2	714,21

wie erläutert – bei Anwendung der Residual Value-Methode der Entity Value als Summe der Werte aller dem Unternehmen zugerechneten Vermögenswerte darstellt, ist der originäre Goodwill durch die Werte der bei der Goodwill-Ableitung nicht berücksichtigten Vermögenswerte bestimmt. Tabelle 4.36 zeigt für jedes betrachtete Jahr, dass der Goodwill der Beispiel GmbH sich aus dem Wert des nicht bilanzierungsfähigen Mitarbeiterstamms, den Werten der zukünftig geplanten Kundenbeziehungen in beiden Kundensegmenten sowie dem Wert der zukünftig geplanten Technologien zusammensetzt.

Zur Beurteilung der Plausibilität der Bewertungsergebnisse bietet es sich wiederum an, eine Abstimmung der vermögenswertspezifischen Zinssätze der dem Unternehmen zugeordneten Vermögenswerte mit dessen gewichteten Kapitalkosten unter Zugrundelegung einer mehrperiodischen Betrachtung durchzuführen. Ausgangspunkt hierfür sind die in Tab. 4.31 zusammengestellten vermögenswertspezifischen Zinssätze der gegenwärtig verfügbaren und der zukünftig geplanten Vermögenswerte. Unter Einbeziehung der unter Abschn. 4.3.4.2.1.2, 4.3.4.4.2.2 und 4.3.4.4.2.3.2 gegebenen Risikoeinschätzungen für die zukünftig zu entwickelnden Technologien und die zukünftig zu akquirierenden Kundenbeziehungen indiziert diese Abstimmung, dass die abgeleiteten Bewertungsergebnisse als plausibel zu betrachten sind. Im Unterschied zu der unter Abschn. 4.3.5.2 dargestellten Analyse baut diese Einschätzung nicht darauf auf, dass eine Annahme über das dem Goodwill – im Vergleich zu den angesetzten Vermögenswerten – zuzuordnende Risiko zu treffen ist.

4.3.5.4 Anwendung der MPEEM zur Bewertung der zukünftig geplanten Kundenbeziehungen des Segments Bestandskunden

Die Werte der zukünftigen Kundenbeziehungen im Segment Bestandskunden wurden unter Abschn. 4.3.4.4.2.3.2 unter Zugrundelegung eines modellexogen vorgegebenen, periodenunabhängigen vermögenswertspezifischen Zinssatzes in Höhe von 8,29 % bestimmt. Auf dieser Grundlage – dies legt Tab. 4.37 dar – kann der Entity Value der Beispiel GmbH in keinem Jahr des Analysezeitraums vollständig auf die Werte der dieser zugeordneten Vermögenswerte aufgeteilt werden. In Höhe des in jeder betrachteten Periode verbleibenden Unterschiedsbetrags kann auch der für die jeweilige Periode abgeleitete Goodwill nicht durch die unter Abschn. 4.3.5.3 abgeleiteten Komponenten erklärt werden.

Der nicht erklärte Betrag am Entity Value bzw. Goodwill eines betrachteten Jahrs ist gleich dem sich aus Tab. 4.33 für die gleiche Periode ergebenden Differenzbetrag aus dem mittels der Residual Value-Methode bestimmten Wert der zukünftigen Kundenbeziehungen im betrachteten Segment und deren mittels der MPEEM abgeleiteten Wert. Dieser Zusammenhang ist darin begründet, dass die Werte der Vermögenswerte der Beispiel GmbH – abgesehen vom Wert der zukünftigen Kundenbeziehungen im Segment Bestandskunden – unabhängig von der der Bewertung dieser Kundenbeziehungen zugrunde gelegten Bewertungsmethode (Residual Value-Ansatz oder MPEEM) sind; dies ist den Bewertungsmodellen der Vermögenswerte zu entnehmen bzw. zeigt ein Vergleich von Tab. 4.30 und 4.37. Da – wie unter Abschn. 4.3.4.4.2.3.2 dargelegt – der Unterschiedsbetrag aus dem mittels der Residual Value-Methode ermittelten Wert und dem nach der

4 Wertorientiertes Innovations- und Wissensmanagement

Tab. 4.37 Bestimmung des Residualwerts bei Bewertung der zukünftigen Kundenbeziehungen im Segment Bestandskunden mittels der MPEEM

Mio. EUR	Ref.	Rate of return	2010	2011	2012	2013	2014	2015	2016	2017	2018	2019	2020
Value of assets													
Customer relationship acquired after acquisition date	Tab. 4.32	8,29 %	313,4	347,0	376,6	398,3	413,6	418,0	418,6	418,6	418,6	418,6	418,6
Other customer acquired after acquisition date	Tab. 4.29	7,85 %	163,4	167,2	169,6	170,5	171,2	171,7	172,0	172,0	172,0	172,0	172,0
Technologies developed after acquisition date	Tab. 4.23	8,27 %	7,8	13,0	19,0	25,9	33,4	41,7	50,8	60,8	69,6	69,6	69,6
Assembled workforce	Tab. 4.25	6,72 %	6,8	6,7	6,5	6,4	6,2	6,0	5,8	5,6	5,4	5,4	5,4
Subtotal: components of goodwill			491,4	533,8	571,7	601,0	624,4	637,4	647,3	657,0	665,6	665,6	665,6
Customer relationship acquired as part of acquisition	Tab. 4.28	7,67 %	108,0	81,9	53,1	28,3	9,1	0,0	0,0	0,0	0,0	0,0	0,0
Technology acquired as part of acquisition	Tab. 4.22	7,62 %	77,6	71,7	64,3	55,7	46,2	35,7	24,2	11,6	0,0	0,0	0,0
Software	Tab. 4.24	6,99 %	6,9	6,7	6,4	6,2	5,9	5,6	5,3	5,3	5,3	5,3	5,3
Tangible fixed assets	Tab. 4.27	5,47 %	10,0	10,0	10,0	10,0	10,0	10,0	10,0	10,0	10,0	10,0	10,0
Working capital	Tab. 4.26	3,32 %	22,5	24,0	25,9	27,4	27,9	28,5	29,0	29,6	29,6	29,6	29,6
Total assets (incl. components of goodwill)			716,5	728,1	731,4	728,6	723,5	717,2	715,8	713,5	710,5	710,5	710,5

Tab. 4.37 (Fortsetzung)

Mio. EUR	Ref.	Rate of return	2010	2011	2012	2013	2014	2015	2016	2017	2018	2019	2020
Analysis of entity value													
Entity value	Tab. 4.20	7,87%	717,8	730,0	733,9	731,4	726,7	720,6	719,3	717,1	714,2	714,2	714,2
Less total assets			−716,5	−728,1	−731,4	−728,6	−723,5	−717,2	−715,8	−713,5	−710,5	−710,5	−710,5
Residual value			1,4	2,0	2,5	2,9	3,2	3,4	3,5	3,6	3,7	3,7	3,7
Incremental residual value				−0,6	−0,5	−0,4	−0,3	−0,2	−0,1	−0,1	−0,1	0,0	0,0
Analysis of goodwill													
Goodwill	Tab. 4.35		492,8	535,8	574,2	603,9	627,6	640,8	650,8	660,6	669,3	669,3	669,3
less subtotal: components of goodwill			−491,4	−533,8	−571,7	−601,0	−624,4	−637,4	−647,3	−657,0	−665,6	−665,6	−665,6
Residual value			1,4	2,0	2,5	2,9	3,2	3,4	3,5	3,6	3,7	3,7	3,7

4 Wertorientiertes Innovations- und Wissensmanagement

Tab. 4.38 Bestimmung der Mehr-/Minderverzinsung bei Bewertung der zukünftigen Kundenbeziehungen im Segment Bestandskunden mittels der MPEEM

Mio. EUR	Ref.	Rate of return	2011	2012	2013	2014	2015	2016	2017	2018	2019	2020
Return on invested capital												
Entity value	Tab. 4.20	7,87 %	56,5	57,5	57,8	57,6	57,2	56,7	56,6	56,4	56,2	56,2
Return on assets												
Customer relationship acquired after acquisition date	Tab. 4.32	8,29 %	26,0	28,8	31,2	33,0	34,3	34,6	34,7	34,7	34,7	34,7
Other customer acquired after acquisition date	Tab. 4.29	7,85 %	12,8	13,1	13,3	13,4	13,4	13,5	13,5	13,5	13,5	13,5
Technologies developed after acquisition date	Tab. 4.23	8,27 %	0,6	1,1	1,6	2,1	2,8	3,5	4,2	5,0	5,8	5,8
Customer relationship acquired as part of acquisition	Tab. 4.28	7,67 %	8,3	6,3	4,1	2,2	0,7	0,0	0,0	0,0	0,0	0,0
Technology acquired as part of acquisition	Tab. 4.22	7,62 %	5,9	5,5	4,9	4,2	3,5	2,7	1,8	0,9	0,0	0,0
Software	Tab. 4.24	6,99 %	0,5	0,5	0,4	0,4	0,4	0,4	0,4	0,4	0,4	0,4
Assembled workforce	Tab. 4.25	6,72 %	0,5	0,4	0,4	0,4	0,4	0,4	0,4	0,4	0,4	0,4
Tangible fixed assets	Tab. 4.27	5,47 %	0,5	0,5	0,5	0,5	0,5	0,5	0,5	0,5	0,5	0,5
Working capital	Tab. 4.26	3,32 %	0,7	0,8	0,9	0,9	0,9	0,9	1,0	1,0	1,0	1,0
Total			55,9	57,0	57,4	57,3	57,0	56,6	56,5	56,4	56,2	56,2
Difference			0,6	0,5	0,4	0,3	0,2	0,1	0,1	0,1	0,0	0,0
Return on residual asset			45,85 %	25,66 %	16,27 %	10,74 %	6,19 %	4,07 %	2,88 %	1,72 %	0,00 %	0,00 %
Rate of return on residual asset			−0,6	−0,5	−0,4	−0,3	−0,2	−0,1	−0,1	−0,1	0,0	0,0
Incremental residual value	Tab. 4.37											

MPEEM bestimmten Wert einer betrachteten Periode eine Bewertungsdifferenz darstellt, ist aufgezeigt, dass der am Entity Value bzw. am Goodwill nicht erklärte Betrag ebenfalls eine Bewertungsdifferenzen zum Ausdruck bringt.

Zur Abstimmung der vermögenswertspezifischen Zinssätze der dem Unternehmen zugeordneten Vermögenswerte mit dessen gewichteten Kapitalkosten werden in Tab. 4.38 die den Differenzbeträgen zuzuordnenden impliziten Zinssätze ermittelt. Die Tabelle zeigt, dass diese Zinssätze, die zwischen 1,72 % und 45,85 % liegen, einer Interpretation nur schwer zugänglich sind. Diese Feststellung steht einer Aussage zur Plausibilität der Bewertungsergebnisse jedoch grundsätzlich nicht entgegen, da diese Zinssätze dadurch bedingt sind, dass den Residualverzinsungen – als aus Bewertungsdifferenzen resultierenden Verzinsungsdifferenzen – keine Einkommensbeiträge zugrunde liegen. Allerdings sollte bei der Einschätzung der Plausibilität der Bewertungsergebnisse auf dieser Grundlage darauf geachtet werden, dass sowohl die Differenzbeträge als auch die diesen zugeordneten Verzinsungen während des gesamten Untersuchungszeitraums vernachlässigbar sind.

Literatur

AICPA (2001) AICPA Practice Aid: Assets acquired in a business combination to be used in research and development activities: a focus on software, electronic devices and pharmaceutical industries, prepared by the IPR&D Task Force. New York

AICPA (2011) Working Draft of AICPA accounting and valuation guide, assets acquired to be used in research and development activities, prepared by the IPR&D Task Force. New York

Anson W, Martin D (2004) Accurate IP Valuation in Multiple Environments. Intellectual Asset Management (February/March 2004), S 7–10

Anson W, Suchy D (2005) Intellectual property valuation. A primer for identifying and determing value. Chicago

Aschauer E, Purtscher V (2011) Einführung in die Unternehmensbewertung. Wien

Ballwieser W (2004) Unternehmensbewertung. Prozess, Methoden und Probleme. Stuttgart

Ballwieser W, Wiese J (2010) Cost of capital. In: Catty JP (Hrsg) Guide to Fair Value under IFRS. Hoboken, S 129–130

Bea FX, Haas J (2005) Strategisches Management, 4. Aufl. Stuttgart

Behr P, Güttler A (2004) Kapitalkosten, Basel II und interne Ratings, UM 2004. Basel, S 7–12

Beine F, Lopatta K (2007) Purchase Price Allocation – Brückenschlag zwischen Bilanzrecht und Unternehmensbewertung. In: Ballwieser W, Grewe W (Hrsg) Wirtschaftsprüfung im Wandel - Herausforderungen an Wirtschaftsprüfung, Steuerberatung, Consulting und Corporate Finance. München, S 451–474

Beyer S (2008) Fair Value-Bewertung von Vermögenswerten und Schulden. In: Ballwieser W, Beyer S, Zelger H (Hrsg) Unternehmenskauf nach IFRS und US-GAAP. Purchase Price Allocation, Goodwill und Impairment-Test, 2., überarbeitete Auflage. Stuttgart, S 151–202

Beyer S, Mackenstedt A (2008) Grundsätze zur Bewertung immaterieller Vermögenswerte (IDW S 5). WPg 2008, S 338–349

Beyer S, Menninger J (2009) Bewertung immaterieller Werte – Das Konzept der Wirtschaftsprüfer (IDW S 5). In: Möller K, Piwinger M, Zerfaß A (Hrsg) Immaterielle Vermögenswerte. Bewertung, Berichterstattung und Kommunikation. Stuttgart, S 113–123

Beyhs O, Wagner B (2008) Die neuen Vorschriften des IASB zur Abbildung von Unternehmenszusammenschlüssen – Darstellung der wichtigsten Änderungen in IFRS 3. DB 2008, S 73–83

Boer FP (1999) The valuation of technology, business and financial issues in R & D. New York, S 4 ff.

Born K (2003) Unternehmensanalyse und Unternehmensbewertung, 2. Aufl. Stuttgart

Breitenbücher U, Ernst D (2004) Der Einfluss von Basel II auf die Unternehmensbewertung. In: Richter F, Timmreck C (Hrsg) Unternehmensbewertung – Moderne Instrumente und Lösungsansätze. Stuttgart, S 77–97

BVR (2012) Benchmarking Identifiable Intangibles and Their Useful Lives in Business Combinations. Portland

Casta J-F, Paugam L, Stolowy H (2011) An explanation of the nature of internally generated goodwill based on aggregation of interacting assets. In: French Finance Association (AFFI) (Hrsg) International Conference of the French Finance Association (AFFI) 2011

Castedello M, Beyer S (2009) Steuerung immaterieller Werte und IFRS. BFuP 2009, S 152–171

Castedello M, Klingbeil C, Schröder J (2006) IDW RS HFA 16: Bewertungen bei der Abbildung von Unternehmenserwerben und bei Werthaltigkeitsprüfungen nach IFRS. WPg 2006, S 1028–1036

Castedello M, Schmusch M (2008) Markenbewertung nach IDW S 5. WPg 2008, S 350–356

Chen Y-M, Barreca SL (2010) The cost approach. In: Catty JP (Hrsg) Guide to Fair Value under IFRS. Hoboken, S 19–35

Copeland T, Antikarov V (2001) Real options. A practitioner's guide. New York

Copeland T, Koller T, Murrin J (2002) Unternehmenswert. Methoden und Strategien für eine wertorientierte Unternehmensführung, 3., völlig überarbeitete und erweiterte Auflage. Frankfurt a. M.

Dörschell A, Franken L, Schulte J (2006) Praktische Probleme bei der Ermittlung der Kapitalkosten bei Unternehmensbewertungen. BWP 3/2006, S 2–7

Dörschell A, Franken L, Schulte J (2009) Der Kapitalisierungszinssatz in der Unternehmensbewertung. Praxisgerechte Ableitung unter Verwendung von Kapitalmarktdaten. Düsseldorf

Dörschell A, Franken L, Schulte J (2010) Kapitalkosten 2010 für die Unternehmensbewertung. Branchenanalysen für Betafaktoren, Fremdkapitalkosten und Verschuldungsgrade. Düsseldorf

Dörschell A, Ihlau S, Lackum PW v (2010) Die Wertermittlung für kundenorientierte immaterielle Vermögenswerte – Bewertungsgrundsätze und Vorgehen am Beispiel der Residualwertmethode. WPg 2010, S 978–988

DPR (2007) Deutsche Prüfstelle für Rechnungslegung DPR e. V., Prüfungsschwerpunkte 2007. Berlin, 20. Dezember 2006. http://www.frep.info/docs/press_releases/2006/20061220_dpr-pruefungsschwerpunkte_jahresabschluss_2006.pdf. Zugegriffen: 6. Dez 2010

DPR (2008) Deutsche Prüfstelle für Rechnungslegung DPR e. V., Prüfungsschwerpunkte 2008. Berlin, 26. November 2007. http://www.frep.info/docs/press_releases/2007/2007-11-26_dpr_pruefungsschwerpunkte_2008.pdf. Zugegriffen: 6. Dez 2010

DPR (2009) Deutsche Prüfstelle für Rechnungslegung DPR e. V., Prüfungsschwerpunkte 2009. Berlin, 21. Oktober 2008. http://www.frep.info/docs/press_releases/2008/20081021_pressemitteilung_Prüfungsschwerpunkte%202009.pdf. Zugegriffen: 6. Dez 2010

DPR (2010) Deutsche Prüfstelle für Rechnungslegung DPR e. V., Prüfungsschwerpunkte 2010. Berlin, 22. Oktober 2009. http://www.frep.info/docs/press_releases/2009/20091022_pruefungsschwerpunkte_2010.pdf. Zugegriffen: 6. Dez 2010

DPR (2011) Deutsche Prüfstelle für Rechnungslegung DPR e. V., Prüfungsschwerpunkte 2011. Berlin, 21. Oktober 2010. http://www.frep.info/docs/press_releases/2010/20101021_pruefungsschwerpunkte_2011.pdf. Zugegriffen: 6. Dez 2010

Drews D (2007) Patent Valuation Techniques. Les Nouvelles 2007, S 365–370

Drukarczyk J, Schüler A (2009) Unternehmensbewertung, 6., überarbeitete und erweiterte Auflage. München

Ensthaler J, Strübbe K (2006) Patentbewertung. Ein Praxisleitfaden zum Patentmanagement. Berlin u.a.
Enzinger A, Kofler P (2011) Das Roll Back-Verfahren zur Unternehmensbewertung. Zirkularitätsfreie Unternehmensbewertung bei autonomer Finanzierungspolitik anhand der Equity-Methode. BewP 4/2011, S 2–10
Ernst & Young (2009) Acquisition accounting – What's next for you? A global survey of purchase price allocation practices. February 2009.
Essler W, Dodel K (2008) Berücksichtigung des Size-Effekts bei der Ermittlung von Kapitalkosten. BWP 03/2008, S 2–8
Franke G, Hax H (2009) Finanzwirtschaft des Unternehmens und Kapitalmarkt, 6. Aufl. Heidelberg
Gebhardt G, Daske H (2005) Kapitalmarktorientierte Bestimmung von risikofreien Zinssätzen für die Unternehmensbewertung. WPg 2005, S 649–655
Germeraad P, Harrison S, Lucas C (2003) IP Tactics In Support Of The Business Strategy. Les Nouvelles 2003, S 120–127
Goddar H (1995) Die wirtschaftliche Bewertung gewerblicher Schutzrechte beim Erwerb technologieorientierter Unternehmen. Mitteilungen der deutschen Patentanwälte 1995, S 357–366
Goldscheider R, Jarosz J, Mulhern C (2002) Use of the 25 Per Cent Rule in Valuing IP. Les Nouvelles 2002, S 123–133
Groß M (1995) Aktuelle Lizenzgebühren in Patentlizenz-, Know-how- und Computerprogrammlizenz-Verträgen. BB 1995, S 885–891
Groß M (1998) Aktuelle Lizenzgebühren in Patentlizenz-, Know-how- und Computerprogrammlizenz-Verträgen. 1996/1997 BB 1998, S 1321–1323
Große J-V (2011) IFRS 13 „Fair Value Measurement" – Was sich (nicht) ändert. KoR 2011, S 286–296
Günther T, Ott C (2008) Behandlung immaterieller Ressourcen bei Purchase Price Allocation. Ergebnisse einer explorativen empirischen Studie. WPg 2008, S 917–926
Haller A (2009) Erfassung immaterieller Werte in der Unternehmensberichterstattung. In: Möller K, Piwinger M, Zerfaß A (Hrsg) Immaterielle Vermögenswerte. Bewertung, Berichterstattung und Kommunikation. Stuttgart, S 97–111
Hanlin WA Jr, Claywell R (2010) The market approach. In: Catty JP (Hrsg) Guide to Fair Value under IFRS. Hoboken, S 37–55
Hellebrand O, Himmelmann U (2011) Lizenzsätze für technische Erfindungen, 4. Aufl. Köln
Hendler M, Zülch H (2008) Unternehmenszusammenschlüsse und Änderung von Beteiligungsverhältnissen bei Tochterunternehmen – die neuen Regelungen des IFRS 3 und IAS 27. WPg 2008, S 484–493
Henselmann K (2010) Projecting financial statements. In: Catty JP (Hrsg) Guide to Fair Value under IFRS. Hoboken, S 183–199
Henselmann K, Kniest W (2010) Unternehmensbewertung: Praxisfälle mit Lösungen, 4., vollständig überarbeitete und erweiterte Aufl. Herne
Hitz J-M, Zachow J (2011) Vereinheitlichung des Wertmaßstabs „beizulegender Zeitwert" durch IFRS 13 „Fair Value Measurement". WPg 2011, S 964–972
Hommel M, Dehmel I (2010) Tax Amortization Benefit und Fair Value - Traumwelten auf der Spur. In: Königsmaier H, Rabel K (Hrsg) Gerwald Mandl: Unternehmensbewertung. Theoretische Grundlagen – praktische Anwendung, Festschrift für Gerwald Mandl zum 70. Geburtstag. Wien, S 281–303
Houlihan Lokey (2012) 2011 Purchase price allocation study. http://www.hl.com/email/pdf/2011_Houlihan_Lokey_PPA_Study.pdf. Zugegriffen: 23. Feb 2013
IDW (2002) Wirtschaftsprüfer Handbuch 2002: Handbuch für Rechnungslegung, Prüfung und Beratung, Band II, herausgegeben vom Institut der Wirtschaftsprüfer in Deutschland e. V., 12. Aufl. Düsseldorf

IDW RS HFA 16, IDW Stellungnahme zur Rechnungslegung: Bewertung bei der Abbildung von Unternehmenserwerben und bei Werthaltigkeitsprüfungen nach IFRS. FN 2005, S 721–738

IDW S 5 (2010) IDW Standard: Grundsätze zur Bewertung immaterieller Werte, Stand 25.05.2010. FN 2010, S 356–370

International Valuation Standard Committee (IVSC ED 2007) (2007) Determination of Fair Value of Intangible Assets for IFRS Reporting Purposes. Discussion Paper July 2007, London

International Valuation Standards Counsil, Proposed new International Valuation Guidance Note No. 16: Valuation of Intangible Assets for IFRS Reporting Purposes (IVSC ED GN 16), London, January 2009

International Valuation Standards Counsil, Guidance Note No. 4: Valuation of Intangible Assets (IVSC GN 4), London 2010

International Valuation Standard Counsil (IVSC IVS) (2011) International Valuation Standards, London 2011

IPRA, Inc. (Pharmaceuticals), Royalty Rates for Pharmaceuticals & Biotechnology 5. Aufl.

IPRA, Inc. (Technology), Royalty Rates for Technology 3. Aufl.

Jäger R, Himmel H (2003) Die Fair Value-Bewertung immaterieller Vermögenswerte vor dem Hintergrund der Umsetzung internationaler Bewertungsstandards. BFuP 2004, S 417–440

Kasperzak R, Kalantary A (2011) Objektivierung des Prognosezeitraums bei der Fair-Value-Bewertung immaterieller Vermögenswerte. WPg 2011, S 1114–1119, 1171–1178

Kasperzak R, Nestler A (2010) Bewertung von immateriellem Vermögen. Anlässe, Methoden und Gestaltungsmöglichkeiten. Weinheim

Kasperzak R, Nestler A (2007) Zur Berücksichtigung des Tax Amortisation Benefit bei der Fair Value-Ermittlung immaterieller Vermögenswerte nach IFRS 3. Ist eine pauschale Anwendung des AICPA Practice Aid sachgerecht? DB 2007, S 473–478

Kern C, Mölls SH (2010) Ableitung CAPM-basierter Betafaktoren aus einer Peergroup-Analyse. Eine kritische Betrachtung alternativer Verfahrensweisen. CFB 2010, S 440–448

Khoury S (2001) Valuing Intangibles? Consider the Technology Factor Method. Les Nouvelles 2001, S 87–90

Khoury S, Daniele J, Germeraad P (2001) Selection and application of intellectual property valuation methods in portfolio management and value extraction. Les Nouvelles 2001, S 77–86

Khoury S, Lukeman DS (2002) Valuation of BioPharm intellectual property: focus, on research tools and platform technology. Les Nouvelles 2002, S 48–53

Kidder D, Mody N (2003) Are patents really options. Les Nouvelles 2003, S 190–192

King AM (2010) Fair value concepts. In: Catty JP (Hrsg) Guide to fair value under IFRS. Hoboken, S 1–17

Kniest W (2005) Quasi-risikolose Zinssätze in der Unternehmensbewertung. Bewertungspraktiker 2005, S 9–12

Kniest W (2010) Income approach: discounting method. In: Catty JP (Hrsg) Guide to fair value under IFRS. Hoboken, S 65–81

Kossovsky N, Arrow A (2000) TRRU^{TM} metrics: measuring the value and risk of intangible assets. Les Nouvelles 2000, S 139–142

KPMG (2009) Immaterielle Vermögenswerte und Goodwill in Unternehmenszusammenschlüssen. Analysiert nach Branchen. München

Krolle S, Schmitt G, Schwetzler B (Hrsg) (2005) Multiplikatorverfahren in der Unternehmensbewertung. Anwendungsbereiche, Problemfälle, Lösungsalternativen. Stuttgart

Küting K, Weber C-P, Wirth J (2008) Die Goodwillbilanzierung im finalisierten Business Combinations Project Phase II. Erstkonsolidierung, Werthaltigkeitstest und Endkonsolidierung. KoR 2008, S 139–152

Leibfried P, Fassnacht A (2007) Unternehmenserwerb und Kaufpreisallokation. Eine Fallstudie zur Anwendung von IFRS 3 und IAS 38. KoR 2007, S 48–57

Lu JJ (2010) Does upfront payments reduce running royalty rates. Theoretical perspectives and empirical analysis. Les Nouvelles 2010, S 160–165

Lüdenbach N, Prusaczy P (2004a) Bilanzierung von Kundenbeziehungen in der Abgrenzung zu Marken und Goodwill. KoR 2004, S 204–214

Lüdenbach N, Prusaczyk P (2004b) Bilanzierung von „In-Process Research and Development" beim Unternehmenserwerb nach IFRS und US-GAAP. KoR 2004, S 415–422

Mackenstedt A, Fladung H-D, Himmel H (2006) Ausgewählte Aspekte bei der Bestimmung beizulegender Zeitwerte nach IFRS 3- Anmerkungen zu IDW RS HFA 16. WPg 2006, S 1037–1048

Mandl G, Rabel K (1997) Unternehmensbewertung. Eine praxisorientierte Einführung. Wien

Mard MJ, Hitchner JR, Hyden SD (2007) Valuation for financial reporting: fair value measurements and reporting, intangible assets, goodwill and impairment 2. Aufl., Hoboken

Möller K, Gamerschlag R (2009) Immaterielle Vermögenswerte in der Unternehmenssteuerung - betriebswirtschaftliche Perspektiven und Herausforderungen. In: Möller K, Piwinger M, Zerfaß A (Hrsg) Immaterielle Vermögenswerte. Bewertung, Berichterstattung und Kommunikation. Stuttgart, S 3–21

Moser U (1999) Discounted Cash-flow-Methode auf der Basis von Free Cash-flows: Berücksichtigung der Besteuerung. FB 1999, S 117–123

Moser U (2002) Behandlung der Reinvestitionen bei der Ermittlung des Terminal Value. Betriebswirtschaft special, Betriebs-Berater für Unternehmensbewertung, BB-Beilage zu 38/2002, S 17–23

Moser U (2011) Bewertung immaterieller Vermögenswerte. Grundlagen, Anwendung, Bilanzierung, Goodwill. Stuttgart

Moser U (2012) Beurteilung der Plausibilität des Goodwill – ein Praxisfall. BWP 1/2012, S 15–27

Moser U, Auge-Dickhut S (2003a) Unternehmensbewertung: Der Informationsgehalt von Marktpreisabschätzungen auf Basis von Vergleichsverfahren. FB 2003, S 10–22

Moser U, Auge-Dickhut S (2003b) Unternehmensbewertung: Zusammenhang zwischen Vergleichs- und DCF-Verfahren. FB 2003, S 213–223

Moser U, Goddar H (2007) Grundlagen der Bewertung immaterieller Vermögenswerte am Beispiel der Bewertung patentgeschützter Technologien. FB 2007, S 594–609, 655–666

Moser U, Goddar H (2007a) Grundlagen der Bewertung immaterieller Vermögenswerte. In: Schmeisser W, Mohnkopf H, Hartmann M, Metze G (Hrsg) Innovationserfolgsrechnung. Innovationsmanagement und Schutzrechtsbewertung, Technologieportfolio, Target-Costing, Investitionskalküle und Bilanzierung von FuE-Aktivitäten. Berlin, S 121–179

Moser U, Schiezsl S (2001) Unternehmenswertanalysen auf Basis von Simulationsrechnungen am Beispiel eines Biotech-Unternehmens. FB 2001, S 530–541

Moxter A (1991) Grundsätze ordnungsmäßiger Unternehmensbewertung, 2., vollständig umgearbeitete Auflage. Nachdruck, Wiesbaden

Mun J (2002) Real options analysis. Hoboken

Nestler A (2008) Ermittlung von Lizenzentgelten. BB 2008, S 2002–2006

Neuburger B (2005) Die Bewertung von Patenten. Theorie, Praxis und der neue Conjoint-Analyse-Ansatz. Göttingen

Obermaier (2009) Robert, Fair Value-Bilanzierung nach IFRS auf der Basis von Barwertkalkülen. Ermittlung und Wirkungen kapitalmarktorientierter Basiszinssätze. KoR 2009, S 545–554

Parr RL (2007) Royalty rates for licensing intellectual property. Hoboken

Peemöller VH (2005a) Der Betafaktor als unternehmensindividuelle Risikovariable. Glossar zu Fachbegriffen aus der Unternehmensbewertung. UM 2005, S 157–160

Peemöller VH (2005b) Das Capital Asset Pricing Model. Glossar zu Fachbegriffen aus der Unternehmensbewertung. UM 2005, S 222–224

Pellens B, Amshoff H, Sellhorn T (2008) IFRS 3 (rev. 2008): Einheitstheorie in der M & A-Bilanzierung. BB 2008, S 602–606

Poredda A, Wildschütz S (2004) Patent valuation – a controlled market share approach. Les Nouvelles 2004, S 77–85

Porter ME (1992) Wettbewerbsvorteile. Spitzenleistungen erreichen und behaupten, 3. Aufl. Frankfurt a. M.

Porter ME (2008) Wettbewerbsstrategie. Methoden zur Analyse von Branchen und Konkurrenten, 11., durchgesehene Aufl. Frankfurt a. M.

Pries F, Astebro T, Obeidi A (2003) Economic analysis of R & D projects: real options vs. NPV valuation revisited. Les Nouvelles 2003, S 184–186

Purtscher V (2008) Purchase Price Allocation. Ein Überblick über die wesentlichen Grundlagen und Methoden sowie die Vorgehensweise bei der Kaufpreisallokation nach IFRS 3. In: Seicht G. (Hrsg.), Jahrbuch für Controlling und Rechnungswesen, Wien 2008, S 107–124

Rappaport A (1995) Shareholder Value. Wertsteigerung als Maßstab für die Unternehmensführung. Stuttgart

Razgaitis R (1999) Valuation and pricing of technology-based intellectual property. Hoboken

Reilly RF, Schweihs RP (1999) Valuing intangible assets. New York u.a.

Rzepka M, Scholze A (2010) Die Bewertung kundenorientierter immaterieller Vermögenswerte im Rahmen von IFRS 3. Beurteilung des Entwurfs einer Fortsetzung von IDW S 5. KoR 2010, S 297–306

Schmalenbach-Gesellschaft (2001) Arbeitskreis „Immaterielle Vermögenswerte im Rechnungswesen" der Schmalenbach-Gesellschaft für Betriebswirtschaft e. V., Kategorisierung und bilanzielle Erfassung immaterieller Werte. DB 2001, S 989–995

Schmalenbach-Gesellschaft (2009) Arbeitskreis „Immaterielle Vermögenswerte im Rechnungswesen" der Schmalenbach-Gesellschaft für Betriebswirtschaft e. V., Immaterielle Werte im Rahmen der Purchase Price Allocation bei Unternehmenszusammenschlüssen nach IFRS – Ein Beitrag zur Best Practice. Zfbf Sonderheft 60/09, 2009, herausgegeben von Axel Haller und Rüdiger Reinke

Seppelfricke P (2003) Handbuch Aktien- und Unternehmensbewertung. Bewertungsverfahren, Unternehmensanalyse, Erfolgsprognose. Stuttgart

Siegrist L, Stucker J (2007) Die Bewertung von immateriellen Vermögenswerten in der Praxis. Ein Erfahrungsbericht. IRZ 2007, S 239–245

Smith GV, Parr RL (2000) Valuation of intellectual property and intangible assets 3. Aufl. New York, u. a.

Smith GV, Parr RL (2005) Intellectual property: valuation, exploitation, and infringement damages. Hoboken

Stasik E (2010) Royalty rates and licensing strategies for essential patents on LTE (4G) telecommunication standards. Les Nouvelles 2010, S 114–119

Stegink R, Schauten M, Graaff G de (2007) The discount rate for discounted cash flow valuations of intangible assets. Working Paper unter: http://papers.ssrn.com/sol3/P papers.cfm?abstract_id=976350. Zugegriffen: 21. Okt 2010

Tettenborn M, Straub S, Rogler S (2013) Bestimmung der Nutzungsdauer für im Rahmen von Unternehmenszusammenschlüssen erworbene immaterielle Vermögenswerte. IRZ 2013, S 185–190

Tettenborn M, Straub S, Rogler S (2012) Bestimmung des Kapitalkostensatzes nach IFRS 13 mithilfe einer Peer-Group-Analyse. IRZ 2012, S 483–487

The Appraisal Foundation, TAF (2008) Best practices for valuations in financial reporting: intangible asset working group, „The identification of contributory assets and the calculation of economic rents", exposure draft. Washington

The Appraisal Foundation, TAF (2009) Best practices for valuations in financial reporting: intangible asset working group, „The identification of contributory assets and the calculation of economic rents", exposure draft. Washington

The Appraisal Foundation TAF (2010) Best practices for valuations in financial reporting: intangible asset working group – contributory assets, the identification of contributory assets and calculation of economic rents. Washington

The Appraisal Foundation TAF (2012) Discussion draft: the valuation of customer-related assets. Washington

Timmreck C (2004) Bestimmung der Eigenkapitalkosten. In: Richter F, Timmreck C (Hrsg) Unternehmensbewertung - Moderne Instrumente und Lösungsansätze. Stuttgart, S 61–75

Varner TR (2010) Technology royalty rates in SEC filings. Les Nouvelles 2010, S 120–127

Wijk L van (2001) Measuring the effectiveness of a company's patent assets. Les Nouvelles 2001, S 25–33

Wolf K (2004) Value Reporting – Grundlagen und praktische Umsetzung. UM 2004, S 420–425

Woodward C (2002) Valuation of Intellectual Property. In: Wild J (Hrsg) Building and enforcing intellectual property value. An international guide for the boardroom 2003. London, S 48–51

Zelger H (2008) Purchase Price Allocation nach IFRS und US-GAAP. In: Ballwieser W, Beyer S, Zelger H (Hrsg) Unternehmenskauf nach IFRS und US-GAAP. Purchase Price Allocation, Goodwill und Impairment-Test, 2., überarbeitete Auflage. Stuttgart, S 101–150

Zülch H, Erdmann M-K, Gebhardt R (2008) Goodwill – Erwerbsmethode und Impairmenttest. In: Freidank C-C, Peemöller V (Hrsg) Corporate Governance und interne Revision. Handbuch für die Neuausrichtung des Internal Auditings. Köln, S 385–406

Sachverzeichnis

A

Absichtserklärung, s. auch Letter of Intent, 123, 125
Abzweigung, 82
Allgemeine Geschäftsbedingungen (AGB), 136, 139
    Bestimmtheitsgebot, 139
    Inhaltskontrolle, 139
    Transparenzgebot, 139
Anmelder, 70, 77, 80, 83, 86, 87, 90, 92, 94, 100
Anmeldetag, 81, 84, 91, 94, 100
Anspruch, 93
Anspruchskategorie, 89
Anwendungsvoraussetzung der Bewertungsgrundsätze, 172, 183
Arbeitnehmererfinder, 26, 27, 36, 48, 49
Arbeitnehmererfinderrecht, 70
Aufgabenstellung, 72, 81, 88
Auftragsforschung, 19, 47
Ausführungsbeispiel, 73, 74, 80, 88, 100
Auslandsanmeldung, 90

B

Benutzungspflicht, 128
Benutzungsrecht, positives, 98
Besteuerung, 163, 189
BestimmtheitsgebotSiehe Allgemeine Geschäftsbedingungen (AGB), 139
Bewertung immaterieller Vermögenswerte, 144–146, 158, 161, 162, 189
    Anwendungsfälle, 144
Bewertungsansätze, 152, 165, 175
Bezugszeichen, 89
Bruchteilsgemeinschaft, 27, 30, 49
Buchführungspflicht, 128

C

Contributory Asset, 175, 236
Contributory Asset Charges, 174, 184, 231, 234, 236
Cost Approach, 152, 157, 160, 177, 228, 230

D

Design, 75, 80, 84, 99, 100
Diensterfindung, 27, 48
Diskontierungszinssatz, 163, 177, 184
Due Diligence, 123, 124, 130
Durchschnittsfachmann, 94, 95, 100

E

EBIT, 193
EBITA, 180, 193, 239, 241, 244, 248
Einkommensbeitrag, 151, 162, 163, 176, 207, 212
Einreichung, 81, 90, 92
Einsichtsrecht, 128
Einspruch, 93, 95, 100
Einspruchsfrist, 95
Einspruchsverfahren, 93, 95, 100
Entity Value, 177, 192, 193, 196, 201, 202, 205, 222, 252
Entwicklung, technische, 72, 81, 84, 85
Erfahrungswissen, 12
Erfinder, 70–72, 74, 76, 87, 90, 92, 98
Erfindungshöhe, 83, 93, 94, 100
Erfindungsmeldung, 13, 24, 27, 30, 70, 72, 74, 87, 101
    Aufbau, 28
    Formulierung, 70

Erfolgsfaktoren, strategische, 11
Erfordernisse, formelle, 90, 92
Erkenntniswissen, 12, 23
Erteilung, 74, 75, 85, 93, 94
Erteilungsbeschluss, 95
Excess Earnings, 174, 176, 180, 183, 184, 199, 208, 239, 241, 248
Excess Earnings-Ansatz, 174, 175, 177, 183

F
Fachbegriff, 89
Fachmann, 73, 80, 94
Fachwissen, 2, 12, 13
Figuren, 87–89
Finanzierung, 85
Forschungskooperation, 47
Fortschritt, technischer, 84
Forum shopping, 105, 114
Free Cashflow, 151, 163–165, 177, 193, 201, 222, 227
Freedom to operate, 16, 19, 63
Fremdschutzrecht, 15

G
Gebühren, 90, 92
Gebiet, technisches, 73, 74, 77, 88
Gebrauchsmuster, 79–82, 97, 99, 101
Gebrauchsmusteranmeldung, 79–81, 88
Geheimhaltung, 86, 98, 121
  Vereinbarung, 19, 24, 108, 121, 124
Gerichtsstandsklausel, 105, 106, 110
  Form, 111
  Inhalt, 112
  Nachteile, 106
  Zulässigkeit, 111
Geschmacksmuster, 79, 82, 84, 86, 99, 101
Geschmacksmusterschutz, 79
Gesetz über Arbeitnehmererfindung, 87
Globalisierung, 8, 41
Goodwill, 184, 187, 192, 214, 220, 241, 252, 254

H
Hauptanspruch, 89, 90

I
Ideen generieren, 12, 13
Identifikation immaterieller Vermögenswerte, 146, 147, 150, 163

Income Approach, 152–154, 159, 160, 162, 165, 189
Incremental Income Analysis, 165
Informationsbereitstellung, 12, 14, 21
Inhaltskontrolle, 140
  von Allgemeinen Geschäftsbedingungen, 138
Innovationskennzahl, 10, 11
Innovationsmanagement, 33, 60, 61
Innovationsziel, 8
Intellectual Property (IP), 9, 39, 60

K
Kapitalkosten, 185
  gewichtete, 186, 187, 192, 204, 217, 244
  laufzeitäquivalente, 185
Kartellrecht, 131
  de-minimis-Verordnung, 134
  Freistellungen, 134
  Freistellungsverordnungen, 134
  Gebietsschutz, 135
  Immanenzlehre, 132
  Kernbeschränkungen, 135
  Nichtangriffsklausel, 135
  Preisfestlegungen, 135
  Spürbarkeit, 134
Klasseneinteilung, 77
Kommunikationstechnologie, 8
Kosten, 72, 84, 99
Kunden, 177, 234, 236
Kundenanforderung, 8
Kundenbedürfnis, 7
Kundenbetreuung, 18
Kundenbeziehungen, 146, 224, 236, 241, 243, 254, 256
Kundenschutz, 121, 122

L
Länder, 83
Lösung, 72, 73, 95
Laufzeit eines Patentes, 86
Letter of Intent, s. auch Absichtserklärung, 123, 125
Lieferantenmanagement, 18
Lizenz, 85
Lizenzeinräumung
  exklusive, 127
  Umfang, 127

Sachverzeichnis

Lizenzgebühr, 127
   Festgebühr, 127
   Stücklizenz, 127
Lizenzsatz, 169, 172

M
Marke, 75, 79, 80, 82, 84, 86, 99
Markenschutz, 99
Market Approach, 152, 156, 173
Merkmalsanalyse, 96
Methodenwissen, 12
Mitarbeiterstamm, 180, 231, 256
Mitbewerber, 71, 80, 82, 85
Mitwirkungshandlung, 130
   Verpflichtung zur, 126
Monopol, 80, 82, 83, 85, 95, 97
Monopolstellung, 44
MPEEM Siehe Multi-Period Excess Earnings-Methode, 177
Multi-Period Excess Earnings-Methode (MPEEM), 177

N
Nebenansprüche, 90
Neuheit, 83, 93, 94, 98, 101
Nichtangriffsklausel, Kartellrecht, 135
Nichtigkeitsverfahren, 95
Nutzungsrechtseinräumung, 127, 136, 138

O
Öffentlichkeit, 94, 95
Offenlegungsschrift, 92, 101
Open Innovation, 41, 42, 63
Optimierung, steuerliche, 85

P
Partialbetrachtung, 161
Patentanmeldung, 70, 74, 76, 78, 82, 87, 88, 92, 101
   Kosten, 99
   Prüfung, 96
   Veröffentlichung, 91
Patentanspruch, 88, 89, 97
Patentanwalt, 70, 71, 73–75, 77, 80, 86, 101
Patentblatt, 95
Patente, 76, 81, 82, 85, 93, 97
Patentinformation, 21, 63

Patentinhaber, 86, 97, 98
Patentlebenszyklus, 60
Patentportfolio, 85
Patentrecherche, 16, 19, 32, 52
Patentsachbearbeiter, 26
Patentschrift, 20, 21, 26, 27, 33, 44, 87, 95, 96
Patentsystem, europäisches, 83
Patentverletzer, 79, 97, 101
Patentverletzung, 96
Patentverwertungsstrategie, 53
Prüfungsantrag, 93
Prüfungsverfahren, 75, 82, 88, 89, 95
Prioritätsjahr, 84
Prioritätszeitraum, 84
Produktionsprozess, 22
Produktprozess, 8
   fiktiver, 15
Profit Split-Analyse, 173

R
Rücklizenz, 126
Recherche, 76, 77, 79, 102
Rechercheantrag, 93
Recht, anwendbares, 105, 107, 108, 114, 116, 117, 129, 136
   Schutzlandprinzip, 137
   Universalitätsprinzip, 137
Rechteübertragung, 125
Rechtschutz, gewerblicher, 36, 63
Rechtswahl, 104, 116, 117
Registrierung, 111, 128, 129
   Übertragung nach Vertragsbeendigung, 129
Relief-from-Royalty-Methode, 169, 172, 196, 225
Residual Value-Ansatz, 174, 176, 177, 183, 256
Risiko, vermögenswertspezifisches, 187, 188
Royalty Analysis, 169

S
Sachanlagen, 176, 177, 180, 187, 222, 234
Schiedsklausel, 104, 105, 107, 115, 118
   Form, 110, 113
   Inhalt, 110, 114
   Nachteile, 106, 107
   Vorteile, 106
   Zulässigkeit, 113
Schiedsverfahren, 106, 114, 118
   ad-hoc-Schiedsgericht, 106

Eilrechtsschutz staatlicher Gerichte, 115
Geheimhaltung, 108
institutionelles, 109
Schutzlandprinzip, 130, 137
Schutzrecht, 13, 15, 20, 21, 27, 44, 51, 52, 60, 117, 118, 121, 127, 129, 132, 133, 137
 Übertragung, 126
 Inhalt, 126
 nicht registergebundenes, 120, 126
 nichteingetragenes, 119
 registergebundenes, 119, 122, 127
 Verletzung, 117
Schutzrechtsüberwachung, 21
Schutzumfang, 79, 84, 89, 96, 97, 102
Software, 150, 228, 240
Sperrpatent, 84, 85, 102
Stand der Technik, 19, 30, 31, 34, 46, 72, 76, 88, 93, 98, 102
Steuerungselement, 15
Steuervorteil, abschreibungsbedingter, 168, 172, 183, 190, 225, 241
Strategie, 79, 80, 82
Subventionen, 85
Suchbegriffe, 76, 77

T
Tätigkeit, erfinderische, 83, 94, 100
Tax Amortization Benefit, 168, 189, 190
Technologiemanagement, 8, 54
Technologiemarketing, 53
Technologietransfer, 39, 47, 63
Technologieverfügbarkeit, 9
Term sheet, s. auch Absichtserklärung, Letter of Intent, 121, 123
Totalbetrachtung, 161, 192
Transparenzgebot, s. auch Allgemeine Geschäftsbedingungen, 139

U
Überwachung, 93
Umgehungslösung, 80, 84, 97
Universalitätsprinzip, s. auch Recht, anwendbares, 130, 137
Unternehmensgewinn, 85
Unternehmensnachfolge, 22
Unternehmensstrategie, 10, 18
Unternehmenswert, 7, 10, 48, 144, 160, 161
Urheberrecht, 127, 130, 136
 Nutzungsrecht, 137
 Vergütungsanspruch, 138
 Zweckübertragungslehre, 138

V
Veröffentlichung, 87, 91, 92, 95
Verbietungsrecht, 58
Vergütung, 87
Vergütungsanspruch, s. auch Urheberrecht, 138
Verletzungsgutachten, 98
Vermögenswerte, 159, 161, 201, 204, 205, 224
 bilanzierungsfähige, 201, 214
 immaterielle, 144–146, 148, 150, 159, 160, 165
 unterstützende, 175, 180, 184, 236
 zukünftig geplante, 195, 217, 224
Verschwiegenheit, 77, 86
Vertragsgegenstand, 118, 119, 123, 125, 129, 137
Vertragsstatut, 116
Vertriebsverträge, 136
Vorrichtungsanspruch, 89
Vorteile, 73, 74, 88, 89

W
WACC, 185, 218, 252
WACC-2-WARA-Analyse, 217, 218, 252
WARA, 218, 254
Weiterbildung, betriebliche, 22
Wertallokation, 160, 161
Wertermittlung, 51
Wertschöpfung, 12
 Globalisierung, 41
Wertschöpfungskette, 7, 8, 13
 als Wissensmodell, 15
 Fallbeispiel, 18
 fiktive, 16
Wettbewerbsvorteil, 146, 148, 151, 163
Wirkung des Patents, 83, 96
Wissensbedarf, 9, 11, 13, 14
Wissensfluss, 14
Wissenskonjunktion, 8, 14
Wissenskreislauf, 11
Wissensmanagement, 2, 7, 10, 22, 54
 Datenelemente, 63
 Handlungsspielraum, 11
Wissensoptimierung, 22
Wissenssammlung, 9
Wissensstruktur, 10, 14

Wissenstool, 8, 9
Working Capital, 160, 164, 176, 177, 180, 187, 222, 234

Z
Zeichnung, 71, 73, 88, 90
Zeitrang, 81, 84, 93
Zeitwert, beizulegender, 153, 192, 220, 224, 234, 241

Zinssatz
  modellendogener, 188, 204, 207, 208, 212
  modellexogener, 208
  risikofreier, 185
  vermögenswertspezifischer, 168, 172, 183, 185, 188, 201, 205, 208, 212
Zusammenfassung, 90
Zweckübertragungslehre, s. auch Urheberrecht, 138, 140

MIX
Papier aus verantwortungsvollen Quellen
Paper from responsible sources
FSC® C105338

If you have any concerns about our products,
you can contact us on
ProductSafety@springernature.com

In case Publisher is established outside the EU,
the EU authorized representative is:
**Springer Nature Customer Service Center GmbH
Europaplatz 3, 69115 Heidelberg, Germany**

Printed by Libri Plureos GmbH
in Hamburg, Germany